油品储运实用技术培训教材

管道检测技术

中国石化管道储运有限公司 编

中国石化出版社

内 容 提 要

《管道检测技术》是《油品储运实用技术培训教材》系列之一，主要包括长输管道检测检验法律法规及标准体系、长输管道检测检验、站场工业管道检测检验、大型储罐检测检验、能效监测、常规检测技术等6章，每章又包含了与之相关的检测技术及现场检测案例，并列出了在检测过程中常出现的问题作为思考题；涵盖了长输管道内检测及外检测、输油设备检测、储罐检测、站场工艺管道检测、工程无损检测和输油泵及加热炉的能效检测等现行常规检测技术，并对与输油生产相关的前沿检测技术做了简单介绍。各章内容主要包括检测依据、常规检测技术、最新检测技术、检测条件、检测工具、检测程序、检测的内容、检测数据分析和检测报告等。

本书可供从事检验检测、长输管道、站（库）工艺管道和储罐操作、维护人员及其相关管理人员使用，也可供相关检测技术的人员参考。

图书在版编目（CIP）数据

管道检测技术/中国石化管道储运有限公司编.
—北京：中国石化出版社，2019.10（2025.2重印）
ISBN 978-7-5114-5119-4

Ⅰ.①管… Ⅱ.①中… Ⅲ.①石油管道-管道检测-技术培训-教材 Ⅳ.①TE973.6

中国版本图书馆CIP数据核字（2019）第210416号

中国石化出版社出版发行
地址：北京市东城区安定门外大街58号
邮编：100011　电话：(010)57512500
发行部电话：(010)57512575
http://www.sinopec-press.com
E-mail:press@sinopec.com
北京科信印刷有限公司印刷
全国各地新华书店经销
*
787毫米×1092毫米16开本20.25印张440千字
2019年10月第1版　2025年2月第2次印刷
定价：96.00元

《油品储运实用技术培训教材》
编审委员会

《管道检测技术》
编写委员会

主　　编：刘保余

副 主 编：韩　烨　薛正林

编　　委：(按姓氏音序排列)

柏盛鹏　陈　波　陈发祥　成文峰

崔亚强　顾春琳　韩建军　贾　涛

李洪杰　李　健　梁会军　刘觉非

刘　洋　马云修　尚　博　孙伟栋

王汉刚　王　蒙　王乃和　王书增

王　新　王志刚　席少龙　袁龙春

张延丰　郑树林　钟　良

序

管道运输作为我国现代综合交通运输体系的重要组成部分，有着独特的优势，与铁路、公路、航空水路相比投资要省得多，特别是对于具有易燃特性的油气运输、资源储备来说，更有着安全、密闭等特点，对保证我国油气供应和能源安全具有极其重要的意义。

中国石化管道储运有限公司是原油储运专业公司，在多年生产运行过程中，积累了丰富的专业技术经验、技能操作经验和管道管理经验，也练就了一支过硬的人才队伍和专家队伍。公司的发展，关键在人才，根本在提高员工队伍的整体素质，员工技术培训是建设高素质员工队伍的基础性、战略性工程，是提升技术能力的重要途径。基于此，管道储运有限公司组织相关专家，编写了《油品储运实用技术培训教材》。本套培训教材分为《输油技术》《原油计量与运销管理》《储运仪表及自动控制技术》《电气技术》《储运机泵及阀门技术》《储运加热炉及油罐技术》《管道运行技术与管理》《储运 HSE 技术》《管道抢维修技术》《管道检测技术》《智能化管线信息系统应用》等 11 个分册。

本套教材内容将专业技术和技能操作相结合，基础知识以简述为主，重点突出技能，配有丰富的实操应用案例；总结了员工在实践中创造的好经验、好做法，分析研究了面临的新技术、新情况、新问题，并在此基础上进行了完善和提升，具有很强的实践性、实用性。本套培训教材的开发和出版，对推动员工加强学习、提高技术能力具有重要意义。

前　言

油气管道输送安全对国家能源安全具有极为重要的意义，关系着国家的能源供应，影响着国家经济稳定发展。本书介绍了国家法律法规对油气储运设备设施检测的要求，总结了在油气储运设备设施的检测经验，介绍了现有的检测技术手段，分析了新技术的优缺点，对推动员工学习，提高队伍业务素质，提升技术人员检测能力，具有重要的意义。全书共6章，介绍了长输油气管道检验检测相应法律法规、长输管道检测检验、站场工艺管道检测检验、大型储罐检测检验、节能监测和常用检测技术。

第一章介绍了长输管道检验检测法律、法规、标准体系，分别从国家法律、行政法规、部门规章、安全技术规范和国家强制性标准、其它相关标准五个层次介绍了长输管道检测检验的依据和要求。

第二章介绍了长输管道内检测和外检测相关规范标准，包含年度检查、全面检验及合于使用评价的定期检验要求，管道内检测技术和内检测流程，管道外检测技术要点及相关要求，阴极保护及杂散电流检测仪器设备及检测技术要求，海底管道路由探测目的、设备、流程、关键技术及技术难点，应力检测新技术介绍，以及年度检查、全面检测（内检测和外检测）和阴极保护检测案例。

第三章介绍了站场工业管道检测检验中定期检验要求和包括超声波相控阵检测、导波检测、管道外壁漏磁检测、电磁超声导波检测、管道声发射泄漏检测、远场涡流检测和阀门泄露检测相关检测技术。

第四章介绍了大型原油储罐检测技术标准，检测技术现状，年度检查和定期检验内容和检测要求，声发射检测技术和其他新颖检测技术。

第五章介绍了输油泵机组和加热炉及锅炉节节能监测技术标准要求、监测方法、监测参数、监测设备、监测要求和监测案例。

第六章介绍了厚度测量、焊缝测量、硬度测量等通用测量技术，射线检测和超声检测等常规检测技术，以及TOFD检测和数字射线检测新检测技术。

本书在编写过程中得到管道储运有限公司人力资源处、管道处、设备处、运销处、安全等部门的大力帮助，在此表示衷心感谢。本教材已经管道储运公司审定通过，审定工作得到了管道公司南京培训中心的大力支持，中国石化出版社对教材的编写和出版工作给予了通力协助和配合，在此一并表示感谢。

由于本教材涵盖的内容较多，时间仓促，编写难度较大，不足之处在所难免，敬请读者批评指正。

目　录

第一章 长输管道检验检测法律、法规、标准体系

第一节 特种设备法律、法规、标准体系概述

特种设备的法规标准体系由法律、法规、规章、安全技术规范及技术标准五个层次构成，原则为“以法律为总纲，以条例为依据，以规章为准则，以安全技术规范为主体，以标准为基础”。

建立并完善特种设备安全监察法规标准体系，其目标是实现特种设备依法监管，提高政府向社会提供安全服务的能力，与国际通行做法接轨。

我国特种设备安全监察法规标准体系，其结构是“法律—行政法规（地方性法规）—部门规章（地方政府规章）—安全技术规范（相关强制性标准）—相关标准”五个层次，其框架层次如下：

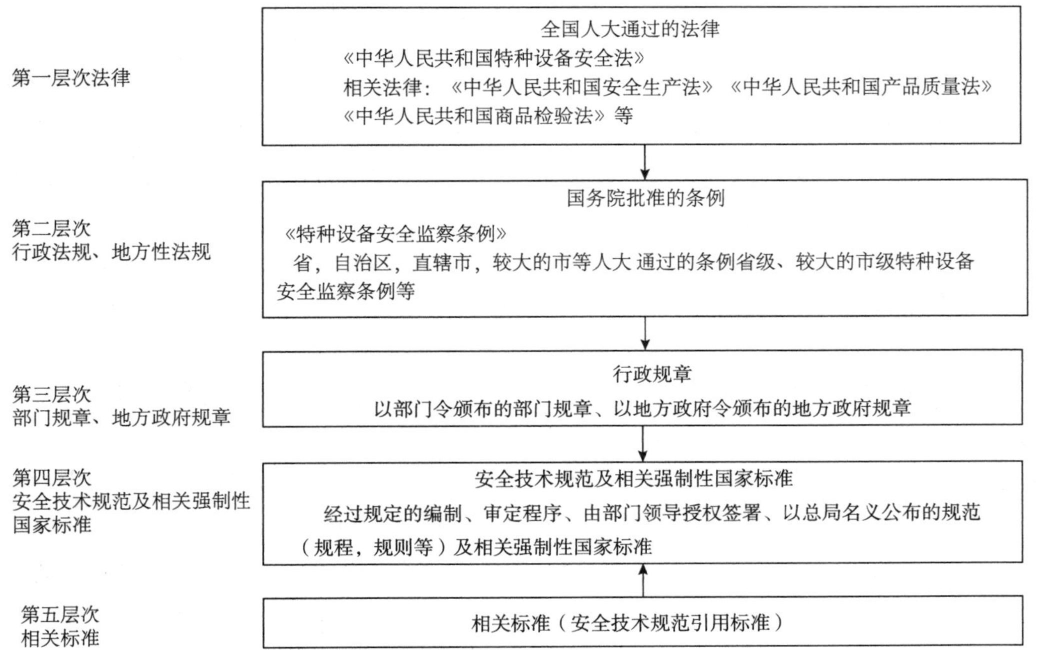

第二节　压力管道相关法律、法规

一、压力管道相关法律

法律由全国人大通过，以中华人民共和国主席令的形式公布。

现行法律中涉及特种设备安全和特种设备安全监察工作的主要有：

《中华人民共和国安全生产法》；

《中华人民共和国特种设备安全法》；

《中华人民共和国石油天然气管道保护法》；

《中华人民共和国行政许可法》等。

其中，《中华人民共和国特种设备安全法》、《中华人民共和国石油天然气管道保护法》是压力管道管理中最重要的法律。

《中华人民共和国特种设备安全法》是开展长输管道进行定期检验工作法律依据。该法由中华人民共和国第十二届全国人民代表大会常务委员会第3次会议于2013年6月29日通过，自2014年1月1日起施行。该法分为总则，生产、经营、使用，检验、检测，监督管理，事故应急救援与调查处理，法律责任，附则共7章101条。规定了特种设备在生产、经营、使用过程中各单位及相关人员的安全主体责任。对于从事监督检验、定期检验的特种设备检验机构，以及为特种设备生产、经营、使用提供检测服务的特种设备检测机构，应当具备相应的条件，并经负责特种设备安全监督管理部门的核准，方可从事检验、检测工作；从事特种设备安全管理、检测和作业的人员应当按照国家有关规定取得相应资格，方可从事相关工作。特种设备检验、检测机构及其检验、检测人员应当严格执行相关安全技术规范和管理制度为特种设备生产、经营、使用单位提供安全可靠、便捷诚信的检验检测服务，并对检验检测结果和鉴定结论负责。

《中华人民共和国石油天然气管道保护法》是由中华人民共和国第十一届全国人民代表大会常务委员会第十五次会议于2010年6月25日通过，自2010年10月1日起施行。为了保护石油、天然气管道，保障石油、天然气输送安全，维护国家能源安全和公共安全，制定本法。本法适用于中华人民共和国境内输送石油、天然气的管道的保护，不适用城镇燃气管道和炼油、化工等企业厂区内管道的保护。主要内容如下：第一章总则（第一条～第九条）；第二章管道规划与建设（第十条～第二十一条；第三章管道运行中的保护（第二十二条～第四十三条）；第四章管道建设工程与其他建设工程相遇管理的处理（第四十四条～第四十九条）；第五章法律责任（第五十条～第五十七条）；第六章附则（第五十八条～第六十一条）。共6章61条。本法所称石油包括原油和成品油，所称天然气包括天然气、煤层气和煤制气。本法所称管道包括管道及管道附属设施，管道附属设施包括："输油站、阀室、油库"，因此站场工艺管道及储罐属于长输管道的一部分。国务院能源主管部门依照本法规定主管全国管道保护工作，负责组织编制并实施全国管道发展规划，统筹协调全国管道发展规划与其他专项规划的衔接，协调跨省、自治区、直辖市管道保护的重大问题。国务院其他有关部门依照有关法律、行政法规的规定，在各自职责范围内负责管道保护的相关工作。省、自治区、直辖市人民政府能源主管部门和设区的市级、县级人民政府指定的部门，依照本法规定主管本行政区域的管道保护工作，协调处理本行政区域管道保护的重大问题，指导、监督有关单位履行管道保护义务，依法查处危害管道安全的违法行为。县级以上地方人民政府其他有关部门依照有关法律、行政法规的规定，在各自职责范围内负责管道保护的相关工作。省、自治区、直辖市人民政府能源主管部门和设区的市级、县级人民政府指定的部门，统称县级以上地方人民政府主管管道保护工作的部门。县级以上地方人民政府应当加强对本行政区域管道保护工作的领导，督促、检查有关部门依法履行管道保护职责，组织排除管道的重大外部安全隐患。管道企业应当遵守本法和有关规划、建设、安全生产、质量监督、环境保护等法律、行政法规，执行国家技术规范的强制性要求，建立、健全本企业有关管道保护的规章制度和操作规程并组织实施，宣传管道安全与保护知识，履行管道保护义务，接受人民政府及其有关部门依法实施的监督，保障管道安全运行。任何单位和个人不得实施危害管道安全的行为。对危害管道安全的行为，任何单位和个人有权向县级以上地方人民政府主管管道保护工作的部门或者其他有关部门举报。接到举报的部门应当在职责范围内及时处理。国家鼓励和促进管道保护新技术的研究开发和推广应用。

二、压力管道行政法规和地方性法规

（一）相关法规

行政法规是国务院根据宪法和法律制定，由总理签署国务院令公布。现行的行政法规主要有：

《特种设备安全监察条例》于2003年3月公布，自2003年6月1日起施行，2009年1月进行修订，自2009年5月1日起施行；

《危险化学品安全管理条例》于2002年1月26日发布，自2002年3月15日起施行。2011年2月16日修订，自2011年12月1日起施行。2013年12月7日修正；

《国务院关于特大安全事故行政责任追究的规定》于2001年4月21日中华人民共和国国务院令第302号公布，自公布之日起施行；

地方性法规由省、自治区、直辖市以及有立法权的较大城市人大制定。与压力管道有关的地方法规有：《浙江省石油天然气管道建设和保护条例》（2014年10月1日实施）。

（二）主要法规介绍

1. 特种设备安全监察条例

为了加强特种设备的安全监察，防止和减少事故，保障人民群众生命和财产安全，促进经济发展，制定《特种设备安全监察条例》（2003年3月11日中华人民共和国国务院令第373号公布，根据2009年1月24日《国务院关于修改〈特种设备安全监察条例〉的决定》修订)。本条例主要内容如下：第一章总则（第一条~第九条)；第二章特种设备的生产（第十条~第二十二条)；第三章特种设备的使用（第二十三条~第四十条)；第四章检验检测（第四十一条~第四十九条)；第五章监督检查（第五十条~第六十条)；第六章事故预防和调查处理（第六十一条~第七十一条)；第七章法律责任（第七十二条~第九十八条)。本条例所称特种设备是指涉及生命安全、危险性较大的锅炉、压力容器（含气瓶，下同)、压力管道、电梯、起重机械、客运索道、大型游乐设施。特种设备的目录由国务院特种设备安全监督管理部门制定，报国务院批准后执行。特种设备的生产(含设计、制造、安装、改造、维修)、使用、检验检测及其监督检查，应当遵守本条例，但本条例另有规定的除外。军事装备、核设施、航空航天器、铁路机车、海上设施和船舶以及煤矿矿井使用的特种设备的安全监察不适用本条例。房屋建筑工地和市政工程工地用起重机械的安装、使用的监督管理，由建设行政主管部门依照有关法律、法规的规定执行。国务院特种设备安全监督管理部门负责全国特种设备的安全监察工作，县以上地方负责特种设备安全监督管理的部门对本行政区域内特种设备实施安全监察（以下统称特种设备安全监督管理部门)。特种设备生产、使用单位应当建立健全特种设备安全管理制度和岗位安全责任制度。特种设备生产、使用单位的主要负责人应当对本单位特种设备的安全全面负责。特种设备生产、使用单位和特种设备检验检测机构，应当接受特种设备安全监督管理部门依法进行的特种设备安全监察。特种设备检验检测机构，应当依照本条例规定，进行检验检测工作，对其检验检测结果、鉴定结论承担法律责任。县级以上地方人民政府应当督促、支持特种设备安全监督管理部门依法履行安全监察职责，对特种设备安全监察中存在的重大问题及时予以协调、解决。国家鼓励推行科学的管理方法，采用先进技术，提高特种设备安全性能和管理水平，增强特种设备生产、使用单位防范事故的能力，对取得显著成绩的单位和个人，给予奖励。任何单位和个人对违反本条例规定的行为，有权向特种设备安全监督管理部门和行政监察等有关部门举报。特种设备安全监督管理部门应当建立特种设备安全监察举报制度，公布举报电话、信箱或者电子邮件地址，受理对特种设备生产、使用和检验检测违法行为的举报，并及时予以处理。特种设备安全监督管理部门和行政监察等有关部门应当为举报人保密，并按照国家有关规定给予奖励。

2. 危险化学品安全管理条例

为了加强危险化学品的安全管理，保证安全生产，保障人民生命财产的安全，保护环境，特制定《危险化学品安全管理条例》。凡在中华人民共和国境内生产、储存、经营、运输和使用化学危险物品的单位和个人，必须遵守本条例。是指具有毒害、腐蚀、爆炸、燃烧、助燃等性质，对人体、设施、环境具有危害的剧毒化学品和其他化学品。危险化学品目录，由国务院安全生产监督管理部门会同国务院工业和信息化、公安、环境保护、卫生、质量监督检验检疫、交通运输、铁路、民用航空、农业主管部门，根据化学品危险特性的鉴别和分类标准确定、公布，并适时调整。国务院和地方各级人民政府的有关部门，按照职责范围，负责本条例的贯彻实施和监督检查。

三、部门规章和地方政府规章

部门规章这个层次包括国务院部门行政规章和地方规章——省、自治区、直辖市和较大市的人民政府规章。

（一）部门规章

部门规章是以国务院行政部门首长如国家质检总局局长以“部门令”的形式颁布、并经过一定方式向社会公告的“办法”“规定”等。现行的与长输管道相关的部门规章主要有：

《特种设备目录》（国家质量监督检验检疫总局令第 114 号，2014 年 10 月 30 日起施行）；

《特种设备作业人员监督管理办法》（国家质量监督检验检疫总局令第 140 号，2011 年 5 月 3 日发布，2011 年 7 月 1 日施行）；

《特种设备事故报告和调查处理规定》（国家质量监督检验检疫总局令第 115 号，2009 年 7 月 3 日起施行）；

《锅炉压力容器压力管道特种设备安全监察行政处罚规定》（中华人民共和国国家质量监督检验检疫总局令第 14 号，2001 年 12 月 29 日起施行）；

《特种设备特大事故应急预案》（2005 年 6 月 30 日国质检特〔2005〕206 号发布）。

（二）地方政府规章

地方政府规章是指省、自治区、直辖市和较大市的人民政府制定并在其行政区域内施行，与长输管道有关的有：

山东省石油天然气管道保护条例》（2018 年 11 月 30 日发布，2019 年 3 月 1 日实施）；

《陕西省实施石油天然气管道保护条例办法》（2004 年 6 月 1 日施行）；

《江西省石油天然气管道建设和保护办法》（2016 年 1 月 9 日发布，2016 年 3 月 1 日施行）；

《山西省石油天然气管道建设和保护办法》（2015 年 1 月 5 发布，2015 年 3 月 15 施行）；

《甘肃省石油天然气管道设施保护办法（试行）》（2004 年 8 月 30 日发布，2004 年 10 月 1 日施行）；

《湖北省锅炉压力容器压力管道和特种设备安全监察管理办法》（2002 年 4 月 8 日发布，2002 年 6 月 1 日施行）；

《贵州省石油天然气管道建设和保护办法》（2017 年 5 月 1 日发布，2017 年 5 月 1 日施行）；

《南京市锅炉压力容器压力管道安全监察与质量监督办法》（2003 年 5 月 13 日发布，2003 年 7 月 1 日施行）。

四、安全技术规范

（一）相关安全技术规范

特种设备安全技术规范（简称安全技术规范）是国家质量监督检验检疫总局依据《中华人民共和国特种设备安全法》（**注**：2014 年 1 月 1 日前仍依据《特种设备安全监察条例》），对特种设备的安全性能和相应的设计、制造、安装、改造、维修、使用和检验检测等活动制定颁布的强制性规定。安全技术规范是特种设备法规规范体系的重要组成部分，其作用是把与特种设备有关的法律、法规和规章的原则规定具体化。“安全技术规范”通常称为规程、规则、导则、细则、技术要求。

现行的与压力管道检验检测相关的安全技术规范主要有：

TSG D7003—2010《压力管道定期检验规则—长输（油气）管道》［国家质量监督检验检疫总局公告（2010）第 91 号 2010 年 8 月 30 日］；

《压力管道定期检验规则—工业管道》（TSG D7005—2018）；

TSG 08—2017《特种设备使用管理规则》（质检总局公告 2017 年第 4 号，2017 年 01 月 16 日发布，2017 年 08 月 01 日实施）。

（二）长输管道检验有关的安全技术规范

《压力管道定期检验规则 - 长输（油气）管道》（TSG D7003—2010）是规范开展长输管道定期检验的特种设备安全技术规范，由中国特种设备检测研究院组织起草，2010 年 8 月 30 日由原国家质量监督检验检疫总局批准颁布。适用于《特种设备安全监察条例》《压力管道安全管理与监察规定》所规定的范围内，输送介质为原油、成品油、石油气、天然气等陆上长输（油气）管道的定期检验。规范分为总则、年度检查、全面检验和合于使用评价、附则共 4 章 30 条外加 5 个规范性附录。规范中对承担长输（油气）管道定期检验工作的机构资质进行了规定，并对各项检查检验内容及方法进行了详细的要求。年度检查、全面检验和合于使用评价是逐层递进的关系，经过年度检查的管道，如果发现存在超出有关安全技术规范规定的缺陷，并且不能满足安全使用要求的，需要进行全面检验，全面检验完成后，要及时进行合于使用评价的工作，出具全面检验报告及合于使用评价报告，并在报告中明确管道的许用参数、下次全面检验日期，是在役管道使用注册过程中必须提供的重要资料。本规则第二十七条规定“管道工程中的输气输油站场、地下储气库中的管道与设施、通用阀门、阴极保护设施定期检验参照工业管道、压力容器定期检验等有关规定要求执行”，因此站（库）工艺管道的定期检验应参照《压力管道定期检验规则 - 工业管道》（TSG D7005）相关要求执行。

《压力管道定期检验规则 - 工业管道》（TSG D7005—2018）是规范开展在用工业管道定期检验的特种设备安全技术规范，由原国家质量监督检验检疫总局批准颁布，2018 年 5 月 1 日实施，替代了《在用工业管道定期检验规程》（试行）（国质检锅［2003］108 号）。本规范正文包括分为总则、定期检验、安全状况等级评定和定期检验记录、报告及结论以及附则等 5 个部分，附加了 3 个规范性附录。规范总则中明确定期检验的性质、工作程序、安全状况等级、检验周期、使用单位的义务、检验检测机构的检验人员的职责、新技术的应用和信息化管理要求。第 2 章规定了定期检验一般要求、检验方案制定、检验准备、定期检验项目及方法和要求、缺陷以及缺陷的处理、基于风险的检验（RBI）等要求。第 3 章明确了管道安全状况等级评定原则、检验项目的评级以及管道安全状况等级的综合评定要求。第 4 章规定了定期检验记录及报告、检验初步结论、问题处理及检验结论复议的要求。规范附件 A 规定了年度检查内容、报告和结论；附件 a 规定了定期检验报告、检验意见通知书格式。长输油气管道及站场工艺管道中架空和跨越管道的定期检验按本规范要求执行，站场工艺管道中的埋地管道的定期检验管道参照 TSG D7003 相关要求执行。

第三节 标 准

一、标准定义

标准是的定义是：为了在一定的范围内获得最佳秩序，经协商一致制定并由公认机构批准，共同使用的和重复使用的一种规范性文件。

标准按作用范围划分为国际标准、区域标准、国家标准、行业标准、地方标准和企业标准；按法律的约束性分为强制性标准、推荐性标准和标准化指导性文件。

强制性标准在一定范围内通过法律、行政法规等强制性手段加以实施的标准，具有法律属性。强制性标准一经颁布就必须贯彻执行，不允许以任何理由或方式加以违反、变更，否则对造成恶劣后果和重大损失的单位和个人，要受到经济制裁或承担法律责任。

特种设备相关标准是指一系列与特种设备安全有关的经法规、规章或安全技术规范引用的国家标准和行业标准，标准是特种设备安全技术规范的技术基础。

二、法规、安全技术规范与标准之间的关系

安全技术规范提出特种设备安全管理要求，标准给出达到或者满足安全管理要求的技术方法，标准是实现特种设备安全要求的主要途径，使得法律、法规和安全技术规范的要求得以落实和实现，标准是贯彻落实法律、法规和安全技术规范的最好“抓手”，是法律、法规和安全技术规范规定与企业生产之间的“桥梁”。当安全技术规范与标准之间出现不协调时，目前主要是要求“双满足”原则，即当相互要求不一致时，按要求高的执行。

压力管道检验检测及评价过程中涉及的相关标准及介绍见各章节。

第二章　长输管道检验检测

第一节　长输管道检验检测相关标准

一、长输管道外检测相关标准

（一）相关标准

GB/T 19285—2014 埋地钢质管道腐蚀防护工程检验

GB/T 51172—2016 在役油气管道工程检测技术规范

GB/T 21246—2007 埋地钢质管道阴极保护参数测量方法

GB/T 50698—2011 埋地钢质管道交流干扰防护技术标准

GB 50991—2014 埋地钢质管道直流干扰防护技术标准

GB/T 30582—2014 基于风险的埋地钢质管道外损伤检验与评价

GB 50026—2007 工程测量规范

NB/T 47013 承压设备无损检测

SY/T 0087.1—2018 钢质管道及储罐腐蚀评价标准 第 1 部分：埋地钢质管道外腐蚀直接评价

GB/T 21448—2017 埋地钢质管道阴极保护技术规范

GB 50253—2014 输油管道工程设计规范

GB 50251—2015 输气管道工程设计规范

GB 50369—2014 油气长输管道施工及验收规范

GB/T 21447—2018 钢质管道外腐蚀控制规范

SY/T 6064—2017 管道干线标记设置技术规范

SY/T 0315—2013 钢质管道熔结环氧粉末外涂层技术规范

SY/T 0420—1997 埋地钢质管道石油沥青防腐层技术标准

Q/SH 0314—2009 埋地钢质管道腐蚀与防护检测技术规程

SY/T 5918—2017 埋地钢质管道外防腐层保温层修复技术规范

（二）外检测主要标准介绍

《埋地钢质管道腐蚀防护工程检验》（GB/T 19285—2014）是由全国锅炉压力容器标准化技术委员会提出并归口，2003 年第一次发布，2014 年进行修订。分为范围、规范性引用文件、术语定义和缩略语、腐蚀环境调查、外防腐层检验、阴极保护、腐蚀防腐系统的运行检查与全面检验共 7 个章节外加 14 个规范性附录。标准规定了埋地钢质管道腐蚀防护工程质量和腐蚀防护效果的检验检测内容，给出了检测评价方法，适用于埋地钢质管道腐蚀防护工程的施工及验收过程的检测评价以及腐蚀防护系统投用后的检测与评价。标准中提出了埋地钢质管道腐蚀检测项目的具体内容、方法及评价指标，并采用模糊综合评价方法，基于检测的外防腐层状况、阴极保护有效性、土壤腐蚀性、杂散电流干扰、排流保护效果等检测数据，对埋地钢质管道的腐蚀防腐系统进行分级评定，而此评定结果，正是《压力管道定期检验规则—长输（油气）管道》（TSG D7003—2010）中开挖直接检验环节中确定开挖数量和位置的依据，因此，在标准规范的使用上要全面考虑，同一个检验项目，可能需要同时参照多个相关的标准规范的内容。

《埋地钢质管道阴极保护技术规范》（GB/T 21448—2017）是由中国石油天然气集团公司提出，由石油工程建设专业标准化委员会归口管理的国家标准。本标准是在原石油行业标准《埋地钢质管道强制电流阴极保护设计规范》（SY/T 0036—2000）和《埋地钢质管道牺牲阳极阴极保护设计规范》的基础上（SY/T 0019—1997），吸收《管道输送系统阴极保护　第 1 部分：陆上管道》（ISO 15589－1：2003）的部分内容，结合我国管道阴极保护的实践经验编制而成，于 2008 年首次发布，2017 年修订后重新发布，适用于埋地钢质油、气、水管道外壁的阴极保护。标准共分为范围、规范性引用文件、术语定义和缩略语、技术规定、强制电流系统、牺牲阳极系统、测试及监控装置的设置、附加措施、管理与维护 9 个章节外加 1 个规范性附录和 1 个资料性附录。标准中阐述了埋地钢质管道进行阴极保护所需要的前提条件，明确规定了在不同条件下，对管道能起到有效阴极保护的电位范围，对强制电流阴极保护系统、牺牲阳极阴极保护系统的适用性及各系统的组成结构进行了详细的说明，其内容涵盖了埋地钢质管道阴极保护从设计、施工、测试到运行管理全过程的技术要求。

GB/T 21246—2007《埋地钢质管道阴极保护参数测量方法》是由中国石油天然气集团公司提出，由石油工程建设专业标准化委员会归口管理的国家标准，于 2007 年首次发布。适用于埋地钢质管道阴极保护参数的现场测量。分为范围、规范性引用文件、术语和定义、基本规定、电位测量、牺牲阳极输出电流、管内电流、管道外防腐层电阻率、绝缘接头（法兰）绝缘性能、接地电阻、土壤电阻率、管道外防腐层地面检漏 12 个章节外加 1 个资料性附录。标准中规定了与阴极保护相关的电位、电流、电阻率等技术参数的现场测试方法、测试步骤及数据的处理方法，这些参数正是以上 GB/T 19285—2014《埋地钢质管道腐蚀防护工程检验》、GB/T 21448—2017《埋地钢质管道阴极保护技术规范》两个标准中进行阴极保护有效性评定所必需的数据，所以本标准对现场检测工作具有重要的指导意义。

二、长输管道内检测相关标准

（一）相关标准

GB/T 27699—2011 钢质管道内检测技术规范

SY/T 6597—2018 油气管道内检测技术规范

NB/T 47013. 12—2015 承压设备无损检测　第 12 部分：漏磁检测

API 579 - 1/ASME FFS - 1 2016 Fitness-for-Service（API 579 Second Edition）

（二）内检测相关标准介绍

《钢质管道内检测技术规范》（GB/T 27699—2011）该标准主要确定了管道内检测的整个流程，对每个步骤进行了相应规定，包括被检测管线一般要求、内检测周期及设备选择、检测准备、清管、几何变形检测、漏磁检测、检测报告、开挖验证报告、HSE、交工资料等。

《油气管道内检测技术规范》（SY/T 6597—2014）该标准为行业标准，内容与《钢质管道内检测技术规范》类似，介绍了管道内检测的整个流程。本标准替代《油气管道内检测技术规范》SY/T 6597—2004，与 2004 版比较，补充了在内检测开始前编制内检测作业技术方案的要求；增加了惯性测绘和超声波测厚内检测的技术要求；增加了对检测报告的要求；增加了对检测报告的要求；增加了附录 A 内检测器的类型及适用性；增加了附录 B 内检测性能规范示例；增加了附录 D 收、发清管器作业流程；增加了附录 F 检测报告示例。

《油气管道内检测技术规范》（SY/T 6597—2018）标准为行业标准，于 2019 年 3 月 1 日实施。本标准替代了 SY/T6597—2014《油气管道内检测技术规范》、SY/T 6825—2011《管道内检测系统的鉴定》和 SY/T 6889—2012《管道内检测》，本标准规定了油气管道几何变形、金属损失、裂纹和中心线测绘内检测技术要求，适用于陆上钢质油气管道内检测。本标准以 SY/T6597—2014 内容为基础，整合了 SY/T 6825—2011 和 SY/T 6889—2012 相关内容，与 SY/T6597—2014 相比较，标准正文增加了检测流程的要求，增加了检测实施作业计划、设标与跟踪、检测运行报告的要求，增加了弯曲应变报告和检测成果提交时间的要求，增加了检测器性能验证的要求，增加了检测数据管理的要求，增加了新建管道适应性要求，增加了检测风险控制与应急处置的要求，增加了检测服务方要求，修改并补充了内检测器性能规格、内检测结果验证、检测器的类型及适用性等要求。标准附录增加了规范性附录 B（检测器性能规格指标清单），增加了附录 H（缺陷验证方法和过程和）附录 I（检测器性能规格验证示例）2 个资料性附录。本标准融入 GB 32167《油气输送管道完整性管理规范》相关要求，统一了石油天然气行业内检测作业相关技术规范要求。

《承压设备无损检测　第 12 部分：漏磁检测》（NB/T 47013. 12—2015）该标准为能源标准，主要介绍了管道内检测的设备组成、缺陷类型划分以及管道内检测现场工作的基本流程。特点是将管道漏磁内检测器按检测清晰度分为三种：标清、高清、超高清，并给出了对应的性能指标；附录 B 对牵拉试验的标准缺陷尺寸进行了规定，针对不同分辨率的内检测器分别规定了标准缺陷尺寸。

《Fitness-for-Service（API 579 Second Edition）》API 579 - 1/ASME FFS - 1 2016，该标

准被国外管道内检测广泛采用，该标准偏重于针对点蚀、局部腐蚀、均匀腐蚀等进行的评价。

第二节　定期检验

长输管道定期检验通常包括年度检查、全面检验和合于使用评价。全面检验是对在用管道进行的基于风险的检验，合于使用评价在全面检验之后进行。定期检验中的全面检验和合于使用评价应当充分采用完整性管理理念中的检验检测评价技术，开展基于风险的检验检测，并且确定管道的后果严重区。承担全面检验的检验机构、合于使用评价的评价机构以及人员应当在核准范围内开展全面检验和合于使用评价工作，并由国家质检总局或省级质量监督局按照安全监察权限进行监督，使用单位应当根据全面检验周期要求制定全面检验和合于使用评价计划，安排全面检验和合于使用评价工作，并及时向地方压力管道使用登记部门备案，且在合于使用评价合格有效期届满前 1 个月内分别向检验机构和评价机构提出全面检验和合于使用评价要求。定期检验开展前，检验机构和评价机构必须制定全面检验和合于使用评价方案，该方案由检验机构和评价机构授权的技术负责人审批。

一、年度检查

（一）年度检查定义

年度检查是指使用单位在管道运行过程中，对影响管道安全运行的异常情况进行的常规性检查。其基本要求为：

（1）年度检查通常由管道使用单位的长输管道作业人员进行，也可委托国家质检总局核准的具有相应资质的检验机构进行；

（2）年度检查至少每年进行 1 次，进行全面检验的年度可不进行年度检查。

（二）年度检查项目及要求

年度检查项目包括资料调查、宏观检查、防腐（保温）层检查、电性能测试、阴极保护系统测试、壁厚测定、地质条件调查、安全保护装置检验。年度检查以宏观检查和安全保护装置检验为主，必要时进行腐蚀防护系统检查，部分检查项目可结合日常巡线进行（**注：**宏观检查方法见第二章第四节宏观检查检测方法）。

1. 资料调查

资料审查是检验检测工作的重要基础工作，承担年度检查的人员应当全面了解被检管道的使用、管理情况，并且认真调阅管理安全资料和管道技术资料的基础上，对管道运行记录、管道隐患监护措施实施情况记录、管道改造施工记录、检修报告、管道故障处理记录等进行审查，主要包括以下内容：

（1）长输管道安全管理资料，包括使用登记证、安全管理规章制度与安全操作规则、作业人员上岗持证情况；

（2）长输管道技术档案资料，包括定期检验报告，必要时还包括设计和安装、改造、维修等施工、竣工验收资料；

（3）长输管道运行状况资料，包括日常运行维护记录、隐患排查治理记录、改造与维修资料、故障与事故记录。

2. 宏观检查

（1）位置与走向，主要检查管道位置、埋深和走向（如果管线周围地表环境无较大变动、管道无沉降等情况，可以不要求）；

（2）地面装置，主要检查标志桩、测试桩、里程桩、标志牌（简称三桩一牌）以及锚固墩、围栏等外观完好情况、丢失情况；

（3）管道沿线防护带，包括与其他建（构）筑物净距和占压状况；

（4）地面泄漏情况；

（5）跨越段，检查跨越段管道防腐（保温）层、补偿器、锚固墩的完好情况，钢结构及基础、钢丝绳、索具及其连接件等腐蚀损伤情况；

（6）穿越段，检查管道穿越处保护工程的稳固性及河道变迁等情况；

（7）水工保护设施情况；

（8）检验人员认为有必要的其他检查。

3. 防腐（保温）层检查

主要检查管道入土端与出土端、露管段、阀室内管道防腐（保温）层的完好情况。检查人员认为有必要时，可对事故后果严重区管道采用检测设备进行防腐层地面不开挖检测。防腐层不开挖检测方法参见本章第二节直接检测内容。

4. 电性能测试

（1）测试绝缘法兰、绝缘接头、绝缘短管、绝缘套、绝缘固定墩和绝缘垫块等电绝缘装置的绝缘性能；

（2）对采用法兰和螺纹等非焊接件连接的阀门等管道附件的跨接电缆或者其他电连接设施，测试其电连续性。

5. 阴极保护系统测试

（1）管道沿线保护电位，测量时应考虑 IR（管道外防腐层破损部位的阴极保护电流在土壤介质中产生的电位梯度）降的影响；

（2）牺牲阳极输出电流、开路电位（当管道保护电位异常时测试）；

（3）管内电流（如有必要，用于管道保护电位异常时测试）；

（4）辅助阳极床和牺牲阳极接地电阻（牺牲阳极接地电阻应当在管道保护电位异常时测试）；

（5）阴极保护系统运行状况，检查管道阴极保护率和运行率、排流效果，阴极保护系统设备及其排流设施。

6. 壁厚测定

（1）利用阀井或者探坑，对重要长输管道或者有明显腐蚀和冲刷减薄的管道进行壁厚抽样测定；

（2）对于穿、跨越管段，对有明显腐蚀或有弯头部位的管道进行壁厚抽样测定，必要时进行布点监控。

7. 地质条件调查

按照相应标准的要求，对有危险的矿产地下采空区、黄土湿陷区、潜在崩塌滑坡区、泥石流区、地质沉降区、风蚀沙埋区、膨胀土和盐渍土、活动断层等地质灾害进行地质条件调查。

8. 安全保护装置检验

参照在用工业管道定期检验规程第五章《安全保护装置检验》第五十四条至第五十九条有关内容执行，其中阀室及防空系统等特殊安全保护装置参照相关标准。

9. 重点检查部位

（1）穿、跨越管道；

（2）管道出土、入土点，管道阀室、分输点，管道敷设时位置较低点；

（3）后果严重区内的管道（高后果区确定准则按照 GB 32167《油气输送管道完整性管理规范》）；

（4）工作条件苛刻及承受交变载荷的管道，如原油热泵站、成品油与天然气加压站等进口处的管道；

（5）曾经发生过泄漏以及抢险抢修过的管道，地质灾害发生较频繁地区的管道；

（6）已经发现严重腐蚀或者其他危险因素的管道；

（7）使用单位认为的其他危险点。

10. 检查报告及结论

年度检查的现场工作结束后，检查人员应当根据检查情况出具年度检查报告，做出下述检查结论：

（1）允许使用，检查过程中未发现或者只有轻度不影响管道安全运行的问题，检查结果符合现行法规与标准要求，可在允许参数范围内继续使用；

（2）监控使用，检查结果虽然发现有超出现行国家法规与标准规定的缺陷，经过使用单位采取措施后能能在允许参数范围内安全运行的；

（3）要求进行全面检验，检查结果发现存在多处超出国家法规与标准规定的缺陷，不能保证管道安全使用要求，需由检验机构进行进一步检验。

年度检查由使用单位自行实施时，按照 TSG D7003—2010《压力管道定期检验规则—长输管道》的检查项目、要求进行记录，并出具年度检查报告，年度检查报告应当由使用单位安全管理负责人或者授权的安全管理人员审批。

11. 问题处理

年度检查报告有问题处理要求时，使用单位应及时采取措施对问题进行处理，处理过程中要做好记录，留下影像资料，最后做好资料归档工作，确保管道信息具有可追溯性，提升管道标准化管理水平。

二、全面检验

（一）基本要求

1. 检验方案

（1）检验前，检验机构应当根据管道的使用情况，依据《压力管道定期检验规则—长输（油气）管道》TSG D7003—2010 的要求制定检验方案，检验方案由检验机构授权的技术负责人审核批准；

（2）对于有特殊情况的管道的检验方案，检验机构应当征求使用单位的意见。

2. 检验项目

全面检验项目包括资料审查、内外检测和合于使用评价。具体要求如下：

（1）应当优先选用内检测方法进行检测，不具备内检测条件的管道，应当考虑改造管道使其满足具备内检测条件；对不能改造或者不能清管以及有证据证明内腐蚀、应力腐蚀、外腐蚀是其主要失效模式的管道，可以采用外检测方法；当内外检测均不可实施，且管道存在安全风险时，应当采用耐压（压力）试验对管道的承载能力进行测试和评估。

（2）具有应力腐蚀开裂倾向的管道，应当进行应力腐蚀开裂检测；

（3）有可能发生 H_2S 腐蚀、材质劣化、材料状况不明的管道，或者使用年限已经超过 15 年，并且进行过与 H_2S 腐蚀、劣化、焊接缺陷有关的修理改造的管道，宜进行管道材质理化检验；

（4）穿、跨越管段应当进行重点检查或者检测；

（5）全面检验内容应当包含年度检查的内容。

（二）全面检验周期

1. 新建管道一般在管道投用后 3 年内进行首次全面检验，首次全面检验后的全面检验周期按表 2. 2 – 1 确定。

表 2. 2 – 1　长输管道检验周期表

检测方法	操作条件下的应力水平			检验周期/年
	<30% *SMYS*	30% ~50% *SMYS*	≥50% *SMYS*	
内检测	*PF* >1. 7*MAOP*	*PF* >1. 4 *MAOP*	*PF* >1. 25 倍 *MAOP*	5
	PF >2. 2 *MAOP*	*PF* >1. 7 *MAOP*	*PF* >1. 39 *MAOP*	10
	PF >2. 8 *MAOP*	*PF* >2. 0 *MAOP*	不允许	15
	PF >3. 3 *MAOP*	不允许	不允许	20
直接检测	抽样检测	抽样检测	抽样检测	5
	抽样检测	抽样检测	抽样检测	10
	抽样检测	抽样检测	不允许	15
	抽样检测	不允许	不允许	20

续表

检测方法	操作条件下的应力水平			检验周期/年
	<30% *SMYS*	30% ~50% *SMYS*	≥50% *SMYS*	
压力试验	*PF* >1.7 *MAOP*	*PF* >1.4 *MAOP*	*PF* >1.25 *MAOP*	5
	PF >2.2 *MAOP*	*PF* >1.7 *MAOP*	*PF* >1.39 *MAOP*	10
	PF >2.8 *MAOP*	*PF* >2.0 *MAOP*	不允许	15
	PF >3.3 *MAOP*	不允许	不允许	20

注：1. *MAOP* 表示管段最大允许操作压力；
2. PF 表示按照相关标准预测的失效压力；
3. 抽样检测指对直接检测过程中确定的防腐层破损点按照相应标准进行部分检测；
4. 检验周期不能大于本表中确定的时间间隔，且最长不能超过预测的剩余寿命的一半，且不宜超过 6 年。时间间隔为确定的检验周期的上限值，专业机构可根据实际情况适当缩短；
5. 内检测周期应不超过 8 年；耐压（压力）试验后，应当给出再次耐压试验周期，对于无法确定缺陷增长速率的管道，最长不超过 3 年；
6. 确定再次耐压试验周期时，应当考虑腐蚀防护系统检测结果、管材性能、实际运行压力、最高试压压力、可能的缺陷类型及缺陷扩展速率等因素。

2. 缩短周期检验

属于下列情况之一的长输管道，应适当缩短全面检验周期：

（1）位于高后果区内的管道；

（2）1 年内多次发生非人为因素造成的泄漏事故的管道以及受第三方破坏严重的管道；

（3）介质或环境对管道腐蚀情况不明的或者腐蚀情况异常的；

（4）具有应力腐蚀倾向或者已发生、严重局部腐蚀或全面腐蚀的管道；

（5）承受交变载荷，可能导致疲劳失效的管道；

（6）防腐（保温）层损坏严重或无有效阴保的管道；

（7）年度检查中发现除本条前几项以外的危及管道本体安全的；

（8）风险评估发现风险值较高的管道；

（9）检验人员和管道使用单位认为应该缩短检验周期的管道。

3. 立即进行全面检验

属于下列情况之一的管道，应当立即进行全面检验：

（1）管道运行工况发生显著改变从而导致运行风险提高的；

（2）输送介质种类发生重大变化，改变为更危险介质的；

（3）长输管道停用超过一年后再启用的封存管道；

（4）年度检查结论要求进行全面检验的；

（5）所在地发生地震、海啸、泥石流等重大地质灾害的；

（6）有重大改造维修的。

（三）基本流程

1. 全面检验的一般流程

全面检测流程如图 2. 2 – 1 所示。

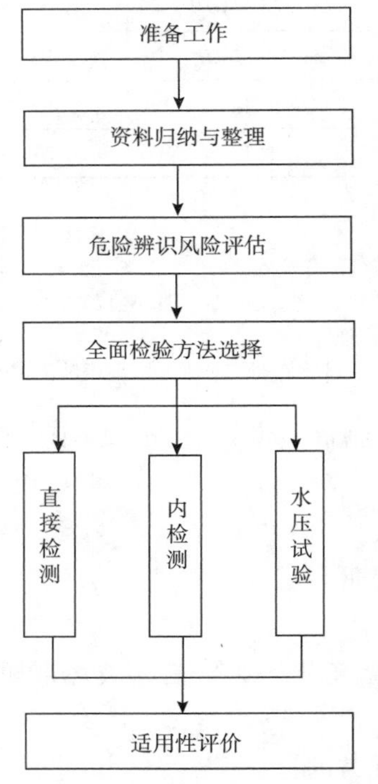

图 2. 2 – 1　长输管道全面检验流程

使用单位负责制定公用管道全面检验计划，安排全面检验工作，按时向负责压力管道使用登记的质量技术监督部门申报全面检验计划并进行备案，约请具备相应资格的检验机构开展全面检验。

检验机构检验前，检验机构应当对提交和收集的以下资料进行分析：

（1）管道设计单位资格，设计图纸、文件与有关强度计算书；

（2）管道元件产品质量证明书；

（3）管道安装单位资格，安装监督检验证书，安装及竣工验收文件和资料；

（4）管道使用登记证；

（5）管道平面图与纵（横）断面图；

（6）管道运行记录，包括输送介质压力、流量记录、压力异常波动记录、电法保护运行记录、阴极保护系统故障记录，管道修理或改造的资料，管道事故或失效资料，管道的各类保护措施的使用记录，管道的电法保护日常检查记录，输送介质分析报告（特别是含硫化氢、二氧化碳、氧气、游离水和氯化物）；

（7）运行周期内的年度检查报告；

（8）历次全面检验报告。

前三款在管道投用后首次全面检验时必须审查，在以后的检验中可以视需要查阅。

2. 资料审查

全面检验前，检验机构应当对使用单位提交和收集的以下资料进行审查、分析：

（1）设计图纸、文件与有关强度计算书；

（2）管道元件产品质量证明文件；

（3）安装监督检验证明文件、安装及其竣工验收资料；

（4）管道运行记录，包括输送介质压力、流量记录、压力异常波动记录、输送介质分析报告（特别是含硫化氢、二氧化碳和游离水的介质）；

（5）管道修理或者改造的资料，管道事故或者失效资料，管道的各类保护措施的使用记录，电法保护运行记录、阴极保护系统故障记录，管道的电法保护日常检查记录；

（6）运行周期内的年度检查报告；

（7）上一次全面检验的检验报告；

（8）检验人员认为全面检验所需的其他资料。

3. 风险评估

检验机构对资料审查分析完成后，应当由专业人员进行风险预评估，评估时应充分了解每种风险评估方法的优缺点，选择最适合所评价管道的风险评估方法。

4. 检验方法的选择及实施

依据风险评估的结果，针对性的选择全面检验的方法。可选择的方法有内检测、压力试验和直接检测评价。

（四）常用全面检验检测方法

1. 内检测技术

内检测技术是一项非常重要的检测管体缺陷的无损检测技术，不但能检测出管道已有缺陷，还能识别潜在的管道缺陷，对管道安全运行有着特别重要的作用。从检测内容上可分为：管道几何变形检测、管道金属损失检测、管道测绘检测以及其他相关检测。具体内容参见本章第三节内检测技术内容。

2. 直接检测

直接检测方法包括内腐蚀、应力腐蚀开裂、外腐蚀直接检测，在实施检测时，检测机构应当根据危害管道完整性的因素选择一种或者几种直接检测方法。目前原油输送管道主要采用外腐蚀直接检测方法。外腐蚀直接检测按照 GB/T 30582《基于风险的埋地钢质管道外损伤检验与评价》进行，具体项目包括腐蚀防护系统检验（包含管道敷设环境调查、防腐（保温）层状况不开挖检测、管道阴极保护有效性检测）和开挖直接检验。

（1）管道敷设环境调查

管道敷设环境调查一般包括环境腐蚀性检测和大气腐蚀性调查。环境腐蚀性检测包括土壤腐蚀性调查和杂散电流测试。当地物地貌环境以及土壤无较大变化时，土壤腐蚀性数据可采用工程勘察或者上次全面检验报告的数据。土壤腐蚀性和杂散电流检测与评价应当按照 GB/T 19285《埋地钢质管道腐蚀防护工程检验》进行。对可能存在大气腐蚀环境的跨越段与裸露管段，应当按照相关标准进行大气腐蚀调查。

（2）防腐层破损点检测及定位技术

对防腐（保温）层与腐蚀活性区域，采用不开挖方法进行检测，主要测试方法有直、交流电位梯度法、直流电位（交流电流）衰减法。检测过程中应当至少选择两种相互补充的检测方法进行检测。具体检测方法见本书《管道外防腐（保温）层破损点检测技术》章节。

（3）阴极保护有效性检测

对采用外加电流阴极保护或者可断电的牺牲阳极阴极保护的管道，应当采用相应检测技术测试管道的真实阴极保护极化电位；对阴极保护效果较差的管道，应当采用密间隔电位测试技术（CIPS）。具体测试方法详见本书第五节《阴极保护及杂散电流检测技术》。

（4）开挖直接检验

①开挖直接检验点确定原则

根据管线敷设环境调查、防腐（保温）层状况不开挖检测、管道阴极保护有效性检测的检测结果，对腐蚀防护系统进行质量等级评价，根据评价结果按照一定比例选择开挖检验点，开挖点数量的确定原则见表 2.2－2。开挖点的选取应当结合资料调查中的错边、咬边严重的焊接接头以及碰口与连头焊口，高后果区，使用中发生过泄漏、第三方破坏的位置等信息。开展内检测的管道，开挖位置与数量宜与内检测结果相结合，开挖数量可适当调整。

表 2.2－2　开挖点数量确定原则

管道类别	腐蚀防护系统质量等级			
	1	2	3	4
输油管道/（处/km）	不开挖	0.1	0.6～0.8	1.2～1.5
输气管道/（处/km）	不开挖	0.1	1.0～1.2	1.8～2.0

注：该表开挖点确定的原则主要以直接检测方法开展的全面检验为主；以内检测方法开展全面检验时，每个站间距验证点的数量宜为 2 处，全线的检验点应不少于 5 处。

②开挖直接检验的方法和内容：

a. 土壤腐蚀性检测，检查土壤剖面分层情况以及土壤干湿度，必要时可以对探坑处的土壤样品进行理化检验；

b. 防腐（保温）层检查和探坑处管地电位检测，检测防腐（保温）层的物理性能以及探坑处管地电位，必要时收集防腐（保温）层样本，按照相关标准进行防腐（保温）层性能分析；

c. 管道本体状况检测，包括金属腐蚀部位外观检查、腐蚀产物分析、管道壁厚测定、腐蚀区域描述，以及凹陷、变形等损失检查；

d. 管道焊缝无损检测，对开挖处的管道对接环焊缝进行无损检测，必要时还应当进行对接钢管焊缝进行无损检测；无损检测一般采用射线或者超声波检测方法，也可采用国家质检总局认可的其他无损检测方法。

对于宏观检测存在裂纹或者可疑情况的管道，处于具有应力腐蚀开裂严重倾向的管段以及检验人员认为有必要时，可对管道对接环焊缝、管道碰口与连头、管道螺旋焊缝或者对接直焊缝、焊缝返修处等部位进行无损检测。

3. 跨越段检查

跨越管道的检查参照工业管道定期检验的有关要求进行，并且按照相关标准对跨越段附属设施进行检查。按照 SY/T 6068—2014《油气管道架空部分及其附属设施维护保养规程》要求，对整个跨越管道进行检测及工程技术评价。检测时从跨越结构进行三部分划分：上部结构检测，下部结构检测和跨越管道检测；最后依据整体检测结果对跨越进行结构变形和特殊性检测。依据检测结果，对检测分项结果进行损伤累积评价，再整合各个分项评价结果，给出跨越段整体损伤评价结果和维修建议。

（1）跨越上部结构检测

上部结构检测项目包括钢塔架宏观检测、焊缝检查、螺栓检测、钢塔架测厚、钢丝绳宏观检测、钢丝绳探伤检测、夹具检测等。主要检测塔架的立柱、腹杆是否变色起皮、油漆剥落、一般锈蚀面积统计、焊缝有无裂纹或开裂现象、螺栓是否松动或锈蚀、塔架壁厚是否腐蚀减薄、钢丝绳维护保养情况和是否有断丝、夹具锈蚀状况等内容。每个项目应详细描述、记录和留存影像资料。

（2）跨越下部结构检测

跨越下部结构检测主要包括锚固墩和塔架基础设施检测。检查锚固墩有无破损、露筋锈蚀现象。

（3）跨越管道检测

检查管道防腐（保温）层损害情况，管吊架、管箍锈蚀情况，管体金属表面腐蚀状况，支架与管道接触处有无积水现象，出、入土端管道与地面交接处管体情况，弯头位置管体情况，对接环焊缝情况等。

4. 理化检验

理化检验包括化学成分分析、硬度测试、力学性能测试、金相分析。

5. 化学成分分析

当管道材料状况不明时，应当分析其化学成分，分析部位包括母材和焊缝。

6. 硬度测试

对可能发生 H_2S 腐蚀的管道，应当进行焊接接头的硬度测试，判断管道的应力腐蚀开裂倾向的大小。硬度测试部位包括母材、焊缝及热影响区。硬度测试应当符合以下规定：

（1）对输送含 H_2S 腐蚀的管道，其母材、焊缝及热影响区的最大硬度值不应当超过 $250HV_{10}$（22HRC）；

（2）碳钢管的焊接硬度值不宜超过母材最高硬度的120%；

（3）合金钢管的焊缝硬度值不宜超过母材最高硬度的125%；

当焊接接头的硬度值超标时，检验人员应当根据具体情况扩大焊接接头内外无损检测抽查比例；

7. 力学性能测试

力学性能测试包括管道母材横向、纵向与焊接的屈服强度、抗拉强度、延伸率和冲击性能。

（1）对于输送含 H_2S 介质应力腐蚀倾向性严重或者低温工况下的钢管焊缝，避免延性断裂的冲击性能测试内容包括 -10℃或者更低温度下的夏比冲击功；避免脆性断裂的冲击性能测试内容包括设计温度低10℃（公称壁厚 $T_n \leqslant 20mm$）、设计温度低20℃（$20mm <$ 公称壁厚 $T_n \leqslant 30mm$）、设计温度低30℃（公称壁厚 $T_n > 30mm$）下的夏比冲击功。

（2）对于输送无水介质或者含水分较少的天然气、原油或者成品油的钢管焊缝，冲击性能测试内容包括0℃下的夏比冲击功。

8. 金相分析

应当对管道母材的焊缝的显微组织、夹杂物进行金相分析。

9. 外腐蚀直接检测成果

目前国内外长输管道在未满足内检测条件下的管线，都采取外腐蚀直接检测，外腐蚀直接检测应当按照GB/T 30582《基于风险的埋地钢质管道外损伤检验与评价》进行，具体项目包括腐蚀防护系统检验和开挖直接检验。近几年具体检测缺陷如图 2.2－2、图 2.2－3、图 2.2－4 和图 2.2－5 所示：

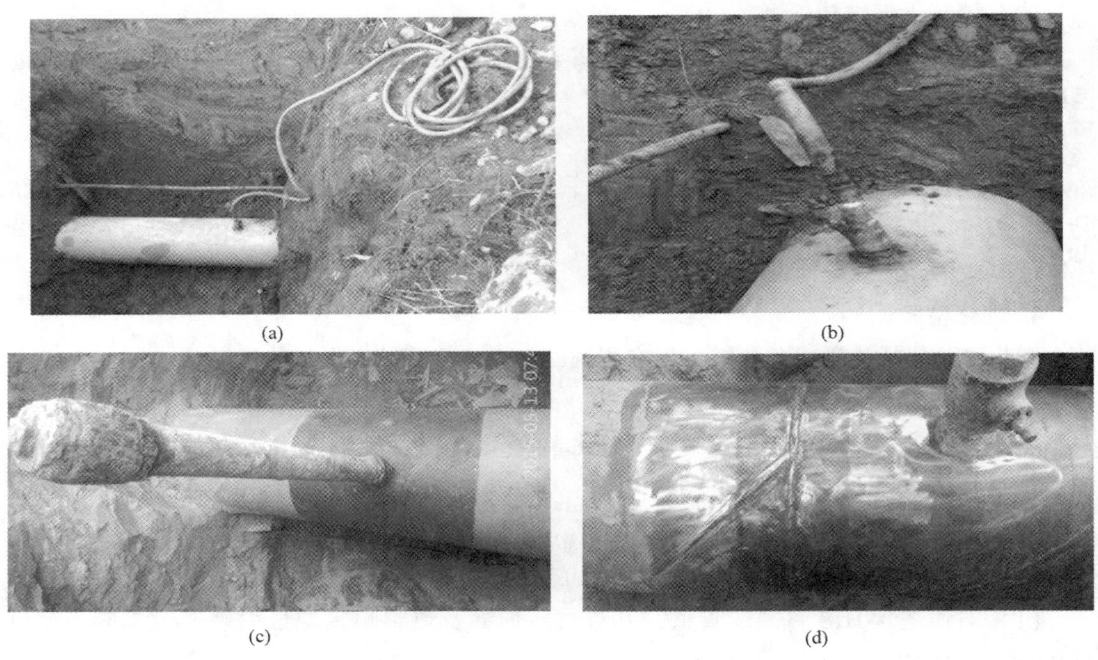

(a) (b) (c) (d)

图 2.2－2　检测发现各类盗油阀门

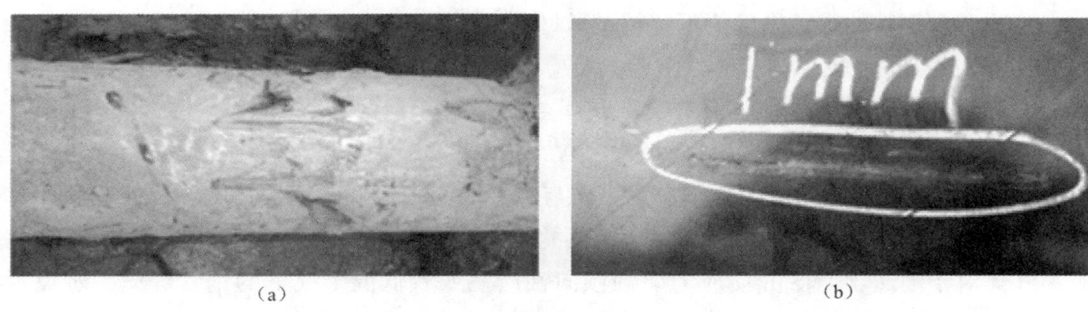

(a) (b)

图 2.2－3　施工过程造成腐层及管道本体划伤

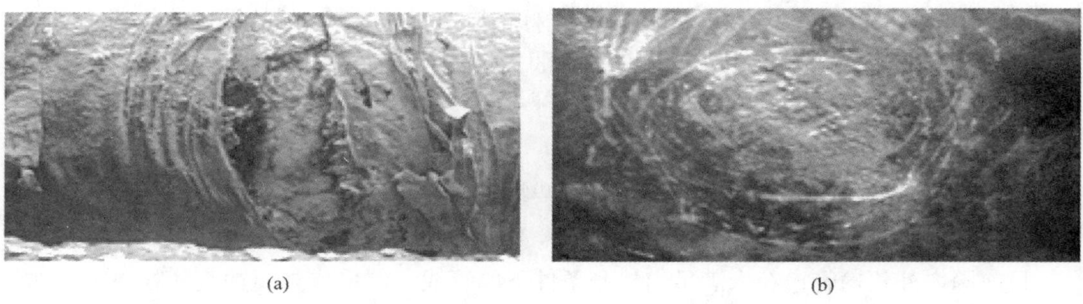

(a) (b)

图 2.2－4　防腐层破损及破损位置管体腐蚀

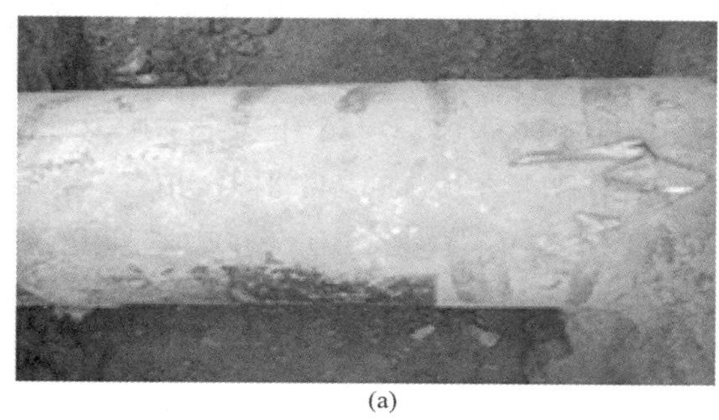
(a)

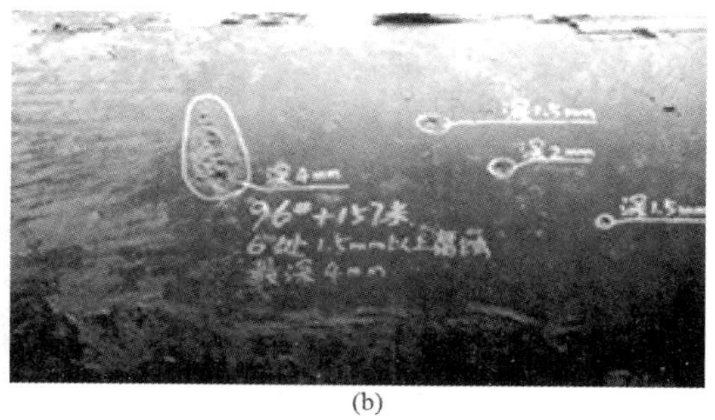
(b)

图 2.2－5　防腐层老化剥离及剥离位置管体腐蚀

（五）耐压（压力）试验

（1）耐压试验一般由使用单位负责准备和操作；检验单位负责对耐压（压力）试验的过程进行现场监督，并对试验结果签字确认；

（2）检验单位应当结合管道的实际情况，制定专门的耐压（压力）试验方案；

（3）耐压（压力）试验的介质、压力、时间选择应当符合 GB 32167《油气输送管道完整性管理规范》相关要求规定。水压试验的方案和操作过程按照 GB/T 16805《液体石油管道压力试验》执行。

三、合于使用评价

长输管道不可避免地存在不同程度的缺陷，而且管道在使用过程中，还会因载荷、介质等各种因素的影响，萌生出新的缺陷。如果坚持不允许任何缺陷存在那是不经济的，如果不加分析任其存在那也是危险的。实践证明，并非所有的缺陷都会导致管道失效，重要的是对缺陷进行分类，针对不同类型缺陷进行必要的分析和评定，消除存在潜在危险的缺陷，允许对管道安全没有威胁的缺陷存在。既避免修复中焊接加速管材的劣化，又减少不必要返修和换管造成的经济损失。为此，参照压力容器，提出了管道“合于使用”的管道安全评定方法。

“合于使用”原则是针对“完美无缺”原则而言的。“合于使用”评定技术是以断裂力学、材料力学、弹塑性力学及可靠性系统工程为基础，承认结构存在构件形状、材料性能偏差和缺陷的可能性，但在考虑经济性的基础上，科学分析已存在缺陷对结构完整性的影响，保证结构不发生已知机制的失效，因而被广泛应用于工程结构质量评估中。

压力管道合于使用评价（fitness for service assessment）的是指：在对含有缺陷或损伤的管道进行定量检测的基础上，通过严格的理论分析和计算，确定缺陷或损伤是否危害管道结构的安全可靠性，并基于缺陷或损伤的动力学发展规律研究，确定管道结构的安全服役寿命。评价机构应当根据缺陷的性质、缺陷产生的原因以及缺陷发展预测在评价报告中给出明确结论，说明缺陷对管道安全使用的影响，确定在预期的工作条件下是否可以继续安全运行。

国际上得到较好的工程验证并普遍采用的合于使用评价（或者称安全评定）的标准主

要有 API 579《Fitness-For-Service》、BS 7910《金属结构中缺陷验收评定方法导则》。我国通过“八五”、“九五”、“十五”科技攻关，开展研究，作为成果集成颁布了 GB/T 19624—2004《在用含缺陷压力容器安全评定》，标准的附录 G 和附录 H 给出了压力管道直管段以焊接缺陷为主的平面缺陷、体积型缺陷安全评定方法；SY/T 6477—2014《含缺陷油气输送管道剩余强度评价方法》中采用了 API RP 579 - 1 COMBO - 2007《适用性评价》部分章节的内容，进一步丰富了含缺陷油气管道剩余强度评价方法（**注**：Fitness-For-Service 翻译中文后，有合于使用评价，也有称适用性评价）。

《压力管道定期检验规则——长输（油气）管道》（TSG D7003—2010）规定的合于使用评价主要包括：

（1）管道应力分析；

（2）管道缺陷的剩余强度评价；

（3）管道超标缺陷安全评定；

（4）主要针对和时间有关的腐蚀缺陷进行的剩余寿命预测；

（5）一定条件下的材料适用性评价。

（一）基于管道内检测的合于使用评价

管道内检测技术是将各种无损检测设备加在清管器上，将单一作用的非智能清管器改为有信息采集、处理、存储等功能的智能管道缺陷检测器，通过在管道内运动，达到检测管道缺陷的目的。管道内检测技术是目前最能展现出管道管体缺陷状况的检测技术。

GB 32167—2015《油气输送管道完整性管理规范》8.1.4 中描述“宜优先选择基于内检测数据的适用性评价方法进行完整性评价。”因此，基于管道内检测的合于使用评价尤为重要。

1. 评价步骤和内容

基于管道内检测的合于使用评价一般按照以下几步来进行：

（1）管道基础资料的调查，包括：管线历史档案资料调查（管道材质分布、管道规格、设计压力、施工情况等）；管道目前运行状况调查（运行压力、维修维护信息、改线信息等）；穿跨越管段信息调查（穿跨越类型、起止位置、壁厚、管材、防腐状况、穿跨越对象描述等）；高后果区信息调查（高后果区类型、起止位置、管段规格、高后果区描述等）；管段历史失效事件调查（泄漏、损坏、性能下降等）。

（2）管道内检测数据质量分析，包括：对内检测器的机械性能指标和检测条件分析；检测过程中检测器运行速度分析；开挖验证结果与检测结果对比分析。

（3）缺陷分析，包括：金属腐蚀缺陷分析；制造缺陷分析；环焊缝异常分析；螺旋焊缝异常分析；直焊缝异常分析；凹陷分析；全线分析。主要是利用各类型缺陷的特征与里程分布图来进行统计分析，例如某管段金属腐蚀的各特征与里程分布图如图 2.2 - 6 所示。

（4）缺陷评价，包括：金属腐蚀缺陷评价；制造缺陷评价；环焊缝异常评价；螺旋焊缝异常评价；直焊缝异常评价；凹陷评价。

（5）特殊管段安全分析，包括：穿跨越管段评价与分析；高后果区分析与风险控制；

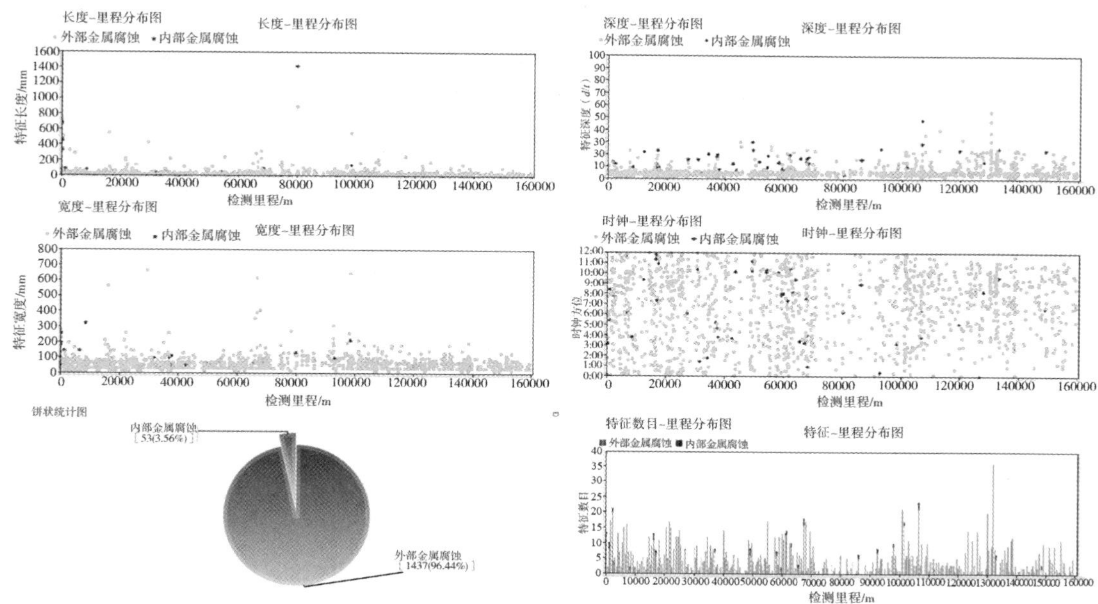

图 2.2－6　某管段金属腐蚀各特征与里程分布图

防腐层补口分析。

（6）给出管道安全运行建议、许用压力、下次检验日期。

2. 缺陷评价的方法与实例

（1）在进行缺陷评价前，要先确定管道材质的力学性能参数：管体、环焊缝和螺旋焊缝的屈服强度、抗拉强度和冲击功。如果出现管道材质不同的管线，应根据实际管材分布情况采用相应力学性能参数分段进行评价。

（2）金属损失－腐蚀缺陷的评价

金属损失为体积型缺陷，包括腐蚀、管材制造缺陷或施工过程中的机械损伤。制造缺陷为管线钢管制造过程中产生的缺陷，这类缺陷一般不会存在继续增长的可能性，但有可能缺陷周围管材上存在应力集中或组织改变；而腐蚀缺陷是在管线运营期间由于外部或内部存在腐蚀环境而产生的缺陷，这类缺陷会随着时间的延长不断增长。因此两类缺陷的评价方法、修复或验证方式都有所不同，不应作为一类缺陷进行处理。金属腐蚀适合采用 RSTRENG 0.85dL 方法进行评价，而制造缺陷适合采用 SHANNON 方法进行评价。

①深度准则：根据目前国内外广泛使用的腐蚀缺陷评价规则以及缺陷深度对管道运行安全的影响，给出数据初步判别准则：腐蚀缺陷最大深度尺寸达到或超过 50% wt，应立即修复。

②腐蚀增长速率计算

依据腐蚀增长速率来预测腐蚀缺陷的未来发展情况，从而判定出计划修复时间和再检测时间，以保障缺陷及时修复，决策再检测周期。对于腐蚀缺陷的增长速率，目前主要根据检测数据来估算，即根据两次检测数据的对比来确定腐蚀的增长率，并且腐蚀增长率的估算一般会采用相对保守的原则。

最普遍的预测腐蚀增长率的方法就是对比两组近些年内检测的数据。如果仅有一次的内检测数据，可以采用全寿命或半寿命的方法来预测腐蚀缺陷的增长速率，获取最深腐蚀缺陷的腐蚀增长率和全部腐蚀缺陷的平均增长率，根据管道运营公司的安全策略和可接受准则，来确定所采用的腐蚀增长率。例如，公司的安全策略极其保守，并且经济计划没有问题，这时可以采用最深腐蚀缺陷的腐蚀增长率作为管道的整体腐蚀增长率来进行评价。

全寿命腐蚀增长速率应用公式（2.2-1）计算：

$$GR_c = \frac{d_2 - d_1}{T_2 - T_1} \tag{2.2-1}$$

式中 GR_c——腐蚀增长率，mm/a；

d_2——最近一次检测的腐蚀深度，mm；

d_1——上一次检测的腐蚀深度，mm；

T_2——最近一次检测的时间，a；

T_1——上一次检测的时间，如果没有，表示管道投产的时间，a。

选用半寿命腐蚀增长速率应用公式（2.2-2）计算：

$$GR_c = \frac{d_2 - d_1}{(T_2 - T_1)/2} \tag{2.2-2}$$

式中 GR_c——腐蚀增长率，mm/a；

d_2——最近一次检测的腐蚀深度，mm；

d_1——上一次检测的腐蚀深度，mm；

T_2——最近一次检测的时间，a；

T_1——上一次检测的时间，如果没有，表示管道投产的时间，a。

实例：鲁宁线临邑-长清段是2014年做的管道漏磁内检测。鲁宁线原油管道自1978年建成投产到2014年完成本次内检测运行了近36年的时间，是一条老管线，因此腐蚀增长率采用半寿命周期计算。鲁宁线临邑-长清段腐蚀增长速率计算结果见表2.2-3，腐蚀增长速率分布情况见图2.2-7。

表2.2-3 半寿命周期计算得到的腐蚀增长速率

金属腐蚀类型	特征数目	最大增长速率/（mm/a）	平均增长速率/（mm/a）
内部腐蚀	105	0.10	0.04
外部腐蚀	15406	0.23	0.03

③腐蚀缺陷剩余强度计算

对于腐蚀缺陷剩余强度评价，宜选用RSTRENG 0.85*dL*（修正版的ASME B31G），该方法更适合于实际的应用。

RSTRENG0.85*dL*（ASME B31G修正版）方法是ASME B31G方法的改进，需要缺陷深度和长度两个容易测量的值作为参数，增加了流动应力值将流动应力定义为SMYS +

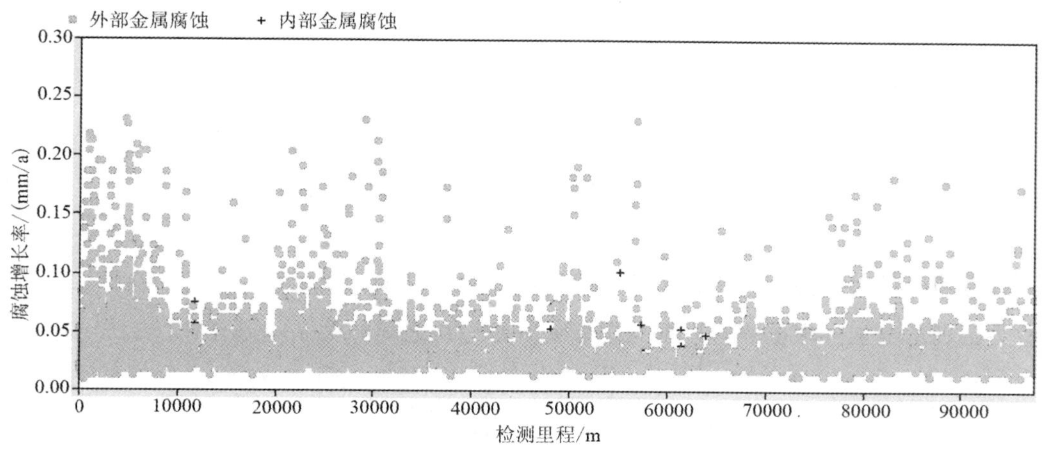

图 2.2-7　半寿命周期计算得到的腐蚀增长速率分布情况

68.95MPa，面积表示为 $0.85dL$（d 是最大深度，L 是缺陷总长度）。$0.85dL$ 计算得到的缺陷面积大小介于抛物线形状面积和矩形面积之间，比 RSTRENG 有效面积方法计算的面积准确度差，但是 RSTRENG $0.85dL$ 方法简单易于操作。与 ASME B31G 相比，RSTRENG $0.85dL$ 中用 $0.85dL$ 取代了 $2/3dL$ 看上去似乎更加趋于保守，但是采用了修正的流动应力值和鼓胀系数时，所计算出来的结果相对于 ASME B31G 方法就不再保守。同 ASME B31G 方法一样，RSTRENG $0.85dL$ 方法不适用于强度等级较高的高强度钢。该算法评价计算公式见式（2.2-3）：

$$P'_3 = P\left(1 + \frac{68.95}{SMYS}\right)\left[\frac{1 - 0.85\dfrac{d}{t}}{1 - \left(0.85\dfrac{d}{t}\right)M_3^{-1}}\right] \tag{2.2-3}$$

式中　P'_3——最大安全压力，不大于设计压力，MPa；

P——设计压力，MPa；

$SMYS$——管钢公称最小屈服强度，MPa；

t——管壁厚度，mm；

L_{total}——腐蚀的轴向长度，mm；

d——腐蚀缺陷厚度，mm；

D——管道外径，mm；

M_3——鼓胀系数（Folias Factor）[无量纲]

对于 $\dfrac{L_{total}^2}{Dt} \leqslant 50$，应用公式（2.2-4）计算：

$$M_3 = \left(1 + \frac{1.255}{2}\frac{L_{total}^2}{Dt} - \frac{0.0135}{4}\frac{L_{total}^4}{D^2t^2}\right)^{1/2} \tag{2.2-4}$$

对于 $\dfrac{L_{total}^2}{Dt} > 50$，应用公式（2.2-5）计算：

$$M_3 = 0.032 \frac{L_{\text{total}}^2}{Dt} + 3.3 \tag{2.2-5}$$

预测的爆管失效压力 P_{burst3} 使用公式（2.2－6）计算：

$$P_{\text{burst3}} = \left(\frac{2t}{D}\right)(SMYS + 68.95)\left[\frac{1 - 0.85\frac{d}{t}}{1 - \left(0.85\frac{d}{t}\right)M_3^{-1}}\right] \tag{2.2-6}$$

管道当前最大允许运行压力下的受腐蚀面积的允许最大尺寸可以通过 d/t 和 $L/\sqrt{Dt}$ 之间的关系表示出来，根据式可以推导出 d/t 和 $L/\sqrt{Dt}$ 之间的关系式如公式（2.2－7）：

$$\frac{d}{t} = \frac{1}{0.85}\left[\frac{1 - \frac{SMYS}{SMYS + 68.95}}{1 - \frac{SMYS}{SMYS + 68.95}\left(\frac{1}{M_3}\right)}\right] \tag{2.2-7}$$

通过式（2.2－7），同时遵循“如果腐蚀面积的最大深度大于管壁厚度的0.80倍，那么缺陷应进行修补或寻求专家帮助”的原则可以描绘出 d/t 和 $L/\sqrt{Dt}$ 之间的 RSTRENG 关系曲线。

实例：鲁宁线临邑－长清段管道材质16Mn，管径720mm，壁厚8mm，屈服强度 *SMYS* 取345MPa，抗拉强度 *SMTS* 取470MPa，最大允许运行压力按照4.0MPa计算，安全系数取1.39后的压力为5.56MPa。图2.2－8为按照SY/T 6151—2009中的RSTRENG 0.85*dL* 评价方法给出的所有腐蚀缺陷特征的评价结果。可见按照RSTRENG 0.85*dL* 方法评价，存在需要修复的缺陷。

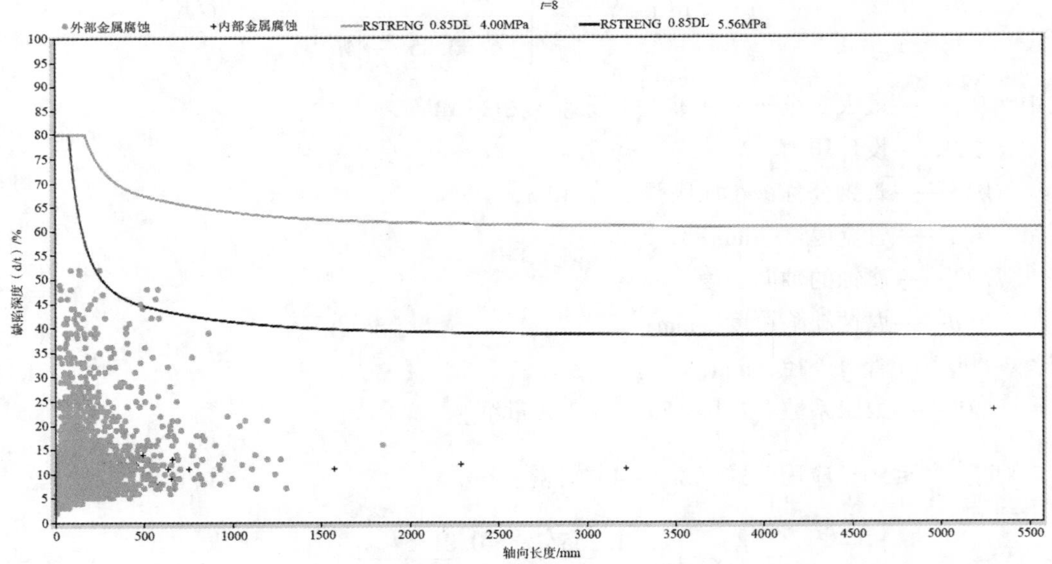

图2.2－8　按照RSTRENG 0.85*dL* 方法对金属损失缺陷的评价结果

按照半寿命周期预测的未来5年内鲁宁线临邑－长清段需要修复的腐蚀缺陷统计如图2.2－9所示。

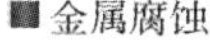

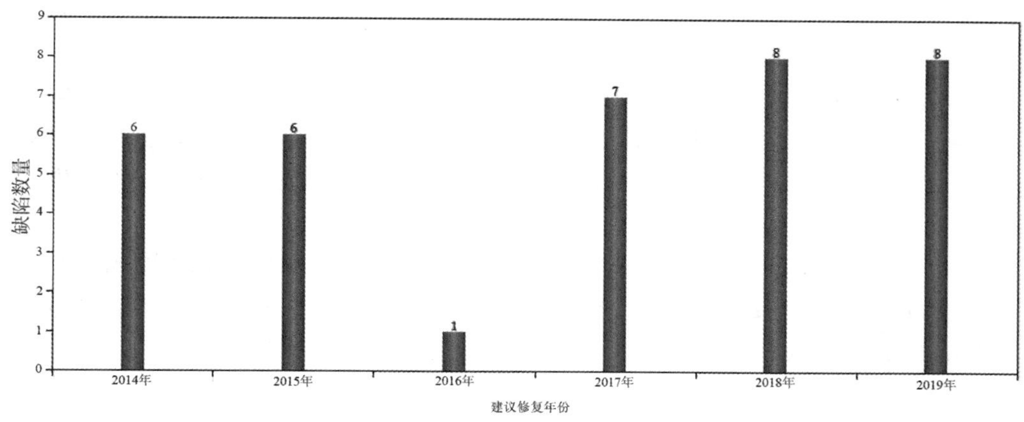

图2.2－9　按照腐蚀增长速率预测未来5年内的缺陷修复情况

3. 制造缺陷的评价

（1）深度准则：根据目前国内外广泛使用的制造缺陷评价规则以及缺陷深度对管道运行安全的影响，企业可制定适合自身管理的情况，给出数据初步判别准则。如制造缺陷最大深度尺寸达到或超过管道壁厚的百分比，应立即修复。

（2）制造缺陷剩余强度计算

对于制造缺陷，采用SHANNON方法进行评价。

实例：鲁宁线临邑－长清段评价，屈服强度 *SMYS* 取345MPa，抗拉强度 *SMTS* 取470MPa，最大允许运行压力按照4.0MPa计算，安全系数取1.39后的压力为5.56MPa。图2.2－10为按照SHANNON评价方法给出的制造缺陷评价结果。

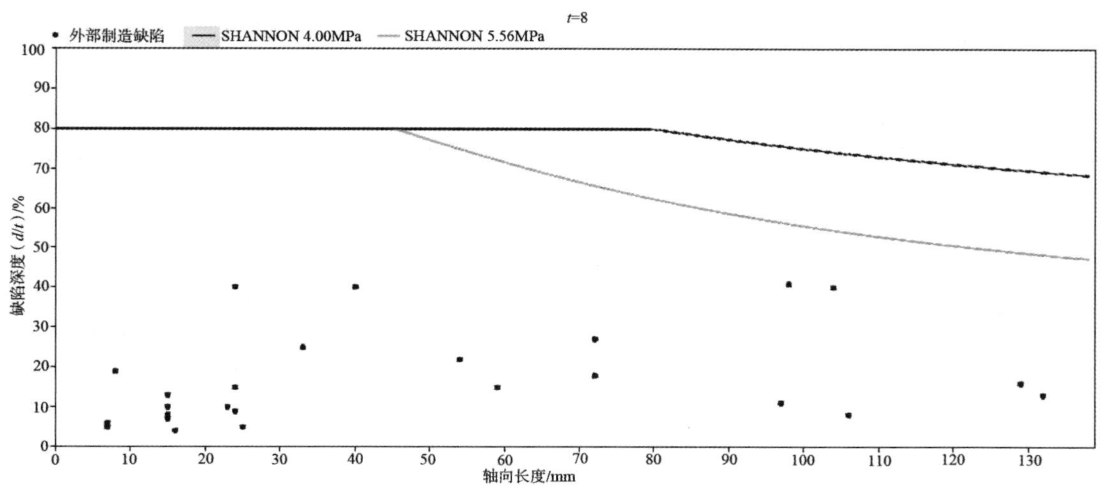

图2.2－10　按照SHANNON方法对制造缺陷的评价结果

4. 环焊缝异常的评价

目前，环焊缝中的缺陷定性比较困难，也无严格的焊缝评价标准。可结合检测处的缺陷情况，参照同行通用的做法开展评价。

（1）深度准则：企业可制定适合自身管理的情况，给出数据初步判别准则。如环焊缝缺陷最大深度尺寸达到或超过管道壁厚的百分比，应立即响应。

（2）管道漏磁内检测所报告的环焊缝异常可能是过度打磨、未焊满等体积型缺陷，也可能是未熔合、未焊透等平面型缺陷，在内检测无法明确缺陷类型的情况下，出于安全性考虑将环焊缝异常统一作为平面型缺陷使用 BS 7910—2013 评价方法 1 进行评价。

实例：鲁宁线临邑－长清段管线母材 *SMYS* 取 345MPa，*SMTS* 取 470MPa，冲击功取 32J，残余应力取材料的标称屈服强度，最大允许运行压力按照 4. 0MPa 计算。图 2. 2－11 为按照 BS 7910—2013 评价方法 1 给出的管道环焊缝异常评价结果。

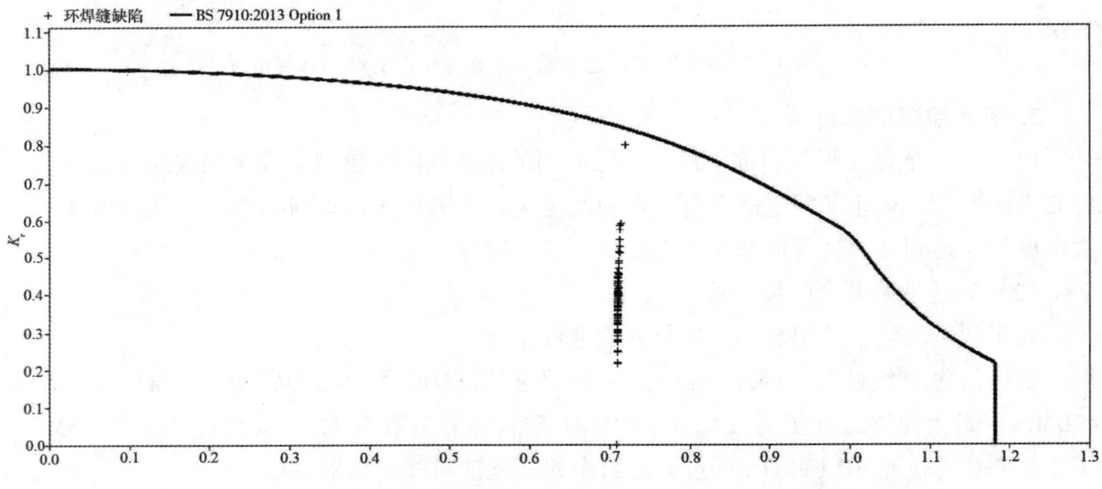

图 2. 2－11　按照 BS 7910—2013 评价方法 1 的环焊缝异常评价结果

5. 螺旋焊缝异常的评价

（1）深度准则：可参照环焊缝异常制定准则。

（2）螺旋焊缝异常作为内表面的平面型缺陷使用 BS 7910—2013 评价方法 1 进行评价。

实例：鲁宁线临邑－长清段管线母材 *SMYS* 取 345MPa，*SMTS* 取 470MPa，冲击功取 14J，残余应力取 30% 的屈服强度，最大允许运行压力按照 4. 0MPa 计算。图 2. 2－12 为螺旋焊缝异常环向投影采用 BS 7910—2013 评价方法 1 评价的结果。图 2. 2－13 为螺旋焊缝异常轴向投影采用 BS 7910—2013 评价方法 1 评价的结果。最终的评价结果需要综合环向投影与轴向投影的评价结果，给出相应建议。

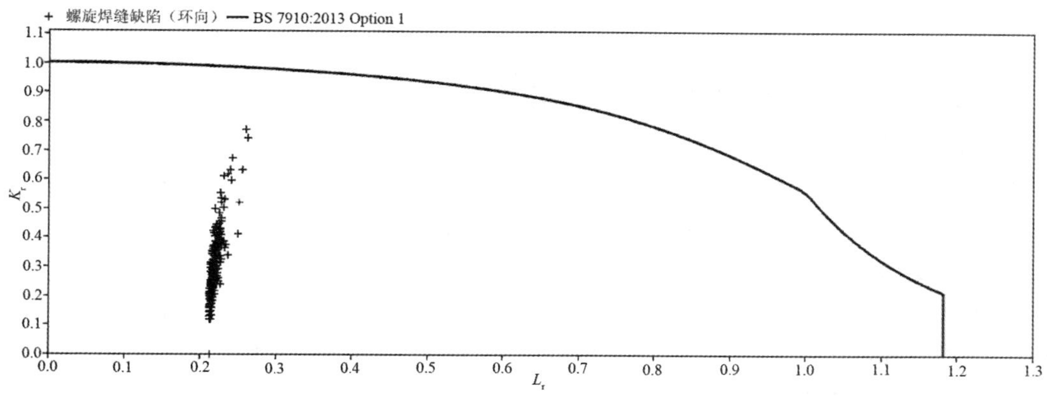

图 2.2－12　螺旋焊缝异常环向投影评价结果

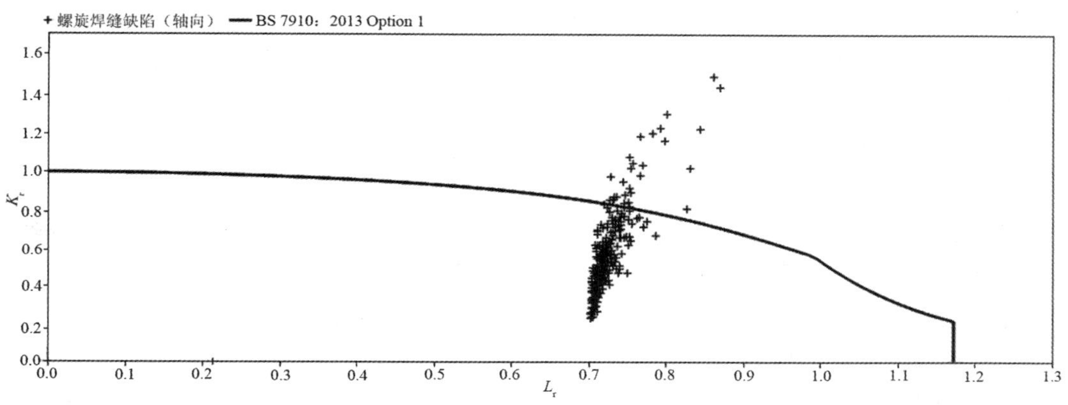

图 2.2－13　螺旋焊缝异常轴向投影评价结果

6. 直焊缝异常的评价

直焊缝与螺旋焊缝都是钢制管道制管时产生的，因此，直焊缝异常的评价参照螺旋焊缝异常评价方法进行评价。

7. 凹陷的评价

目前，关于凹陷的评价，普遍采用 SY/T 6996—2014《钢质油气管道凹陷评价方法》的规定，主要采用基于深度的评价和基于应变的评价。几何变形内检测器所检出的凹陷深度≥6%，需要进行修复；当凹陷深度≥2%且凹陷处存在腐蚀等缺陷时，需要进行修复。需要强调的是：GB 32167—2015 的附表 K 中指出，对凹陷、扭曲等变形缺陷在解除约束应力后尺寸减少的缺陷，宜按照原尺寸评价结论修复。

8. 穿跨越管段评价

穿跨越管段的强度设计系数的选取与一般管段不同，所采用的管道材质和壁厚也不同与一般管段，因此，要单独对穿跨越管段进行评价。

评价时，首先要明确穿跨越管段的起止位置、穿跨越方式、管段材质、壁厚等信息；穿跨越管段的评价系数参照 GB 50423—2013 和 GB 50459—2017 中的强度设计系数选取；

评价采用相应管段材质的力学性能和壁厚进行评价，若未获知具体参数，则参数选取与一般管段相同。

（二）基于管道外检测的合于使用评价

1. 资料审查

数据收集、检查和整合能反映该管段状况和潜在危害的必要数据和信息，是评价一个管道系统或管段的第一步，这对了解管段状况、识别具体位置上影响管道的危害以及事故对公众、环境和运行造成的后果是必要的。

明确管道全生命周期不同阶段需采集数据的种类和属性，并按照源头采集的原则进行采集。数据来源包括设计、采购、施工、投产、运行、废弃等过程中产生的数据，还包括管道测绘记录、环境数据、社会资源数据、失效分析、应急预案等。

管道建设期数据采集内容包含管道属性数据、管道环境数据、施工过程中的重要事件记录及设计文件等。运行期数据采集内容包含管道属性数据、管道环境数据和管道检测维护管理数据等。具体可归纳为：

（1）设计图纸、文件与有关强度计算书；

（2）管道元件产品质量证明资料；

（3）安装及其竣工资料；

（4）管道运行记录，包括介质压力、流量记录、压力异常波动记录、阴极保护系统日常检查及故障记录、管道修理或者改造的资料、管道事故或者失效资料、管道各类保护措施的使用记录、高后果区及穿跨越段汇总资料、输送介质分析报告等；

（5）运行周期内的检测、评价报告。

当收集的数据有更新时，应进行检查确保其一致性和完整性，并做好与历史数据对比分析工作。

2. 应力分析

管道应力分析直接关系到管道自身和与其相连的设备、土建结构的安全，压力、重力、风、地震、压力脉动、冲击等外力荷载和热膨胀的存在，是管道产生应力问题的主要原因，管道应力分析可以分为静力分析和动力分析两部分。静力分析是指在静力荷载的作用下对管道进行力学分析，并进行相应的安全评定，使之满足安全规范的要求。动力分析主要指管道的振动分析，目的是使振动的影响得到有效控制。静力分析包括：压力荷载和持续荷载作用下的一次应力计算、管道热胀冷缩以及端点附加位移等位移荷载作用下的二次应力计算、管道对设备作用力的计算、管道支吊架的受力计算、管道上法兰的受力计算等内容。动力分析包括：管道自振频率分析、管道强迫振动响应分析、往复压缩机（泵）气（液）柱频率分析、往复压缩机（泵）压力脉动分析等内容。

目前管道应力分析软件所采用数值分析方法均为有限元法，分析计算时首先要将管系通过节点划分为若干单元，建立计算模型。在建立模型时，应在下列各处设节点：

（1）管道端点；

（2）管道约束点、支吊点和给定位移处；

（3）管道方向改变点或分支点；

（4）管径、壁厚变化点；

（5）保温厚度、保温材料变化点；

（6）管道计算温度、计算压力改变点；

（7）管道外力荷载变化处；

（8）管道材料变化处；

（9）需要了解分析结果处。

建立起计算模型且输入数据，便可对关系进行计算。例如某埋地管道与道路交叉，交通载荷是一种随机载荷，考虑到实际情况，把交通载荷简化为稳态简谐载荷。地基土体是一个无限空间体，可截取一定范围作为研究对象，建立模型进行计算。

管道应力分析的目的主要有：为了使管道和管件内的应力不超过许用应力值、确定与管系相连设备的荷载和设备管口的局部应力在规范标准的允许范围内、计算管系中支架和约束的设计荷载以及优化管系设计等。有下列情况之一的管道，应当进行应力分析校核：

（1）存在较大变形、挠曲、破坏以及支撑件损坏等现象且无法复原；

（2）全面减薄量超过管道公称壁厚30%；

（3）需要设置而未设置补偿器或者补偿器失效；

（4）法兰经常性泄漏、破坏；

（5）检验人员或者使用单位人为有必要的。

3. 材料适用性评价

对材质不明，以及有可能发生 H_2S 等应力腐蚀，或者使用年限已经超过 15 年并且发生过与应力腐蚀、焊接缺陷有关的修理改造的管道，应当进行管道材料适用性评价。材料适用性评价应在材料性能试验的基础上，开展化学成分、硬度测试、力学性能测试、金相组织、特殊服役条件评价等工作。

（1）化学成分分析

化学成分分析内容每一次需要分析的元素至少包含 C、Si、Mn、S 和 P 等 5 种元素，以及待测钢材炼制时加入的用于脱氧之外的其他合金元素。取样时可以从力学测试试样上截取，或者直接从钢材样品上截取，存在焊缝的钢材必须远离焊缝至少半个钢管直径的距离。

（2）金相组织分析

金相组织分析位置包括管道的母材和焊缝，母材的位置必须远离焊缝和热影响区，焊缝金相分析位置应包含焊缝和热影响区，可以采用金相显微镜、扫描电子显微镜等设备进行操作。

（3）拉伸测试

拉伸测试取样应从管道的垂直和水平两向截取并压平，带焊缝的试样应使焊缝位于试样中心，取样位置包括管体、焊缝和环焊缝。伸长率 A 应用公式（2.2－8）计算：

$$A = \frac{L_1 - L_0}{L_0} \times 100\% \tag{2.2-8}$$

式中 A——金属断裂后的伸长率,%;

L_1——金属断裂后的标距，mm;

L_0——金属的原始标距，mm。

（4）夏比V型缺口冲击测试

夏比V型缺口冲击测试须采用全尺寸试样，端部可带有弧面，横向试样应压平，缺口轴向应垂直于钢材表面。对于焊缝试样，焊缝中心线应沿试样缺口轴向并位于试样中心，热影响区试样缺口轴向位置可以位于融合线2~5mm的最小冲击韧性值处。

（5）落锤撕裂测试

落锤撕裂测试试样应沿管道圆周方向截取，试样缺口轴向通过管道壁厚，测试温度选择管道运行最低温度与-10℃中的较低值。

（6）硬度测试

硬度测试试样包括母材、焊缝和焊接热影响区的位置。对于管壁厚度$t \leqslant 4$mm的管材，仅测试中心部分硬度；对于壁厚4mm$< t <$6mm的管材，测试靠近内外管壁处的硬度；若壁厚$t \geqslant 6$mm，须测试内外管壁处和中心部位的硬度。

（7）抗硫化氢应力腐蚀开裂测试

测试应力应为0.72倍的最小规定屈服强度，可选用恒载荷拉伸法、三点弯法、四点弯法或C形试样法等测试方法。测试介质为质量分数5% NaCl+质量分数0.5%冰醋酸+饱和H_2S，温度为25℃。

（8）晶间腐蚀性能测试

晶间腐蚀性能测试选用符合标准的草酸与蒸馏水或去离子水配置成质量百分比为10%的溶液，对于难以出现阶梯组织的含钼钢种，可用过硫酸铵代替草酸。浸蚀溶液温度以管道实际运行温度为准，电流密度控制在1A/cm^2，当浸蚀溶液为草酸时，浸蚀时间90s，过硫酸铵溶液浸蚀时间为10min。

通过材料适用性评价可以了解管材情况或者是否发生劣化，进行相关测试后，对比数据分析结果确定其是否在标准规范的允许范围。此外，当管道输送介质种类发生重大变化，改变为更危险介质时，应当进行材料适用性评价。

4. 剩余强度评估

随着服役年限的增加，油气管道在腐蚀作用下会产生各种形式的失效，为避免对含缺陷管道盲目维修和更换带来的经济损失，保证管道安全运行，对含腐蚀缺陷的管道进行剩余强度评估非常必要。

含有缺陷管道剩余强度评价是在缺陷检测基础上，对管道剩余承压能力的定量评价。若剩余强度评价结果表明损伤管道适用于目前的工作条件，则只要建立合适的监测程序，管道可以在目前工作条件下继续安全运行。若评价结果表明损伤管道不适合目前操作条件，应对该管道降级使用，也就是降低管道最大允许工作压力。对于管体腐蚀、表面金属损失等缺陷，选择体积型缺陷评价方法；对于管体上存在的裂纹缺陷，焊缝上的裂纹、咬边等缺陷，选择裂纹型缺陷评价方法；对于管体上存在的氢鼓泡和点腐蚀缺陷，选择弥散损失型缺陷评价方法。腐蚀缺陷管道剩余强度评价一般包括以下程序：

（1）缺陷类型识别：选定腐蚀区域的长度和宽度，其范围应能够充分表征金属损失的情况，测试点的数量依据腐蚀区域面积而定，推荐在腐蚀区域内至少选择15个厚度测试点。若测试数据的表征偏差与平均值之比小于20%，定位均匀腐蚀缺陷，否则定为局部金属损失；

（2）选择评价方法：缺陷类型一旦确定，可选择相应的方法进行评价；

（3）资料、数据收集：包括缺陷的尺寸、管道属性参数、各种设计系数、维修维护数据以及管道运行历史失效事件等；

（4）运用所选择的评价方法进行评价。

主要计算步骤有：

计算腐蚀坑的相对深度 A，其值等于腐蚀坑的深度 d 与管道壁厚 t 的比值，见公式（2.2－9）：

$$A=\frac{d}{t} \tag{2.2-9}$$

计算缺陷最大允许纵向长度 L 应用公式（2.2－10）计算：

$$L=1.12B\sqrt{Dt} \tag{2.2-10}$$

式中　D——管道外径，mm；

B——管道的腐蚀系数，按下列规定取值：

当 $10\% < A \leq 17.5\%$ 时，$B=4.0$；

当 $A>17.5\%$ 时，应用公式（2.2－11）计算：

$$B=\left[\left(\frac{\frac{d}{t}}{1.1\frac{d}{t}-0.15}\right)^2-1\right]^{\frac{1}{2}} \tag{2.2-11}$$

计算管道腐蚀后的最大安全运行压力 P 应用公式（2.2－12）计算：

$$P=1.1P_0\left(\frac{1-\frac{2}{3}\cdot\frac{d}{t}}{1-\frac{2}{3}\cdot\frac{d}{t}\cdot M^{-1}}\right) \tag{2.2-12}$$

式中　P_0——管道运行压力，MPa；

M——管道的鼓胀系数。

这种评价方法是从断裂力学角度分析腐蚀对剩余强度的影响。当两个体积型复合缺陷轴向间距 $z>2.0\sqrt{Dt}$，则缺陷之间不发生交互作用，作为独立缺陷处理；否则应考虑缺陷之间的交互影响。

凹陷可分为平滑凹陷和弯折凹陷，检测时要去除凹陷所在管段的防腐层，若为受约束凹陷，应先去除凹陷的约束。对管道凹陷形貌精确测量，应给出凹陷的最大深度、轴向长度、环向长度、经过最大深度位置的轴向与环向剖面形状及凹陷的整体形貌，可采用激光扫描测量、轮廓量规测量、仿形尺测量等手段进行测量。应当注意检查凹陷与焊缝及腐蚀、划痕、裂纹、电弧灼伤等其他缺陷的位置关系，必要时用磁粉、渗透、超声、射线等方法对凹陷进一步检测。

当凹陷形貌信息有限时，可开展基于凹陷深度的评价。下列凹陷应修复：

（1）弯折凹陷；

（2）含有划痕、裂纹、电弧灼伤或焊缝缺陷；

（3）在焊缝上且深度大于2%管道直径；

（4）含有腐蚀且深度大于40%管道壁厚；

（5）含有腐蚀且深度为10%～40%管道壁厚，按管道管体腐蚀损伤评价需要修复的凹陷；

（6）深度大于6%管道直径的凹陷。

当凹陷形貌数据充分时，可开展基于凹陷应变的评价。计算方法如下：

计算凹陷内表面合成应变ε_i应用公式（2.2－13）计算，如下：

$$\varepsilon_i = \sqrt{{\varepsilon_1}^2 - \varepsilon_1(\varepsilon_2 + \varepsilon_3) + (\varepsilon_2 + \varepsilon_3)^2} \tag{2.2-13}$$

式中 ε_1——环向弯曲应变，可由$\varepsilon_1 = \frac{1}{2}t\left(\frac{1}{R_0} - \frac{1}{R_1}\right)$求得。$t$为管道壁厚，mm；$R_0$为管道初始半径，mm；$R_1$为管道横截面凹陷的曲率半径，mm；

ε_2——轴向弯曲应变，可由$\varepsilon_2 = -\frac{1}{2}\left(\frac{t}{R_2}\right)$求得。$R_2$为管道轴向凹陷的曲率半径，mm；

ε_3——轴向薄膜应变，可由$\varepsilon_3 = \frac{1}{2}\left(\frac{d}{L}\right)^2$求得。$d$为凹陷深度，mm；$L$为凹陷的轴向长度，mm。

计算凹陷外表面合成应变ε_0，应用公式（2.2－14）计算：

$$\varepsilon_0 = \sqrt{{\varepsilon_1}^2 + \varepsilon_1(-\varepsilon_2 + \varepsilon_3) + (-\varepsilon_2 + \varepsilon_3)^2} \tag{2.2-14}$$

经过多点应变计算，取ε_i和ε_0中的较大值作为凹陷的应变。

此外，有限元法已成为一种有效的数值模拟方法，根据腐蚀缺陷的不同缺陷，可以建立起不同的有限元模型。以沟槽型缺陷为例，它是管体上常见的缺陷形式之一，用有限元软件ANSYS建立模型。由于管道是对称的，为简化计算可以取含有沟槽缺陷管段的1/4来建立模型。采用20个节点的6面体等参单元，用自由网格划分模型，并在含有腐蚀缺陷处进行网格细化，以得到更准确的结果。

5. 剩余寿命预测

剩余寿命预测是在研究缺陷动力学成长规律基础上预测管道剩余服役寿命，为制定管道检测周期提供科学依据。

直管段均匀腐蚀剩余寿命采用壁厚法预测，壁厚法是基于未来服役条件、实测壁厚、金属损失区域尺寸、预期腐蚀速率以及裂纹扩展速率估计计算需要的最小壁厚，壁厚法通过单个壁厚计算腐蚀区域剩余寿命，剩余寿命如公式（2.2－15）所示：

$$R_L = \frac{t_{mm} - R_t \cdot t_{min}}{C_{rate}} \tag{2.2-15}$$

式中　R_L——剩余寿命，a；

C_{rate}——预期腐蚀速率，mm/a；

t_{mm}——管道实测评价壁厚，mm；

t_{min}——管道最小要求壁厚，mm；

R_t——剩余壁厚比。

极值统计腐蚀剩余寿命预测适用于检验区段开挖点数量大于等于 16 时，见公式（2.2－16）。如果检验区段管道剩余壁厚达到最小要求壁厚，则认为管道剩余寿命为 0。

$$R_L = \frac{C_2}{V_X \{1 - C_X [0.7797\ln(-\ln R_a) + 0.4501]\}} \tag{2.2-16}$$

式中　C_2——管道的腐蚀裕量，mm；

V_X——腐蚀速率，mm/a；

C_X——腐蚀速率变异系数；

R_a——可靠度。

可靠度 R_a 与不同风险地段发生事故的可接受失效概率 p 关系为：$p = 1 - R_a$，低风险管段 p 可取 2.3×10^{-2}；中风险管段 p 可取 1.0×10^{-3}；高风险管段 p 可取 1.0×10^{-5}。根据可靠度 R_a 与剩余寿命 R_L 的关系可得不同风险管段对应的腐蚀剩余寿命。

在腐蚀剩余寿命预测中，腐蚀速率的取值可根据同一腐蚀处两次检测的腐蚀深度和时间间隔来确定，若无法确定腐蚀速率，可取 0.4mm/a，此外还应考虑阴极保护系统的影响。当检测的防腐层破损点没有全部开挖调查或开挖点的腐蚀管道没有全部测量钢管壁厚，那么测量得到的管壁最大腐蚀损失只能代表该位置、当时的情况。如需反映整体管道的情况，需要对测量数据进行处理。由局部探坑测量数据推算整个管段最大腐蚀坑深时，需在局部探坑内测量 10～12 个最大腐蚀坑深，并按照统计方法推算整体管道可能出现的最大腐蚀坑深，计算相应最小剩余壁厚。工程上也可以考虑安全系数，管道可能的最大腐蚀坑深近似取实测最大腐蚀坑深值的两倍的方法来估算。综合考虑各种因素，并且选择合适的计算方法，在剩余寿命预测时可以更准确的把握管道的实际情况。

管道的疲劳断裂往往是由管道中的各种交变应力引起，交变应力有些来源于管内输送压力的波动，也有些来自管道外部的荷载，这些因素使得管道上的裂纹或缺陷发生扩展，最终导致管道疲劳破裂。疲劳裂纹扩展速率受管道的工作环境、平均应力、循环频率、温度等因素影响，因此在实际应用中需要考虑一定的安全系数。管道疲劳寿命计算主要利用疲劳裂纹扩展规律来预测管道的剩余寿命，计算中初始裂纹是由检测结果或者断裂力学来估计最大的缺陷或裂纹尺寸，临界裂纹尺寸由断裂力学中的积分可以间接获得，从而得到疲劳的循环次数，再根据压力的检测间隔变可得出管道的疲劳寿命。

6. 后评价

后评价的目的是明确再次检验及评价时间间隔和评价 ECDA（外壁腐蚀直接评价）过程的整体有效性。

再评价时间间隔是动态的、可变的，它代表上次调查维修后管道所残留的最大腐蚀缺陷发展到影响管道安全的危险缺陷所需时间，再评价是开展下一轮检测和评价的最低时间要求。不同管段可有不同的腐蚀发展速率和再评价时间间隔，根据剩余寿命的近似估算，最大再评价时间间隔最长不能超过预测的管道剩余寿命的一半。也可根据腐蚀速率计算再评价时间间隔，即上次调查维修后确定的被评价管段最小剩余壁厚和最小安全壁厚之差与腐蚀速率的比值。

ECDA 评价是一个不断提高管道安全程度的连续过程，应对评价过程有效性、评价方法有效性进行评价，最终对管道因外腐蚀造成的安全状况作出整体评价及改进。本次直接评价后至下次再评价前，管道未发生因外腐蚀造成的泄漏和破裂，证明该评价管段腐蚀安全满足要求。

每次评价完成后，应及时归纳反馈评价中的相关数据和信息，反馈的主要内容有对间接检测结果的确认和分类、检查中收集的数据、维护方案及原因分析、评价有效性准则以及监测和周期性再评价的安排等，并不断完善评价方法。

第三节　内检测技术

一、管道内检测技术的发展

工业发达国家高度重视油气管道检测技术的研究和开发。从 20 世纪 60 年代开始，美国、英国、德国、加拿大等国在政府的支持下，大学、科研机构和企业界合作，已投入数十亿美元开展了管道在线检测技术的研究。目前已经研制出管道内电视摄像法、漏磁法、超声法、远场涡流法、弹性波法等不同原理的管道在线检测器达 30 多种。世界上接受检测服务的油气管道已经达数十万公里，并取得了很好的效果。长输油气管道智能检测系统在不停输送作业情况下，借助管道内输送介质的压差推动行走，通过变形传感器、高精度的漏磁或超声传感器阵列，先进的信号处理和数据贮存系统，配以精密的机械机构使它可以检测出管道的变形、壁厚变化、腐蚀坑、裂纹及应力情况，并将缺陷定位在误差范围之内。管道内电视摄像法需和其他方法配合才能得出有效准确的腐蚀数据；而远场涡流检测法虽然可适用于多种金属材料，可探测腐蚀孔、裂纹、全面腐蚀和局部腐蚀，但是涡流对于铁磁性材料的穿透力很弱，只能用来检查表面腐蚀，并且金属表面的腐蚀产物中有磁性垢层或存在磁性氧化物，会对检测结果产生较大误差。另外，由于远场涡流法的检测结果与被检测金属的电导率有密切关系，为了提高测量精度还要求整个检测环境最好保持恒温。所以，目前国内外管道公司在长输管道检测中，广泛采用的主要是漏磁内检测和超声内检测，其中超声内检测又分为传统超声内检测和电磁超声内检测。

本节将重点介绍管道漏磁内检测技术。

二、内检测技术

（一）漏磁内检测技术

1. 漏磁内检测原理

管道漏磁内检测的主要依据是：通过霍尔传感器检测出缺陷处被磁化材料表面泄漏出来的漏磁通量，漏磁检测原理如图 2.3－1 所示。

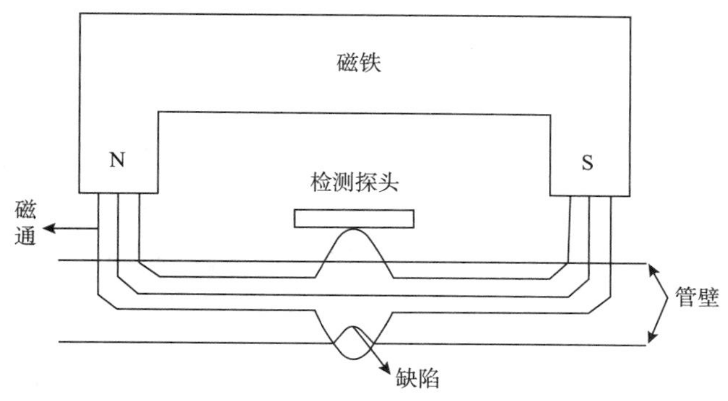

图 2.3－1 漏磁内检测原理

若管壁中存在缺陷，会使缺陷处的磁导率发生改变，由于缺陷处的磁导率很小，磁阻很大，会使磁通回路中的磁通发生畸变，磁感应线会改变传播方向，使一部分的磁通会背离管壁，以空气为介质绕过缺陷再重新进入管壁，在管壁的表面缺陷处形成漏磁场。磁通通常可以分为三个部分：一部分穿过缺陷；一部分在管壁内部经过缺陷周围的铁磁材料绕过缺陷；另一部分磁通会离开管壁表面，通过空气绕过缺陷再重新进入管壁。

图 2.3－2 中“泄漏”出来的磁通量即为漏磁通 Magnetic Flux Leakage（MFL）。如果管道存在缺陷时，缺陷处的漏磁通量会变大。漏磁通量的产生及存在于管道的内部，也存在于管道的外部。当霍尔传感器检测到泄漏出来的磁通量时，会产生对应的检测信号，即缺陷漏磁信号。缺陷漏磁信号中包含了缺陷的信息，通过对信号的分析，可推断出缺陷尺寸等参数信息。漏磁内检测技术主要针对体积型缺陷，如腐蚀、机械划伤、体积型制造缺陷等。漏磁内检测器如图 2.3－2 所示。

图 2.3－2 漏磁内检测器

2. 漏磁内检测特点

和其他的无损检测方法（射线检测、涡流检测、磁粉检测）相比，漏磁检测具有以下的优点：

（1）易于实现自动化检测。漏磁检测是由传感器获取信号，计算机判断有无缺陷，这一特点非常适合于组成自动检测系统；

（2）适用范围广，被大量应用于钢管、钢棒、钢丝绳、铁轨等的自动化检测；

（3）在管道的检测中，可以同时检测内、外壁缺陷；

（4）具有较高的检测可靠性和检测精度，可以从根本上解决磁粉、渗透方法中人为因素的影响；

（5）漏磁检测不需要耦合剂，可以兼用于输油管道和输气管道；

（6）对人体及环境无害，可作现场检测；

（7）可以检测轴向和周向位置的缺陷。

同时，漏磁检测也有以下局限性：

（1）只适用于铁磁性材料的检测，而不能用于非金属和复合材料的检测；

（2）受被检测工件的形状限制，漏磁法不适合检测形状复杂的试件；

（3）在实际的检测中，缺陷的形状特征和检测的信号特征不存在一一对应关系，缺陷的量化理论有待进一步的研究。

3. 漏磁内检测器的基本结构

管道漏磁内检测器自带电源，在传输流体的推动及自身的动力下，以旋转的方式向前运行，在运行过程中，检测器自身的励磁设备向管壁加载恒定的磁场，通过传感器测量管道内部泄漏处的漏磁通，最后将检测数据存储到检测器的存储设备中。当检测器经过缺陷处或其它管道特征物（如螺旋焊缝、环形焊缝、法兰、定位点等）时，由漏磁检测原理可知，传感器会检测到漏磁通量。在漏磁内检测器检测一段完整的管线之后，将其从管道里取出，对沿途检测的数据进行处理、分析，评价并估计出管道本体的缺陷及腐蚀情况。管道漏磁内检测器的基本结构如图 2.3－3 所示。

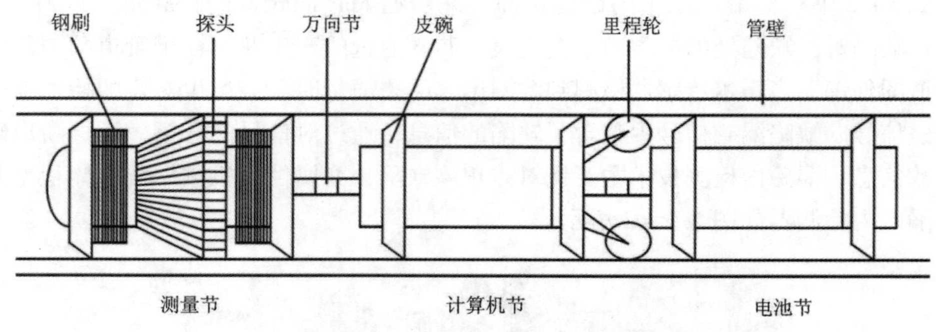

图 2.3－3　管道漏磁内检测器基本结构

当漏磁检测器在管道里运行时，必须要保证漏磁检测器的机械结构能够顺利的在管道内部穿过。因为长输油气管道不是一条直管线，由于复杂的地势及外部环境，管道内会有转弯处，在此会有弯头连接两个相邻管段。为了保证检测器可以顺利通过弯头，需要将漏磁检测器分解成若干节，每节之间采用软连接，这样以来，漏磁检测器就可以大角度的转过弯头处。在实际的管道检测过程中，一般将漏磁检测器分为三节，即测量节、计算机节和电池节。每节的前后都装有皮碗支撑在管道内表面上，节间通过万向节进行连接。

（1）测量节

测量节包括磁化装置、霍尔探头和低频发射接收装置。根据霍尔元件自身特性，对元件加上一定的电流并在磁场的作用下，会产生霍尔电动势，见公式（2.3－1）：

$$U_H = KH \tag{2.3-1}$$

式中，U 为霍尔电动势，H 为磁场强度，K 为霍尔系数。

根据需要，将霍尔元件的材料和几何形状确定下来，霍尔系数 K 为常数，则霍尔电动势 U_H 与磁场强度 H 成正比。通过测量霍尔电动势 U_H，管道漏磁内检测的漏磁通量也就可以求解出来。

（2）计算机节

计算机节作为漏磁检测器基本结构的核心部分，它的主要组成部分是一台工控机，其它部分的控制和数据保存工作都是由计算机节来完成。通过里程轮来记录管道漏磁内检测过程中的里程信息及相关检测信息。计算机节还具有采集信号、放大信号及数据存储的功能，这些功能可以得到很好的检测结果。

（3）电池节

当检测器在管道中运行时，无法用外部电源进行供电，并且每条管线都在几十至几百公里以上，因此需要具有大容量的直流电源进行内部供电，以便携带足够容量的电池，保证检测器检测任务的顺利完成。

（二）超声内检测技术

超声检测技术是利用超声波在同一介质内匀速传播且可在介质表面发生部分反射的特性进行管道的检测，超声检测技术在管道内部的检测应用，称为“超声内检测技术”；超声内检测技术主要分为压电超声内检测技术和电磁超声内检测技术。超声内检测原理如图 2.3－4 所示。

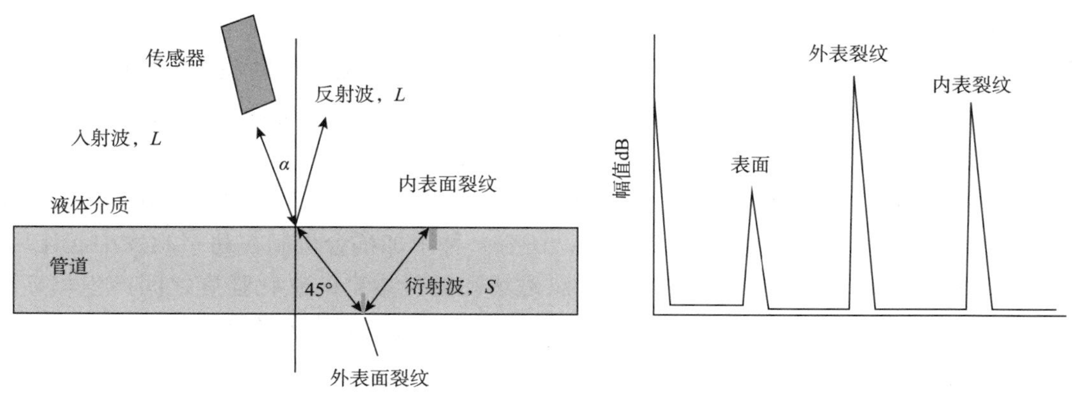

图 2.3－4　超声内检测器工作原理

垂直于管道壁的超声波探头对管道壁发出一组超声波脉冲后，探头首先接收到由管道壁内表面反射的回波（前波），随后接收到由管道壁缺陷或管道壁外表面反射的回波（缺陷波或底波）。探头至管道壁内表面的距离 A 与管道壁厚度 T，可以通过前波时间，以及前波和缺陷波（底波）的时间差来确定，计算公式见式（2.3－2）和式（2.3－3）所示：

$$A=v_f\times t_f/2 \tag{2.3-2}$$

$$T=v_a\times t_b/2 \tag{2.3-3}$$

式中　t_f——第一次反射的回波（前波）时间；

t_b——第二次反射的回波（底波或缺陷波）时间；

v_f——超声波在介质中的声速；

v_a——是超声波在管道中的声速。

1. 压电超声内检测技术

压电超声即传统超声检测，产生超声波的方法是给压电晶片馈以高频电信号，利用压电晶体的压电效应产生超声波，这种超声波称为压电超声波。在使用压电超声波检测材料的质量时，要将由压电晶片产生的超声波导入到被检材料中，但由于超声波在空气中衰减很快，为了避免超声波在压电换能器与被检测材料之间的空气隙中传播时发生能量损失，需要在两者之间使用耦合剂（如：油脂、软膏、水等）。由于耦合剂的使用，使压电超声检测技术的应用受到了一些限制。首先，被检工件的表面要求比较光洁，因为粗糙的表面不宜于耦合剂的渗润；其次，耦合剂要洁净均匀，油脂中的杂质、水中的气泡都会对声波的耦合造成影响；再者，在高温状态下，耦合介质会迅速气化，使耦合条件遭到破坏；另外，当压电探头与工件发生快速相对移动时，容易造成耦合介质中气泡的产生和来不及渗润的情况。由此可见，由于耦合剂的使用，使压电超声波技术不适于用在高温、高速、表面粗糙工件的检测。

2. 电磁超声内检测技术

电磁超声（Electormganetic Aocustic，EMA）检测技术是20世纪后半叶出现的一种新的超声波检测方法。这一技术以洛仑兹力、磁致伸缩力、磁性力为基础，用电磁感应涡流原理激发超声波。由于电磁超声产生和接收过程中具有换能器与被测体表面非接触、无需耦合剂、重复性好、检测速度高等优点，而受到广大无损检测人员的关注。当通以高频电流的线圈靠近金属试件时，试件表层会感生高频涡流，若在试件附近再外加一个强磁场，则涡流在磁场作用下将受到高频的力，即洛仑兹（Lornetz Force）力。洛仑兹力通过与金属晶格的碰撞或其他微观的过程传给被检材料，这些洛仑兹力以激励电流的频率交替地变化，成为超声波源。如果材料是铁磁性的，还有一种附加耦合机制在超声激发中起作用，由于磁致伸缩的影响，交变电流产生的动态磁场和材料本身的磁化强度之间产生相互作用，形成了耦合源，形变在材料中的传播也就是超声波在材料中的传播[4]。

电磁超声主要有以下特点：

（1）只能对金属材料或磁性材料进行检测；

（2）激发和接收超声波过程都不需要耦合剂，简化了检测操作。由于检测过程中探头不需要与工件表面紧密接触，故能实现非接触测量，可对运动着的物体，处于危险区域的物体，高温、真空下的物体，涂过油漆的物体或粗糙表面等进行检测；

（3）电磁超声换能器能方便的激励水平偏振剪切波或其他不同波型，能方便地调节波束的角度，这在某些应用中为检测提供了便利条件。水平极化横波对结晶组织的晶粒方向不敏感，因而可以检测奥氏体不锈钢焊缝和堆焊层。只要不存在垂直极化成分，水平极化横波没有波型转换现象，因此能量损失降低，传播距离远；

（4）对不同的入射角都有明显的端角反射，所以对表面裂纹检测灵敏度较高；

（5）测量时激发超声波的强度受提离距离影响较大，检测材料表面状况（粗糙度、覆盖层等）对检测的影响较小。转换效率较低，要求接收系统有较大的增益及较好的抗干扰能力，并进行良好的阻抗匹配，常需进行低噪声放大设计；被测材料特性对检测的影响较大，并且这方面的影响是高度未知和不确定的[5]。

3. 压电超声与电磁超声的区别

压电超声与电磁超声在原理上存在根本的区别如下：

（1）压电超声是给压电晶片加一谐振或激励电压使得晶片发生振动（交变伸缩）产生超声；

（2）电磁超声通过电磁耦合，在金属表面产生洛伦兹力或磁致伸缩力，从而产生振动激发超声。

（三）中心线（IMU）检测

中心线（IMU）测技术主要用于检测因应力或地质作用引起的管道位移。利用陀螺仪测量检测器三维的转动角速度，加速度计测量三维加速度，将采集的数据进行处理，便可以得到检测器任一时刻的速度、位置与姿态信息，获得管道相对中心线。管道惯性测绘单元（IMU）通常搭载在几何、漏磁等其它内检测器中，可用于环焊缝的准确定位。中心线（IMU）检测技术原理如图 2.3－5 所示。

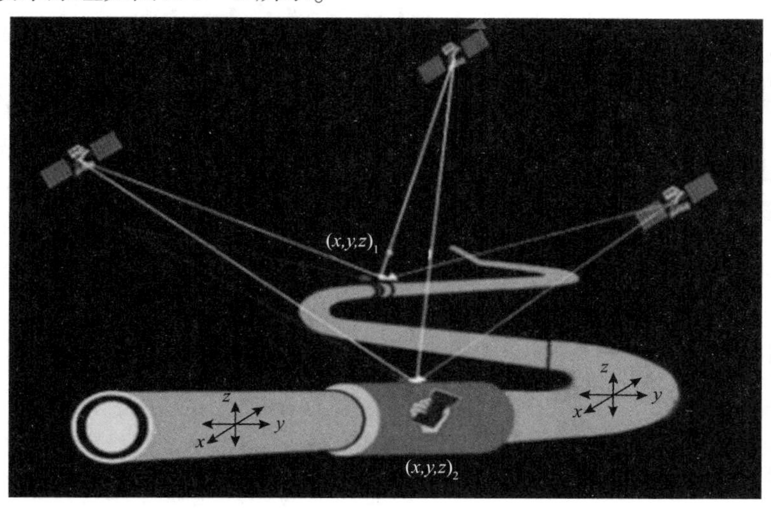

图 2.3－5　中心线（IMU）检测技术原理

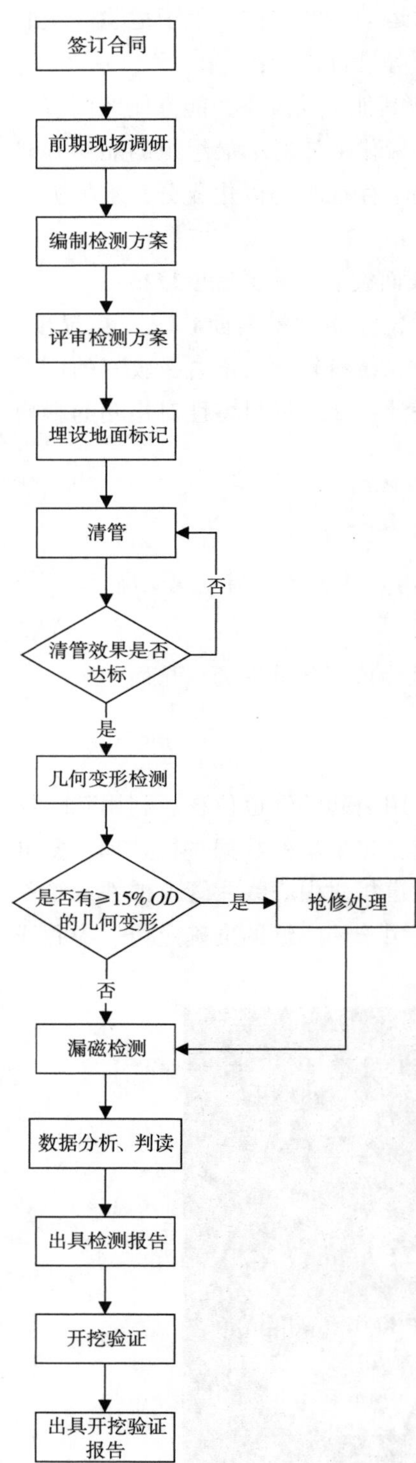

图 2.3－6　管道内检测流程

三、管道内检测流程

管道内检测流程如图 2.3－6 所示。

（一）现场调研

管道内检测现场工作开展之前，检测单位要进行现场调研，即踏线，主要包括以下内容：

（1）确认收发球筒尺寸、收发球场地是否满足标准要求；

（2）确认管道地面标识物（里程桩、测试桩等）的位置并记录；

（3）确认管道重点穿、跨越的位置并记录；

（4）确认管道沿线阀门的开、关情况。

（二）资料审查

在编制检测方案之前，检测单位需要充分了解被检管线的基本情况，应进行资料审查，资料审查主要包括以下内容：

（1）管线概况；

（2）工艺参数；

（3）清管/检测历史；

（4）沿线各站情况；

（5）穿跨越信息；

（6）管道相关附件信息；

（7）管道壁厚变化；

（8）管道走向图。

（三）编制检测方案

根据现场调研和资料审查结果，检测单位编制符合被检管线实际情况的检测方案，检测方案主要包括以下内容：

（1）编制依据及项目概况；

（2）项目组织机构；

（3）检测设备；

（4）检测内容及流程；

（5）HSE 管理及 JSA 风险识别。

（四）埋设地面标记

地面标记的作用是修正检测里程，减少管道里程的累计误差，提高定位精度。地面标记可选磁钢或智能定位盒，设标间距一般为2km，应在投放检测器前埋设并记录地面标记的实际地理位置和GPS坐标。

（五）清管

1. 清管的必要性

原油输送管道经过一定时间的使用，在管内壁会沉积一定厚度不易流动的石蜡、胶质、凝油、砂和其他杂质的混合物（结蜡），造成原油管道实际输油管径变小、输送能力减弱、摩阻增加等问题，严重增加系统能耗，降低输送质量。国产原油含蜡量较高，在输送时管壁结蜡现象尤其明显，严重时可使原油失去流动性，造成凝管事故。因此，除采取必要措施防止原油在管道内结蜡外，定期对原油管道进行清管处理也是非常重要的。

2. 清管时机

按清管时机分为首次清管、定期清管、内检测前期清管。

（1）首次清管

自投产以来，管线进行的第一次清管作业；一般多为老旧管线。

（2）定期清管

定期对管道进行清管作业，周期根据各管线实际情况，例如每月一次、每季度一次等。

（3）内检测前期清管

为了保证管道内部状况满足内检测要求，在投放检测器之前进行的清管作业。

3. 清管器类型

常见的清管器包括：泡沫清管器、碟型测径清管器、直板清管器、直板钢刷清管器。

（1）泡沫清管器

①结构及组成

泡沫清管器是由发泡聚氨酯组成的弹性圆柱体，如图2.3-7所示。

图2.3-7　泡沫清管器

②特点

质地柔软，变形量可达40%以上，能顺利通 $R=1.5D$ 的弯头、三通和管道阀门，不影响管线的正常输油。

注：R 为弯头半径，D 为管道直径。

③用途

探测管道状况，在线检测管道通过能力。

④性能指标

性能指标如下：

泡沫体硬度27～30A；

耐压强度7MPa；

拉伸率320%；

压缩比60%；

弯曲断裂强度5万次。

(2) 碟型测径清管器

①结构及组成

由碟型皮碗、测径铝板和导向皮碗、骨架和定位系统组成，整体如图2.3－8所示。

②特点

皮碗变形量较大，皮碗的最大变形量可达30%，通过能力强，可适量携垢。

③用途

测量管道变形情况，初步判断管道通过检测器的能力。

④性能指标

碟型测径清管器性能指标如下：

测量板外径为管道内径的90%；

测量板材质为纯铝，厚度为7～8mm；

碟型皮碗的变形量25%～30%。

(3) 直板清管器

①结构及组成

主要由钢制骨架、6～8片密封直板（直板型清管器）、可拆卸式电子定位发射机以及相应的机具组成，如图2.3－9所示。

图2.3－8　碟型测径清管器

图2.3－9　直板清管器

②特点

清管器可以使用管道内气体、水及管输介质等作为动力；清管器、除锈器必须能够顺利通过曲率半径 $R \geq 1.5D$ 的弯头。

③用途

直板清管器主要为清除管道大块异物，完成管道清管工作，保证管道检测正常运行。

④性能指标

直板清管器性能指标如下：

直皮碗采用聚氨酯材料经模压加工而成，其表面应保证光滑，内部无气泡及裂痕；

直皮碗相对于管道内壁的过盈量范围：2%～5%；

清管器通过弯头的能力为 $R \geq 1.5D$，有效密封长度为管道内径的1.25～1.3倍；

清管器金属骨架材料强度选用优于Q235B以上的钢管加工制造；清管器所有金属构件焊接后（除不锈钢件、铜件）及标准件均作防腐处理；清管器外表光洁、无毛刺、紧固件不松动。

(4) 直板钢刷清管器

①结构及组成

主要由钢制骨架、6～8 片密封直板、钢刷、可拆卸式电子定位发射机以及相应的机具组成，如图 2.3－10 所示。

图 2.3－10　直板钢刷清管器

②特点

清管器可以使用管道内气体、水及管输介质等作为动力；清管器、除锈器必须能够顺利通过曲率半径 $R \geqslant 1.5D$ 的弯头。

③用途

直板钢刷清管器主要为清除管道内壁杂质，完成管道清管工作，保证管道检测正常运行。

④性能指标

直板钢刷清管器性能指标如下：

直皮碗采用聚氨酯材料经模压加工而成；

其表面应保证光滑，内部无气泡及裂痕；

直皮碗相对于管道内壁的过盈量范围：2%～5%；

清管器通过弯头的能力为 $R \geqslant 1.5D$，有效密封长度为管道内径的 1.25～1.3 倍；

清管器金属骨架材料强度选用优于 Q235B 以上的钢管加工制造；清管器所有金属构件焊接后（除不锈钢件、铜件）及标准件均作防腐处理；清管器外表光洁、无毛刺、紧固件不松动。

(六) 几何变形检测

几何变形检测是指通过在管道中投放几何变形检测器，以管道输送介质为行进动力，完成管道变形缺陷的检测。几何变形检测可提供管道变形缺陷的程度、方位、位置等全面信息。

几何变形检测器可用于检测各种原因造成的管道变形缺陷。检测器是在管道中运行，由机械运行部分、检测探头部分、数据处理记录部分、里程标定部分、方位检测部分、供电部分组成，来完成检测和记录。在管道运行中几何变形检测器由于受管线弯头的限制，各节在机械结构上是相对独立的，使用时通过万向节连接。几何变形检测器如图 2.3－11 所示。

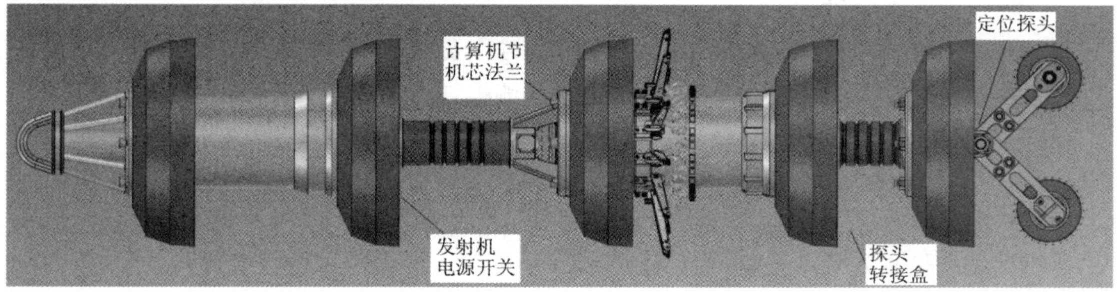

图 2.3－11　几何变形检测器

(七) 漏磁检测

漏磁法检测是无损检测的重要手段之一，它通过测量被磁化的铁磁材料工件表面的泄漏磁场强度来判断工件缺陷的大小。管道漏磁内检测系统应用漏磁检测原理对输送管道进行在线无损检测，为管道运行、维护、安全评价提供科学依据。

管道漏磁内检测系统（俗称智能 PIG）以管道输送介质为行进动力，在管道中行走，对管道进行在线无损检测，是当前国内外公认的主要管道检测手段。该系统在管道正常运行情况下对长输油、气管道进行检测，完成管道缺陷、管壁变化、管壁材质变化、缺陷内外分辨、管道特征（管箍、补疤、弯头、焊缝、三通等）识别的检测，可提供缺陷面积、程度、方位、位置等全面信息。漏磁检测器如图 2.3－12 所示。

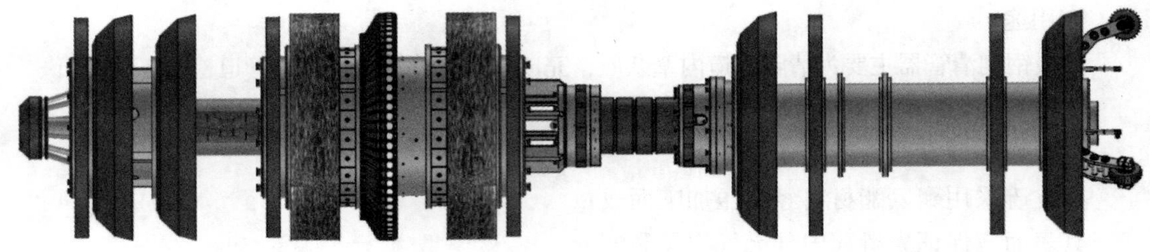

图 2.3－12　漏磁检测器

(八) 判读检测数据

1. 数据转换

几何变形检测器和漏磁检测器在检测过程中采集的数据称为“原始数据”，用数据转换软件将“原始数据”转换成数据分析软件能够识别的数据格式，进而进行数据判读。

2. 数据判读

利用数据分析软件对转换后的数据进行人工判读。

（1）几何变形检测能够识别的特征有：凹陷、椭圆度、环焊缝、弯头、阀门等；

（2）漏磁检测能够识别的特征有：金属损失、焊缝异常、凹陷、补疤、盗油阀、所有管道特征物等。

3. 数据复核

对第一遍判读的数据进行复核，查缺补漏，保证判读结果的准确性和可信性。

(九) 出具检测报告

根据数据判读结果，编制检测报告，检测报告主要包括检测概况、管道内检测结论报告、资料审查报告、几何变形检测报告、漏磁检测报告。

1. 检测概况

（1）现场调研；

（2）资料审查；

（3）编制检测方案；

（4）埋设地面标记；

（5）清管；

(6) 几何变形检测；
(7) 初步分析几何变形检测数据；
(8) 漏磁检测；
(9) 初步分析漏磁检测数据；
(10) 判读几何变形检测数据；
(11) 判读漏磁检测数据；
(12) 复核数据；
(13) 出具报告。

2. 管道内检测结论报告

(1) 管道使用单位基本信息；
(2) 管道性能参数；
(3) 主要依据；
(4) 检测结果；
(5) 检测人员；
(6) 编制人、审核人、批准人签字，并盖检验检测报告专用章。

3. 资料审查报告

(1) 管线基本概况；
(2) 管线工艺参数。

4. 几何变形检测报告

(1) 几何变形检测器性能参数；
(2) 几何变形检测器运行数据；
(3) 几何变形检测结果；
(4) 几何变形检测器运行速度图；
(5) 凹陷分布图。

5. 漏磁检测报告

(1) 漏磁检测器性能参数；
(2) 漏磁检测器运行数据；
(3) 漏磁检测结果；
(4) 编制人、审核人、批准人签字，并盖检验检测报告专用章；
(5) 漏磁检测器运行速度图；
(6) 金属损失分布图；
(7) 焊缝异常分布图。

(十) 开挖验证

检测完成后，应选择适当缺陷进行开挖验证、测量，并形成管道内检测开挖验证报告。每个站间距验证点的数量宜为 2 个，每个检测段的验证点应不少于 5 个。报告中应以表格的形式详细描述开挖验证点的检测结果和实测结果。

(十一) 出具开挖验证报告

(1) 管道使用单位基本信息；

（2）管道性能参数；

（3）主要依据；

（4）开挖验证结论；

（5）验证人员；

（6）编制人、审核人、批准人签字，并盖检验检测报告专用章。

第四节　外检测技术

一、宏观检查技术

（一）宏观检查内容

宏观检查是压力管道检验最基本的检验方法，方法简单易行，可直接发现管道周围环境的异常、管道泄漏、组成件和支撑件表面较为明显的缺陷，快速获得压力管道的总体质量状况，从而为下一步其他检验内容、检测项目、方法、比例、部位的选择和实施提供依据。压力管道宏观检查内容包括：管道泄漏检查、绝热层防腐层检查等 16 个方面。

1. 管道泄漏检查

主要检查管道及其他组成件泄漏情况。

2. 绝热层、防腐层检查

主要检查管道防腐（绝缘）层有无破损、脱落、跑冷等情况；防腐层表面是否完好。

3. 管道本体检查

检查管道是否存在明显的腐蚀，管道与管架接触处等部位有无局部腐蚀，是否有划伤，焊接接头（包括热影响区）是否存在宏观的表面裂纹、咬边和错边量。

4. 管道及附属设施检查

（1）主要检查管道及附属设施有无异常振动情况 。

（2）地面装置检查，主要检查标志桩、测试桩、里程桩、标志牌（简称三桩一牌）以及 锚固墩、围栏等外观完好情况、丢失情况。

（3）跨越段检查，检查跨越段管道防腐（保温）层、补偿器、锚固墩的完好情况，钢结构及基础、钢丝绳、索具及其连接件等腐蚀损伤情况。

（4）水工保护设施情况。

5. 管道位置与变形检查

（1）管道位置是否符合安全技术规范和现行国家标准的要求；

（2）管道与管道、管道与相邻设备之间有无相互碰撞及摩擦情况；

（3）管道是否存在挠曲、下沉以及异常变形等。

6. 支吊架检查

（1）支吊架是否脱落、变形、腐蚀损坏或焊接接头开裂、咬边、错位；

（2）支架与管道接触处有无积水现象；

（3）恒力弹簧支吊架转体位移指示是否越限；

（4）变力弹簧支吊架是否异常变形、偏斜或失载；

（5）刚性支吊架状态是否异常；

（6）柔性设计要求的管道，管道固定点或固定支吊架之间是否采用自然补偿或其他类型的补偿器结构；

（7）吊杆及连接配件是否损坏或异常；

（8）转导向支架间隙是否合适，有无卡涩现象；

（9）阻尼器、减振器位移是否异常，液压阻尼器液位是否正常；

（10）承载结构与支撑辅助钢结构是否明显变形，主要受力焊接接头是否有宏观裂纹。

7. 线路阀门检查

（1）阀门表面是否存在腐蚀现象；

（2）阀体表面是否有裂纹、严重缩孔等缺陷；

（3）阀门连接螺栓是否松动；

（4）阀门操作是否灵活。

8. 法兰检查

（1）法兰是否偏口，紧固件是否齐全并符合要求，有无松动和腐蚀现象；

（2）法兰面是否发生异常翘曲、变形。

9. 膨胀节检查

（1）波纹管膨胀节表面有无划痕、凹痕、腐蚀穿孔、开裂等现象；

（2）波纹管波间距是否正常、有无失稳现象；

（3）铰链型膨胀节的铰链、销轴有无变形、脱落等损坏现象；

（4）拉杆式膨胀节的拉杆、螺栓、连接支座有无异常现象。

10. 阴极保护装置检查

对有阴极保护装置的管道应检查其保护装置是否完好。

11. 蠕胀测点检查

对有蠕胀测点的管道应检查其蠕胀测点是否完好。

12. 管道地面装置标识检查

检查管道地面装置标识是否符合现行国家或行业标准的规定。

13. 敷设环境检查

（1）检查管道途径环境变化、周边可能存在杂散电流干扰源等 。

（2）管道沿线防护带检查，包括与其他建（构）筑物净距和占压情况 。

14. 管道重点部位检查

对需重点管理的管道或有明显腐蚀和冲刷减薄的弯头、三通、管径突变部位及相邻直管部位应采取定点测厚或抽查的方式进行壁厚测定。

15. 绝缘电阻检测

对输送易燃、易爆介质的管道采取抽查的方式进行防静电接地电阻和法兰间的接触电阻值的测定。管道对地电阻不得大于100Ω，法兰间的接触电阻值应小于0.03Ω。

16. 检验人员认为有必要的其他检查。

（二）宏观检查常用方法

压力管道的宏观检查主要方法包括目视检查、放大镜检查、手电筒照射检查、焊缝检尺测量、游标卡尺测量、卡钳测量、钢板尺测量、卷尺测量、测厚仪测量、内窥镜检查、红外成像仪检查、防腐层检测仪检测和电火花检测仪检查等。

1. 目视检查

目视检查是指检验人员用肉眼对管道的结构和外表面状况、管道所处环境、管道三桩一牌所进行的检查，通常在其他检验检测方法之前进行，视力应达到要求，管道检测目视检查包括检查管道是否泄漏；绝热层是否破损、脱落、跑冷等情况；防腐层是否完好；管道有无异常振动；管道位置是否符合现行安全技术规范和标准；管道是否存在挠曲、下沉以及异常变形等；支吊架是否存在变形、脱落、开裂等缺陷；阀门和法兰是否存在表面缺陷、螺栓是否松动、表面划痕、凹陷、腐蚀穿孔、开裂等现象；阴极保护装置是否完好；管道标识是否符合国家或行业标准，管道结构是否符合设计和标准要求，管道组成件有无破损、变形、表面有无裂纹、褶皱、重皮、碰伤等缺陷。

（1）目视检查类别

①直接目视检查

检查部位的亮度在自然光或辅助白炽光时至少要有1000lx的光强状态下的直接检查。

②遥控目视检查

远距离的目视检查可用各种反光镜、望远镜、内窥镜、光导纤维、照相机或其它合适的仪器，但这些系统的分辨能力至少应和直接目视检查相当。

③透光目视检查

需要有足够强度的人工光源，通过透过光的强弱来检查材料任何厚度的变化。

④放大镜检查

目视检查时，有时采用一些器具辅助检查，如对肉眼检查有怀疑的部位，可用5～10倍放大镜做进一步的观察。能更清晰发现表面细小裂纹、弧坑、气孔等缺陷。

⑤手电筒照射检查

为了有效地观测到管道表面变形，腐蚀凹坑等缺陷，可用手电筒贴着管道表面平行照射，此时管道表面的微浅坑槽和显微裂纹都能清楚地显示出来，鼓包和变形的凹凸不平现象也能够看得更清楚，是有效的辅助检测方法。

（2）目视法在现场中应用

①金属表面腐蚀产物目视检查

目视法判别现场腐蚀面见表2.4－1，腐蚀产物见表2.4－2。

表2.4－1　目视法判别现场腐蚀面

类型	特征
均匀腐蚀	腐蚀深度较均匀，创面较大
点蚀	腐蚀成坑状，散点分布，呈麻面，深度大于孔径
杂散电流干扰腐蚀	蚀点边缘清晰，坑面光滑

表 2.4－2　目视法判别现场腐蚀产物

产物颜色	主要成分	产物结构
黑	FeO	—
红棕至黑	Fe_2O_3	六角形晶体
红棕	Fe_3O_4	无定形粉末或糊状
黑棕	FeS	—
绿或白	$Fe(OH)_2$	六角形或无定形晶体
灰	$FeCO_3$	三角形结晶

为使检测结果更为准确，可以借助化学方法加以测试，现场取少量腐蚀产物放进小试管内，加数滴浓度10%的盐酸，如无气泡，表明腐蚀产物为FeO；如有气体，但不使湿润的醋酸铅纸变色，可判为$FeCO_3$；如产生臭味气体，并使湿润的醋酸铅试纸变色，则可能为FeS，可在现场取样，密封保存后送室内分析，进一步进行成分和结构分析。

②目视法现场检查常用防腐层状况

目视法现场检查常用防腐层状况及分级见表2.4－3。

表 2.4－3　目视法检查常用防腐层状况及分级

类型/级别		1	2	3	4
外观描述	3LPE	色泽明亮、黏结力强、无脆化、无龟裂、无剥离、无破损	色泽略暗，黏结力较强，轻度脆化，少见龟裂，无剥离，极少见破损	色泽暗，黏结力差，显见龟裂，轻度剥离或充水，有破损	黏结力极差，明显剥离或充水，多处破损
	沥青				
	硬质聚氨酯泡沫防腐保温层	保护层表面光滑平整，无暗泡、麻点、裂口等缺陷；保温层充满钢管和防护层的环形空间。无开裂、泡孔条纹及脱层、收缩等缺陷	防护层色泽略暗，表面光滑，无收缩、发酥，泡孔不均，烧芯等缺陷；保温层充满钢管和防护层的环形空间，无开裂、泡孔条纹及脱层、收缩等缺陷，但有极少数空洞	防护层色泽暗、有收缩、发酥、泡孔不均、烧芯等缺陷；保温层有开裂、泡孔条纹及脱层、收缩等缺陷，并有大量空洞	防护层色泽暗，有收缩、发酥、泡孔不均、烧芯等缺陷，并有大量龟裂；保温层有大量空洞，出现严重充水现象

③现场人工检查土壤质地状

现场土壤地质类型根据表2.4－4进行判别。

表 2.4－4　现场人工检查土壤质地状况

类型	特征及检查方法
砂土	无论加多少水和多大压力，都无法搓成土球，始终成分散状态
轻壤土	可团成表面不平的小土球，搓成条状时易碎成块。

续表

类型	特征及检查方法
中壤土	可搓成条，弯曲时有裂纹折断。
重壤土	可搓成1.5～2mm的细土条，在弯曲成环时，弯曲处发生裂纹
轻黏土	容易揉成细条，弯曲时没有裂纹，压扁时边缘没有裂纹
黏土	可揉搓成任何形状，弯曲处均无裂纹

2. 直接测量

（1）焊缝检验尺测量

焊缝检尺主要有主尺、高度尺、咬边深度尺和多用尺四个零件组成，利用线纹和游标测量等原理，检验焊缝的余高、错边量、焊脚高度、焊脚厚度、咬边深度、点蚀深度。使用方法见第六章“焊缝检验尺的测量”。

（2）游标卡尺测量（图2.4－1）

游标卡尺是一种常用的量具，具有结构简单、使用方便、精度中等和测量的尺寸范围大等特点，可以用它来测量零件的外径、内径、长度、宽度、厚度、深度和孔距等，应用范围很广。使用的游标卡尺应经检定合格。

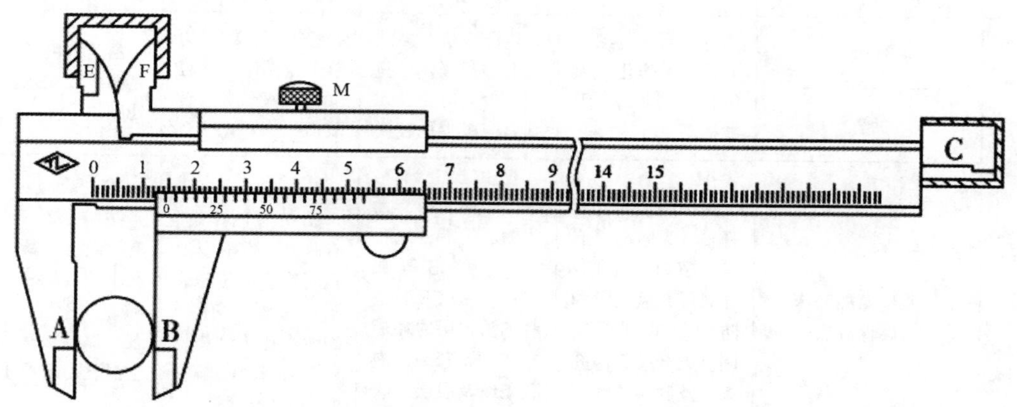

图2.4－1　游标卡尺

游标卡尺由主尺和副尺（又称游标）组成。主尺与固定卡脚制成一体；副尺与活动卡脚制成一体，并能在主尺上滑动。游标卡尺有0.02mm、0.05mm、0.1mm三种测量精度。读数方法：

①读出副尺上的零刻度线以左的刻度，该值就是最后读数的整数部分。

②找出副尺与主尺刻度线正好对应的刻度，读出副尺上的刻度值为小数位数值。

③将所得到的整数和小数部分相加，就得到总尺寸mm。

（3）卡钳检测

卡钳是一种测量长度的工具。根据测量用途分为内卡钳和外卡钳，如图2.4－2所示。内卡钳用于测量管道内径，外卡钳用于测量管道外径 。此外直接检查还包括卷尺、直尺检测、内窥镜检查、红外线成像仪检查等。

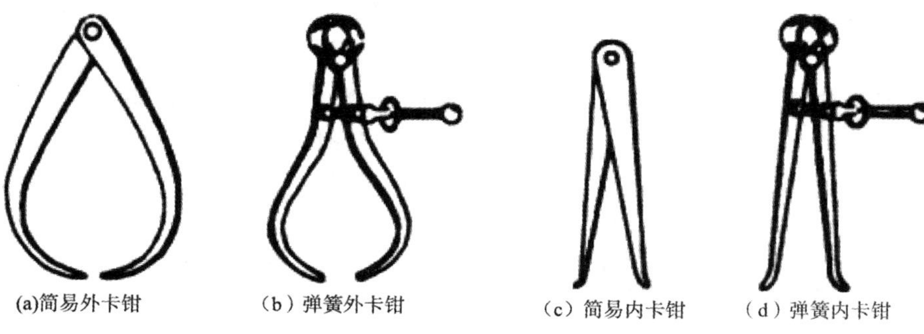

图 2.4－2　卡钳

3. 仪器检测

（1）超声波测厚

①超声波测厚仪工作原理

通过超声波在工件上下底面往返一次的传播的时间，换算成工件的厚度显示出来，一般超声波测厚仪精度有 0.1mm 和 0.01mm 两种，厚度测量原理见公式（2.4－1）。

$$\delta = 1/2ct \tag{2.4-1}$$

式中　c——工件中的波速，m/s；

t——超声波在工件中往返一次传播的时间，s。

②测厚仪使用步骤

a. 每次测厚前必须对测厚仪进行校准，可用仪器上自带的标准块或 GB/T 11344 标准规定的阶梯试块。

b. 当对不锈钢、有色金属进行测厚时，由于声速不同，需要与被测工件相同的材料制作的阶梯试块进行校准。

c. 工件表面应光洁平整，必要时应打磨处理。

d. 耦合剂用甘油、机油、水玻璃等。

e. 每个位置最少测量 2 次，取平均值，数值稳定后读取数据。

f. 测量小管径时，双晶探头分割线应与管道轴线垂直。

③测厚注意事项

a. 对有“声速调节”和“延迟调节”的测厚仪，应注意仪器设定的声速值和工件中传输的声速一致。

b. 晶粒粗大的材料，例如铸钢、铸铁、阀门，对超声波衰减很大，普通测厚仪无法使用，得不到读数。应使用频率低、功率大的专门用于粗晶材料的测厚仪或使用超声波探伤仪来测厚。

c. 表面涂层会影响测厚结果，使测厚读数变大，应在测量前将涂层去除，若无法去除，应做对比试验，以确定涂层原因引起的厚度增加值。

d. 复合材料制作的压力管道测厚时，需要制作与复合材料的材质、结构相同的专用试块。

e. 用超声波探伤仪测量复合材料厚度时，由于结合部位和根部能够出现反射回波，可以得到满意的结果。

f. 在役管道测厚，当温度小于80℃时，可用普通测厚仪，当温度80~100℃时，如果是短时间操作，测量数点少，仍可使用普通测厚仪。长时间工作或更高温度，应采用专用的高温探头和高温耦合剂进行测厚。探头分割线应与管道轴线垂直。

（2）电火花检测仪检测

电火花检测仪也叫针孔检测仪。

①检测原理

当电火花检测仪的高压探头贴近管道移动时，遇到防腐层的破损处，高压将此处的气隙击穿，产生电火花，火花放电瞬间，脉冲变压器原边电流瞬间增大，此电流使报警采样线路产生一负脉冲，扬声器发出报警音响。

②结构

分为四部分：主机、电源、高压脉冲发生器和报警系统。

③使用方式

a. 电源检查、主机充电；

b. 采用涂层测厚仪测量防腐层厚度；

c. 根据防腐层厚度及技术要求选择合适的测试电压，也可以根据验收标准选择测试电压。检漏电压与防腐层厚度有关，当外防腐层厚度小于1mm时，按公式（2.4－2）计算：

$$V = 3294\sqrt{T} \tag{2.4-2}$$

当外防腐层厚度大于1mm时，按公式（2.4－3）计算：

$$V = 7843\sqrt{T} \tag{2.4-3}$$

式中　V——检漏电压峰值，V；

T——外防腐层厚度，mm。

d. 将地线一段与管道金属本体相连接，地线的另一端接检漏仪，再将探测电极和检漏仪相连接，然后开启检漏仪；

e. 检测　将探测电极沿外防腐层表面移动进行检漏，并始终保持探测电极和外防腐层表面紧密接触。当探测电极经过外防腐层漏点或厚度不合格位置时，检漏仪就会报警，此时可移回电极，通过观察电火花的跳出点确定漏点的位置。

④注意事项：

a. 由于涉及高压，检测过程中，操作者必须戴绝缘手套，且不能同时接触地线和探测电极的金属部分，以防触电和击伤。

b. 用弹簧探极检漏时，探极不能拉伸过长，防止失去弹性。

c. 野外使用时仪器电压不得低于8.0V。

d. 被测表面应干燥，并注意保持探测电极距金属管端或金属裸露面至少13mm。

（3）埋地管道定位检测

采用埋地管道测试仪检测管道位置、走向及埋深，具体测量方法见本章第四节第二部分：埋地管道防腐层非开挖检测技术。

（4）绝缘电阻测试仪检测

测量防腐层的绝缘电阻判断防腐层的技术状态，是管道防腐层质量的一种检测方法，该方法简便易行，准确度较高，可准确快速地实现一段或一条乃至整个管网管道防腐层总体技术状态的测量和评价。

管道防腐层绝缘电阻是指单位面积的防腐层电阻，其数值大小由防腐层漏敷的数目和大小所决定，因此它是衡量防腐层绝缘质量优劣的综合参数，其单位为 $\Omega \cdot m^2$。防腐层的漏敷主要内容包括：破损、针孔、老化、开裂、剥离。防腐层的绝缘电阻值越高，则认为防腐层绝缘质量越好。国内外有关标准规定，新建管道的防腐层绝缘电阻不应小于 $10000\Omega \cdot m^2$。在以上者，防腐层质量为优，以下为劣。准确定量检测防腐层绝缘电阻，真实反映了埋地管道防腐层绝缘技术状态。从而为防腐层管理和维护提供依据。

（5）无损检测

无损检测是指在不破坏试件的前提下，以物理或化学方法为手段，借助先进的技术和设备器材，对试件的内部及表面的结构、性质、状态进行检查和测试的方法。

主要的无损检测方法有射线检测（简称 RT）、超声波检测（简称 UT）、磁粉检测（简称 MT）、渗透检测（简称 PT）、衍射时差法超声检测（简称 TOFD）、涡流检测（简称 ET）、声发射检测（简称 AE）、漏磁检测（MFL）。

常规的检测方法为前四种，随着科学技术的发展无损检测的方法及种类日益繁多，如：激光、红外、微波、液晶等技术都被应用于无损检测。

每一种无损检测方法都有局限性，不能适用于所有工件和所用缺陷，为了提高检测结果的可靠性，在检测前，根据被检物的材质、结构、形状、尺寸、预计可能产生什么种类、什么形状的缺陷，在什么部位、什么方向产生，选择最佳检测方法。具体选用原则如下：

①应保证选用的检测方法有足够的实施操作空间。

②仅能检测表面开口缺陷的无损检测方法包括渗透检测和目视检测。渗透检测主要用于非多孔性材料，目视检测主要用于宏观可见缺陷的检测。

③能检测表面开口缺陷和近表面缺陷的无损检测方法包括磁粉和涡流检测。磁粉检测主要用于铁磁性检测，涡流检测主要用于导电金属材料。

④可检测材料中任何位置缺陷的无损检测方法包括射线检测、超声检测、衍射时差法超声检测和 X 射线数字成像检测。一般而言，超声检测、衍射时差法超声检测对于表面开口缺陷和近表面缺陷检测能力低于磁粉检测、渗透检测或涡流检测。

⑤为确定压力管道内部或表面存在的活性缺陷的强度和大致位置，可采用声发射检测，声发射检测需要对承压设备进行加压试验，发现活性缺陷时应采用其他无损检测方法进行复检。

⑥仅能检测承压设备贯穿性缺陷或整体致密性的无损检测方法为泄漏检测。

⑦对于铁磁性材料，为检测表面或近表面缺陷，应优先采用磁粉检测方法，确应结构形状等原因不能采用磁粉检测时方可采用其它无损检测方法。

⑧当采用一种无损检测方法按照不同检测工艺进行检测时如果检测结果不一致，应以危险度大的评定级别为准。

⑨当采用两种或两种以上的检测方法对承压设备的同一部位进行检测时，应按各自的方法评定级别。

注：常规无损检测技术介绍具体见第六章。

二、埋地管道防腐层非开挖检测技术

（一）检测原理介绍及技术使用状况

防腐层检测的主要目的是准确判断管道外防腐层的质量，指导管道管理单位对防腐层缺陷点进行精确定位，也作为管道外防腐层修复的重要依据。目前国内外埋地钢质管道防腐层检测技术相应的测量方法和设备有很多，常用的检测方法有交流电流衰减法（PCM）、交流电位梯度法（ACVG）人体电容法（PEARSON）、密间隔电位测试法（CIPS）、直流电位梯度法（DCVG）。

1. 交流电流衰减法（PCM）

交流电流衰减法应用电磁感应原理，采用专用仪器在地表测量埋地钢质管道管内信号电流产生的电磁辐射，通过电流衰减变化来评价管道防腐层总体情况的地表测量方法，也称交变电流梯度法或多频管中电流法。交流电流衰减法分为定量检测和定性检测。定量检测是指对管道防腐层绝缘电阻值进行测量，通过防腐层绝缘电阻值的大小来判断防腐层质量的优劣。定性测量仅对防腐层破损点进行定位。

2. 人体电容法（PEARSON）

人体电容法（PEARSON）也叫音频检漏法，它是在管道施加交流信号，该信号通过防腐层破损点处时会流到大地土壤中，电流密度随着远离破损点而减小，就在破损点的上方地表面形成了一个交流电压梯度。由于在该检测方法中以两个操作人员的人体代替接地电极，故该方法又称“人体电容法”（SL）。该方法适用于一般地段的埋地管道防腐层检漏，不适用于露空管道、覆盖层导电性很差的管道、水下管道、套管内的管道的防腐层地面检漏。

3. 密间隔电位测试（CIPS）

密间隔电位测试法是在有阴极保护的管道上通过测量管道的管地电位变化（一般间隔 1～5 米测量 1 个点）来分析判断管道的阴极保护效果和管道防腐层质量。在测量管地电位时，将电位等压线（也叫漆包线）连接到管道测试桩处，在管道防腐层破损点周围产生电位场，该电位场由于电流流向防腐层缺陷处产生一个电位梯度，其形状和位置将随防腐层破损点的大小和位置而变化。

4. 直流电位梯度法（DCVG）

直流电位梯度法是通过防腐层破损处漏泄的直流电流所产生的土壤直流电压梯度的变化，确定防腐层缺陷位置、严重程度以及表征腐蚀活性的地表测量方法。结合密间隔管地电位测量（CIPS）技术可对外防腐层破损点的大小及严重程度进行分类。该方法对破损点未与电解质（土壤、水）接触的管道不适用，对于防腐层剥离或绝缘物造成电屏蔽的位置、测量不可到达的区域（如河流穿越、定向钻穿越）、覆盖层导电性很差（如铺砌路面、冻土、沥青路面、含有大量岩石回填物）等位置测量结果的准确性受到影响。

5. 交流电位梯度法（ACVG）

交流电位梯度法是通过沿管道或环绕管道的、由外防腐层漏点漏泄的交流电流所产生的土壤交流电压梯度的变化，确定防腐层缺陷位置、严重程度的地表测量方法。此方法是目前国内输油、输气管道维护和检测的常用方法。

国内外目前埋地管道外防腐层检测和评价技术主要有：多频管中电流衰减法（PCM）、标准管/地电位检测法（P/S）、直流电位梯度法（DCVG）、交流电位梯度法（ACVG）、绝缘电阻测试法等。目前，我国对管道外防腐层破损点进行检测应用范围较广的是：电流衰减法（PCM）、交流电位梯度法（ACVG），部分检测公司在重点管段也使用直流电位梯度法（DCVG）。

①电流衰减法（PCM）

多频管中电流衰减法（PCM）PCM 设备由发射机和接收机两大单元组成，发射机以某一超大功率给管道供入一个频率接近直流的电信号，手提式接收机沿管线路由进行管道定位、管中信号电流的测量；检测原理见图 2.4－3。当管道防腐蚀层性能均匀时，管中电流的数值与距离成线性关系，其电流衰减率取决于涂层的绝缘电阻，根据电流衰减率的大小变化可评价防腐蚀涂层的绝缘质量。若存在电流异常衰减段，则可认为存在电流的泄漏点，再使用 A 字架检验地表电位梯度，即可对涂层破损点进行精确定位。该法适合于埋地钢管防腐蚀层质量检测评价、破损点定位、破损点大小估计、管线走向及埋深检测、搭接定位检测以及阴极保护系统有效性检测。操作简单，广泛应用于管道检测工作。

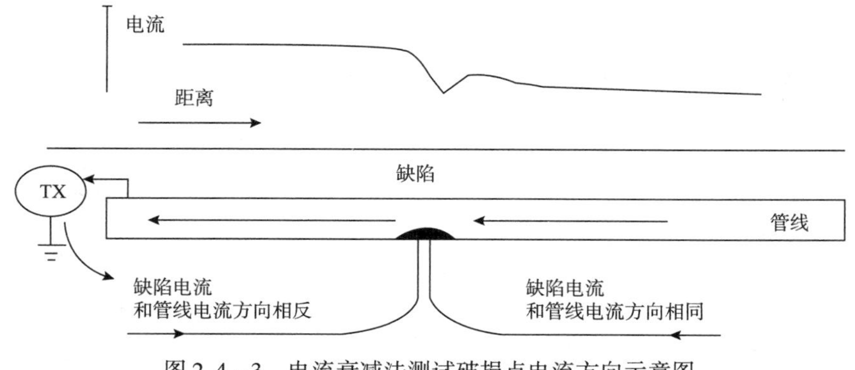

图 2.4－3　电流衰减法测试破损点电流方向示意图

a. 管道定位

管道定位又分为峰值法定位和零/估值法定位。

峰值法定位：当水平线圈的轴线与通电导线垂直且处于通电导线正上方时，水平线圈信号最强，检测原理见图 2.4－4 和 2.4－5。

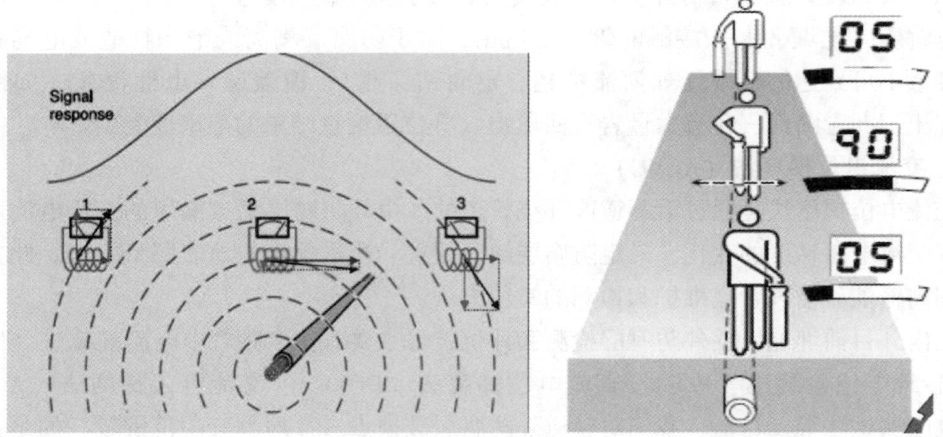

图 2.4－4　水平磁场分布

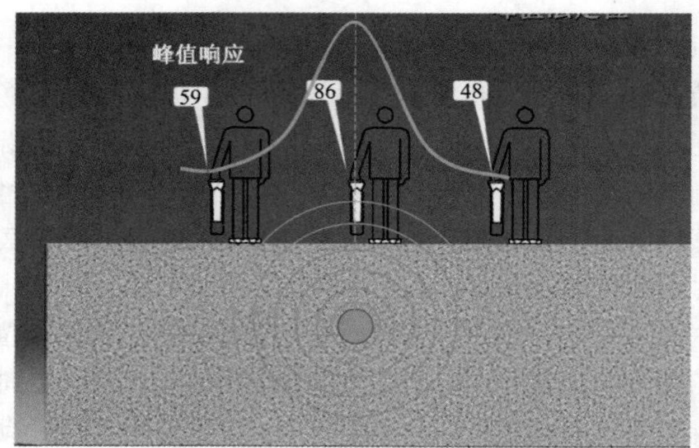

图 2.4－5　峰值法检测原理图

零/估值法定位：在管线正上方，垂直线圈信号响应最小；检测原理见图 2.4－6 和 2.4－7。

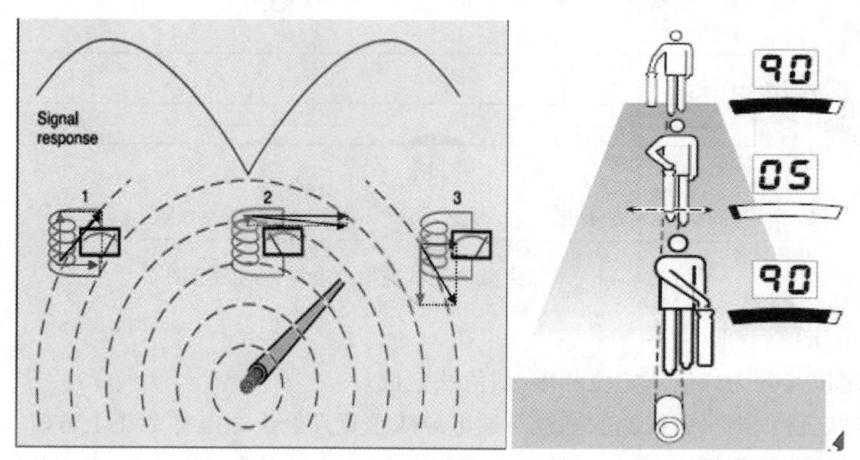

图 2.4－6　垂直磁场分布

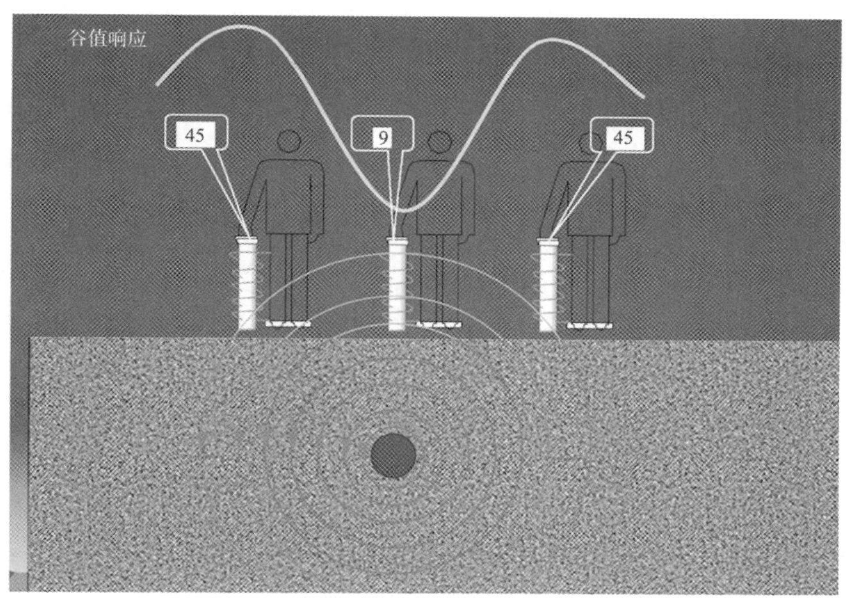

图 2.4－7　谷值法检测原理图

b. 管道深度测量

管道深度测量又分为直读法和 70% 法测量深度。

直读法：通过接收机屏幕直接读取。

70% 法测量深度：该方法在磁场变形严重，旁侧管线影响比较大时使用。检测原理见图 2.4－8 和 2.4－9。

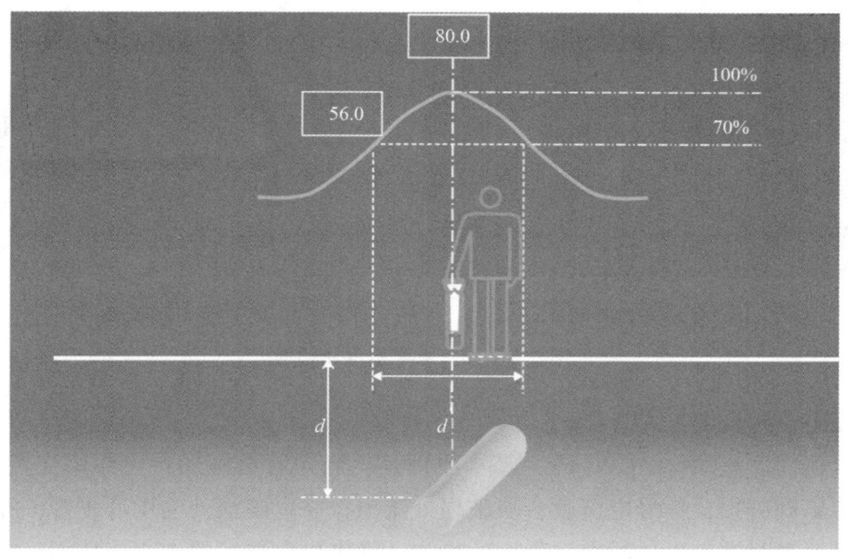

图 2.4－8　直读法检测原理图

注意事项：不要在弯头和三通附近测深，至少离开弯头或三通五步左右；不要在井盖上方读取埋深值。

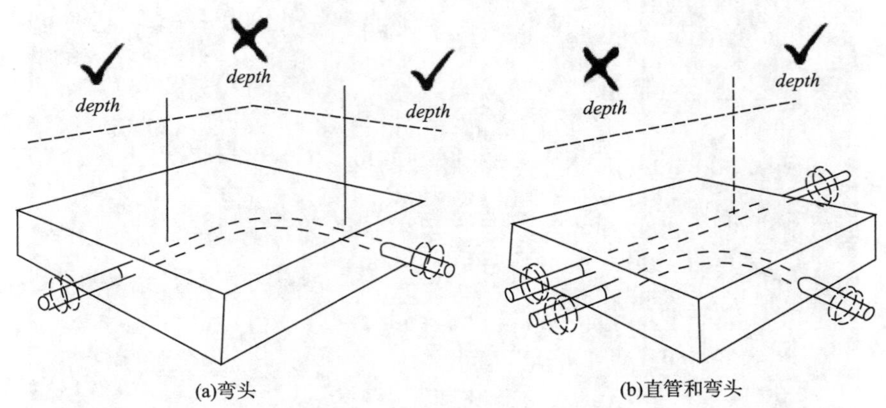

图 2.4－9　弯头或三通现场检测方法

注：depth—管道埋深

c. 破损点定位

A 字架与接收机配合使用，如图 2.4－10 所示，可以对破损点的位置、大小进行定位。A 字架位于破损点正上方时读数最小，位于破损点四周时读数最大，使用时需将 A 字架的两个探针与大地接触良好，对于干燥的土壤和水泥地面，可适当浇水后采用特制的导电橡胶探针来增加接触效果。

（a）破损点现场检测

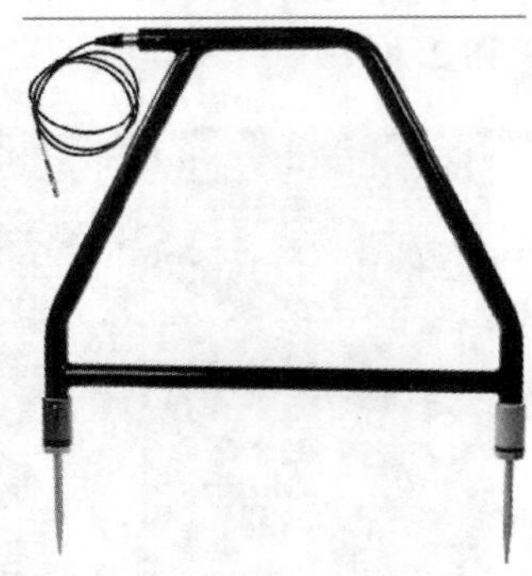

（b）A字架

图 2.4－10　A 字架现场检测

②交流电位梯度法（ACVG）

交流电位梯度法简称 ACVG 法，基本原理是：当向管道施加特定频率交流电信号时，如果防腐层出现破损，信号电流就会从破损处流出，并以破损处为中心形成一个球形电位场，地面上通过对这个电位场电位梯度的检测，确定出电位场的中心，从而确定破损点。

发射机主要用于向地下管线发射超低频电磁波信号，与接收机配合使用，方便而准确地对管线进行定位、测深、测防腐层破损点及破损点的大小。目前国内主要以晟利 SL－

5028 + ACVG 使用居多。

a. 管道定位

调节上升键或下降键来增加或减小接收机增益，使条形图读数位于整个量程的 60 ~ 80% 处，如图 2.4 – 11 所示。

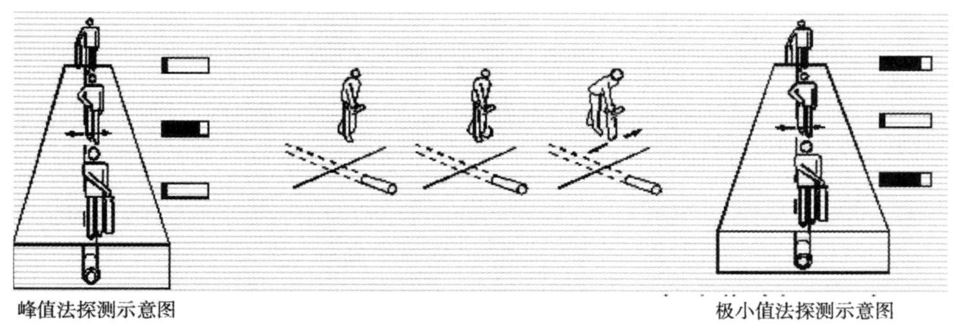

图 2.4 – 11　管道定位检测方法

在探测过程中，接收机的读数会随着接收机同发射机距离的增加而逐渐减小，这时需要按住上升键调节灵敏度以补偿信号的衰减。如果接收机读数突然减小，应马上停下来，重新探测读数下降处管线的位置，调高灵敏度，以该点为圆心，半径为 2 米左右做圆形搜索。

b. 管道深度测量

管道深度测量分为直读法和 80% 测深法。

直读法如图 2.4 – 12 所示：

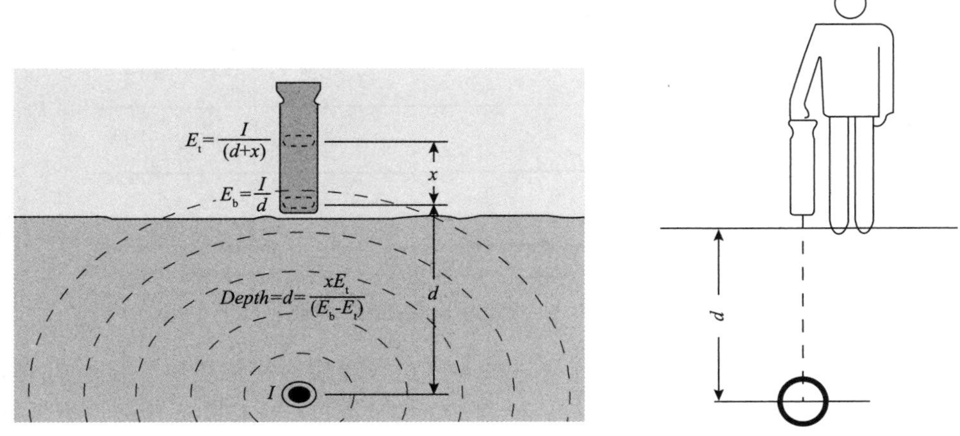

图 2.4 – 12　直读法原理图及探测示意图

注：管线埋设越深，直读深度误差越大，这是因为埋深增大，上下天线磁场差值越来越小，越不可靠。其探测范围是：4.5 ~ 5m，当超过该范围或者信号不正常时，接收机显示器显示错误信息。应用直读测深的条件之一就是管线定位要精确，也就是峰值法和零值

法测得的目标管线位置要基本一致，一般应小于20cm，否则误差会很大。

80%测深法如图2.4－13所示。

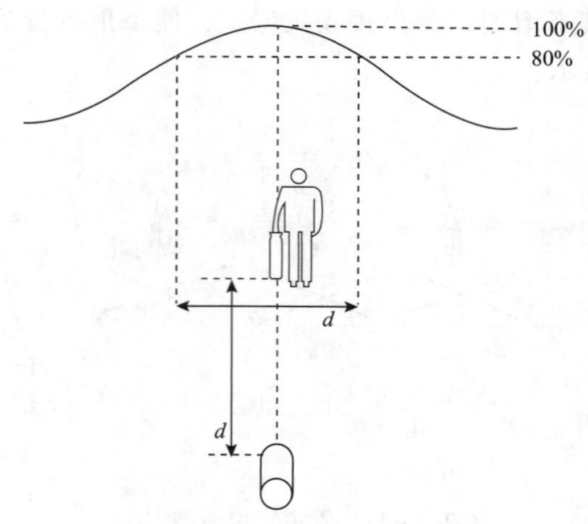

图2.4－13　80%法测深示意图

③直流电位梯度法（DCVG）

简称DCVG，当直流信号象阴极保护电流一样加到管道上时，在管道防腐层破损裸漏点和土壤之间存在电压梯度。在接近破损裸漏点部位，电流密度增大，电压梯度增大，如图2.4－14所示。一般地，电压梯度与裸漏面积成正比例关系。直流电压梯度检测技术，就是基于上述原理而建立的。

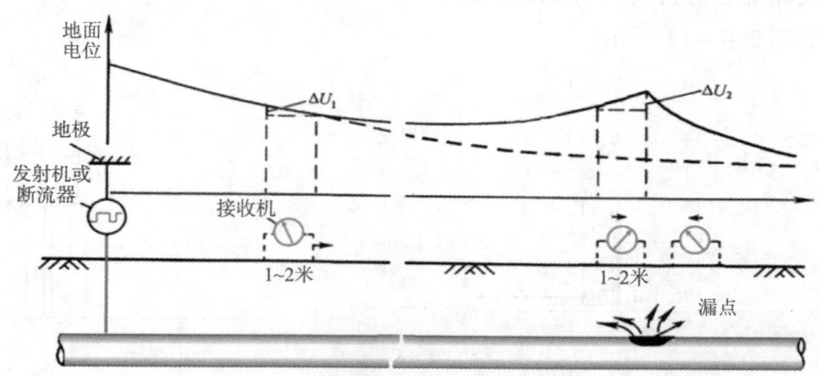

图2.4－14　地面电场检测方法原理图

DCVG方法是使用一个的mV表（先进的DCVG仪器用数字液晶屏幕显示所测的mV数），以及2个$Cu/CuSO_4$半电池探杖插入检测部位的地面进行电位梯度检测。为了有利于对信号的观察和解释，在DCVG测量时，要在阴极保护输出上加一个断流器。在测量过程中，操作员沿管线以2m间隔用探杖在管顶上方进行测量。DCVG检测过程如图2.4－15所示。

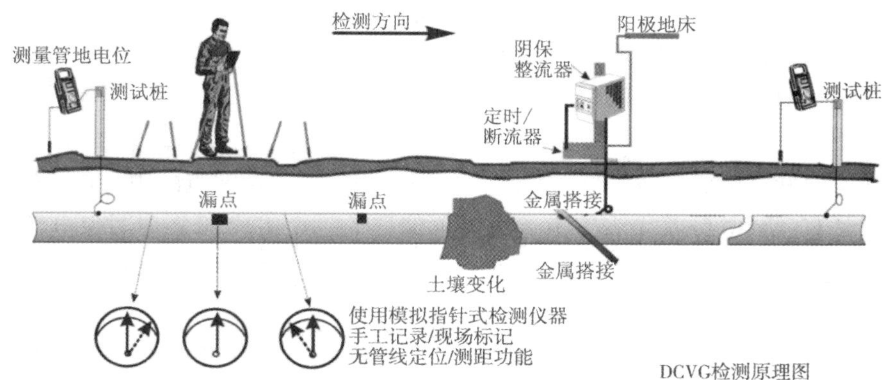

图 2.4－15　DCVG 检测过程示意图

该方法能准确地查出防腐层的破损位置，可估算缺陷大小，并通过 IR% 判定缺陷的严重程度，是目前公认的最准确管道防腐层缺陷定位技术之一，在国外已经得到广泛使用，但在国内应用尚处启步阶段。测试过程中不受交流电干扰，不需拖拉电缆，受地貌影响小，操作简单，准确度高。根据检测结果可给用户提供合理的维护和改造建议。但该方法不能指示管线阴极保护效果，不能指示涂层剥离，需沿线步行检测，杂散电流、地表土壤的电阻率等环境因素会引起一定的测量误差，对于干燥的水泥、柏油等硬质地面的检测效果差。

判断破损点处管道是否存在腐蚀的具体方法如下：

将一个电极放在破损点上，另一个电极远置，观看毫伏表指针摆动情况。通常摆动会出现两个位置上（如图 2.4－16 所示）。

a. 偏摆的初始位置（图中实线）。

b. 对施加经断流器 DC 信号的响应摆动（图中虚线）位置。

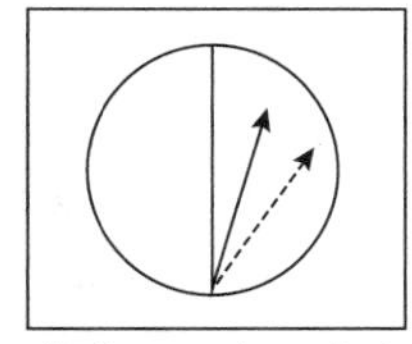

[情形1] C/C 有CP 电流保护破损点，没有CP 时为阴极性

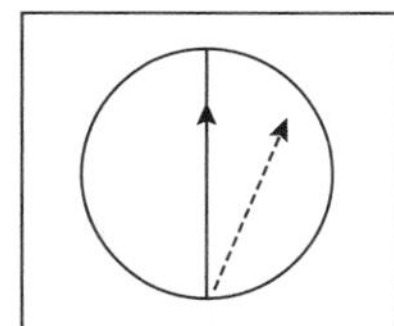

[情形2] C/N 有CP 电流保护的破损点，没有CP 时呈中性

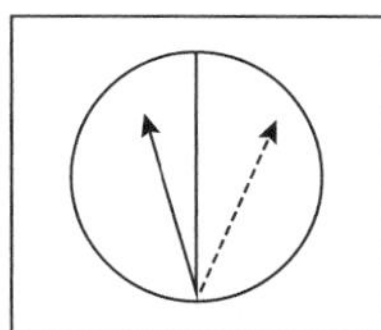

[情形3] C/A 有CP电流保护破损点，没有CP 时为阳极性

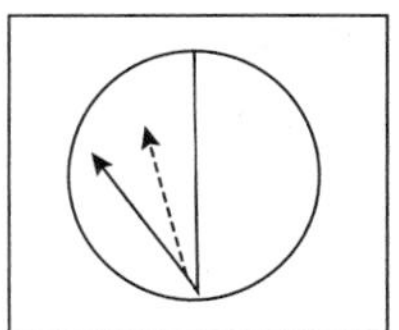

[情形4] A/A 没有CP电流保护破损点，没有总为阳极性

图 2.4－16　DCVG 检测腐蚀活性点判断示意图

C/C 阴极/阴极：此类情况说明，当阴保系统“通”的时候漏点处呈阴性（受到保护）；当阴保系统“断”或停止运行时，漏点保持极化效应。它是 CP 电流的消耗者，但未发生腐蚀。

C/N 阴极/中性：在此类漏点处，当阴保系统开通时受到保护，但在阴保系统中断时恢复自然状态。这些漏点消耗 CP 电流，当阴保系统长期停用时可能发生腐蚀。

C/A 阴极/阳极：在此类漏点处，当阴保系统开通时受到保护；但在阴保系统中断时呈现阳极状态，这是因为中断后的电位值与管道与土壤之间的界面电位有关。甚至在阴保系统正常运行时这些漏点可能发生腐蚀，它们还消耗着阴保电流。

A/A 阳极/阳极：这类漏点无论阴保系统“通”与“断”，它们均未受到保护。它们可能正在腐蚀，但它不消耗阴保电流。

c. 检测数据的应用

定位防腐层漏点以后，破损严重程度（破损面积）可以由漏点的中心点到远地点之间的电位差来估算。该电位差作为管道上总电位偏移的一个组成部分（阴保电流“通”和“断”的电位差，也称作 IR 降），百分比的结果值表示为“% IR”。DCVG 的检测读数，根据破损大致面积分成四类处理：

类别 1：1－15% IR 的漏点，认为这类情况下漏点的严重程度较低，不需要进行维修。维护良好的 CP 系统，就可以为管道上暴露的金属表面提供有效的、长时间的阴极保护。

类别 2：16－35% IR 的漏点，在这类漏点在接近地床或其它结构时，建议进行维修。这样的漏点一般认为并非是严重的威胁，更倾向于通过维护良好的 CP 系统提供充分的保护。对于这类漏点应该加强监管，因为当防腐层进一步老化，或阴极保护状况波动时可能归入其它类别中去。

类别 3：36－60% IR 的漏点，认为这类漏点是值得维修的。管体的暴露面积较大，说明它是 CP 电流的主要消耗者，此处可能有较严重的防腐层损坏。根据接近阳极地床或其它结构的远近程度排入维修计划。它们被认为是对管道完整性的威胁。与类别 2 的漏点一样，这类漏点要加强监管，因为当防腐层进一步老化，或阴极保护状况波动时可能归入其它类别中去。

类别 4：61－100% IR 的漏点，这类漏点一般推荐立即维修，管体的暴露面积更大，表明它是 CP 电流的主要消耗者，此处有大块的防腐层破损。类别 4 的漏点指示的电位，通常预示着防腐层很严重的问题，认为它是管道完整性严重的威胁。

d. DCVG 和 CIPS 综合检测技术

为克服单一检测技术的局限性，国外检测技术的最新发展是组合几种检测方法对防腐层缺陷进行检测，将记录管道真实保护状态和防腐层缺陷定位、定量综合，但检测效率较低，目前国外已开始试用这种技术。CIPS 和 DCVG 综合检测技术就是近年发展起来的防腐层破损地面检测技术。具体检测时，先采用 DCVG 法进行测量，确定破损点正确位置以后，采用 CIPS 密间隔电位测试技术检查保护度和对缺陷定量。在破损点上方地表设置一个参比电极，与之相隔一定距离 x 后（沿与管道垂直方向）再设置一个参比电极。测出两个参比电极的电位差（E_{on}和 E_{off}），并使用 CIPS 设备测出参比电极 1 点的通、断电位，如图 2.4－17 所示。按下列公式即可计算出防腐层破损点的等效圆直径。

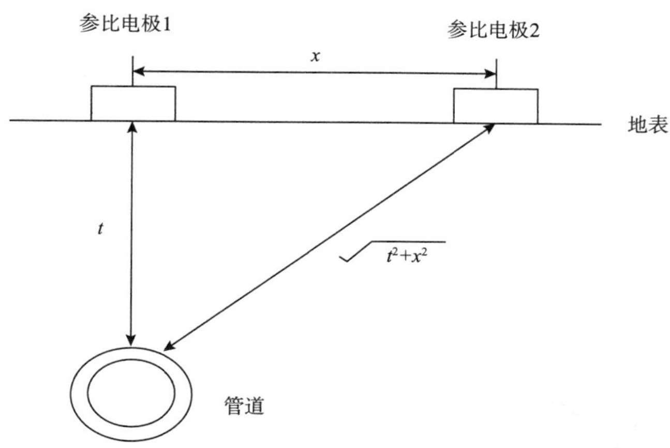

图 2. 4 – 17　破损点定量检测示意图

参比电极 1 相对远地点的电位应用公式 2. 4 – 4 计算：

$$V_1 = rho \times I/2\pi t \tag{2.4-4}$$

参比电极 2 相对远地点的电位应用公式 2. 4 – 5 计算：

$$V_1 = rho \times I/2\pi \sqrt{(t^2 + x^2)} \tag{2.4-5}$$

两者的电位差应用公式 2. 4 – 6 计算：

$$V_1 - V_2 = (rho \times I)/2\pi \cdot \frac{\sqrt{(t^2 + x^2)} - t}{t \cdot \sqrt{(t^2 + x^2)}} \tag{2.4-6}$$

涂层缺陷对地电阻应用公式 2. 4 – 7 计算：

$$R = (E_{on} - E_{off})/I$$

$$R = rho/2d \tag{2.4-7}$$

式中　rho——土壤电阻率；

I——流到某破损处的电流；

d——破损点直径；

x——两参比电极间的距离；

t——管道埋深。

破损点等效圆直径应用公式 2. 4 – 8 计算：

$$d \times C = (V_1 - V_2)/(E_{on} - E_{off}) \quad (C\ 为常数) \tag{2.4-8}$$

式中　d——等效圆直径，mm；

C——常数。

现场实际操作中，常数 C 的确定有一定难度，需要开挖一定数量的检测探坑进行涂层缺陷大小比对确定，通过现场验证，在确定出常数 C 后，涂层缺陷大小判断的吻合率能达到 70% 左右，该方法对于管道涂层针对性维修有一定的指导意义。但是该技术对没有 CP 的管道无法检测，检测时还需要探管机或 CIPS 等仪器的配合使用，此外由于管线上 IR 降受制于很多因素，地电场干扰来自很多方面，DCVG 完全消除这些影响有一定困难，因此有时也会发生误判。

（二）PCM + 检测设备介绍

1. 仪器组成

发射机、接收机、A 字架、磁力座、软件，如图 2.4 – 18 所示。

2. 发射机介绍

发射机结构见图 2.4 – 19。

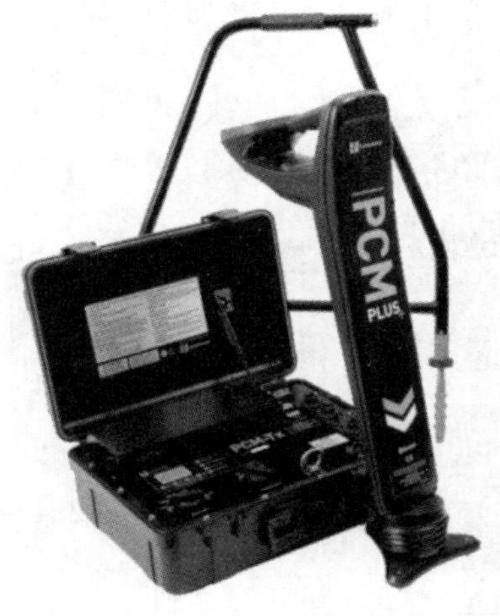

图 2.4 – 18　PCM + 检测设备的组成

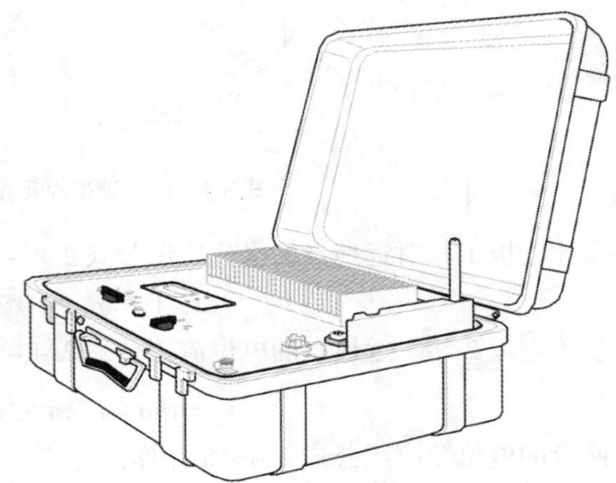

图 2.4 – 19　发射机示意图

（1）发射机参数

①最大输出功率 150W；

②最大输出电流 3A；

③4Hz 混频信号；

④220V 交流、24 ~ 25V 直流电源。

（2）发射机面板

发射机面板结构见图 2.4 – 20。

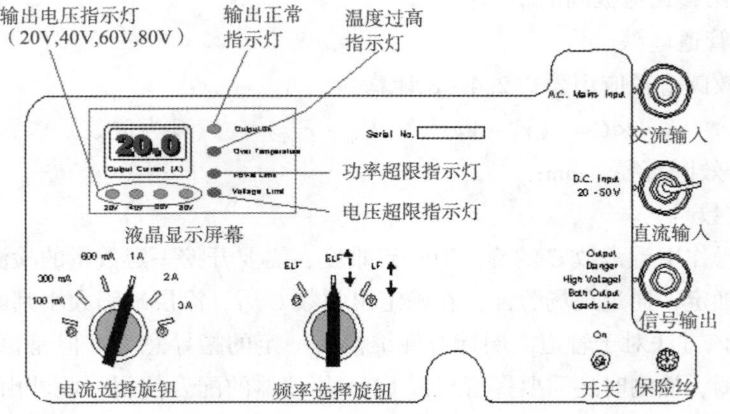

图 2.4 – 20　发射机面板图

3. 接收机介绍

接收机结构见图 2.4－21。

（1）接收机参数

①定位精度：深度的 +/－5%；

②深度测量精度：深度的 +/－5%；

③电流测绘精度：实际电流的 +/－5%；

④储存 1000 个记录数据。

（2）接收机面板

接收机结构面板见图 2.4－22。

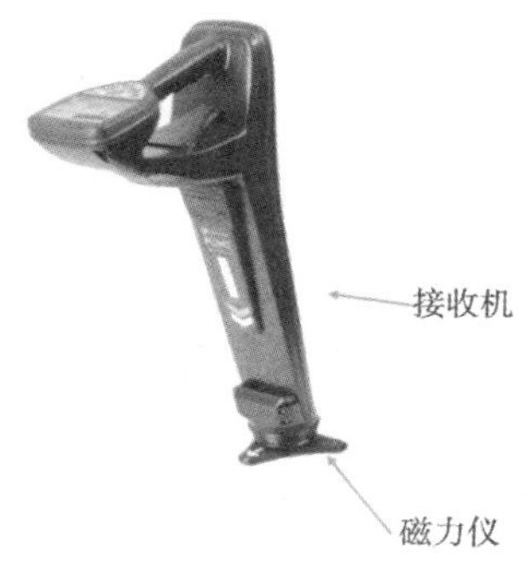

图 2.4－21　接收机设备图

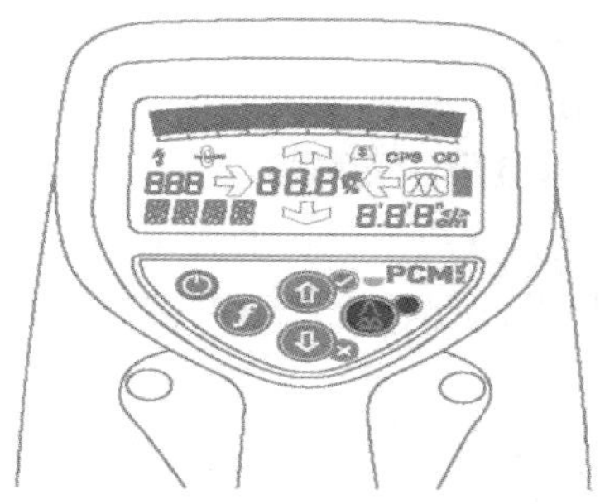

图 2.4－22　接收机面板示意图

4. A 支架

A 支架结构见图 2.4－23。

5. 磁力仪

发射机向管道施加一近似直流的电流。在非常低的频率上（4Hz）管线电流衰减近似直线。PCM + 接收机装有一磁力仪，如图 2.4－24 所示，它能测量甚低频磁场。先进的信息处理技术提供了近直流信号电流和方向。可绘制随距离而衰减的电流波形。

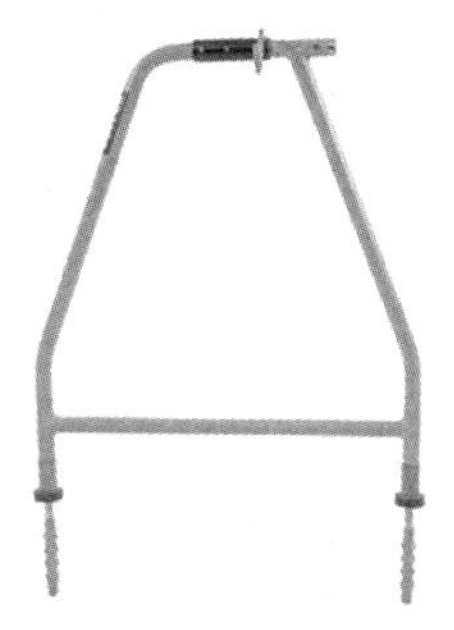

图 2.4－23　A 支架设备图

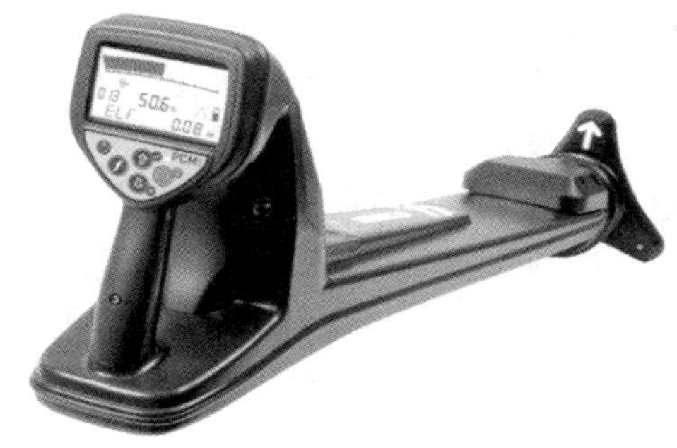

图 2.4－24　磁力仪设备图

6. PCM + 工作过程

PCM + 工作过程如下，检测步骤见示意图 2.4－25。

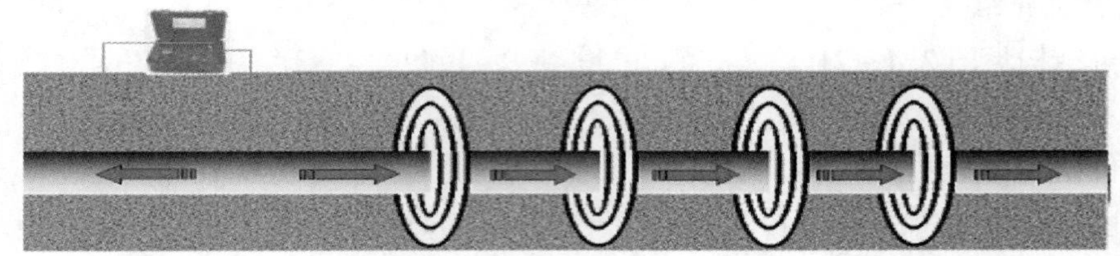

图 2.4－25　PCM＋检测步骤示意图

（1）对埋地金属管道发射 4Hz 混频电流信号。

（2）接收机在管线上方逐点采集电流信号。

（3）确定电流陡降段。

（4）用接收机确认管道分支和异管搭接。

（5）对防腐层缺陷点评估和定位。

7. PCM 检测注意事项

（1）熟悉管线情况：如管道的分布范围、运行状况、被检查管道区域内的其他管线分布状况，以及阀门、管线阴极保护检测桩、牺牲阳极位置、管线连接点的大致位置等其他相关的数据。

（2）地极的选择：应当选择在管道简单、附近管道无接地点的位置上，一般在距检测管线的垂直方向 30～50m 以外的地方，尽量采用单独的低阻抗接地物，不能连接在管道或其他金属构件上。

（3）检测信号频率的选择：进行防腐层检测，检测电流频率一般采用 ELF 带方向（128Hz＋4Hz）或 LF 带方向（640Hz＋4Hz＋8Hz）的信号供入（对于要应用 A 字架进行破损点定位的，发射机的信号频率只能放在两个带电流方向的档上）。

（4）信号接入点的选择：尽量选择管道分布简单、防腐状况较好的管段，位置可以是检测桩、可能的阀门设施或其他的易于施加信号地方等。多条管线一端相连时，尽量在不连的一端供入检测信号。目标管线若有绝缘法兰，一定要将信号施加在待检测段一边法兰的前端。

（三）管道埋深及走向测量

采用埋地管道探测仪 PCM 每隔 10m 对管道进行埋深测量，对于特殊情况，可根据实际情况确定管道埋深点（并对管顶埋深小于 0.8m 的管段进行记录）。管道埋深采用 PCM 进行检测。PCM 设备包含发射机和接收机两大单元，发射机在管道和大地之间施加某一频率的正弦电压，给待检测的管道发射检测信号电流，管道中电流产生的交变磁场，在地面上沿管道检测磁场的强度，即可以确定管道的走向。具体的测试步骤如下：

（1）选择信号馈入点，在地势相对平坦的测试桩进行信号馈入。

（2）发射机的连接。将白色信号线与管道连接，绿色信号线通过接地极和大地连接，保证连接处电导通。为了降低信号输出电阻，接地线可以为管道系统的阴极保护阳极或其他建筑物的接地系统，如果现场不存在此类接地系统，可以使用 ϕ20mm×60cm 的钢钎插入潮湿的土地中作为临时接地极。信号输出线连接好后，将发射机的电源线接好备用，如图 2.4－26 所示。

连接必须遵守白线连接管体，绿色接地。连接管道可以从阴保供入点，阀门，检测桩接入。接地可以连接周围接地良好的金属物体，也可以使用接地钎。建议接地尽量远离管道（45m），以保证电场的均匀分布。

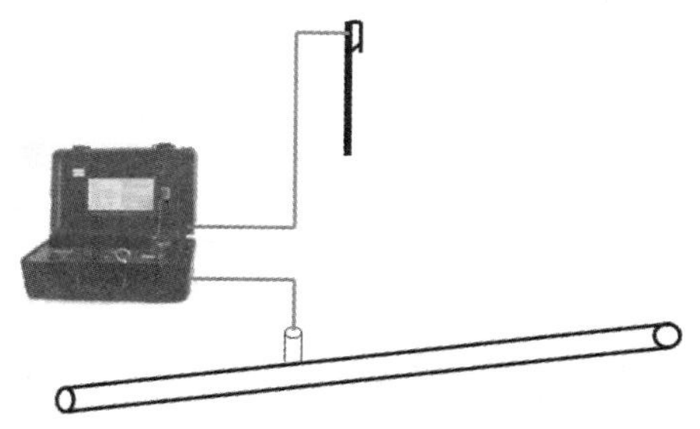
图 2.4－26　检测接线示意图

（3）选择检测频率。发射机和接收机的频率必须一致。

（4）馈入信号。将发射机输出档位调至最低档（100mA），打开发射机电源按钮（面板如图 2.4－27 所示），注意观察发射机输出电压，如果输出电压小于 80V，则发射机处于正常工作状态。根据需要可以将发射机档位上调一个档位，但要保证仪器输出电压小于 80V。发射机的信号输出方式分为无源方式（无需发射机）、直连法。

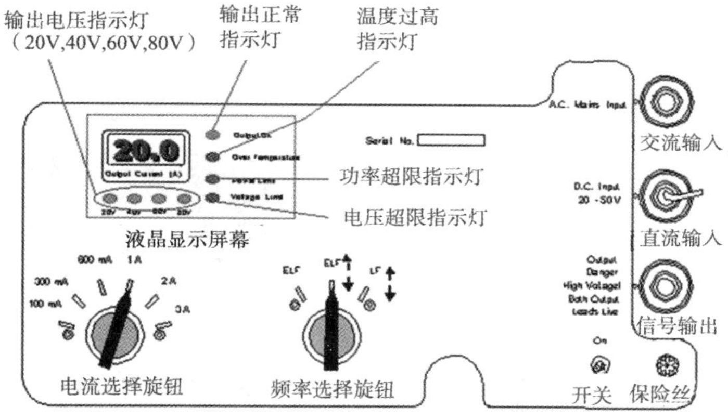

图 2.4－27　发射机面板示意图

发射机的信号输出方式分为无源方式（无需发射机）、直连法。

（5）寻找管线。打开接收机，调整接收机频率和发射机频率相同，持机扫线，以 1～2m/s 的步速前进，就可以测量出管道的走向。管道的定位方法有极大值法（峰值法）、极小值法（谷值法）、70% 精确法，如图 2.4－28～图 2.4－33 所示。

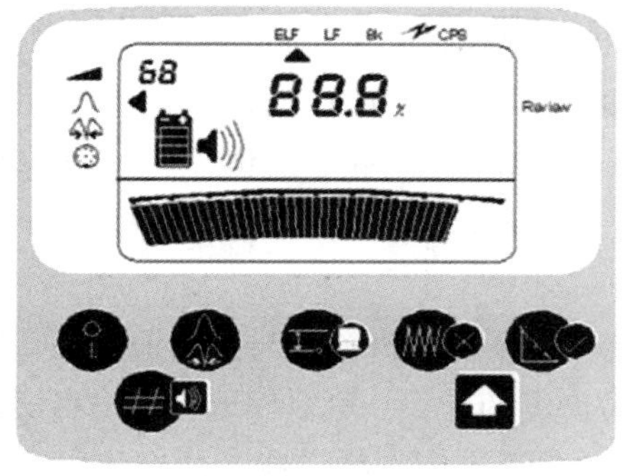

图 2.4－28　峰值法：数字最大处为管道位置图

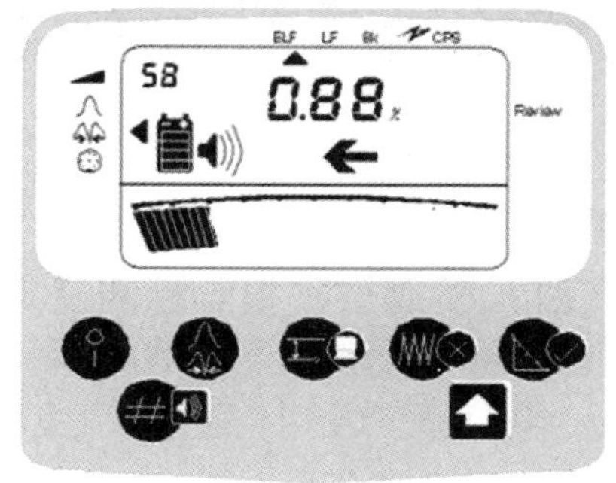

图 2.4－29　谷值法：箭头反转处为管道位置

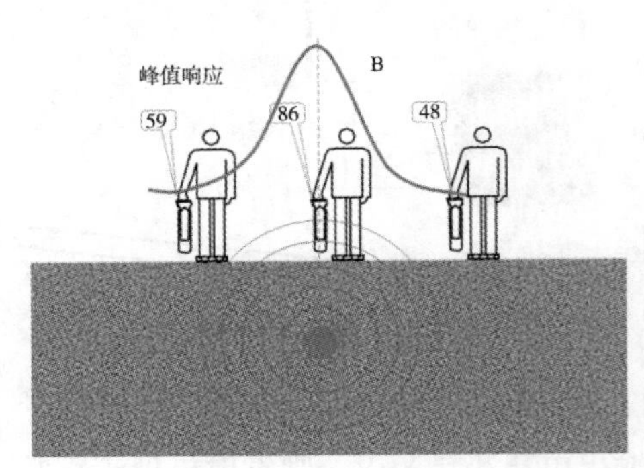

图 2.4-30　极大值法定位管道位置图

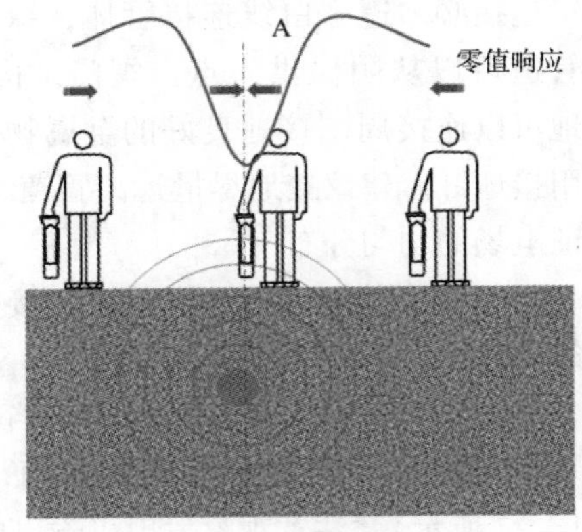

图 2.4-31　极小值法定位管道位置

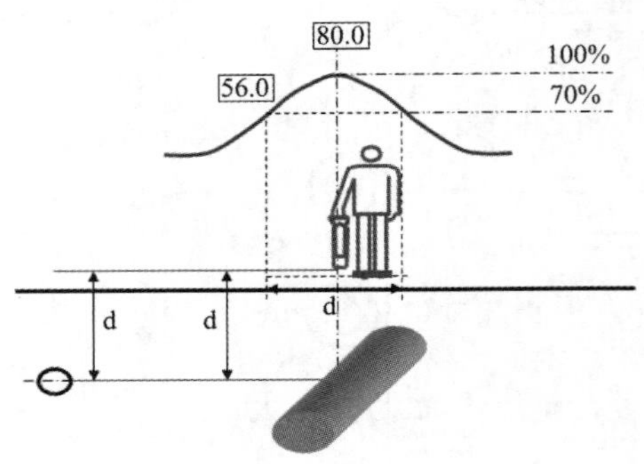

图 2.4-32　70% 法精确测量图

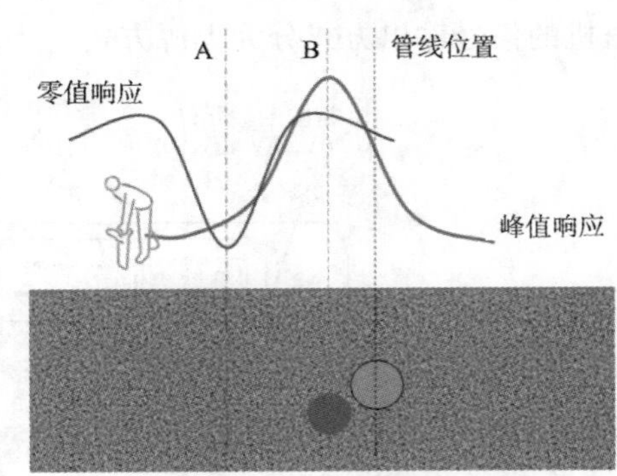

图 2.4-33　干扰对管道的影响

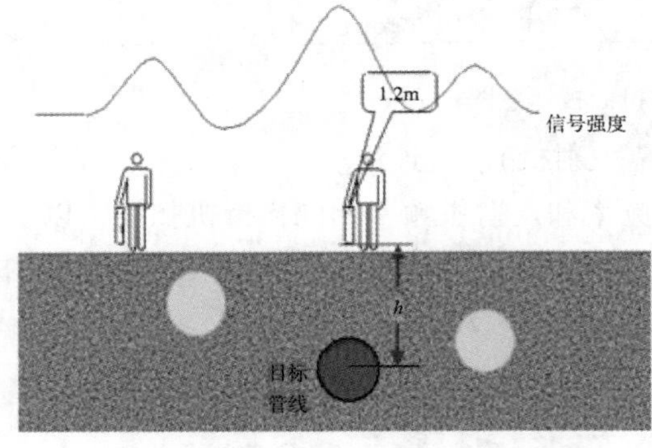

图 2.4-34　直读法：直接在管道正上方按下深度键

（6）在管道的正上方每隔 10m，测量一次管道采用“直读法”测量埋设深度（并对埋深小于0.9m 的管段定位并记录），同时记录管道周边环境情况，并拍照。如图 2.4-34 所示。

（7）对于特殊管段，将根据现场情况进行加密测量。管道埋深测量误差及平面定位偏差符合《工程测量规范》（GB 50026—2007）相关规定，即埋深误差：$\delta_{th}=0.15h$，平面定位偏差：$\delta_{ts}=0.10h$。（式中 h 为地下管线中心埋深，单位为 cm，当 $h<100$cm 时，则以100cm 代入计算）。

（四）防腐层破损点检测及定位技术

交流地电位梯度法（ACVG）采用埋地管道电流测绘系统（PCM）与交流地电位差测量仪（A 字架）配合使用，通过测量土壤中交流地电位梯度的变化，可对埋地管道防腐层破损点进行查找与准确定位。其基本原理为由发射机向被测管道施加特定频率的交流电流信号时，如果管道防腐层出现破损，那么一部分信号电流就会从该破损处流出，并以破损处为中心形成一个立体的球形分布电场，在地面上用接收机对这个电场投影的电位梯度进行检测，从而确定漏电场中心位置，来定出破损点的具体位置。检测原理如图 2.4－35 所示。

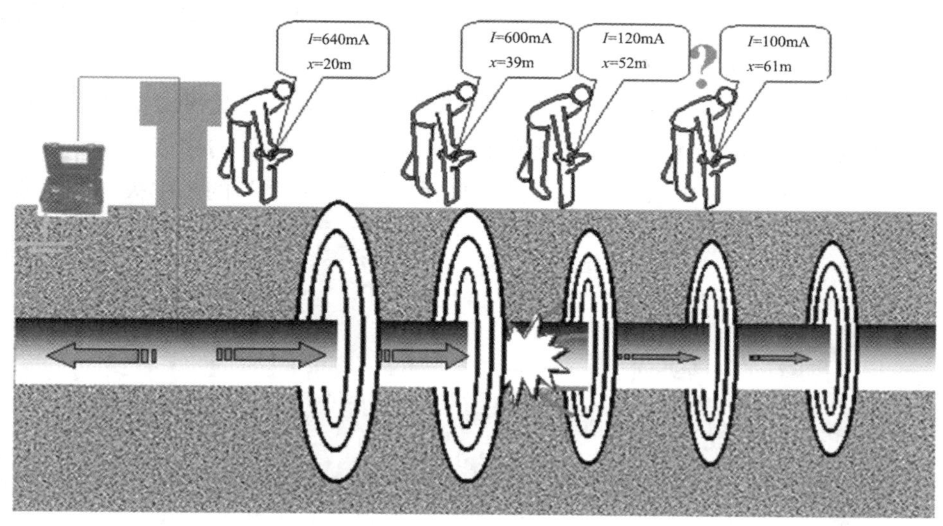

图 2.4－35　防腐层破损点查找原理

1. 测试步骤

（1）选择信号馈入点，在地势平坦的测试桩进行信号馈入；

（2）发射机的连接。将白色信号线与管道连接，绿色信号线通过接地极和大地连接，保证连接处电导通。为了降低接地电阻，保证输出电流信号，接地线可以为管道系统的阴极保护阳极或其他建筑物的接地系统，如果现场不存在此类接地系统，可以使用 ϕ20mm×60cm 的钢钎插入潮湿的土地中作为临时接地极。信号输出线连接好后，将发射机的电源线接好，备用。选择检测频率，发射机和接收机的频率必须一致。

（3）馈入信号。将发射机输出档位调至最低档（100mA），打开发射机电源按钮，注意观察发射机输出电压，如果输出电压小于 80V，则发射机处于正常工作状态。根据需要可以将发射机档位上调一个档位，但要保证仪器输出电压小于 80V。

（4）A 字架的连接，按照 PCM 使用说明书，将 A 字架和接收机连接正确。

（5）寻找管线。打开接收机，调整接收机频率和发射机频率相同，持机扫线，以 1～2m/s 的步速前进，利用 PCM 接收机便可寻出管线位置及走向。

（6）沿线检测：沿管道移动接收器和 A 字架，每隔 3～5m 将 A 字架电极插入土壤，两电极连线应平行于管道并处于管道正上方。根据 PCM 的使用手册，观察接收器指示的 dB 值，如果 dB 值较低（一般小于 30）并且变化不稳，并且接收器破损点指示箭头前后变化，则说明该处附近没有破损点；如果接收机 dB 值较大（一般大于 30），并且箭头稳定，则说明箭头指示方向位置可能存在破损点；如果 dB 值较低（一般小于 30）且稳定，并且接收器破损点指示箭头不变化，则说明该处箭头指示的方向有可能存在破损点。

（7）破损点定位：沿 PCM 接收机指示方向寻找破损点，持 A 字架顺着管线方向行走。箭头始终指向故障点，在故障点正上方，箭头出现不稳。越靠近故障点，信号越强，但当处在故障点正上方时，强度又出现极小值。在破损点附近，接收机面板读数一般在 40～60dB，漏点很大时可能大于 70dB。以 1 m 的间隔沿管线的走向进行检测，则 dB 值读数上升后，短暂下降，又上升，之后数值会逐渐下降；当箭头改变方向位置，说明破损点就在箭头方向改变位置附近，然后重新以更小的间隔进行前后检测，直到找到电流方向的变化点和 dB 读数最低的位置，此时可以肯定破损点就在“A 字架”的中点位置，如图 2.4－36 所示。将“A 字架”转 90°，检测出的破损点就在“A 字架”的正中央。

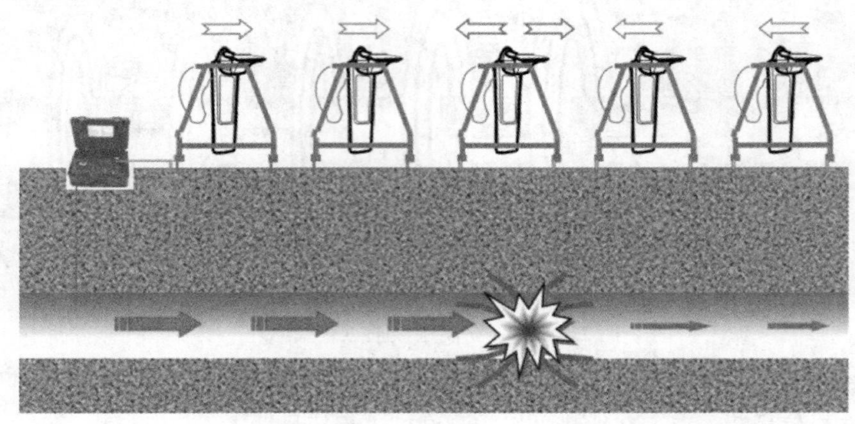

图 2.4－36　破损点检测示意图

注意：dB 是指信号强度，大小取决于土壤导电率。在防腐层测试中无意义。接近破损点，dB 值增大，箭头指向破损点，并在破损点处反转，无反转，表明无破损点。

（8）通过进行电流测绘，观察电流变化也能判断破损点的位置，如图 2.4－37 和图 2.4－38 所示。

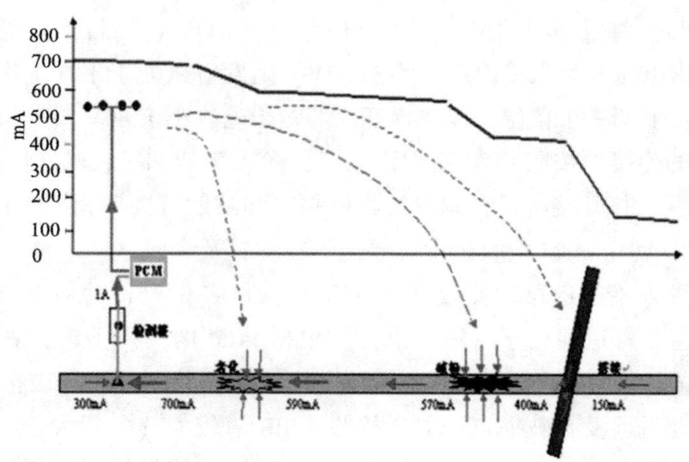

图 2.4－37　PCM＋电流测绘原理图

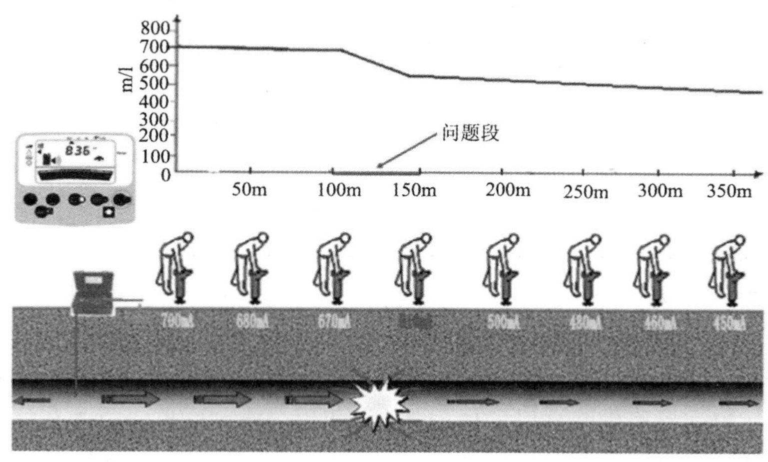

图 2.4-38 接收机确定问题段

（9）破损点位置记录：根据提供的表格，将破损点的位置、GPS 坐标和 dB 值进行记录，如图 2.4-39 所示；利用喷漆、标识木桩等工具对破损点进行定位，如果现场条件不允许使用标识木桩，喷漆标记也不能长时间保留时，则以现场永久标记物为参考，记录缺陷点的相对位置，并记录缺陷点位置的经纬度坐标，并留取照片。

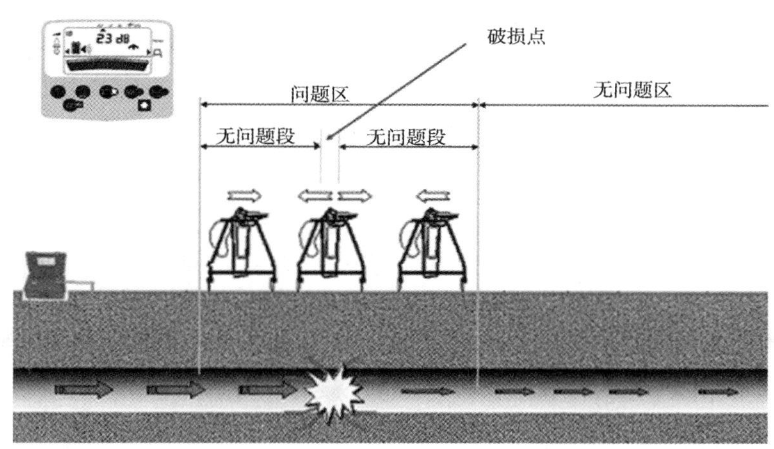

图 2.4-39 A 支架查找破损点原理

2. 检测注意事项

（1）在检测管线的拐点、支管（三通）接头等地段，信号磁场会出现一些畸变，所以检测点的选取应尽可能在离交叉点或弯曲点处至少 5m 的距离外。

（2）测量点附近若存在高压线路、电气化铁路、大构筑物接地、金属物体等外界电磁干扰时，就会产生类似于临近地下管线磁场的作用，使检测数据失真，所以在 PCM 检测中，要尽量避免这些检测点。

（3）接收机进行定位、测深、测电流时应尽量避开信号供入点、三通、弯头等可能出现电流干扰异常处，接收机在进行电流当峰/零值定位差大于 20cm 以上时，说明管线的干扰较大，管线定位不准确，因而所测的电流值往往不准，这时应另选信号采集点避开干扰；当干扰严重，在一段距离内都无法准确测量电流值时，应改变施加信号的方法，重新进行测量。

3. 破损点位置的标记

破损点精确定位以后，要作好标记。水泥沥青路面可以喷漆标记，泥土地面可以木桩标记，荒草水塘地表可以竹竿扣以彩色布条插于其上，以便查找。对于影响阴极保护效果的大、中破损点，还要及时组织人力开挖修补，以防时间长久日晒雨淋，车辆行走，人畜踩踏使标志消失难以查找。

4. 破损点开挖验证

破损点的开挖验证可以采用如下几种办法：

（1）高压电火花检测法。利用高压电火花检漏仪的毛刷探头，在已被挖掘悬空的表面平刷，当高压探极经过微小的破损点时，就会发生电压击穿，产生电火花放电，并同时发出声光报警，此法很容易找出极小漏点。

（2）镜面反照法。当破损点位于管道底部，人眼不能直接观察时，可用一面较大的镜子，配以放大镜放大，以便观察。

（3）湿布手工触摸法 用一湿布或湿海绵，将挖出悬空的管段润湿，然后检测人员将检漏线金属鱼夹与人体电性连接。再用手沿管线触摸，摸到破损处时，仪器示值、音响均会变大，由此确定破损点。

（4）泥土再测电位法。采取了上述三种方法仍找不到破损点时，说明漏点定偏或开挖人员挖偏，在此情况下地表仍有电位且不相等，破损点在电位高的一边土中。向电位高的一边挖，就可以挖到破损点。

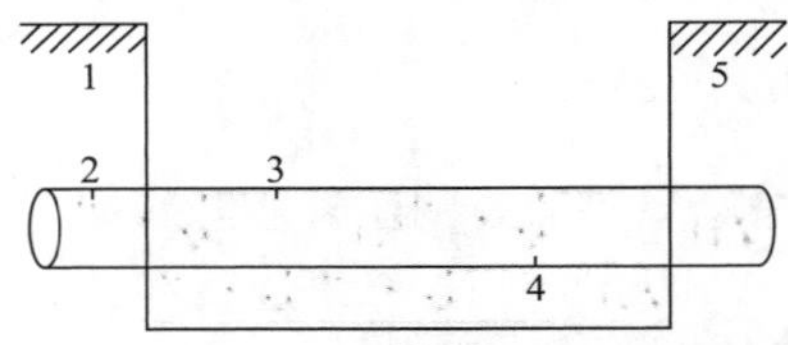

图 2.4－40　开挖验证示意图

破损点开挖验证如图 2.4－40 所示。图中 1、5 为地表泥土，当破损点在 2 处时，仍未被挖出，地表 1 的电位要比地表 5 一边的电位大的多，3、4 破损点在此处时，管道已被挖出悬空，不能通过土壤传导电流，故 1、5 处地表无电位，破损点在 3 时，可以直接看出，破损点在 4 时，由于在管道中下部要用镜片反照才能看出、太小时还需放大镜才能看到。

5. 提高检漏效果的辅助手段

以上介绍的是人体电容法检漏，当管道埋土较深、地表干旱、地下又是高温输油输水管道时，管道周围土壤被烘干，多重作用共同结果形成高层，从而影响检测信号的拾取。可以采取如下措施提高检测效果：

（1）接地探针法亦称金属拐杖法，检测时由两名检测人员各持一根粗铁丝，边走边插入土中，会提高接收信号的强度。

（2）湿布法，在管网复杂地段的水泥沥青路面或人不能到达地区，还可以用一块湿布或湿海绵与水泥地表接触，代替人体电容接收信号。

（3）铁鞋法检测人员穿带有钉底的鞋检测，再加上人体感应的共向作用也会提高检漏. 效果。

（4）择时法特干地区可选择在下雨以后探测，亦能改变接收效果。

（5）加大发射功率、提高接收灵敏度这也是一种提高检漏效果的有效段，这在中、小漏点上尤其这样。

6. 影响检漏效果的因素

（1）发射机的功率功率大，则漏点处信号强，反之则弱。

（2）接收机的增益亦即灵敏度，增益高信号强，反之则弱。

（3）检漏线长度也就是两位检测人员的位置，越靠近，信号就越小。

（4）探管精度越靠近管道上方检漏信号越准确，反之，偏离管道会产生误差。

（5）邻近管线邻近管线平行或交叉，载流与否以及载流方向、电流大小，均会产生不同程度的影响。

（6）地表及管道周围土壤介电常数地表潮湿，导电性好，信号强，高温输油管道周围土壤被烘干，形成高阻层与干燥地面的共同作用，均会影响漏点的检测。

（7）检漏与发射点的距离，离发射机近，信号强，反之则弱，因此随测试距离增大必须提高发射机功率。

（8）接收机信号的接收方式：人体电容法、金属拐杖法、铁鞋法、感应法信号弱，直接传导信号强。

（9）管道埋土深度埋土浅信号强，反之则弱。

（10）发射电压与、电流功率相等时，发射电压与电流的变化也会影响检测信号的拾取。

（11）应当注意的是另外二种倾向，就是接地太好，当电源电压不足时，接地太好，功率又打得很高，就会发生阻抗不匹配，电源能量通过接地管道、就近的防腐层破损处流人大地，在此情况下，提高波段功率反而下降。

（12）上述多种因素，通过调节增益键来消除这些因素对检测效果的影响，以漏点附近防腐层完好管段作为对比的静态信号值，所以检测示值均具有真实性和可比性。

7. 复杂情况下的若干检测问题

（1）大漏点包小漏点的问题：大漏点与小漏点相距很近，小漏点信号被大小漏点信号覆盖，必须将大漏点挖出，挖至悬空，再次将小漏点探出来，将大小漏点一并挖出，处理完毕后再进行回填土方。

（2）多根平行且搭接的管网探测、检漏：首先，应将发射机的信号施加在远离搭接点的某根管线上，这样突出目标管线的信号；其次，将检测到的漏点与探测管位结合起来，将漏点与目标管位一致点定为开挖点；再次，检漏方法采用纵向法，如果多根平行管道有均压线搭接且靠得很近，可将整体视为一根管道探测检漏。

（3）纵向检漏时有漏点，横向验证时却检测不到漏点，反之也有横向检测时有漏点，纵向检测时漏点却消失了。产生上述现象的原因有三条：

①漏点周围存在载流管线，两名检测人员位置变化时相对电位发生了变化；

②漏点周围土壤的介电常数不一致或存在地磁场；

③两名检测人员中的一人鞋底特别绝缘，与干燥土壤共同作用，形成高阻层，此时可

将人体电容法改为接地探针法，即两名检测人员在检测时用接地棒或粗铁丝插入土中原现象就会消失。

（4）在管道支线末端，由于发射信号的分流以及管道已经悬空，发射信号不能与大地构成回路等情况，使得接收机的信号很弱或根本收不到信号，此类情况可将发射机移到庭院管网的末端，重新接线，目标管线的信号就非常强了。

（5）管线拐弯处的探测：当用常规方法向前探测收不到信号时，回走五步做环形探测，即可找到拐弯管线。也可采用一步一扫法：即以最小法探测，每前进一步，探头在前面扫出一哑点，再前进一步，站立哑点之处，探头在左、前、右三面扫出一哑点，再站立其上，一三面扫探，如此循环多次直到分辨出拐弯以后的走向，方可按常规方法探查。

（6）管线分支或三通四通处的探测：在上述地方探测信号将有明显的衰减，将探管仪接收机增益提高，再回走 5m 做环形探测，就可找到分支管线或三通四通处。

（7）管线变深处的探测：在探测时采用最大法，若示值有明显减小衰减的现象，在此处将探头转动 90°与管线平行的方位，然后在管线上作左右平行移动，如果信号有大小大的变化，此处即为管线变深处。

（8）埋土太浅或暴露地表的管道的探测：人体直接与管道相碰检漏仪上显示的大信号是不能判断为漏点的，此类情况判断漏点一定要与管道埋土深度结合起来，如果整条管线都如此，可利用雨后在土壤未完全干燥的情况下检侧人员离开管道上方 lm 作平行移动检测，此 lm 的距离被视作管道的埋土深度。

（9）盲区解决办法：在探测管线过程中，发射机盲区、管线特别复杂的地段、发射信号的末端、地网、套管等特殊地段，均有可能分不清目标管线。可用如下方法解决：

①避开法：离开一段距离，继续向前探查，前方没有信号时则打圈探查；

②压制法：提高发射功率，压制其他干扰信号；

③移动法：当发射信号的末端管中电流所产生的等效电磁场已不能辐射到地表时，就需移动发射机，在管线末端的支管上接线。

（10）管道途经河、沟、湖、塘、沼泽地段时，检漏方法要做如下改变：可用一导线一（端扣有接线鼻，另一端与人体电容法检漏线鱼夹电性相连，将线在水一中沿管道上方拖动，当接线鼻到达漏点上方时，漏电信号会通过泥土和水的传导，到达检漏仪接收机，这样检漏效果均比较理想。

（11）埋土深度在 1.5m 以上的管道，横向检漏时，两检侧者与管线走向角度的过大变化会引起检漏仪示值的变化，造成这一现象的原因是：两检测者拾取信号与载流管线的距离以及回路形式发生了改变，仪器显示的示值会不一样，遇有以上情况时，两名工作人员要求保持与管线走向同一角度进行检测。

（12）在防腐层质量较差或防腐层已经失效的埋地钢管周围由于发射电流在管道周围所形成的磁场与管道上泄漏电流的共同作用，沿管道地表会测到比其他地方高的电位，使得横向检测与纵向检测时，仪器接收机所显示的数据不一致。此种情况应与百米磁场下降法或一次性测试总距离法相结合，来判断管道外防腐层是否已经失效。该管道状况在检测时，横向变换为纵向检测，变换时需要调节接收机的增益以便于观察，这就将原来的信号处于不同的放大倍数，发射机上显示的 W、V、mA、Ω 为实际值，这用数字式万用表可以测到，有 V × mA = W 公式可以推算出；而两接收机显示的数值均为被放大了的相对值，检测人员在判断防腐层是否存在漏点以及判断漏点大小时，要注意换算。

（五）防腐层破损点检测在实际中的应用

1. 解决阴极保护失效问题

防止管道腐蚀的第一道屏障就是防腐层，由于管道在涂敷、运输、安装、吊运、下沟、回填过程中，难以保证防腐层不存在破坏，第三方施工、打孔盗油等因素都会破坏防腐层，加速管道腐蚀，即使采用阴极保护等措施补救，给管道施加阴极保护电流，将其控制在 -0.85 ~ -1.2V（硫酸铜参比电极）范围内，由于破损点的存在保护电流流失，在管道进过杂散电流干扰严重区域（如：电气化铁路、变电所、高压输电线路、避雷针等接地点附近），外界杂散电流经破损点流入管道，引起腐蚀。这些破损区域均应检出重新防腐，对于阴保不达标管段，更应采取措施，才能延长管道寿命。以某管线为例，管线全长 155.5km，投产日期为 1998 年 9 月。检测中发现抽检管段有 1.05km 未达效保护，15 处杂散电流测试中有 6 处杂散电流干扰为中，管道防腐层多处剥离失效，开挖的探坑中，出现 7 处超标缺陷，其中 39#测试桩 +105m 探坑，管体最深腐蚀 5.0mm。由此可见管道寿命的长短和防腐层保护管理有很大关系。

2. 防腐层破损点检测应用

某管线外防腐层破损点检测过程中发现漏点 1553 处，根据管道原始资料调查、地质变化、历年打孔盗油记录、土壤腐蚀环境调查等信息，结合外检测数据分析，通过开挖验证发现多处盗油阀门、防腐层老化剥离、防腐层机械划伤。

通过对检测的 1553 处破损点进行分析，结合原始资料调查、地质变化、历年打孔盗油记录、土壤腐蚀环境调查等信息、外检测数据分析，通过开挖验证发现多处盗油阀门、防腐层老化剥离、防腐层机械划伤。开挖结果如图 2.4-42 和图 2.4-43 所示。

图 2.4-41　对管道防腐处破损点进行现场定位

图 2.4-42　153#测试桩 +320m（防腐层整体剥离）

此处为麦地，检测破损点 dB 值为 50，埋深 1.14，开挖后发现防腐层整体剥离，管体腐蚀严重，最深处腐蚀 5.0mm。

此处为棉花地，检测破损点 dB 值为 53，埋深 0.83m（浅埋），结合以前跑油经历，进行开挖，发现由于农用机械作业造成防腐层大面积机械划伤，如图 2.4 – 44 所示。

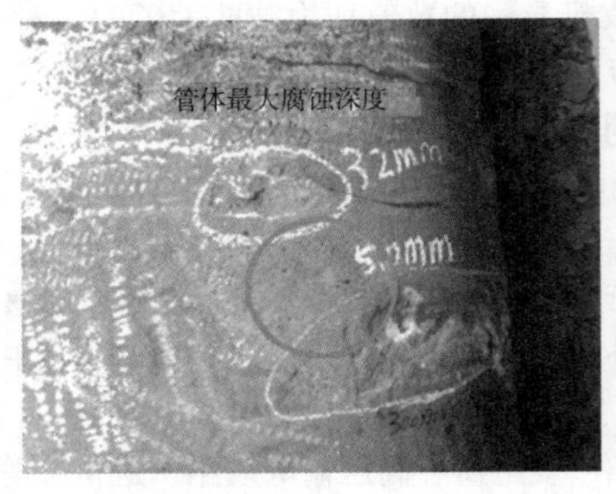

图 2.4 – 43　153#测试桩 + 320m（壁厚剩余 3.36mm）

图 2.4 – 44　14#测试桩 + 325m（机械划伤）

根据检测数据分析，结合历年来打孔盗油记录，对可能发现问题区域进行相关分析，发现了 11 处盗油阀门，以下是几处典型案列，如图 2.4 – 45 ~ 图 2.4 – 48 所示。

图 2.4 – 45　10#测试桩 – 110m（外接盗油引管）

图 2.4 – 46　12#测试桩 + 110m（盗油阀门）

图 2.4 – 47　13#测试桩 – 436m（外接盗油引管）

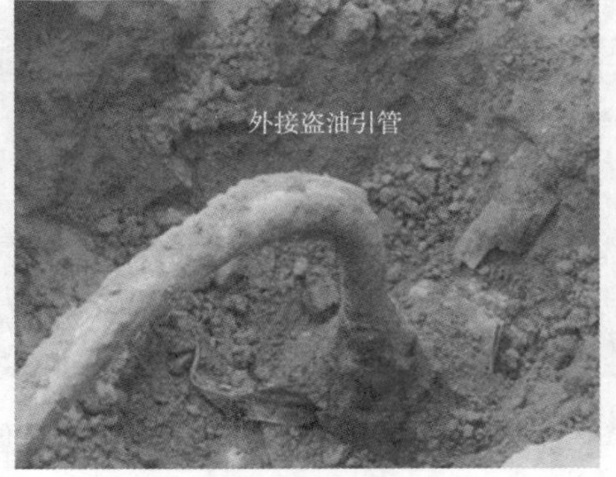

图 2.4 – 48　112#测试桩 – 205m（外接盗油引管）

3. CIPS + DCVG 组合测量的应用

腐蚀工程师通过 DCVG + CIPS 组合测量，能获得相当多的信息，便于对阴保水平和外防腐层状况做出充分的判断。

Hexcorder Millennium 测量设备能够同时采集 DCVG + CIPS 测量结果，每个读数都包括测量距离、测量时间和 GPS 坐标，如图 2.4－49 所示。准确记录应该包括位置、时间、整流器开（ON），瞬时关（OFF）时管地电位及 ON/OFF 电压梯度数值。

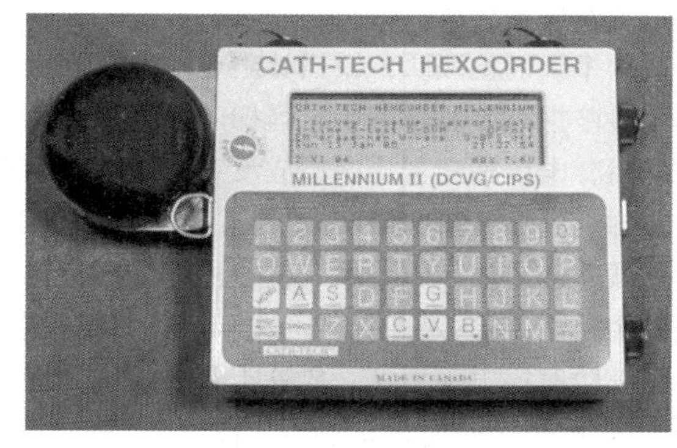

图 2.4－49　Hexcorder Millennium Ⅱ CIPS + DCVG 仪器

采用 CIPS + DCVG 测量，测量中断器 ON/OFF 电位，就必须和管道连接。每个读数都标有链测距离。

测量者沿着管道进行 CIPS 测量。通常是两个人担任组合测量，其中一个人沿着管道走在前面。进行两个人测量最大的优点是两个半电极能相离的较远些，因为由于防腐层破损点，会放大电压梯度的强度。另外可使测量以合理的步速进行。

两个测量人员应配有两个半电极探仗，一直都会有一个探仗接触到地面上。

图 2.4－50 显示的是 DCVG + CIPS 测量成果图。有开（ON）和瞬时关（OFF）电位，电压梯度，管线距离，GPS 坐标及海拔。该设备能记录每个读数的 UTC 时间和 GPS 定位的精确信息。

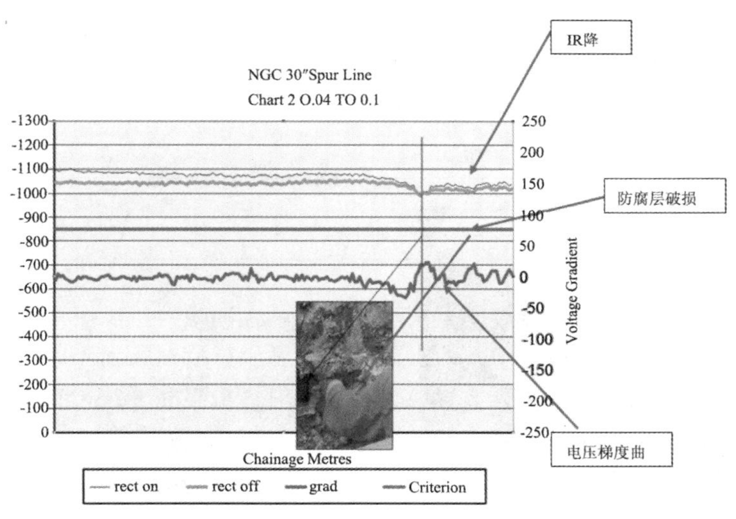

图 2.4－50　DCVG + CIPS 组合测量成果图

查看下图，可明显地看到在破损处管地电位曲线有降低，在破损点中心处，电压梯度从负数变动到正数。挖开缺陷，就可发现涂层防腐层已经从管道上脱离，铁也已经暴露出来。虽然防腐层脱落，管道却没有发生腐蚀，除 *IR* 降后，管地电位高于－850mV 的保护标准。

使用该设备，两人一组的测量队，在世界各地，每天都可快速评估阴保水平、破损点的位置及破损程度。

两个人的检测队，缺损处出现典型信号特征，电压梯度逐渐负向增加直到梯度检测人员经过破损点中心位置后。当梯度检测人员和另一个检查人员跨过破损点并距破损点同等距离后，电压梯度变化很小或没有，这时负向增加趋势变小。当检测人员逐渐接近破损处时，梯度值显著正向增加直到经过破损点中心后，电位衰减到零。

缺陷被定位在山坡前。电压梯度有典型正弦曲线特征，曲线拉长说明有多个连续缺陷或一个长型缺陷，如图 2.4－51 所示。缺陷开挖后，发现在 3 点钟和 9 点钟位置，沿管道的顶部防腐层出现裂痕。尽管距离缺陷 150m，提供 5MPS 周期，开（ON）电位和瞬时关（OFF）电位之间变化非常小。管径 762mm，牺牲阳极保护。

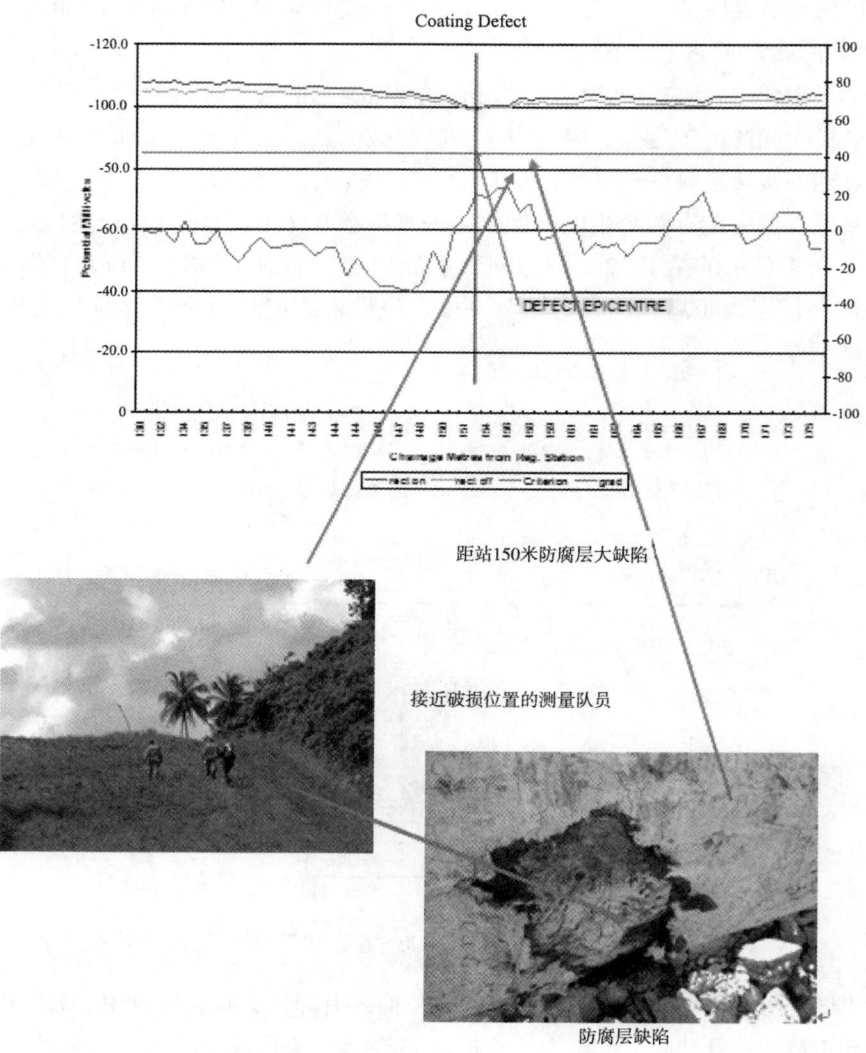

图 2.4－51　数据与破损点对照图

如图 2.4－52 所示，可看到两处主要缺陷都有典型正弦曲线特征，可以精确定位防腐层缺陷。上图还出现很多小缺陷，当大的缺陷重新修复后，小缺陷将会表现很突出。这个位置在两个 CIPS/DCVG 测量的供电源的中间点，可以不用开挖或外防腐层修补，使管道有足够阴极保护电流密度来保护小缺损。

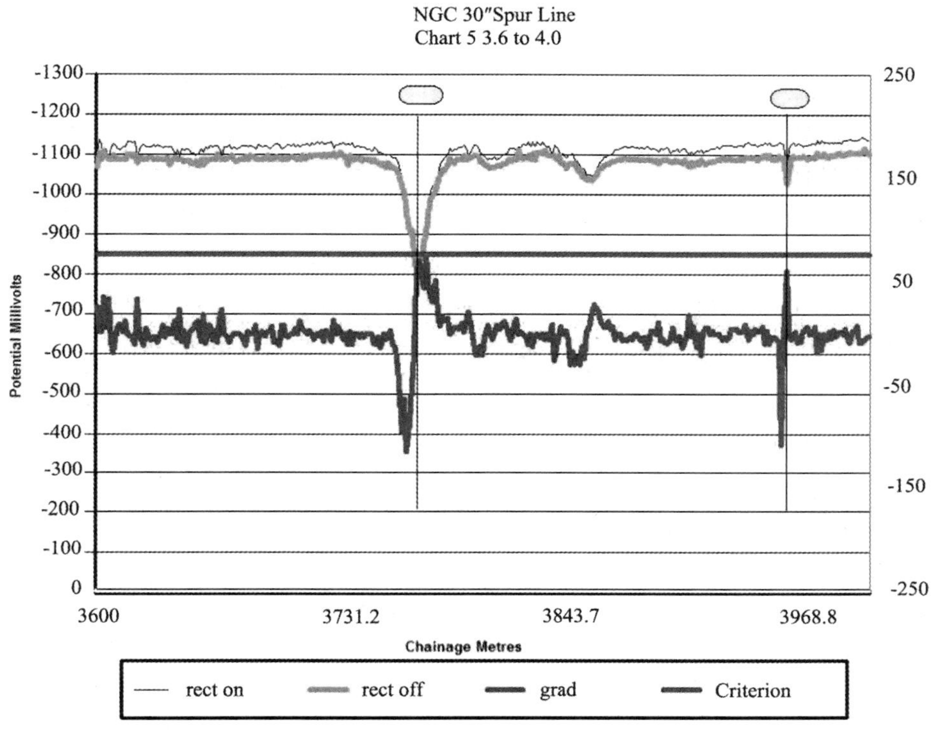

图 2.4－52　距离站 3.73km 和 3.9km 处，两处防腐层缺陷

三、开挖检测技术

（一）开挖检测准备

1. 开挖检验位置的选择原则

根据 内检测结果、管道敷设环境调查、防腐层非开挖检测、阴极保护有效性检测结果，按照一定比例选择开挖检验点，内检测开挖验证数量确定原则为：（1）每个站间距验证点的数量宜为 2 个；（2）每个检测管段宜最少选取 5 个开挖验证点；（3）宜选择量化精度较低的缺陷进行开挖验证；（4）宜选择使用单位关注的缺陷类型或被测管道的主要缺陷点类型进行开挖验证；（5）开挖验证点中至少包括最深或最严重的缺陷；（6）开挖数量、比例要综合考虑管道敷设地区等级、介质类型等。基于外腐蚀直接检测方法，依据腐蚀防护系统质量等级评价结果，开挖点数量确定原则见表 2.4－5。

探坑的选择原则除需考虑上述因素外，结合检测数据及分析结果，包括：资料调查中的错边、咬边严重的焊接接头以及碰口与连头焊接，风险高的管段，使用过程中发生过泄漏、第三方破坏的位置。综合考虑上述因素后，在探坑总量一定的情况下，合理布置探坑位置，将更有助于摸清管道的安全状况，消除管道运行安全隐患。

表 2.4-5　开挖点数量确定原则

管道类别	腐蚀防护系统等级			
	1	2	3	4
气管道（处/km）	不开挖	0.1	1.0~1.2	1.8~2.0
油管道（处/km）	不开挖	0.1	0.6~0.8	1.2~1.5

2. 开挖探坑的要求

（1）施工方首先办理动土作业票，在开挖时管道管理单位安全监督人员和施工方安全监督人员必须同时在场，开挖过程中禁止使用明火。

（2）为避免人为损伤管道，严禁动用机械设备，全部探坑均采用人工开挖的方式。

（3）探坑开挖之前现场技术人员应向施工人员交代探坑附近的管线情况及相关注意事项。对地下管线较密集地段，施工时要听从技术人员的安排，不得使用风镐等破坏性较大的机械擅自乱挖。开挖过程中如遇地下管线及时上报现场技术人员，待确认并提出解决方案后可继续施工。探坑挖完后，需经现场技术人员的验收，符合要求后方可进行下道工序。

（4）开挖坑底部长度约为3.0~4.0m，使管道中心线基本位于探坑正中，管道两侧底部净宽各为1.0m，探坑边缘放坡比例不低于1:1.5，同时，管道底部掏空约0.8m。对地下水位较高的地区，应及时排水，以便检测人员进行检测。

3. 开挖安全要求

（1）工人劳保必须穿戴整齐。

（2）确定开挖位置后，根据开挖区域布置安全警戒带，安放风向标、灭火器等安全保证应急设施。

（3）施工人员开挖过程中全程携带气体检测仪（测量CO、H_2S、O_2、可燃气体），当气体检测仪报警时，立即停止施工，迅速撤离施工现场。

（4）若开挖过程中发现管道存在微渗漏等情况，立即停止施工，马上撤离到安全区域，并及时向管道管理单位汇报。

4. 管段本体检测表面处理

（1）将钢管外壁原防腐层清除，将管体外表面的油垢、泥土、杂物清理干净。

（2）检测前需将外壁及焊缝表面打磨光滑，按照现场检测人员要求进行待检测区域的环向打磨除锈；若破损严重，需将探坑内露出管段全部打磨，若破损点较少，则根据现场检测人员要求打磨。

（3）通常采用电动钢丝刷进行打磨除锈，清除外表面的浮锈、氧化皮等，金属表面的除锈处理等级应达到GB/T 8923.3 规定的St3 级。

（二）开挖检测项目

1. 土壤腐蚀性调查

检查土壤剖面分层情况以及土壤干湿度，必要时可以对探坑处的土壤样品进行理化检验。一般情况下，土壤腐蚀性调查包括土壤电阻率、管道自然腐蚀电位、氧化还原电位、土壤 pH 值、土壤质地、土壤含水量、土壤含盐量、土壤 Cl^- 含量等 8 各参数的测试。

（1）土壤电阻率检测

土壤是由固相、气相和液相三相构成的不均一多相体系，土壤腐蚀性强弱的影响因素较多，而土壤电阻率是一个重要因素。

土壤环境中金属构筑物的腐蚀属于电化学范畴，腐蚀原电池是最基本形式，土壤电阻率越小，腐蚀电池的回路电阻越小，腐蚀电流越大（其它条件相同的条件下），则对管体的腐蚀越强。另外，土壤理化性能的差别也能一定程度地反映在土壤电阻率上。

本项目土壤电阻检测数量的规定为：土壤质地发生变化处检测数量应加密，检测方法如下：

按照图 2.4－53 布置，图中四个电极均匀布置在一条直线上，极间距 a 值代表管道实际深度，电极入土深度应小于 $a/20$，使用仪器为 ZC－8 土壤电阻测试仪，土壤电阻率按式（2.4－9）计算：

$$\rho = 2\pi aR \tag{2.4-9}$$

式中　ρ——测量点从地表至深度 a 土层的平均土壤电阻率，Ω·m；

a——相邻两电极之间的距离，m；

R——接地电阻仪显示值，Ω。

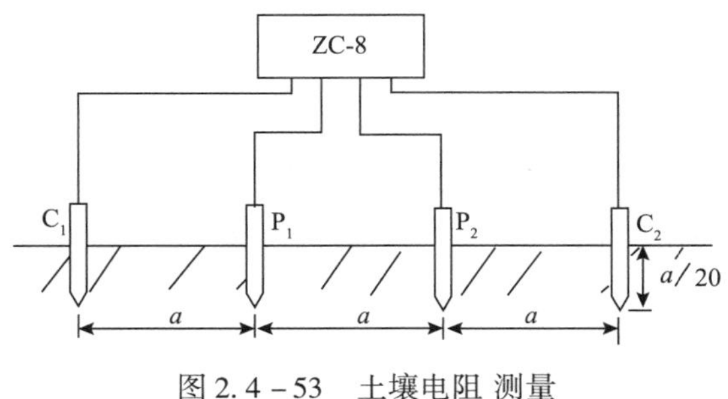

图 2.4－53　土壤电阻 测量

（2）土壤理化分析

必要时在探坑管体周围的土壤取样，送往实验室进行理化性能分析，主要包括氧化还原电位、土壤 pH 值、质地、含水量、含盐量、Cl^- 含量的分析。

检测范围：当土壤环境发生变化时需做土壤理化性能分析。

土壤取样：使用密封袋，取管道周围土壤 500g。

（3）探坑处管地电位测试

管地电位测试主要有地表参比法和近参比法。

①地表参比法

地表参比法主要用于管道自然腐蚀电位、试片自然腐蚀电位、阴极通电点电位、管道保护电位等参数的测试。测试步骤如下：

a. 测试线接线如图 2.4－54 所示。

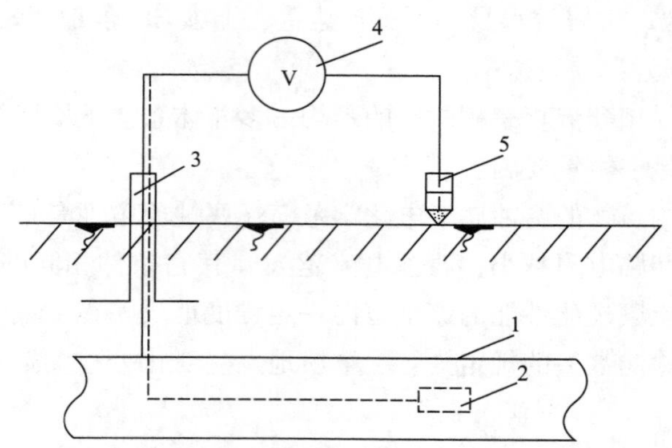

图 2.4－54　地表参比法测试接线示意图

1—管道；2—试片；3—测试桩；4—数字万用表；5—参比电极

b. 将参比电极放在管道正上方地表潮湿的土壤上，应保证参比电极与土壤接触良好；

c. 将数字万用表调至适宜的量程上，读取数据，做好记录，注明该电位值的名称。

②近参比法

近参比法一般用于防腐层质量差（被评为 3 或 4 级）的管道保护电位和牺牲阳极闭路电位的测试。检测方法见本章第五节。

2. 外覆盖层性能检测

（1）外覆盖层外观检查

检查并记录外覆盖层外观状况（如色泽、外观、是否有剥离、充水、龟裂、老化等现象）、外覆盖层破损状态描绘等，必要时收集防腐（保温）层样本进行性能分析。

（2）电火花检测

电火花检测操作步骤如下：

①电源检查：打开主机电源，液晶显示器显示电源电压，电源电压指示灯亮，液晶表头显示电压应≥6.0V（A 型仪器）或≥8.4V（B 型仪器），否则应及时充电方可使用。

②主机充电：主机内高能蓄电池充电时，将交流 220V 电源插头插入后面板充电插座，前面板的电源开关指示灯和充电指示灯同时发光，仪器即实行快速智能充电，充足自停（充电时间为 5h 左右），充足一次可供使用 8h 左右（充电时电源开关处于 OFF 状态）。

③检测时，将高压枪金属软管上金属插头卡口与主机高压输出插座卡口相对应插入，顺时针旋转，感觉有卡住现象，即为接触良好，不用时，逆时针旋转，即可取下。

④将连接磁铁放在管道末端没有涂层的部位，短接地线一端接到连接磁铁上，另一端接地；长接地线一端接到连接磁铁上，另一端连接到主机接线柱，须接触良好。若被测管

道较长时，先将短接地线通过连接磁铁和接地棒接地，长接地线一端接到主机接线柱上，另一端接在接地棒上在地面拖动检测。如果检测所在的地面比较干燥，则宜将长接地线的接地棒插入地下，以减小接地电阻。

⑤根据防腐层厚度选择合适的测试电压，也可根据各行业提供的检测标准自行选择检测电压。检测者打开电源开关，戴上高压手套，按住高压输出按钮，仪器内微电脑自动变换，电源电压指示灯熄灭，输出高压指示灯发光，液晶表头显示转换为输出高压值，调节输出旋钮，使液晶显示值为所需的高压值（每次使用完毕后输出调节旋钮应调到最小）。松开高压输出按钮，仪器处于待工作状态。

⑥试把探刷靠近或碰触被测物导电体（不可短路，以免过放负荷而损坏仪器），能看到放电火花（其火花的长短与输出电压高低有关），并有声光报警，探刷离开被测物体时声光报警相应消失，说明仪器工作正常，即可开始检漏。

⑦检测完毕，各开关恢复原状。关闭电源后，探刷必须与主机接地线直接短路放电，方可收存。

（4）注意事项

①在使用过程中请严格按照第④条进行连接，否则可能会在金属软管或被测管道上产生静电，当人体触碰时，会产生麻电。

②检测过程中，检测人员应戴上绝缘手套，任何人不得接触探刷和被测物，以防麻电。

③被测的管道和检查物应尽量离开地面 20cm 以上（除墙壁防腐层的测试），使探刷和地面绝缘。

④野外使用时，机内高能蓄电池电压不得低于：A 型：5.5V 、B 型：8.0V，否则应停止使用，立即充电，不致因过放电而损坏电池。

⑤被测防腐层表面应保持干燥，如表面沾有导电尘，要用清水冲洗干净并进行干燥，否则仪器会到处报警，不能确定漏铁孔隙的精确位置。

⑥长期不用时，机内高能蓄电池应每月充电一次，以免电池失电受损。

⑦检测时金属软管不要与被测物导电体或大地相接触否则会产生打火、不报警现象。

（5）涂（覆盖）层厚度检测

涂层测厚仪可无损地测量磁性金属基体（如钢、铁、合金和硬磁性钢等）上非磁性涂层的厚度（如铝、铬、铜、珐琅、橡胶、油漆等）及非磁性金属基体（如铜、铝、锌、锡等）上非导电覆层的厚度（如：珐琅、橡胶、油漆、塑料等）。

涂镀层测厚仪具有测量误差小、可靠性高、稳定性好、操作简便等特点，是控制和保证产品质量必不可少的检测仪器，广泛地应用在制造业、金属加工业、化工业、商检等检测领域。

MINITEST600BF 涂层测厚仪操作步骤如下：

①校准。MINITEST600 有以下三种不同的校准方式：

标准校准：适合平整光滑的表面和大致的测量。例如，低于一点校准精度要求的场合；

一点校准：按 ZERO 键，启动零位校准，显示屏将显示 ZERO（闪）和 MEAN（不闪）字样，“MEAN”表示显示的是平均值；将探头置于无涂层样板上（即零测厚），“滴”声后提起探头。重复多次，直到显示屏始终显示先前读数的平均值；按 ZERO 键，结束校零，“ZERO”停止闪烁，置零（无涂层样板校准）结束。此法用于允许误差不超过 4% 的场合，探头误差范围应另考虑。

二点校准：无涂层样板校准后，按 CAL 键开始用标准箔校准，显示器上出现 CAL（闪）MEAN（不闪）字样，将校准箔置于无涂层样板上，放上探头，“滴”声后再提起探头，重复多次，直到显示器显示的读数大致与所选标准箔的厚度相当，按上下键将读数调节至标准箔的厚度，按 CAL 键，“CAL”停止闪烁，校准完毕。此法用于误差范围在 2%~4%（最大）之间的测量，探头误差范围应另考虑。

②测量。测量时须握住测头上套管，将探头置于要测量的涂层上，保持测头轴线与被测面垂直，“滴”声后提起探头，读取读数。

③测量完毕后，关闭电源。

④注意事项：F 型测头是根据磁感应原理，测量钢或铁基体上的非磁性覆层，故应远离强磁场。

（6）涂（覆盖）层黏结力检测

①聚丙烯冷缠胶粘带防腐层。用刀环向划开 10mm 宽、长度大于 100mm 的胶粘带层，直至管体。然后用弹簧秤与管壁成 90°角拉开，如下图 所示，拉开速度应不大于 300mm/min，如图 2.4－55 所示。

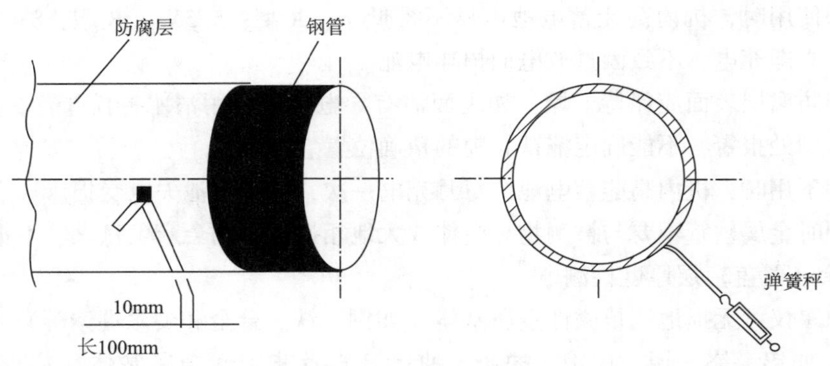

图 2.4－55　剥离强度检验操作示意图

剥离强度测试应在缠好胶粘带 24h 后进行，平均每 20 段修复管段测 1 段，测试时的温度宜为 20～30℃，剥离强度值应不低于 20N/cm。

②环氧煤沥青、环氧粉末防腐层。用锋利刀刃垂直划透防腐层，形成边长约 40mm，夹角约 45°的 V 型切口，用刀尖从切割线交点挑剥切口内的防腐层。挑剥时，很难将防腐层挑起，且挑起处的防腐层呈脆性点状断裂，不出现成片挑起或层间剥离为合格。

（7）管段结构与焊缝检测

①管段结构与焊缝外观检查。对开挖管段进行结构检查与几何尺寸测量，对本体、焊缝等部位进行外观和腐蚀检查，检查钢质管道表面金属腐蚀部位：腐蚀产物分布（均匀、非均匀）、厚度、颜色、结构、紧实度，对腐蚀坑的部位、长度、宽度以及深度进行测量记录。绘制腐蚀形状图，拍彩色照片，并对腐蚀产物成分进行初步鉴定。

②管体壁厚测试。采用超声波测厚方法进行管道剩余壁厚测试，在约 50cm 长的范围内选取 4 个圆环截面、检测截面 12 个时钟时刻位置的厚度。测厚位置应在路由图上的探坑检测图中标明，以便在同一测厚点再次检测。当发现管道壁厚有异常情况时，应在附近增加测点，并确定异常区域大小，必要时，可适当提高整条管线的壁厚抽查比例。

③管道焊缝无损检测

对开挖出的管道对接环焊缝进行无损检测，必要时还应对焊接钢管焊缝进行无损检测；无损检测一般采用射线或者超声方法，也可采用国家质检总局认可的其他无损检测方法。

对于宏观检查存在裂纹或者可疑情况的管道，处于有应力腐蚀开裂严重倾向的管段以及检验人员认为有必要时，可对管道对接环焊缝、管道碰口与连头、管道螺旋焊缝或者对接直焊缝、焊缝返修处等部位的焊缝进行无损检测。

3. 案例

2016 年 9 月，中石化长输油气检测有限公司对中石化西南油气分公司某规格为 $\phi219 \times 8$mm的天然气管线进行全面检验。现场检验人员在对某木材加工厂围墙边探坑进行壁厚测量时，发现管体 8 点至 9 点钟位置壁厚异常，经多次反复壁厚测量，区域直径约 20mm 范围内壁厚由 6.35mm、5.84mm、4.77mm、3.95mm、2.47mm 依次递减，中心为最薄点，表层有轻微腐蚀麻面，实测该处管体壁厚最薄点 2.32mm，经射线检测确认该点为内部缺陷，缺陷评定为Ⅳ级。根据检测结果，业主对该处管段进行了换管处理，消除了安全隐患。

测厚位置优选：易受介质腐蚀和冲蚀的弯头部位、三通部位、穿跨越管段部位、直径突变的管段；低洼点处管段；焊缝两侧。

测厚点表面处理要求：首先将计划测厚区内的防腐层铲除并清理干净，然后对测厚部位进行打磨，测厚点打磨长度为 3～6cm，打磨程度以露出金属光泽为准。

DM4 – DL 超声波测厚仪操作步骤如下：

（1）校正

校正可采用两种方式：一是用标准试块校准，二是通过设定声速来校准。

用标准试块校准：

单点校准：该模式下的校准只能在 2 – PT（双点）方式为“关”时进行，即按 MODE 键直至显示 THK 为止。按 CAL/ON 键，CAL 开始闪烁，期间使探头与校准基准块耦合，待耦合指示灯亮，即读数稳定。此时显示值 可能与校准试块的已知厚度不匹配。此时可让探头保持耦合，也可取下探头。用▲和▼调节显示值，使之与校准试块的厚度一致，然后在按 CAL/ON 键，完成校准。

双点校准：按 MODE 键，直至显示 2－PT（双点校准方式），按 CAL/ON 显 示当前状态（开或关）。用▲或▼启动 2－PT，再按 CAL/ON，则 2－PT 指示灯开始闪烁，出现“LO”（薄）校准的提示，将探头与校准基准块耦合，待耦合指示灯亮，即读数稳定。可让探头保持耦合，也可取下探头。用▲和▼调节显示值，使之与校准试块的厚度一致，然后在按 CAL/ON 键，出现“HI”（厚）校准的提示，将探头与校准基准块耦合，待耦合指示灯 亮，即读数稳定。用▲和▼调节显示值，使之与校准试块的厚度一致，然后按 CAL/ON 键，即完成双点校准。

说明：校准试块的材质要与被测物件的材质一致或者接近。为了达到最佳测量结果，单点校准时，校准块的厚度应等于或稍大于被测物件的厚度。同理，

双点校正时，较厚校准块的厚度也应等于或大于待测物的最大厚度，而薄校准块的厚度则应尽可能接近预计测量范围的下限。

（2）厚度测量

测量时，将探头涂上适量的耦合剂，然后将其置于测量部位表面，适当挤压探头，使探头与被测物件表面紧密贴合，待仪器屏幕显示的数值稳定后，该数值即为厚度值，做好记录。如果被测部位不是平面，而是像管道一样的曲面，则测量时应使探头双晶片间的缝线与管道中心轴线垂直，此时的读数即为所需厚度值。

（3）无损检测

见本书 6.2 节。

（4）材料理化检验

①化学成分分析；

②硬度测试：对焊缝及其热影响区进行硬度测试。对容易产生应力腐蚀向的介质与材料组合，需选取有代表性的部位进行硬度检验。当检测焊接接头的硬度值有异常时，应视具体情况对对接环焊缝扩大焊接接头无损检测抽查范围；

③力学性能测试；

④金相分析硬度测试。

第五节　阴极保护及杂散电流检测技术

一、仪器设备

（一）基本要求

仪器设备是开展检测工作的基础，其性能是否满足要求、维护保养是否到位对检测工作均有影响，基本的要求如下：

（1）仪器设备必须具有满足测量要求的显示速度、精度、灵敏度；比如在测量直流地电位梯度电压时，要求至少精确到0.1mV，此时宜选用性能更强者（尤其精度、灵敏度要高）；

（2）携带方便、供电方便、对现场测量环境适应性强，宜优先选用数字式仪表；

（3）测量用仪器设备应按相关规定做好定期检定、校准等工作，这一点至关重要，因为仪器设备的精准性、完好性是首先要考虑的，否则检测过程中一旦因仪器设备误差或故障造成测量误差，就会影响后续的评价工作、甚至得到错误的评价结论；另外，为保证仪器设备在两次检定/校准之间的可信度，确保检测数据准确、可靠，必要时应进行期间核查验证；

（4）不管哪种仪器设备，都应按使用说明书或操作规程的规定进行操作、保养、维护，不按规定操作可能会损坏仪器设备、也可能造成测量误差甚至得到无效数据；

（5）在仪器设备运送时，应保护灵敏仪器不因道路颠簸而损坏，并防止设备的各部分滑动和相互碰撞；

（6）在使用过程中应爱护仪器设备，比如轻拿轻放、组装或拆卸时也要注意力度，不能野蛮操作；

（7）仪器设备使用完后要做好清洁、整理，使用干电池（充电电池）供电的仪器、长期不用时应退出干电池，以防电解液流出损坏表内零件；

（8）由于阴极保护与杂散电流检测几乎都是电气参数检测，因此，测量用导线宜选用铜芯绝缘软线，当存在电磁干扰时，宜选用屏蔽导线，否则会影响检测结果的准确性。

（二）直流电压表、电流表选用原则（要求）

阴极保护检测的参数几乎都是直流电气（电化学）参数，主要有电位、电流、电压，以下是直流电压表、电流表的选用原则（要求）：

1. 直流电压表选用原则（要求）

（1）数字式电压表的输入阻抗应不小于10MΩ，指针式电压表的内阻应不小于100kΩ/V，而在阴极保护检测中，指针式电压表已很少使用、已趋于淘汰；

（2）电压表的分辨率应满足被测电压值的精度要求，至少应具有三位有效数字；

（3）数字式电压表的准确度应不低于0.5级，指针式电压表的准确度应不低于2.5级；

（4）测量受交流干扰的管道的管地电位时，应选用具有抗工频干扰功能的数字式电压表，也可选用指针式电压表；选用数字式电压表时，直流电位的显示值中叠加的交流干扰电压值不宜超过5mV。

2. 直流电流表选用原则（要求）

（1）电流表的内阻应小于被测电流回路总电阻的5%；

（2）电流表的分辨率应满足被测电流值的精度要求，至少应具有两位有效数，当只有两位有效数时，首位必须大于1；

(3) 电流表的准确度应不低于2.5级；

实际上，现在最常用的是数字万用表，如图2.5-1所示，而不会单独选用一块纯粹的电压表、电流表，因此，上述原则合并起来即是选用数字万用表的基本要求，数字万用表的直流电压档、电流档分别实现直流电压表、电流表的功能。

3. 参比电极

(1) 铜/硫酸铜参比电极

①简介：

参比电极是阴极保护检测和系统运行控制中最常用、最重要的辅助设备之一，通常分便携式参比电极和长效参比电极两种，如图2.5-2所示。前者主要用于现场检测，后者通常在强制电流阴极保护站使用，作为恒电位仪控制信号源（向恒电位仪反馈电位，然后恒电位仪通过该电位值的大小来调节输出）。

图2.5-1　数字万用表（美国Fluke）

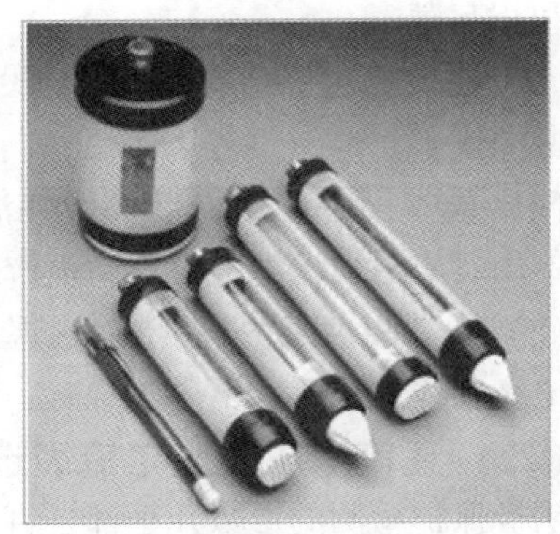

图2.5-2　铜/硫酸铜（$Cu/CuSO_4$）电极

在埋地管道阴极保护检测中，通常采用铜/硫酸铜（$Cu/CuSO_4$）电极（简称硫酸铜电极，简写CSE.）作为参比电极。

②基本要求：

其制作材料、性能参数及使用应满足下列要求：

a. 铜电极采用紫铜丝或棒（纯度不小于99.7%）；

b. 硫酸铜为化学纯或更高纯度等级，用蒸馏水或纯净水配制饱和硫酸铜溶液；

c. 渗透膜采用渗透率高的微孔材料，外壳应使用绝缘材料；

d. 流过硫酸铜电极的允许电流密度不大于$5\mu A/cm^2$；

e. 硫酸铜电极相对于标准氢电极的电位为+316mV（25℃），其电极电位误差应不大于5mV，但这需要在电化学实验室内测量，一般的检测单位也不会专门去建造电化学实验室或购置标准氢电极，因此，最好能保留一个新制作的电极（该电极应严格按要求制作）、用于校准现场测量用的电极，如果现场使用的电极与校准电极的电位差超过5mV时，则应清洗、重新配制或更换现场电极。

③配制：

a. 将化学纯（最低纯度要求，也可使用更高纯度级如“分析纯”）硫酸铜晶体倒入干净的玻璃烧杯中，然后倒入适量的常温蒸馏水或纯净水，用干净的玻璃棒（不能用金属棒）搅拌溶解，并有部分晶体沉积（达到过饱和态）；

b. 拆开电极，将中心铜棒擦洗、打磨（有铜锈时）干净；

c. 检查接点连接是否良好，接触不良处重新连接；

d. 倒入配置好的饱和硫酸铜溶液，使之淹没铜棒的三分之二以上，一直存在过剩的硫酸铜晶体。

④维护保养：

a. 参比电极使用后应进行清洗，尤其底部多孔塞要把泥土等附着物清洗干净；

b. 不要放在阳光能直接照射的地方；

c. 参比电极要防止污染，特别是氯离子（Cl^-）污染，氯离子对硫酸铜电极的准确性有影响（在海水中、近海区等氯离子含量高的环境中不能使用）；

d. 参比电极中的铜棒应适时擦洗或用砂纸打磨，露出铜的本色；

e. 当硫酸铜溶液变混浊时，应及时更换。

⑤电极的温度系数：

温度对化学电极自身的电势是有影响的，影响的程度用温度系数来表征，温度系数表示温度每变化 1 个单位（1℃）引起的电极电势的变化量，单位为 mV/℃，硫酸铜参比电极的温度系数为 0.9mV/℃，当测得某一个特定温度下（比如常用的 25℃）的电位后，想知道在其它温度时电位将变为多少可通过公式 2.5－1 计算：

$$E_{cse,t} = E_{cse,25℃} + 0.9\text{mV/℃} \times (T - 25)℃ \qquad (2.5-1)$$

比如环境温度为 25℃时，在某个检测点的阴极保护电位为－850mV，假设想知道环境温度 5℃时的电位，则根据公式 2.5－2 可得：

$$E_{cse,t} = 850 + 0.9\text{mV/℃} \times (5 - 25)℃ = 832\text{mV} \qquad (2.5-2)$$

即电位变为－832mV。

因此，当对测量精度要求很高时，应记录测试时的环境温度，然后根据上述公式计算。

（2）其它参比电极

在阴极保护检测中，除了上文介绍的硫酸铜电极比较常用之外，还有银/氯化银（Ag/AgCl）参比电极（简写 SSC.）、甘汞（汞/氯化亚汞，Hg/Hg_2Cl_2）电极（简写 SCE.）在特定环境、条件下也有其独特的优势和用途，电极实物照片如图 2.5－3 和图 2.5－4 所示。氯化银电极特别适用于海水中的检测，也被用于混凝土结构物中，高纯锌参比电极（纯度不小于 99.995%，简写 ZRE）可替代甘汞电极用于实验室中。

对不宜使用硫酸铜电极的环境，可采用上述高纯锌参比电极替代，在土壤中使用时，采用 75% 石膏、20% 膨润土、5% 硫酸钠回填料包覆，在水中则裸露使用。

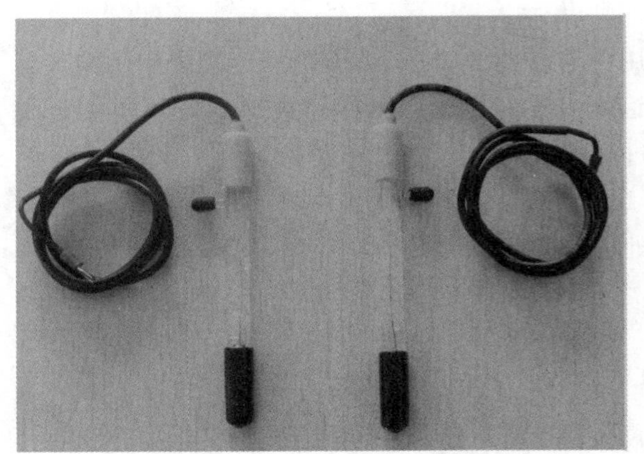

图 2.5－3　银/氯化银电极

图 2.5－4　甘汞电极

图 2.5－5　密间隔电位测试仪（成套设备）

4. 密间隔电位测试仪

在阴极保护检测中，密间隔电位测试仪主要用来测量构筑物的阴极保护电位包括通电电位和断电电位，断电电位是评价阴极保护效果的核心参数，因此，密间隔电位测试仪是阴极保护检测中非常重要的一种仪器设备，如图 2.5－5 所示。

密间隔电位测量（CIPS，全称 Close-Interval Potential Survey）是一种沿着管顶地表，以密间隔（一般 1～3 m）移动参比电极测量管地电位的方法，是阴极保护检测中非常重要的一个检测项目。

上图为加拿大 CATH－TECH 公司生产的密间隔电位测试仪，左边两个红色小箱内为同步断续器（有时也称之为中断器、断路器）、中间红色大箱内为主机、右侧为探杖电极；数据的采集规则（通断周期、断电电位采集的延迟时间、自动/手动模式等）设置及数据文件的存储、导出均在主机上完成，探杖底部安装参比电极（可以把整根探杖看作是一支加长的便携参比电极），将铜线（漆包线）圈安放在背架上固定好之后，铜丝的一端通过测试桩内的测试电缆与管道相连，另一端则与主机相连，主机再与探杖相连（上述连接均有对应的接口），这样，实际上就是管道与参比电极通过 CIPS 主机“相连”了，即可测量管地电位，CIPS 测量如图 2.5－6 所示。

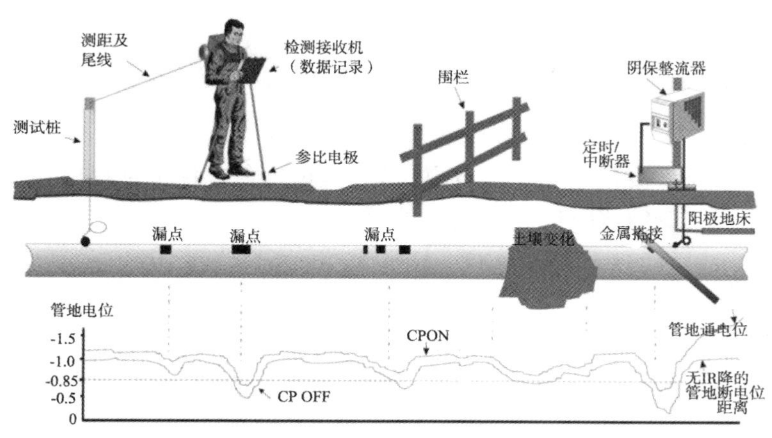

图 2.5－6 密间隔电位测量（CIPS）示意图

5. 杂散电流数据记录仪

该类仪器采用多通道采集模式，能同时自动采集多个杂散电流干扰参数（交流电压、交流电流密度、直流地电位梯度、管地电位等），只需在测试之前设置好采集规则（采样频率、采集项目等），然后将记录仪与管道、参比电极、极化试片相连即可。该类仪器自动化程度高，采集过程中几乎不需要人工干预。

uDL2 型数据记录仪（加拿大 Mobiltex 公司），左侧为记录仪主机，右侧为三合一连接线（三色线），用来连接仪器与管道、参比电极、极化试片（探头）如图 2.5－7 所示。图 2.5－8 为国产某型号记录仪。

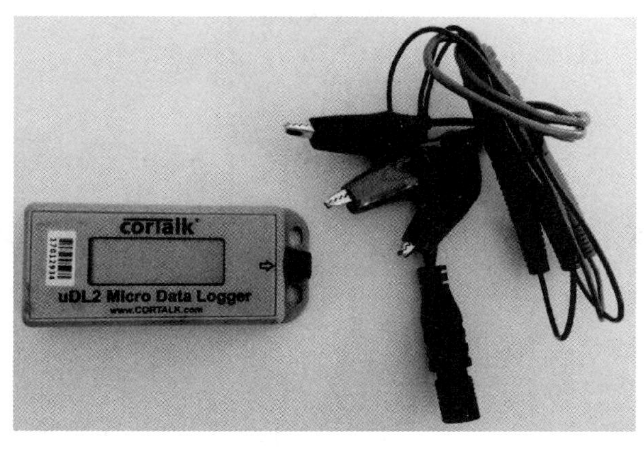

图2.5－7 uDL2 型数据记录仪图（加拿大 Mobiltex 公司）

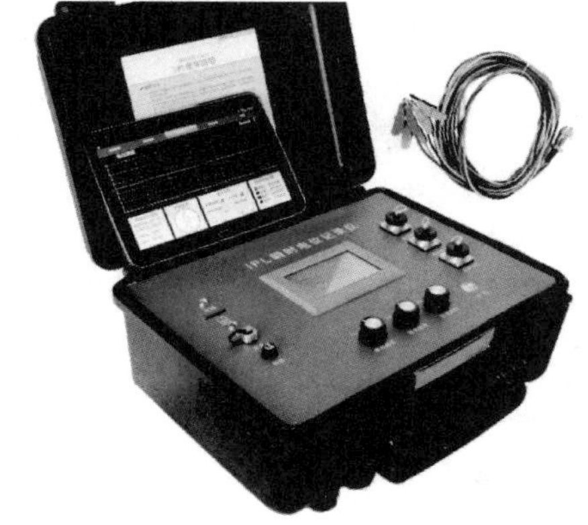

图 2.5－8 IPL 型多通道记录仪（天津嘉信公司）

6. 极化试片

极化试片是一种阴极保护电位检查（测）片，所谓检查片，是指采用与被调查管道相同（或相近）材质用于阴极保护电位或腐蚀速率测定的金属试片。

极化试片和下文介绍的极化探头大致上都分为便携式和固定式两种，二者在本质上完全一样，只不过便携式适于日常携带至现场检测，固定式是将试片或探头埋设在管道附近一个固定位置，通过测试桩测试电缆与管道连接，需要检测时断开连接即可。图2.5－9就是一种便携式极化试片（箭头所指的金属小圆片即为试片）。

极化试片用来测量极化电位（断电电位），将试片与被保护结构电连接一段时间后，极化试片将获得与被保护结构几乎相同的阴极保护水平，然后断开极化试片，测量断开后一瞬间（比如0.1s）的试片对地电位，由于断开时间极短，因此来不及发生去极化过程（电位正移），此时极化试片的对地电位即是该位置（及附近）管道的极化电位（断电电位）。

使用极化试片测量极化电位（断电电位），恒电位仪无需加装中断器，这是其便捷之处。

另外。在杂散电流检测中，极化试片也常用来测量交流或直流杂散电流的密度，这些参数是评价杂散电流干扰程度的主要指标。测量时只需记录流过试片的电流大小，然后除以试片面积即得电流密度（详见本节三）。

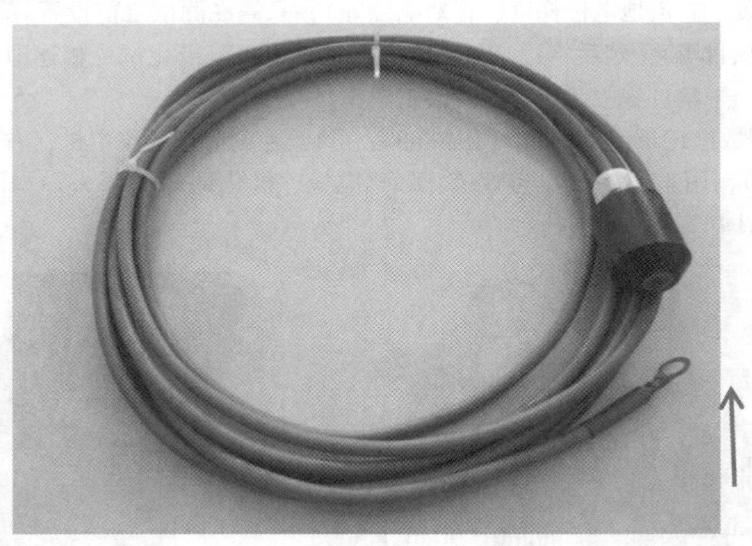

图2.5－9　极化试片（便携式）

7. 极化探头

将参比电极和试片（极化试片、自腐蚀试片——用来测量自然电位）组装在一起（“封装”进塑料壳体内）就构成了极化探头，图2.5－10为常见极化探头实物图，图2.5－11为结构及采集通道示意图。

图 2.5－10　极化探头

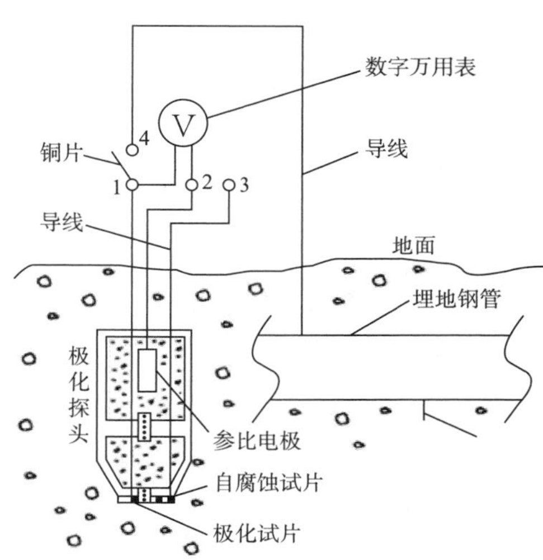

图 2.5－11　极化探头结构及采集通道示意图

极化探头也是一种多通道采集装置，图中的端子 1～4，通过不同的两两组合，即可测量不同的电位数据，在这里，每一组两两组合都是一个检测“通道”，各采集通道组成及功能见表 2.5－1。

表 2.5－1　各采集通道组成及功能表

通道组合	采集参数名称	测量方法（使用数字万用表）
4（管道）＋2（参比电极，下同）	通电电位	将万用表调至直流电压档（DC V），正表笔与端子 4、负表笔与端子 2 相连
1（极化试片）＋2	极化电位	将万用表正表笔与端子 1、负表笔与端子 2 相连，然后快速断开铜片，读取断开后 0.2～0.5s 的电位数据
3（自腐蚀试片）＋2	自然电位	将万用表正表笔与端子 3、负表笔与端子 2 相连，读数即可

极化探头特别适用于杂散电流干扰区的极化电位测量，因为将参比电极“封装”到探头内部后，外部杂散电流无法穿过绝缘的塑料壳进入其中，其原理如图 2.5－12 所示。

在杂散电流干扰区域，如果将参比电极直接放置在大地上，则由于杂散电流已经在大地中产生了电场、改变了大地的电势，正常情况下（大地中没有电流流动的情况）我们认为大地是“0”电势并作为基准，但此时基准已不为“0”，测量值必然出现偏差。

例：两个注满相同液体的容器、且控制其内部压力不同，中间用一块压差计连接，假设两个容器均被遮盖、观察者只能看到压差计，由于内压不同，压差计将显示一个压力差值（假设这个值就是我们需要的真实测量值），如果给其中一个容器额外注入一定量的液体，而且这种变化还不可见（容器被完全遮挡，以此比喻无法用肉眼看见杂散电流），由于容器容积是一定的，额外注入液体当然会使容器内压升高，观察者会发现压差值发生了

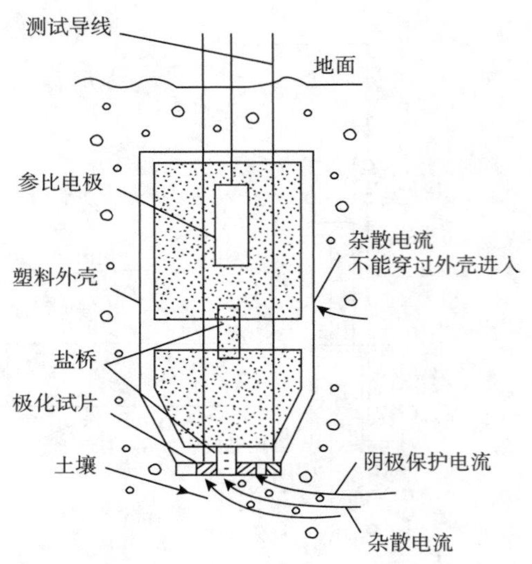

图 2.5－12　极化探头减小杂散电流干扰原理示意图

变化，出现了一个新值，但由于容器均被遮挡，因此观察者无法确定哪一个值是我们需要的。

8. 接地电阻测试仪（摇表）

接地电阻测试仪俗称“摇表”，在电气工程中，用来测量接地体（极）的接地电阻，在阴极保护检测中，除了用于接地电阻测量、也用于土壤电阻测量，通过测得的土壤电阻值即可计算土壤电阻率，而土壤电阻率是评价土壤腐蚀性的重要指标，在杂散电流的检测、评价中也有重要作用（比如在计算、评估交流电流密度时就需要土壤电阻率值）。

常用的型号为 ZC－8 型，包括左侧的主机和右侧若干根电极（俗称接地钢钎、地钎子等，通常配备 4 根），如图 2.5－13 所示。

二、阴极保护参数检测

（一）电位测量

1. 自然电位

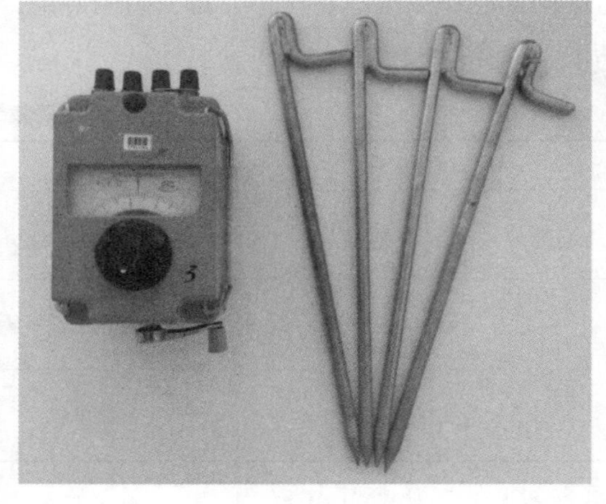
图 2.5－13　接地电阻测试仪（ZC－8 型）

自然电位是金属埋入土壤后，在无外部电流影响时的结构对地电位。自然电位随着金属结构的材质、表面状况和土质状况、含水量等因素不同而异，另外，自然电位也是用来评价土壤腐蚀性的一个基础指标，通常，自然电位越负（在没有杂散电流干扰的情况下），土壤腐蚀性越强。测量步骤为：

（1）测量前，应确认构筑物处于未施加阴极保护的状态，对已实施过强制电流阴极保护的构筑物应在完全断电 24h 后进行、对采用牺牲阳极进行阴极保护的构筑物应断开与构筑物的连接。

（2）测量时，将硫酸铜电极放置在构筑物上方或附近地表的潮湿土壤上，应保证硫酸铜电极底部与土壤接触良好，在参比电极放置时需要仔细检查放置处土壤里是否有石子、树枝、塑料布等杂物，如果有，先进行清除，或者换一个位置再试，不能将参比电极放置在这些杂物上面，否则会造成测量误差，测量下述其它电位时也要注意这点。

（3）按图 2.5－14 的测量接线方式，将电压表（数字万用表）与管道及硫酸铜电极相连接，通常，万用表正表笔（通常是红色）与管道相连、负表笔（通常是黑色）与参比电极相连（后文的通电电位测量也照此操作）。

（4）将电压表调至适宜的量程上，读取数据，作好电位值及极性记录，注明该电位值的名称。

2. 通电电位

本方法适用于施加阴极保护电流时，构筑物对电解质（土壤）电位的测量。本方法测得的电位是包括构筑物极化后的电位与回路中其它所有电压降的和，测量接线如图 2.5-14 所示，测量步骤为：

（1）测量前，应确认阴极保护系统运行正常，被保护构筑物已充分极化；

（2）测量时，将硫酸铜电极放置在构筑物上方地表的土壤上，土壤干燥时应浇水润湿，应保证硫酸铜电极底部与土壤接触良好；

（3）将电压表调至适宜的量程上，读取数据，作好电位值及极性记录，注明该电位值的名称。

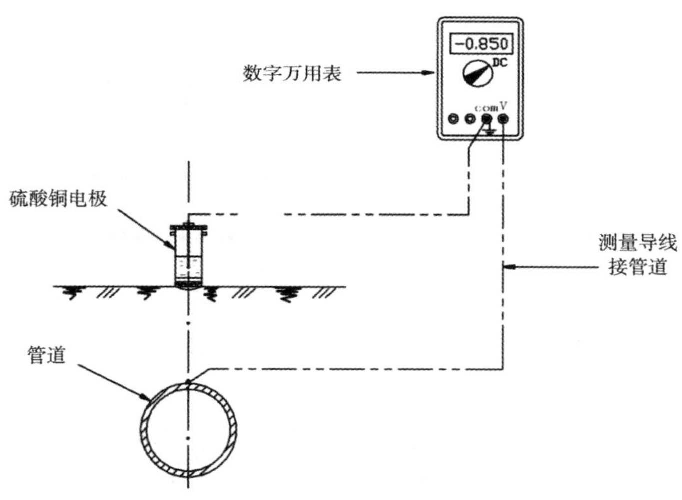

图 2.5-14　数字万用表管地电位测量接线图

通电电位包含有 IR 降误差（见下文），只能用来大致估计某管线或区间的阴极保护水平，不能用于保护效果的评价。

3. 密间隔电位（CIPS）

（1）原理

20 世纪 60 年代，德国 PLE 公司曾在其所辖管道上进行了保护电位与腐蚀关系的研究。发现在测试桩上测得保护电位为 -0.85V（vs CSE.，即相对于硫酸铜电极，下同）时，有的管道上腐蚀情况仍然很严重。当他们采用更为精确的测量方法，重新对这些管道的保护电位进行测量后发现，只有 60% 管道达到了真正的有效保护电位。用简单方法在测试桩上测得的阴保电位并不能反映出管道的真实阴极保护水平。

在测量阴极保护电位的方法中，使用数字万用表和硫酸铜参比电极进行测量时，万用表的一支表笔通过测试桩内的连线与管道相连，另一支表笔连接到参比电极上，参比电极放置在测试桩附近管道上方的地面上，如图2.5－15所示。所测得的电位V_M是管体与地面间的电位差（或者叫电势差）。而管道的真实保护电位是指管体到与防腐层接触的土壤之间的电位差V_P（管道的极化电位），如果将管道外防腐层表面到放置参比电极处之间的电位差用V_{IR}表示，则有$V_M = V_P + V_{IR}$，这里的V_{IR}被称为*IR*降，是指保护电流在参比电极处地表到管道防腐层表面之间流动引起的电阻压降。由于土壤存在着电阻，电流流动产生的IR降会导致测得的电位比实际上的阴极电位更负。

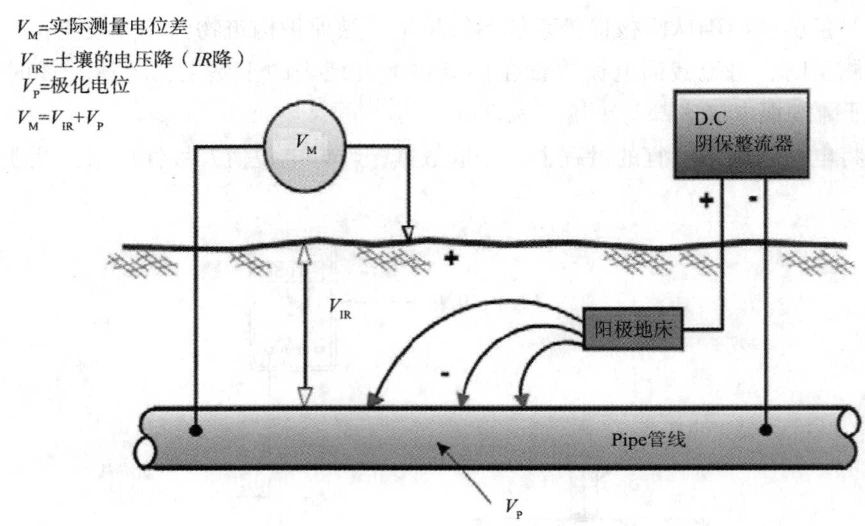

图2.5－15 通电电位测量时产生*IR*降的原理示意图

产生IR降有两个决定性的因素：一是大地中的电流，二是参比电极到管道防腐层之间的土壤电阻*R*，此时$V_{IR} = I \times R$，称之为IR降。测量过程中IR降的大小是随构筑物（管道）和参比电极之间距离加大而增加，随土壤电阻率增加而增大，随极化电流增加而上升，此外，辅助阳极与被保护构筑物相距越近，IR降也越大，这就是阴极保护站附近IR降往往较大的原因。

根据$V_M = V_P + V_{IR}$公式，若$I \to 0$时、$V_{IR} \to 0$，可以得到$V_M = V_P$（或十分接近V_P）的效果，则可以消除IR降对电位测量的影响。使得$I \to 0$的方法是在瞬间使流经参比电极到管道附近的电流为零，也就是将管道上的阴极保护电流断开，测得的管道电位是经过阴极保护极化所积累在管道周边相对于管道管体的极化电位。

由于管道去极化是一个相对较长的过程，在断开阴保电流的很短时间内测量，可以达到既能消除*IR*降的测量误差，又能准确测量管道阴极保护电位的目的。这就是CIPS检测方法的技术原理。

（2）重要性

在对埋地钢质管道外加电流阴极保护系统各运行参数的检测中，管道和参比电极之间的电位测量是使用最频繁的测试，尤其是管道保护电位（极化电位），是唯一能直接用来评价阴极保护系统保护效果的参数，可以说是最核心的参数。因此，在实际应用中，如何保证测量的准确性是至关重要的。

IR 降误差有时达数百毫伏，2015 年 1 月检测发现：沧河线河间站附近通电电位 -1.61V、断电电位 -0.99V，IR 降高达 620mV；2015 年 6 月检测发现：东黄复线 146#测试桩附近通电电位 -1.03V、断电电位 -0.75V，IR 降达 280mV，如果以通电电位进行评价、则会认为 146#桩附近电位已经达标，实际上断电电位并未达标（用 100mV 准则也未达标，因为该位置自然电位为 -0.69V，断电电位在自然电位的基础上仅负移 60mV），因此 146#桩附近管段处于欠保护状态，管体腐蚀速率将比保护水平达标时更快，腐蚀风险也更高，而如果不测量断电电位，是很难发现这个问题的。

因此，我们应获取真实的保护电位（极化电位），也应该选用能消除 IR 降的测量方法，密间隔电位测试法可读取断开阴极保护电流一瞬间（比如 0.1s）的电位，因此时 $I=0$，所以 $IR=0$，而在如此短暂的瞬间极化衰减微乎其微，故此时测得的电位可认为是十分接近真实电位的值。

若不采取合适的方法，则可能产生较大的测量误差，其中绝大部分是 IR 降引起的误差，该误差会带来对系统保护效果判断的偏差，可能造成阴极保护系统在较低保护水平下运行、也可能造成过保护，这些会使管道腐蚀速度加快或本体发生氢脆破坏。

综上，密间隔电位测试是阴极保护检测中非常重要的一个测试项目。

（3）主要检测步骤

①在测量之前，应确认阴极保护系统正常运行，构筑物（比如管道）已充分极化。

②对测量区域内全部有影响的阴极保护电源应同时安装电流同步断续器，并设置合理的通/断周期，同步误差小于 0.1s。

合理的通/断周期和断电时间设置原则是：断电时间应尽可能的短，但又应有足够长的时间在消除冲击电压影响后采集数据，断电期不宜大于 3s。

比如常用的加拿大 CATH - TECH 公司 CIPS 设备的通断周期有：通 12s、断 3s，通 4s、断 1s 或通 800ms、断 200ms，通、断周期及断电电位读数延迟时间的设置通常应遵循相关仪器设备厂家的规定。“通 12s、断 3s”的周期在做大规模连续检测的时候这种周期不适用，在做少量的个别点位检测时可以用，通常选用短周期如通 800ms、断 200ms 或通 4s、断 1s 等，当然这对检测人员的操作要求会更高一些，尤其当 CIPS 主机工作在自动采集模式的时候（详见注意事项）。

③将测量导线一端与 CIPS 主机连接，另一端与测试桩（测试电缆）连接，并将探杖电极通过导线与 CIPS 主机连接好。

④打开 CIPS 测量主机，按照使用说明书、操作规程进行相关参数设置，完成上述准备步骤后，从测试桩开始测量，第一个测量点距测试桩约 1m，然后沿管顶地表以密间隔（1～3m，注意不能超过 3m）逐次移动探杖电极，每移动一次就记录一组通电电位（Von）和一组断电电位（Voff），直至到达前方一个测试桩，按此完成全线的测量。

⑤将现场采集的数据导入计算机，进行数据处理、分析、作图等。

详细的操作方法见设备操作规程。

（4）注意事项

①当采用密间隔电位（CIPS）测试设备时，CIPS 主机 ON/OFF 时长（即通电/断电时长）的设置，必须精确地匹配串入恒电位仪的电流同步断续器的 ON/OFF 时长的设置，即 CIPS 主机的 ON/OFF 时长（通断周期）必须和同步断续器的一样。

②将硫酸铜探杖电极放置在构筑物上方或附近（对于埋地管道应尽量放在管道正上方）地表的土壤上，应保证硫酸铜电极底部与土壤接触良好。

③读数延迟时间一定要设置好，否则难以采集到准确、有效的断电电位。

④读数时，如果设置的是手动采集模式，则摁探杖上的采集按钮，听到提示音则表示该点的数据采集成功。如果是自动采集模式，则必须保证任何时候都有一支探杖电极与地面接触，因为如果两支探杖同时离地的时段内、可能正好到了 CIPS 主机自动记数的时刻（一旦进入自动采集模式，主机就会按周期自动记数，不管探杖是否与地面接触，都会采集数据），此时采集的将是无效数据。

⑤如果待测管线与其它施加了强制电流阴极保护的管线（第三方管道）近距离并行（比如百米以内）或有交叉，则第三方管道的阴极保护站的恒电位仪也要尽量加装同步断续器，否则，通电电位和断电电位可能相等（IR 降为0）甚至断电电位比通电电位更高（更负）。

⑥如果对冲击电压的影响存在怀疑时，应使用脉冲示波器或高速记录仪对所测结果进行核实。

⑦某段密间隔测量完成后，若当天不再测量，应通知阴极保护站维护人员恢复连续供电状态。有的中断器可以设置工作（通断）时段，只需在开始检测前设置好即可（比如设置 06∶00 至 19∶00 通断，其余时间不通断——只相当于一根导线），这样在一定程度上能保护恒电位仪。

（5）不适用的情况

①保护电流不能同步中断（牺牲阳极与管道连接且无法断开、存在不能被中断的外部强制电流设备），当然，如果有足够数量的同步断续器且牺牲阳极与管道的连接可以断开（比如牺牲阳极配备了专用测试桩、接线盒里面的金属连接片可以解开）的话，也可以给牺牲阳极加装同步断续器，但是多组牺牲阳极需要同时加装，一般情况下不会购置如此多的断续器；

②受直流杂散电流干扰的构筑物；

③管道位于电阻较大的覆盖层以下，如铺砌路面、冻土、钢筋混凝土、含有大量岩石回填物的区域；

④防腐层或绝缘物（热缩套等）剥离后造成电屏蔽的位置。

4. 极化电位（断电电位）测量

阴极保护效果评价最主要的依据就是被保护结构的极化电位（断电电位），然而，正如上文所述：并非所有情况都能采用 CIPS 方法测量断电电位，在某些情况下，作用在管道上的所有电流源是没有办法同步中断的，如牺牲阳极与管道直连（连接电缆直埋），杂散电流干扰源（高压输电线、电气化铁路、各种电气接地极等）的存在也给极化电位的准确测量带来影响，想要同步中断这些干扰源是不可能的，这就给管道极化电位的测量带来了困难。

为克服这些环境因素带来的检测困难，可采用极化探头或极化试片法进行极化电位的测量。常用的测量方法有以下两种：

（1）使用“便携式”极化探头（或试片）测量

将“便携式”极化探头或试片与管道连接，极化时间至少24h后测量其对地电位，使用数字万用表+便携参比电极测量，仪器连线完毕后，人工断开探头或试片与管道的连接，同时观察断开后一瞬间（比如0.5s内）数字万用表显示的电位值，但这种测法受人为因素影响太大（检测人员很难精确掌握如此短暂的延迟时间），测量结果可能出现偏差。

当对极化电位数据的精准度要求高时，宜使用数据记录类仪器采集，仪器能精确控制延迟时间，通过数据记录仪则能实现精确控制——包括控制何时开始通断（周期性断开探头或试片与管道的连接与恢复连接）、控制采集延迟时间等，图2.5－16和图2.5－17分别为采用极化试片和探头测量极化电位（断电电位）的示意图。

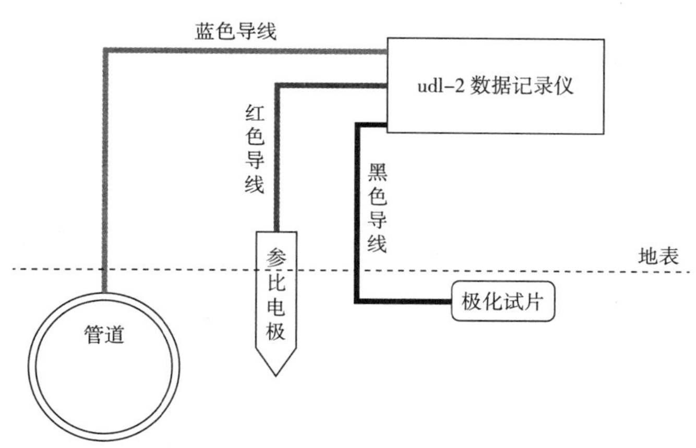

图2.5－16　使用极化试片测量极化电位示意图

（2）使用固定式极化探头（或试片）测量

将极化探头或试片埋设、固定在管道附近并通过测试桩（测试电缆）与管道连接，获得与管道相同的阴极保护水平，测量时，和上述操作类似，断开极化探头或试片与管道的连接，读取，断开后的瞬时电位。可以人工操作、读数，但检测精度要求高时，如上文所述，应使用数据记录类仪器。

当在存在明显杂散电流干扰段进行电位试片（也称检查片）瞬间断电电位测试时，采用带参比管的试片（检查片）结构可减小杂散电流对测试结果的影响（减小杂散电流影响的原理和极化探头一样），其结构应符合图2.5－18的要求，参比管（非金属材质）应延伸至地面，参比电极可方便地放入到参比管底部靠近试片（检查片）的位置。

使用极化探头或试片不需要对相应的管道阴极保护电源（恒电位仪）进行中断，这是其便捷之处，但是，由于都需要进行长时间的极化、造成效率较低，在大规模的全面检验中不会大范围采用，一般用于局部某些检测点的测试、验证。

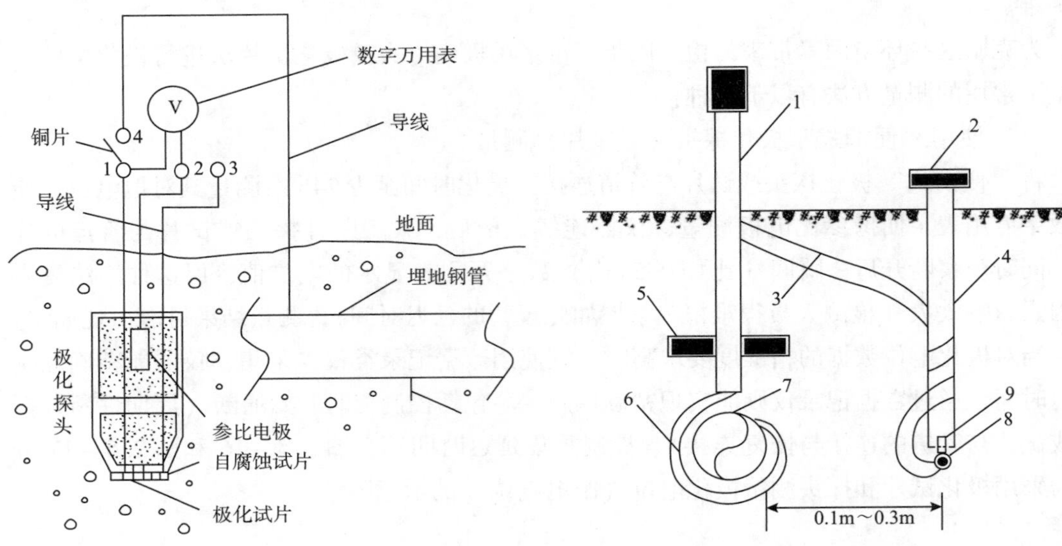

图 2.5－17　使用极化探头测量极化电位示意图

图 2.5－18　带参比管的电位试片示意图（检查片）

1—测试桩；2—端帽；3—检查片电缆；4—非金属参比管；5—基墩；6—测试电缆；7—管道；8—电位试片（检查片）；9—参比电极

“固定式”极化探头或试片埋设时的工作量较大，埋设数量越多，运营单位的成本越高，一般也不会大面积使用，通常埋设在重点位置或区段，比如高后果区、土壤腐蚀性强的区域、阴极保护站附近、相邻两座阴极保护站的中间位置等。

使用自腐蚀试片还需注意以下两点：

①自腐蚀试片材质最好与管体相同或接近；

②如果仅测量极化电位（断电电位），极化探头（试片）埋设时长遵循供货商规定（一般不少于 24h），如果需要测量自然电位（也称为自腐蚀电位），则埋设时间更长，具体时长受材质、环境等因素影响，但至少以月为单位，为稳妥起见，建议埋设半年以上再测量自然电位。

（3）使用密间隔电位测试仪测量

上述密间隔电位检测方法是使用 CIPS 测试仪沿着管道连续检测通、断电位（每 1m～3m 采集一次），这种属于“线状”测量，有时候我们只想检测某些特定位置（比如测试桩附近）的断电电位，这种“点状”测量也可以使用 CIPS 测试仪，操作方法和注意事项与连续测试一样。测量时，每个测点至少采集三组 $V_{on}-V_{off}$ 数值，以及相对于硫酸铜电极的极性，所测得的断电电位即硫酸铜电极安放处的保护电位。

将现场测得数据输入（导入）到计算机中，进行数据处理分析。对每处的通电电位（V_{on}）和断电电位（V_{off}），分别取其算术平均值，代表该测量点的通电电位（V_{on}）和断电电位（V_{off}）。

（4）近参比法

由于通电电位存在 IR 降误差，有时误差还比较大（比如土壤干燥时、强制电流阴极保护站附近的 IR 降通常都比较大），在没有断电电位（极化电位）检测设备、但对电位数据准确度有要求时，为了减小 IR 降误差，可以采用近参比法，正如上文所述——IR 降的大小是随构筑物（管道）和参比电极之间距离加大而增加，那么只要减小二者的距离，则 R 值减小，而 I 在短时间内几乎没变化，因此就减小了 IR 的值。测试步骤如下：

①测试接线如图 2.5－19 所示。

②在管道（或牺牲阳极）上方，沿管道走向距测试点 1m 左右挖一露出管体（或牺牲阳极）的深坑用以安放参比电极，将参比电极置于坑内距管壁（或牺牲阳极）3～5cm 的土壤上，参比电极正下方处管道的防腐层宜拆除露出管体。

③将万用表调至适宜的量程上，读取数据，作好记录，注明该电位值的名称。

该方法适用于防腐层较差的管道或裸管，对防腐层良好的管道不适用。

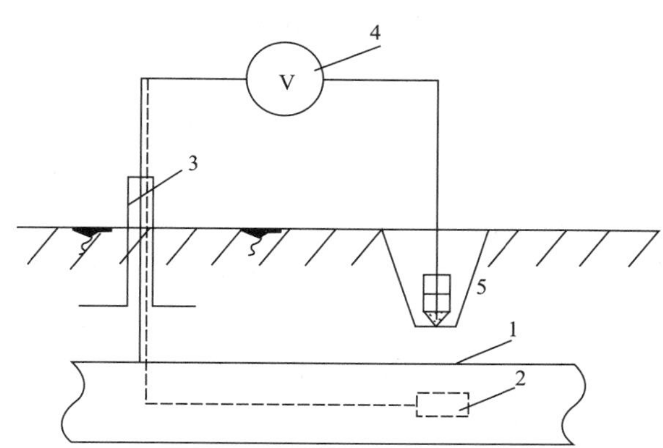

图 2.5－19　近参比法测试接线示意图

1—埋地管道；2—牺牲阳极；3—测试桩；4—数字万用表；5—参比电极

5. 极化电位与断电电位概念辨析

通常情况下，二者的值或相等、或非常接近，可以看作是一个概念、不用严格区分，如果需要严格区分——则极化电位是无 IR 降电位（比如用极化试片测得的电位，当然也可称为断电电位，但这里断的是试片与构筑物的电连接），断电电位是断电瞬间测得的值（比如 CIPS 测的 OFF 电位），有时是无 IR 降电位，有时可能包含少量 IR 降，因为 CIPS 测试时，只是中断了恒电位仪的电流，另外还可能存在平衡电流等，这可能导致产生 IR 降误差，但这种误差通常很微小，可以忽略。

总之，极化电位一定是断电电位，但断电电位可能等于极化电位，可能与极化电位值接近，也可能有较大差别。

注：平衡电流也称“二次电流”，是指中断保护电流后，在构筑物极化差异部位之间流动电流。

（二）使用极化电位评价阴极保护水平

GB/T 21448 规定了使用极化电位（断电电位）评价阴极保护水平的几条准则，包括不同条件下的评价指标，具体如下：

（1）被保护构筑物的阴极保护极化电位（瞬间断电电位，下同）应为－850mV 或更负，但不能负于－1200mV。

（2）在厌氧菌或硫酸盐还原菌（SRB）或存在其它有害菌的土壤环境中，阴极保护极

化电位应为 - 950mV 或更负，但不能负于 - 1200mV。

（3）在土壤电阻率 100 ~ 1000Ω · m 环境中的构筑物，阴极保护电位宜负于 - 750mV，在土壤电阻率大于 1000Ω · m 的环境中的构筑物，阴极保护电位宜负于 - 650mV。

（4）对高强度钢（最小屈服强度大于 550 MPa）和耐蚀合金钢，如马氏体不锈钢、双相不锈钢等，极限保护电位则要根据实际析氢电位来确定，其保护电位应比 - 850mV 稍正，但在 - 650 ~ - 750mV 的电位范围内，管道处于高 pH 值 SCC 的敏感区，应予注意。

（5）上述准则适用于温度小于 40℃ 的情况，对于温度大于 60℃ 的土壤和水环境，极化电位应为 - 950mV 或更负；当温度为 40℃ ~ 60℃ 时，极化电位值可在可在 40℃ 时的电位值（ - 650mV， - 750mV， - 850mV，或 - 950mV）与 60℃ 时的电位值（ - 950mV）之间通过线性插值法确定。

当上述准则难以达到时，可采用阴极极化或去极化电位差大于 100mV 的准则来判据，但是，100mV 电位偏移准则不适用于温度大于 40℃ 的环境，含硫酸盐还原菌的土壤，存在干扰电流、平衡电流和大地电流的情形，存在外部应力腐蚀风险的情形，以及管道连接处或由多种金属组成的部件。

上述准则之中，第一条准则最常用，第二条由于需要进行土壤细菌含量测试，会明显增加检测成本，到目前为止，很少有对整条管线附近土壤进行细菌含量测试的，最多也就抽检几个位置（但不能代表整体状况），因此目前第二条准则使用较少。

第三条准则在土壤电阻率比较“稳定”的地区可以使用，比如西北地区的沙漠、戈壁环境，但对于南方地区的管道、不宜大量采用，因为南方地区降雨较多，土壤干燥时与湿润时的电阻率是不一样的，其它原因也可能导致土壤电阻率变化，比如孔隙度、盐含量（比如有化工物料排入）的变化等。

由于土壤自然电位是会变化的，冬季土壤干燥时和夏季土壤潮湿时自然电位可能就不一样、甚至土壤里施化肥或者有化工物料排入也会改变自然电位，因此，从“稳妥”的角度来说，采用 100mV 准则似乎不宜太多，就算采用，也要确定特定位置的自然电位最负能到多少，在最负的基础上去负移，比如冬季土壤干燥时某检测点断电电位为 - 0. 80V，自然电位为 - 0. 69V，这种情况是符合准则要求的，但一到夏季土壤潮湿时再去测自然电位可能就变成了 - 0. 72V，就不符合准则要求了（因为 - 0. 72V 相对于 - 0. 80V 仅负移了 80mV）。

（三）牺牲阳极电参数测量

1. 牺牲阳极开路电位

本方法适用于测量牺牲阳极在埋设环境中与构筑物断开时的开路电位，测量步骤为：

（1）测量前，应断开牺牲阳极与构筑物的连接。

（2）按图 2. 5 - 20 的接线方式进行连接。

（3）将硫酸铜电极放置在牺牲阳极埋设位置上方的土壤上，土壤干燥时应浇水润湿，应保证硫酸铜电极底部与土壤接触良好。

（4）将数字万用表调至适宜的量程上，读取数据，作好电位值及极性记录，注明该电位值的名称。

（5）测量完成后恢复牺牲阳极与构筑物的连接。

2. 牺牲阳极接入点的管地电位

牺牲阳极接入点的管地电位也叫“闭路电位”，本方法适用于消除牺牲阳极工作时，产生的地电位正偏移所引起的构筑物/地电位测量误差，该误差可采用远参比法消除，测量步骤为：

（1）测量接线见图 2.5－21。

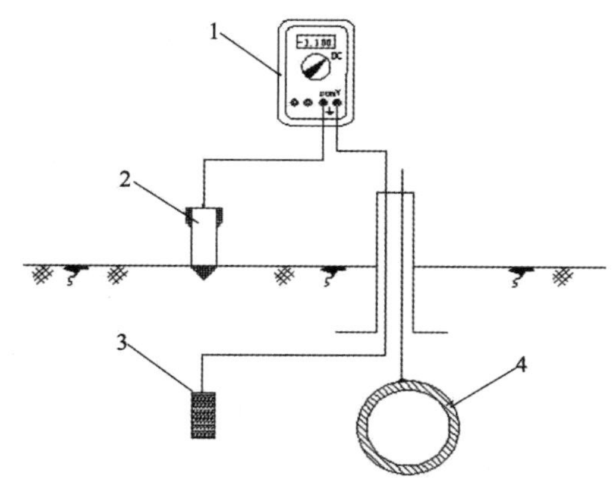

图 2.5－20　牺牲阳极开路电位测量接线图
1—数字万用表；2—参比电极；
3—牺牲阳极；4—埋地管道

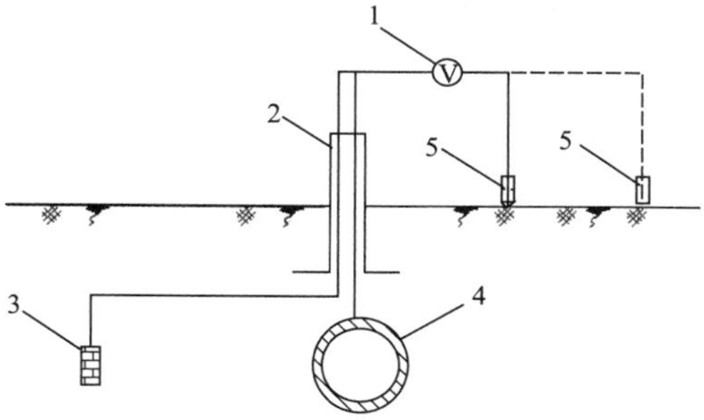

图 2.5－21　远参比法测量接线图
1—数字万用表；2—测试桩；3—牺牲阳极；
4—埋地管道；5—参比电极

（2）将硫酸铜电极朝远离牺牲阳极的方向逐次安放在地表上，第一个安放点距构筑物测量点不小于 20 m，以后逐次移动 5 m。将数字万用表调至适宜的量程上，读取数据，作好电位值和极性记录，当相邻两个安放点测量的构筑物/地电位相差小于 2.5mV 时，硫酸铜电极不再往远方移动，取最远处的电位值作为构筑物在该测量点的对远方大地的电位值。

3. 牺牲阳极（组）输出电流

（1）直测法

牺牲阳极（组）的输出电流测量可采用直测法，直测法应选用 $4^{1/2}$ 位的数字万用表，用 DC 10A 量程直接读出电流值，测量接线如图 2.5－22 所示。

（2）标准电阻法

当配备有 0.1Ω 或 0.01Ω 标准电阻时，也可采用标准电阻法测量。测量接线如图 2.5－23所示。

标准电阻的两个电流接线柱分别接到构筑物和牺牲阳极的接线柱上，两个电位接线柱分别接数字万用表，并将数字万用表置于 DC 电压最低量程。接入导线的总长不大于 1m，截面积不宜小于 2.5mm^2。

标准电阻的阻值宜为 0.1Ω，准确度为 0.02 级；为了获得更准确的测量结果，标准电阻可为 0.01Ω，此时采用的数字万用表 DC 电压量程的分辨率应不大于 0.01mV。

牺牲阳极的输出电流按公式 2.5－3 计算：

$$I=\frac{\Delta V}{R} \tag{2.5-3}$$

式中 I——牺牲阳极（组）输出电流，mA；

ΔV——数字万用表读数，mV；

R——标准电阻阻值，Ω。

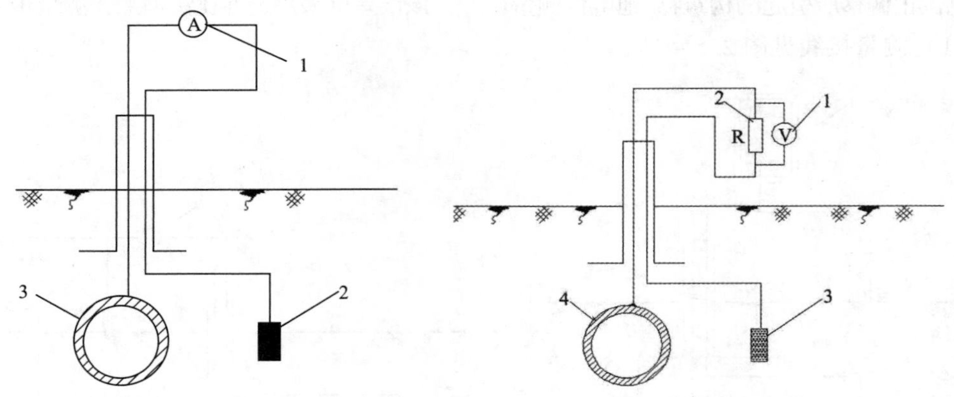

图 2.5－22 直测法测量接线图

1—数字万用表；2—牺牲阳极；3—埋地管道

图 2.5－23 标准电阻法测量接线图

1—数字万用表；2—标准电阻；3—牺牲阳极；4—埋地管道

如果检测点附近埋设了多支牺牲阳极（阳极组），则将阳极组与管道之间的连接断开（各支阳极保持捆绑），将万用表或标准电阻串入其间；测量单支牺牲阳极输出电流时，首先将各阳极之间的连接断开（解除捆绑），再将万用表或标准电阻串入待检测的某单支阳极与管道之间进行测量，后文的接地电阻测量也照此操作。

4. 牺牲阳极参数用途

（1）闭路电位

用于评估保护效果的主要参数（闭路电位也是通电电位、包含 IR 降，只能用于评估），通常认为：闭路电位在 －1.00 ~ －1.20V 之间时（也可稍微再负少许，比如 －1.23V），保护效果良好。

（2）开路电位

用于评价牺牲阳极本身的性能是否下降，如果性能下降，开路电位会正移，比如锌合金阳极，正常情况下其开路电位在 －1.10 ~ －1.20V 之间，如果测得的开路电位有较明显正移（比如 －0.82V），则表示性能有下降，镁合金阳极的开路电位通常在 －1.50 ~ －1.75V之间，也可按照上述内容判断。

（3）输出电流

是评价阳极保护能力的一个参数，其大小和自身性能有关、也和环境因素有关（比如土壤电阻率），同一支牺牲阳极在保护同一结构物时，土壤电阻率越高、释放电流的“阻力”越大，其输出电流越小。

（4）接地电阻

用来表征释放电流的“阻力”大小，该参数值越小越好，接地电阻越大、阳极释放电流的“阻力”越大，其输出电流越小。

上述参数宜综合运用，以便作出更准确的判断。首先看闭路电位是否正常，如果出现较明显正移（比如 -0.83V），则要看开路电位、输出电流、接地电阻这些参数，将它们与系统刚投运时或之前正常时的值作对比，以便进一步判断。

（四）接地电阻测量

1. 长接地体接地电阻

本方法适用于测量对角线长度大于 8m 的接地体的接地电阻（通常用来测阳极地床的接地电阻），测量接线如图 2.5-24 中（a）、（b）所示。

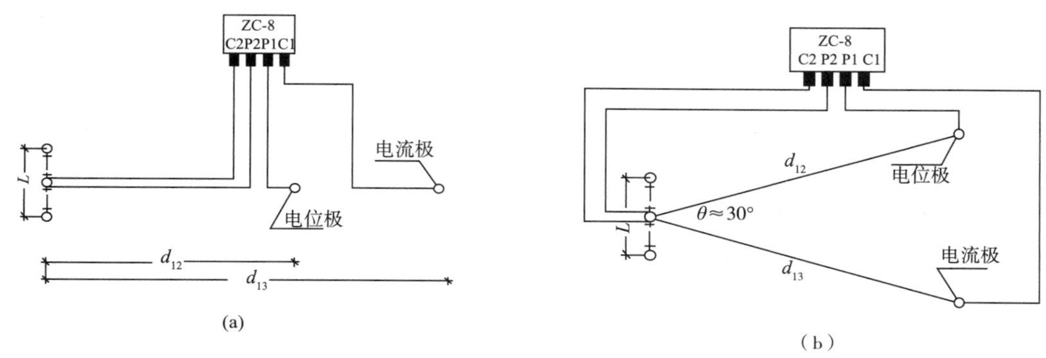

图 2.5-24　长接地体接地电阻测量接线图

（1）当采用图 2.5-24（a）测量时，d_{13}不得小于 40m，d_{12}不得小于 20m。在土壤电阻率较均匀的地区，d_{13}取 2L，d_{12}取 L；在土壤电阻率不均匀的地区，d_{13}取 3L，d_{12}取 1.7L。

（2）在测量过程中，电位极沿接地体与电流极的连线移动三次，每次移动的距离为d_{13}的 5% 左右，若三次测量值接近，取其平均值作为长接地体的接地电阻值；若测量值不接近，将电位极往电流极方向移动，直至测量值接近为止。长接地体的接地电阻也可以采用图 2.5-24（b）所示的三角形布极法测试，此时 $d_{13}=d_{12}\geqslant 2L$。

（3）转动接地电阻测量仪的手柄，使手摇发电机达到额定转速，调节平衡旋钮，直至电表指针停在黑线上，此时黑线指示的度盘值乘以倍率即为接地电阻值。

2. 短接地体接地电阻

本方法适用于测量对角线长度小于 8m 的接地体的接地电阻（通常用来牺牲阳极的接地电阻），测量接线如图 2.5-25 所示。

测量前，必须将接地体与构筑物断开，然后沿垂直于构筑物的一条直线布置电极，d_{13}约 40m，d_{12}取 20m 左右，按测量长接地体接地电阻的操作步骤测量接地电阻值。

（五）土壤电阻率测量

1. 等距法

本方法适用于平均土壤电阻率的测量。

在测量点使用接地电阻测量仪（常用仪器为 ZC-8，误差不大于 3%），采用四极法进行测试，测量接线如图 2.5-26 所示。

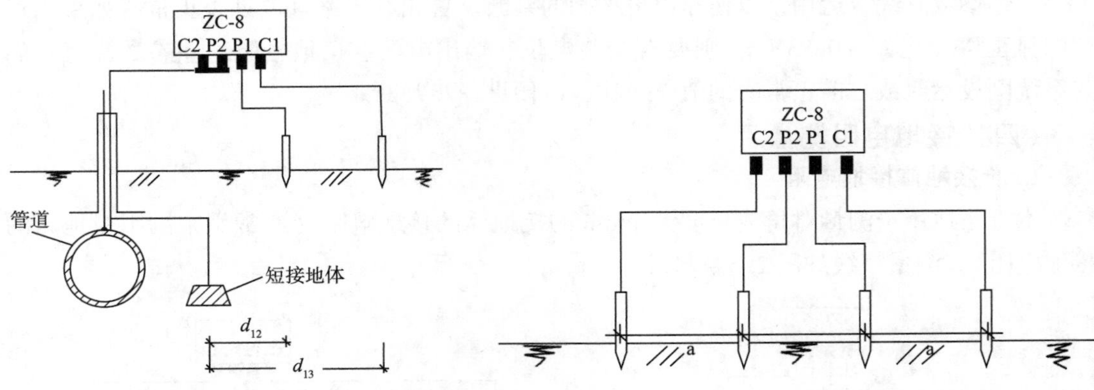

图 2.5－25　短接地体接地电阻测量接线图　　图 2.5－26　土壤电阻率测量接线图（等距法）

测量步骤为：

（1）将测量仪的四个电极以等间距 a（间距值取该位置的管道埋深）布置在一条直线上且均在管道的同一侧，距离管道最近的电极与管道的直线距离至少为 4.6m，电极入土深度应小于 $a/20$。

（2）按上述操作步骤测量并记录土壤电阻 R 值。

（3）从地表至深度为 a 的平均土壤电阻率按公式 2.5－4 计算。

$$\rho = 2\pi aR \tag{2.5-4}$$

式中　ρ——从地表至深度 a 土层的平均土壤电阻率，Ω·m；

a——相邻两电极之间的距离，m；

R——接地电阻仪示值，Ω。

2. 不等距法

本方法主要用于测深不小于 20m 情况下（如深井阳极地床）的土壤电阻率测量。测量接线如图 2.5－27 所示。

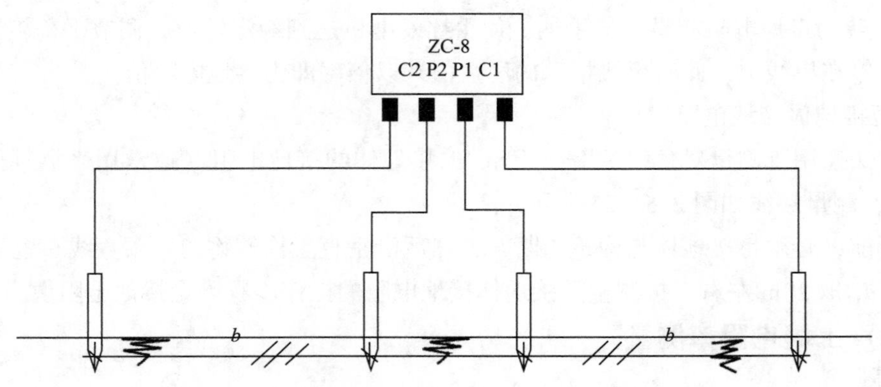

图 2.5－27　不等距法土壤电阻率测量接线图

（1）先计算确定四个电极的间距，如图 2.5－27 所示，此时 $b > a$，a 值通常情况可取 5～10m，b 值根据测深计算确定，按公式（2.5－5）计算。

$$b = h - \frac{a}{2} \tag{2.5-5}$$

式中 b——为外侧电极与相邻内侧电极之间的距离，m；

h——测深，m；

a——内侧电极之间的距离，m。

（2）根据确定的间距将测量仪的四个电极布置在一条直线上，电极入土深度应小于 $a/20$。

（3）按等距法测量步骤测量、记录土壤电阻值 R，若 R 值小于零时，应加大 a 值并重新布置电极。

（4）测深 h 的平均土壤电阻率按公式（2.5－6）计算：

$$\rho = \pi R \left(b + \frac{b^2}{a}\right) \tag{2.5-6}$$

式中 ρ——从地表至深度 h 土层的平均土壤电阻率，Ω·m；

R——接地电阻仪示值，Ω。

（六）绝缘接头（法兰）绝缘性能检测

绝缘接头（法兰）对于阴极保护十分重要，如果没有，大量阴保电流将流入站内管网及其它构筑物——并通过多个接地极漏入大地，造成阴保电流大量漏失即无谓消耗，导致外管线阴保效果变得很差、达不到要求。因此，阴极保护站绝缘接头（法兰）绝缘性能检测也很重要，虽然绝缘性能不是阴极保护系统本身的参数，却是能影响系统运行的重要因素。

1. 电位法

该方法适用于定性判别有阴极保护运行的绝缘接头（法兰）的绝缘性能，测量步骤为：

①测量接线见图 2.5－28 所示；

②保持参比电极位置不变，在恒电位仪正常运行时，采用数字万用表分别测量绝缘接头（法兰）非保护端 a 点的管地电位 V_a 和保护端 b 点的管地电位 V_b。

判断方法为：

①若 V_b 明显地比 V_a 更负，则认为绝缘接头（法兰）的绝缘性能良好，若 V_b 接近 V_a 值，则认为绝缘接头（法兰）的绝缘性能可疑；

②若辅助阳极距绝缘接头（法兰）足够远，且判明与非保护端相连的管道没同保护的管道接近或交叉，则可判定为绝缘接头（法兰）的绝缘性能很差（严重漏电或短路）。

当上述方法判断有困难时，可调整恒电位仪进入“测试”工作模式（周期性通断），测量 a、b 点管地电位波动值（测量过程中保持参比电极位置一直不变），如果 b 点有明显波动而 a 点几乎无波动，则说明绝缘性能良好；如果 b 点有明显波动而 a 点一定幅度的波动，则应怀疑绝缘性能有一定程度下降；如果 a、b 点波动幅度接近或一样，则说明绝缘性能严重下降、绝缘接头（法兰）失效或短路，这种测法可以称为“电位波动法”，人为地使电位波动起来以有助于判断。

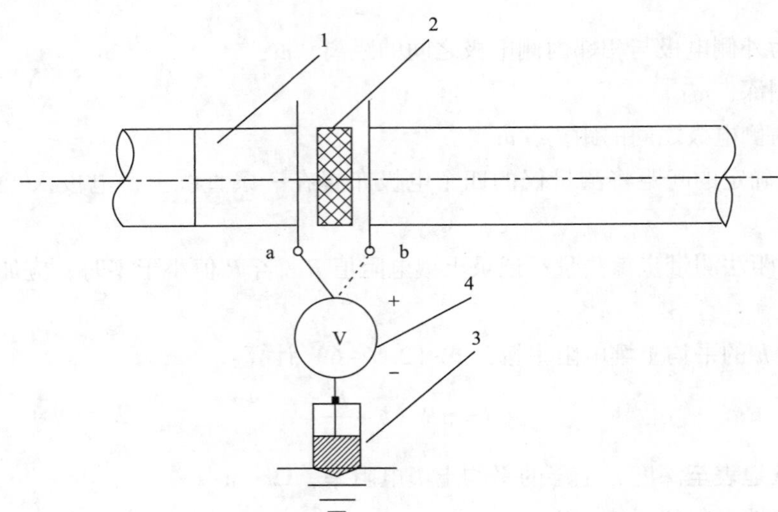

图 2.5－28　电位法测量接线示意图

1—管道；2—绝缘接头（法兰）；3—CSE；4—数字万用表

2. 漏电电阻测试法

该方法适用于已安装到管道上使用的绝缘接头（法兰），采用电位法测试其绝缘性能可疑时。测试、计算步骤如下：

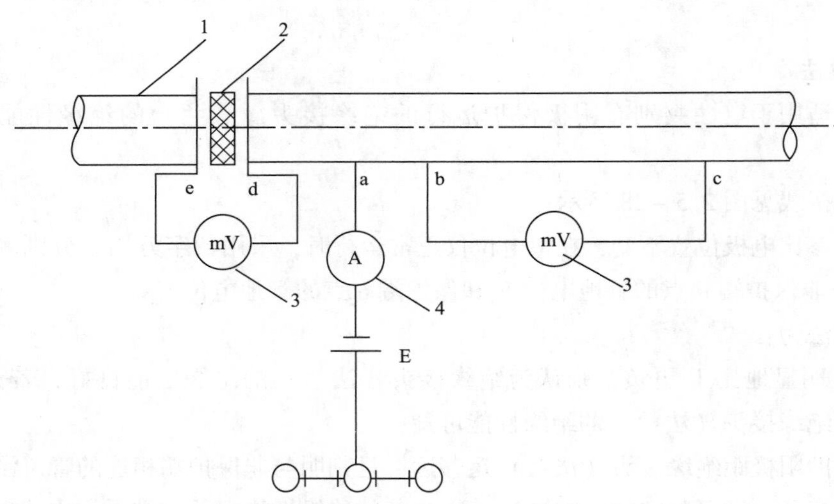

图 2.5－29　漏电电阻测试接线示意图

1—管道；2—绝缘接头（法兰）；3—数字万用表；4—电流表

①按图 2.5－29 接好测试线路，进行漏电电阻或漏电百分率测试。其中 a、b 之间的水平距离不得小于 πD，b、c 段的长度宜为 30m。

②调节强制电源 E 的输出电流 I_1，使保护侧的管道达到阴极保护电位值。

③用数字万用表测定绝缘法兰（接头）两侧 d、e 间的电位差 ΔV。

④测试 bc 段的电流 I_2。

⑤读取强制电源向管道提供的阴极保护电流 I_1。

⑥绝缘接头（法兰）漏电电阻按公式 2.5－7 计算：

$$R_H = \frac{\Delta V}{I_1 - I_2} \tag{2.5-7}$$

式中　R_H——绝缘接头（法兰）漏电电阻，Ω；

ΔV——绝缘法兰两侧的电位差，V；

I_1——强制电源 E 的输出电流，A；

I_2——bc 段的管内电流，A。

⑦绝缘法兰（接头）的漏电百分率按公式 2.5－8 计算：

$$漏电百分率 = \frac{I_1 - I_2}{I_1} \times 100 \tag{2.5-8}$$

若测试结果 $I_2 > I_1$，则认为绝缘接头（法兰）的漏电电阻无穷大，漏电百分率为零，绝缘法兰（法兰）的绝缘性能良好。

3. 电流衰减法

已建成的管道上的绝缘接头（法兰），可通过管道电流测量系统测量漏电率来判断其绝缘性能。测量、计算步骤如下：

①测量接线如图 2.5－30 所示。

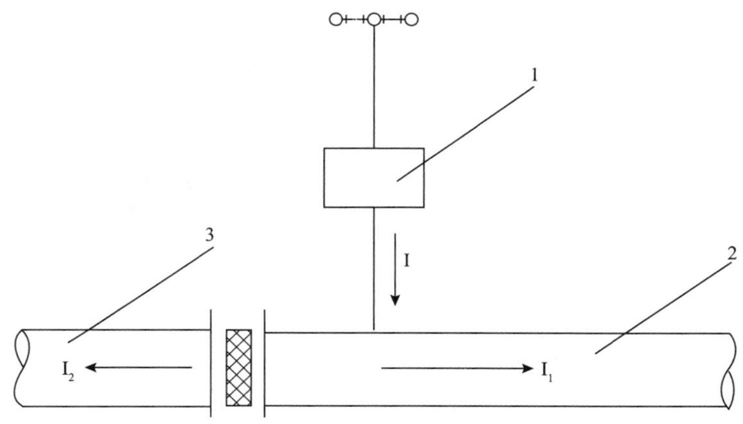

图 2.5－30　绝缘接头（法兰）漏电率测量接线图

1—发射机；2—管道保护侧；3—管道非保护侧

②断开保护侧阴极保护电源。

③按管道电流测量系统仪器说明进行操作，用发射机在保护侧接近绝缘接头（法兰）处向管道输入近直流电流 I。

④在保护侧电流输入点外侧，用接收机测量并记录该侧管道电流 I_1。

⑤在非保护侧用接收机测量并记录该侧管道电流 I_2。

⑥绝缘接头（法兰）漏电百分率用公式 2.5－9 计算：

$$\eta = \frac{I_2}{I_1 + I_2} \times 100 \tag{2.5-9}$$

式中 η——绝缘接头（法兰）漏电百分率，%；

I_1——接收机测量的绝缘接头（法兰）保护侧管内电流，A；

I_2——接收机测量的绝缘接头（法兰）非保护侧管内电流，A。

对于“几进几出”的有多条管线、多个绝缘接头（法兰）的站场或库区，此法只能酌情选用，效果可能不好，在某大型输油站检测时发现：多条进、出站管线并行时，在其中一条管线的绝缘接头（法兰）一侧施加信号电流，该管线另一侧虽然能接收到信号，但其它管线上也能接收到，这种情况再计算特定绝缘接头（法兰）的漏电率就可能出现较大的偏差。

4. 接地电阻仪测量法

本方法适用于利用接地电阻仪测量在役管道上的绝缘接头（法兰）的绝缘电阻值。测量、计算步骤如下：

①先测量绝缘接头（法兰）两端管道的接地电阻，其测量接线如图 2.5－31 所示。分别对 a 点和 b 点按长接地体接地电阻的测量方法进行测量（d_{12} 和 d_{13} 的根据站场或阀室接地体对角线长度 L 确定），读取并记录仪表读数值 R_a 和 R_b。

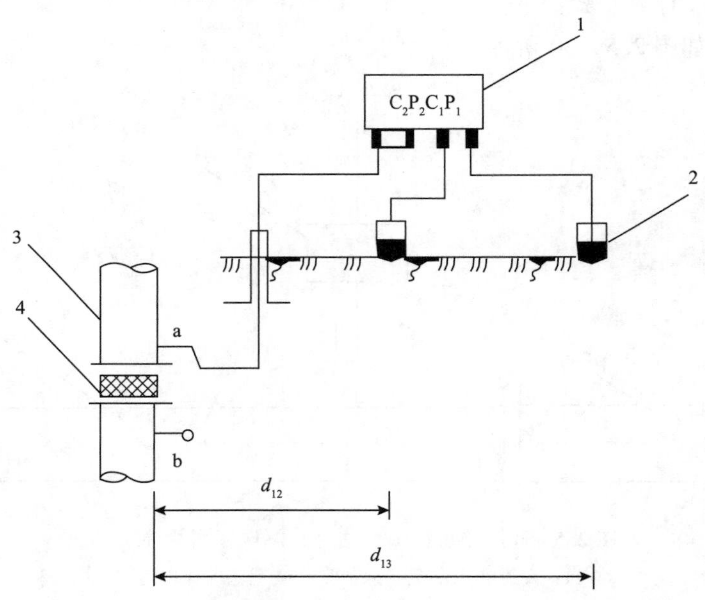

图 2.5－31 绝缘接头（法兰）两端接地电阻测量接线图

1—接地电阻仪；2—参比电极；3—管道；4—绝缘接头（法兰）

②再测量绝缘接头（法兰）回路的总电阻，其测量接线如图 2.5－32 所示。按图 2.5－24b）所示的布置方法测量并记录仪表读数值 R_r。当 $R_r \leqslant 1\Omega$ 时，相邻两测量接线点

的间隔应不小于 πD；当 $R_r>1\Omega$ 时，相邻两测量接线点（a 点与 c 点，b 点与 d 点）可合二为一，此时 C1 与 P1、C2 与 P2 可短接。

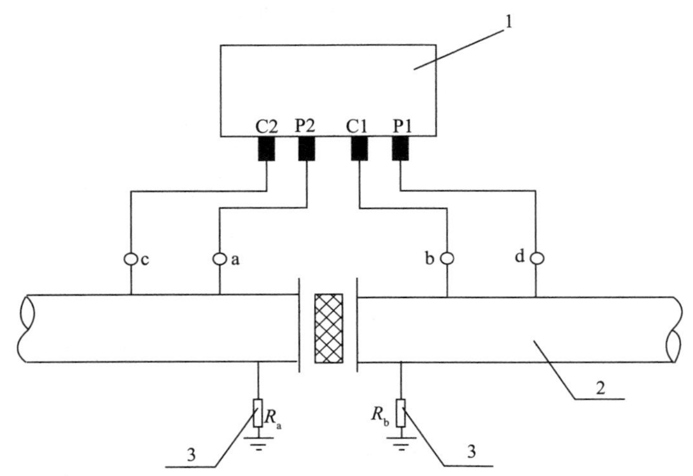

图 2.5－32　接地电阻仪法测量接线图

1—接地电阻仪；2—管道

③实际运行工况下的绝缘接头（法兰）的电阻按公式（2.5－10）计算：

$$R=\frac{R_r(R_a+R_b)}{(R_a+R_b)-R_r} \tag{2.5－10}$$

式中　R——绝缘接头（法兰）的电阻，Ω；

R_r——绝缘接头（法兰）回路的总电阻，Ω；

R_a——绝缘接头（法兰）保护端接地电阻，Ω。

R_b——绝缘接头（法兰）非保护端接地电阻，Ω。

上述检测方法中，电位法和电流衰减法操作相对简单、对检测条件要求较低；漏电电阻法和接地电阻仪法操作较复杂、对检测条件要求较高，有时可能需要开挖并焊接额外的测试电缆。但是，为了获得最准确的检测、评价结果，操作复杂的方法有时也需使用。

5. 注意事项

①使用电位法时，如果要给出“绝缘性能良好”的结论，应使两侧电位差至少大于 400mV，尽量大于 500mV，如此得到的数据方可“稳妥”地支撑结论。

②如果内侧管道上连接有锌接地电池等防雷接地体，先将其电缆（线）从绝缘接头（法兰）测试桩内断开（通常把对应金属连接片解开即可），等去极化之后再测（去极化时间长短可能有差别，注意用万用表观察），这样内侧（非保护端）电位就是自然电位（比如 －0.78V），如果此时外侧（保护端）电位比内侧负 400mV（比如 －1.18V），则可明确地下“绝缘性能良好”的结论，如果外侧电位只有 －1.00V，则增大恒电位仪输出电流，使其极化到 －1.18V 或更负一些（极化需要时间，注意用数字万用表观察电位变化），也要仔细观察当恒电位仪输出电流增大后，内侧电位是否也有负移，有时可能出现内、外

侧同时负移的情况、此时两侧电位差并无明显增加。如果内侧电位没有随着变化或者变化很小（比如只负移了20mV），则绝缘性能良好。

③如果两侧都有阴极保护，应停掉一侧，否则两侧电位很可能比较接近，难以判断。

④测量内、外侧电位时，便携参比电极必须始终放置在同一位置。

⑤内、外侧电位接近不一定意味着绝缘性能下降，有的地区因为土壤腐蚀性强——自然电位本来就比较负（比如岚山站自然电位出现过比 -0.85V 更负的值），如果此时外侧电位恰好又比较偏正（比如 -1.02V），此时再用电位差距去判断就可能出现误判（不能因为只差160mV 就认为绝缘性能有下降），此时应采用电位波动法等其他方法进一步验证。

⑥采用电位波动法需要注意：对于进出站管线较多，存在多个绝缘接头（法兰）的情况，比如一座“一进两出”的分输站，如果进、出站管道的绝缘接头在站内某个位置并行设置，汇流点（通电点）都在地下进行跨接，这种情况下：只要一个绝缘接头（法兰）绝缘性能下降，其他绝缘接头（法兰）两侧电位也可能出现幅度相同或接近的波动，如果据此判断所有绝缘接头性能，则会得出错误的结论，这种情况下，应该将每一个接头（法兰）隔离开（将跨接电缆断开），并逐个单独测量。

三、杂散电流检测

杂散电流是指在设计或规划的回路以外流动的电流。按照产生杂散电流的干扰源不同，可以把杂散电流分为三类：由直流高压输电线（含附属换流站、接地体等）、直流电气化铁路（地铁、轻轨等）、直流电焊机等产生的直流杂散电流；由交流电气化铁路和交流高压输电线（含附属变电站、接地体等）等产生的交流杂散电流；由地球自身磁场变化（扰动）引起的地磁干扰电流。

当上述干扰达到一定强度时，都可能造成管体腐蚀，或者使管体产生感应电压，管体电压达到一定水平后，就会对人体造成伤害、发生安全事故（电击、触电）。

因此，杂散电流检测的目的在于：通过检测获取相关干扰数据、并评价其干扰强度，然后以此为基础进行杂散电流防护（排流）设计，最终将干扰控制在很弱的水平、以确保管道的安全运行，因此，杂散电流检测是管线检验项目中不可或缺的一个大项。

（一）杂散电流干扰源调查

管道运营管理单位平时应做好干扰源的调查、统计，通常，与管道直线距离在1km以内的电气干扰源都要进行记录（地铁或轻轨的干扰强度较大，与该类干扰源相距15km内的管段都要记录）。

记录的内容通常有：干扰源名称（某高压输电线、某电气化铁路等）、类型（交流或直流）、与管道的相对位置关系——对于“线形”干扰源（如高压输电线、电气化铁路），位置关系为平行（包括大致并行）或交叉，平行的记录二者间的直线距离，交叉的记录交叉位置（比如008#测试桩 +150m、116#测试桩 -40m），对于“点状”干扰源（如变电站）记录与管道的直线距离。

检测的主要项目（参数）有：土壤表面电位梯度（直流地电位梯度）、管地电位波动值、管地电位相对于自然电位的偏移值（埋设有自腐蚀电位试片时）、交流干扰电压、交流电流密度。

（二）直流杂散电流的检测与评价

1. 直流电位梯度测试

处于直流电气化铁路、外部阴极保护系统及其他直流干扰源附近的管道，应进行测试。当管道附近的地电位梯度大于0.5mV/m时，确认为管道存在直流干扰，当管道附近的地电位梯度大于2.5mV/m时，管道应及时采取排流保护或者其他的防护措施。测试步骤如下：

（1）在管道附近适当位置的地面上布设4只相同的参比电极。参比电极应分为两组，每组2只参比电极，其中1组应沿平行于管道的方向布设，另1组应沿垂直于管道的方向布设。每组两电极之间的间距不宜小于20m（当受到环境限制时可适当缩短，但应使电压表有明显的指示），两组电极的电极间距应相同，两组电极应对称交叉分布，如图2.5－33所示。

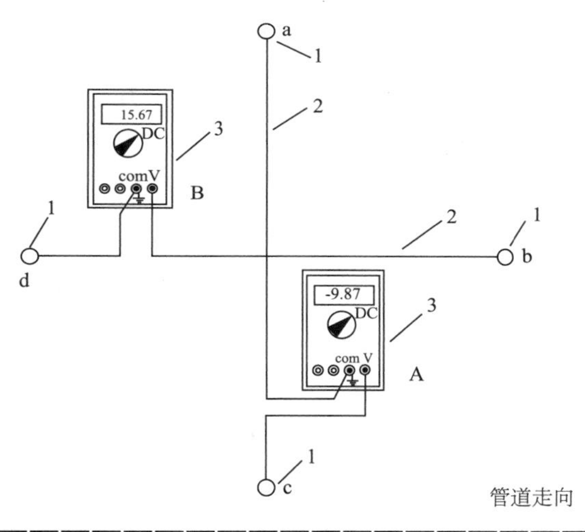

图2.5－33　地电位梯度与杂散电流方向测试接线图

1—a，b、c、d四支铜－饱和硫酸铜电极；2—测试导线；3—A、B两块直流电压表

（2）在每组两只参比电极之间连接一块直流电压表（数字万用表直流电压档），数字万用表的正表笔（通常是红色）所连接的参比电极定义为正极，如图2.5－33中的b、c两支参比电极与正表笔相连，则b、c点为正极（相应地，a、d点为负极）；

如果数字万用表显示的直流电压为正值，则表示直流电流的流向是从正极到负极（图中B表显示正值，表示直流电流从b点向d点方向流动）；

如果数字万用表显示的直流电压为负值，则表示直流电流的流向是从负极到正极（图中A表显示负值，表示直流电流从a点向c点方向流动）。

（3）将直流电压表调至适宜的量程，以相同的时间间隔同时记录两块直流电压表的测试值V_A和V_B，并记录测试时间。

(4) 测试数据应按下列步骤进行处理：

按照电压测试值的正负将测试值分成 [V_A (+) V_B (+)]、[V_A (+) V_B (−)]、[V_A (−) V_B (+)] 与 [V_A (−) V_B (−)] 四种读数组合，各读数组合中的 V_A (+)、V_A (−)、V_B (+) 与 V_B (−) 的平均值应分别按式 (2.5−11)、式 (2.5−12)、式 (2.5−13) 和式 (2.5−14) 计算：

$$\overline{V}_A(+) = \frac{\sum_{i=1}^{n} V_{Ai}(+)}{k} \tag{2.5-11}$$

$$\overline{V}_A(-) = \frac{\sum_{i=1}^{n} V_{Ai}(-)}{k} \tag{2.5-12}$$

$$\overline{V}_B(-) = \frac{\sum_{i=1}^{n} V_{Bi}(-)}{k} \tag{2.5-13}$$

$$\overline{V}_B(+) = \frac{\sum_{i=1}^{n} V_{Bi}(+)}{k} \tag{2.5-14}$$

式中 V_{Ai} (+) ——某种读数组合中 V_A (+) 的平均值 (V)；

$\overline{V}_A$ (+) ——某种读数组合中第 i 个 V_A (+) 数据 (V)；

$\overline{V}_{Ai}$ (−) ——某种读数组合中 V_A (−) 的平均值 (V)；

$\overline{V}_A$ (−) ——某种读数组合中第 i 个 V_A (−) 数据 (V)；

$\overline{V}_B$ (+) ——某种读数组合中 V_B (+) 的平均值 (V)；

$\overline{V}_{Bi}$ (+) ——某种读数组合中第 i 个 V_B (+) 数据 (V)；

V_{Bi} (−) ——某种读数组合中 V_B (−) 的平均值 (V)；

$\overline{V}_{Bi}$ (−) ——某种读数组合中第 i 个 V_B (−) 数据 (V)；

I——某种读数组合中数据的序号；

n——某种读数组合的数据个数；

k——规定的测试时间段内全部读数的总次数。

建立直角坐标系，使坐标系的纵、横两轴分别与图 2.5−33 中的 ac、bd 相对应。将计算出的四种读数组合的平均值分别记入坐标中，然后利用矢量合成法，分别求出矢量和，则地电位梯度的方向为沿矢量和指向坐标原点的方向。

四种读数组合同时出现的几率很低，对于直流杂散电流方向不变的干扰，只会出现一种组合，对于直流杂散电流方向随时间变化的干扰，会出现两种及以上的组合，比如 [V_A (+) V_B (+)] 与 [V_A (−) V_B (−)] 均出现——该组合表示检测位置的直流杂散电流有时流入管道、有时从管道流出，这些信息对今后的直流杂散电流防护（排流）设计非常重要。

2. 矢量合成法介绍

管道遭受直流杂散电流干扰时，管体上会出现直流杂散电流电流的流入点和流出点，在这样的位置，直流电流与管道成一定的交叉角度流入或流出（当然，也不排除电流方向完全和管道平行或垂直，但是这种情况应该很少）。

由于交叉角度我们难以检测，因此，在检测过程中，我们沿平行、垂直管道走向的方向各布置一组（两支）参比电极，两个方向的电极间距一致（不小于20m）、且连线相互垂直（ac 线、bd 线相互垂直，两条线构成“十”字形，因此习惯上又称“十字交叉法”），然后每一组串入一块直流电压表（数字万用表直流电压档），读取电压值，然后将两个方向的电压值进行矢量合成。

以上图为例，平行管道方向的直流电流方向从 b 到 d，因此，建立一个平面直角坐标系，如图 2.5－34 所示，以原点为起点向 d 点画一个箭头，箭头长度值等于直流电压值V_1（15.67cm），垂直管道方向的直流电流方向从 a 到 c，以原点为起点向 c 点画一个箭头，箭头长度值等于直流电压值 V_2（9.87cm），根据矢量合成法则（也可理解为根据勾股定理，知道直角三角形两条直角边的长度，求斜边长），合成值 V 的算法公式为 2.5－15：

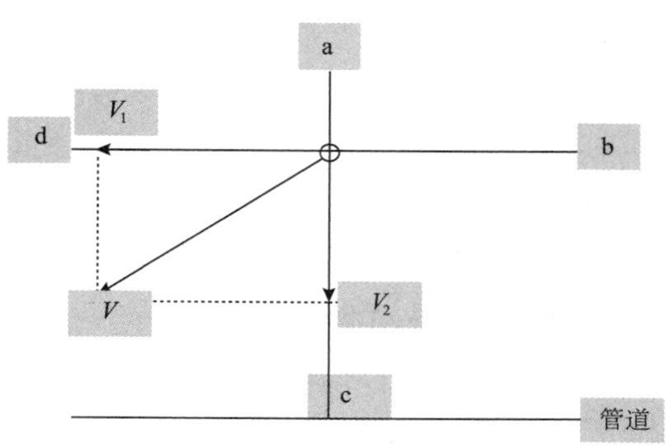

图 2.5－34　矢量合成示意图

$$V=\sqrt{V_1^2+V_2^2} \qquad (2.5-15)$$

根据上式可计算出 $V=18.519$mV（对应的箭头长度 18.519cm），然后将计算求得的矢量和的大小除以对应的参比电极间距（假设为25m），得到直流地电位梯度为 0.74mV/m，根据表 2.5－2 的评价指标，该检测位置处的直流干扰程度为“中”，直流杂散电流流向管道（合成值的箭头指向管道）。

表 2.5－2　直流干扰程度判断指标（地电位梯度）

直流干扰程度	弱	中	强
直流地电位梯度/（mV/m）	<0.5	≥0.5～5	≥5

为提高检测工作效率和数据有效性，最好采用杂散电流数据记录类仪器（见图2.5－7、图2.5－8）同时采集多个参数，尤其像直流地电位梯度这种参数，出现变化（波动）的可能性比较大，不管是垂直或平行管道方向的分量都有可能变化，分量变化势必造成合成值的变化，而我们最终需要的是合成值，使用记录仪同时采集两个方向的分量，然后数据导入计算机后生成诸如 EXCEL 类数据表，就可插入公式自动计算合成值，然后就可很方便地获取最大值、最小值等。

3. 管地电位偏移测试

直流杂散电流在管道中流动很可能会引起管地电位的异常波动，通过管地电位偏移量的测试，有助于判断管道是否遭受直流干扰。这里的“偏移”是指管地电位相对于自然电位的正偏移量。当管道任意点的管地电位较自然电位正向偏移 20mV 时，确认为有直流干扰；当管道任意点的管地电位较自然电位正向偏移 100mV 时，管道应当采取直流排流保护或其他防护措施。管道直流干扰程度按管地电位较自然电位正向偏移值判断，具体见表 2.5-3。

表 2.5-3 直流干扰程度判断指标（电位偏移量）

直流干扰程度	弱	中	强
管地电位正向偏移值/mV	< 20	≥20 ~ 200	≥200

用数字万用表、参比电极测量自腐蚀试片的对地电位（万用表正表笔连自腐蚀片、负表笔连参比电极），然后可计算管地电位相对于自然电位的偏移量。

电位偏移法对检测条件要求较高、实施相对困难（需要预先埋设自腐蚀试片），对于埋设了自腐蚀试片的位置或区间可采用，到目前为止仍以采用直流电位梯度法居多。

4. 管地电位波动测试

为了更好地评价直流干扰程度，可将恒电位仪停机 24h 后采集管地电位（最好使用记录仪），然后根据检测时段内管地电位波动范围来评价，评价指标见表 2.5-4。

表 2.5-4 直流干扰程度判断指标（电位波动）

直流干扰程度	弱	中	强
管地电位波动值/mV	< 50	≥50 ~ 350	> 350

恒电位仪停运 24h 后测量管地电位的另一个好处是：因为此时恒电位仪对管道的极化已完全消除（或绝大部分消除），如果电位再出现明显的正移（比如 +0.10V）或负移（比如 -1.10V），则表明管道受到了外界的直流杂散电流干扰，正移的位置为直流杂散电流流出点，负移的位置为直流杂散电流流入点。

5. 直流干扰的一些识别方法

（1）根据被干扰结构腐蚀形貌特征来识别

常见特征有：

①腐蚀点呈孔蚀状、创面光滑、有时有金属光泽、边缘较整齐；

②腐蚀产物呈炭黑色细粉状；

③有水分存在时，可明显观察到电解过程迹象。

（2）密间隔电位（CIPS）检测时的识别

如果在进行 CIPS 检测时发现，某位置距离阴保站比较近（比如 10km 内），但 IR 降又很小（比如小于 20mV），如果确认管道没有安装牺牲阳极或者牺牲阳极与管道的连接都已经断开，则应怀疑直流杂散电流的存在。笔者在东黄复线 007#测试桩附近进行 CIPS 检测时发现 IR 降仅 12mV，而该位置距离东营阴保站只有 6.8km，后来杂散电流检测发现确实存在直流杂散电流，且干扰程度已为“中”。

6. 需要注意的问题

（1）城市轨道交通系统（地铁、轻轨）产生的直流杂散电流的影响范围很大，根据笔者经验：影响距离至少 10km，也有认为大于 10km 的，因此，在检测前应了解所在地区的地铁、轻轨建设及分布情况，建议距管道至少 15km 内的地铁、轻轨都要考虑。

城市轨道交通系统（地铁、轻轨）的直流杂散电流检测通常需要做 24h 的管地电位监测，至少也要做 12h 监测（比如从晚上 20 点至次日早上 8 点），这样才能发现城市轨道交通系统停运期间的电位是否稳定，运行期间波动是否较大，从而确定干扰源是不是地铁（轻轨）。图 2. 5 – 35 为地铁干扰下的管地电位连续监测曲线图，电位稳定期都在地铁停运期内，是比较典型的地铁（轻轨）干扰。

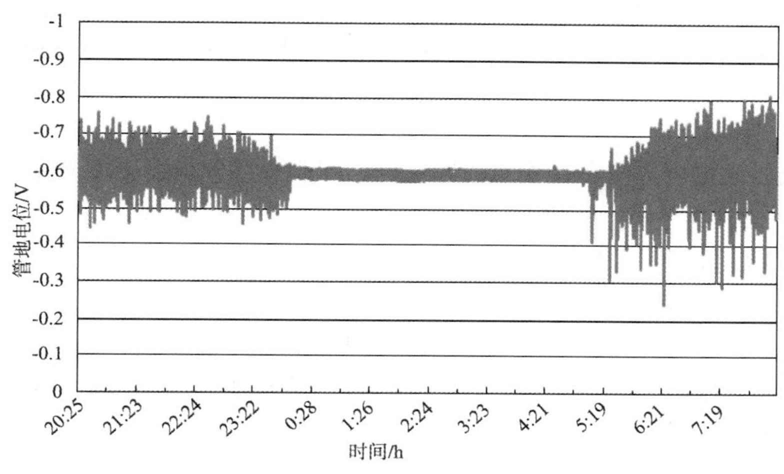

图 2. 5 – 35　地铁（轻轨）干扰下的管地电位典型曲线图

（2）通常认为高速铁路是交流干扰源，但实际检测发现：高速铁路也可能引起直流干扰，比如东黄复线 109#测试桩附近管段与胶济客运专线交叉，没有动车组列车通过时，土壤表面电位梯度在 0. 47 ~ 0. 62mV/m 之间，当列车通过时，突然跃升至2. 40 ~ 2. 60mV/m 之间，因此，当干扰源为高速铁路时，也需要注意识别直流干扰。

（3）在检测直流杂散电流时，应将阴极保护电源（恒电位仪）停运 24h 后进行，笔者发现有的检测单位在阴极保护电源运行时检测土壤表面电位梯度，这样测量会造成误差，因为阴保电源运行时也会在土壤中产生电位梯度，如果阴保电源不停运就检测，则采集的梯度值中包含了阴保电源产生的梯度，由此带来误差。

（4）土壤表面电位梯度或管地电位偏移测量时，对仪器设备的精度要求高，尤其是便携参比电极的电极电势必须准确、同组的两支便携参比电极的电势差应小于 5mV，必须在测量前校准，否则误差可能会比较大。将两支参比电极置于盛水（纯净水或自来水）的杯中，两电极的底部无限接近且不与杯底、壁接触，将数字万用表调至直流毫伏（DCmV）档，两只表笔分别与两只参比电极相连，当万用表显示电压的绝对值小于 5mV 时，参比电极可投入正常使用。在连续检测时，每天至少校准一次。

（5）有人对管/地电位偏移准则的理解有偏差，比如人为地将自然电位设为 -0.55 V，然后将阴极保护电源（恒电位仪）停运24h后测管地电位，以此和 -0.55 V对比偏移量，这样做是不对的，因为不同位置的土壤理化性能及环境不一样，自然电位不可能都一样，自然电位值在 -0.5 ~ -0.7V_{CSE}范围内都比较常见，而管地电位偏移仅仅20mV就能确认干扰，20mV是很小的一个值。

如果要采取电位偏移识别法，可以用与管材相近的金属试片模拟测量管道的自然电位，可以将试片与管道连接几个月，使管道和试片电位充分平衡后，断开试片，测量其自然电位。由此可见，电位偏移法实施较困难，因此，电位梯度法最常用。

（6）有人测量管地电位波动时并未停运恒电位仪，而停运阴极保护电源至少24h后测量管地电位的意义在于：因为电源或长效参比出现异常、故障时，也可能造成管地电位不稳定，如果不停运、可能引起误判，因此要先将电源停运，如果电源停运24h后管地电位波动仍然较大或出现明显的偏正（如 +0.10V）、偏负（如 -1.10V），则完全存在直流干扰的可能。

（7）四支参比电极应分布在管道的同一侧，不能一部分在介质流向左侧、一部分在右侧。

（三）交流杂散电流的检测与评价

1. 交流电压、电流密度测量、计算

交流电压测试的接线比较简单，和测量管地电位一样，只是数字万用表调至交流电压档即可，参比电极可以换成钢铁接地钎，如图2.5-36所示，通过测量，获取交流电压的最大值、最小值、平均值。

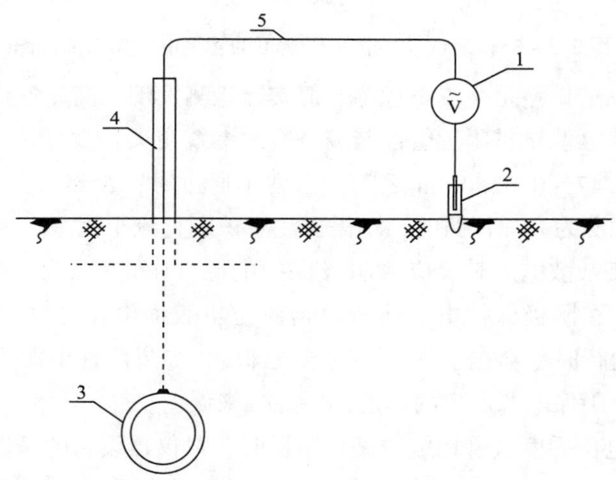

图2.5-36　管道交流电压测量接线图

1—交流电压表；2—参比电极或钢铁接地钎；3—埋地管道；4—测试桩；5—测试导线

当交流干扰电压低于4V时，可不采取交流干扰防护（排流）措施，当交流电压高于4V时，应检测交流电流密度，可使用杂散电流数据记录类仪器进行采集检测。以加拿大

uDL2 型记录仪为例，测试接线图见图 2.5－37。

检测之前先将数据记录仪的采集参数设置和采集规则设置好，然后将三色导线分别连接好，蓝色导线连管道（通过测试桩的测试电缆）、红色导线连参比电极、黑色导线连极化试片，然后再将三色导线的接口端与数据记录仪相连，连接后仪器即刻进入自动检测、采集的工作状态。

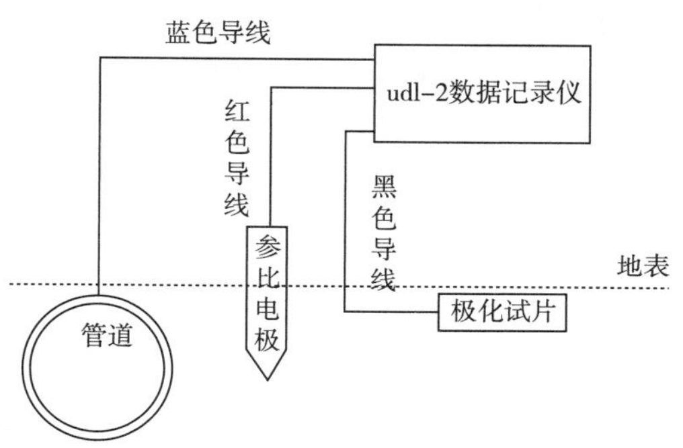

图 2.5－37　数据记录仪测试交流干扰接线图

参比电极安放在管道正上方附近、试片和参比电极间隔几厘米即可。注意安放极化试片应保证其与土壤接触良好，不能与石子、混凝土、杂草等接触。土壤干燥时应在试片、参比电极周围浇水润湿。

用数字万用表测量最好使用其自动记录、储存数据功能，人工记数难免遗漏、难以发现峰值、谷值等，虽然部分数字万用表具备数据存储功能，但数据导出较不方便（Fluke289C 使用的红外通讯接口，数据传输速度很慢，有的计算机没有红外接口、需另外购置转接器），最好使用多通道数据记录类仪器，数据的导出、处理较为方便。

当交流电压高于4V 时，一方面用数据记录仪直接采集交流电流密度，同时，测量土壤电阻并计算电阻率、然后用公式计算交流电流密度，按公式（2.5－16）计算：

$$J_{AC} = \frac{8V}{\rho \pi d} \qquad (2.5-16)$$

式中　J_{AC}——评估的交流电流密度，A/m^2；

V——交流干扰电压有效值的平均值，V；

ρ——土壤电阻率，Ω·m；

d——破损点直径，m。

注：（1）ρ 值取交流干扰电压测试时，测试点处与管道埋深相同的土壤电阻率实测值。

（2）d 值按发生交流腐蚀最严重考虑，取0.0113。

（3）关于交流电压。虽然 GB/T 50698 规定取平均值，但最好将最大值（峰值）也代入进行一次计算、评估，这样才能对可能达到的最大干扰程度（最高干扰风险）进行预估。

（4）交流电流密度的计算值和仪器设备实测值有时接近，有时会有差异，附近管体外防腐层有大面积破损点（漏点）、存在未知电气搭接、已安装牺牲阳极、极化试片与土壤接触不良等原因都可能造成这种差异，计算值与实测值宜取更严重者进行评估。

2. 交流电流直接测量

通过试片或极化探头直接测量交流电流，进而得到交流电流密度。测量方法为将试片或极化探头埋设在待测管道附近，将试片通过测试桩与管道进行电连接，在其中串接交流电流表（数字万用表交流电流档），测量从管道经试片流出的交流电流大小、再除以试片的面积，即可得到交流电流密度，试片的制备应符合国家现行标准《埋地钢质检查片腐蚀速率测试方法》SY/T 0029 的有关规定。

测量示意图如图 2.5－38 所示。

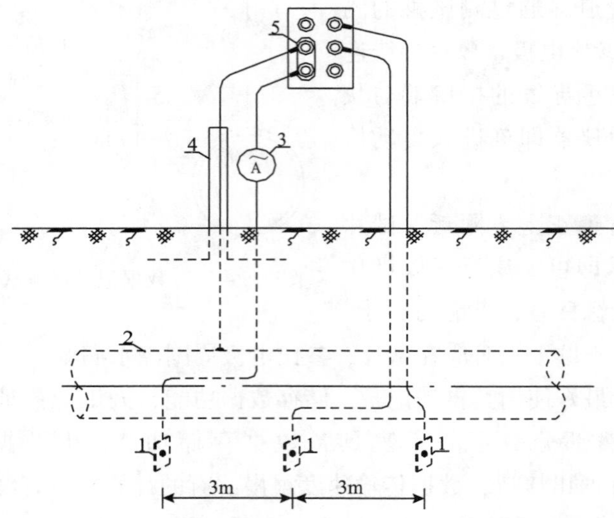

图 2.5－38　试片法直接测量交流电流

1—试片；2—管道；3—交流电流表（万用表交流电流档）；4—测试桩；5—铜质连接片

管道受交流干扰程度的评价指标见表 2.5－5。

表 2.5－5　交流干扰程度的评价指标

交流干扰程度	弱	中	强
交流电流密度/（A/m^2）	<30	30～100	>100

3. 采用交流电流密度评价时的一些注意事项

《埋地钢质管道交流干扰防护技术标准》GB/T 50698—2011（以下简称“GB/T 50698”），采用交流电流密度来评价干扰程度和被干扰结构发生腐蚀的可能性，这是现在最常用的参数，以前的旧标准中有采用交流电压来评价干扰程度的，GB/T 50698 已经不再采用，因为有可能出现“交流电压高、电流密度小”或者“交流电压低、电流密度大”的情况，这和管道、环境的电特征参数有关，包括管道防腐层绝缘电阻、管道接地电阻、土壤电阻等，在回路电阻比较大的时候（比如大地电阻很高时），可能出现“电压高、电流小”的现象，反之，则可能出现“电压低、电流大”的情况，笔者在东黄复线、曹津线检测时就发现过交流电压小于 4V 但交流电流密度大于 30 A/m^2 的情况，其它检测机构在工作中也有发现此类情况的，因此，交流干扰强度评价应通过交流电流密度的直接采集、评估计算进行。

英国标准 DD CEN/TS 15280—2006 中给出了使用交直流电流密度比（J_{ac}/J_{dc}）判断交

流干扰的标准：$J_{ac}/J_{dc}<5$，交流腐蚀可能性低；J_{ac}/J_{dc}介于5～10之间，可能发生交流腐蚀；$J_{ac}/J_{dc}>10$，交流腐蚀可能性很高，需要采取缓解措施。

目前，在国内技术标准中，暂时没有引入采用交、直电流密度比进行评价的做法，但国外已经在逐步推广，必要时可作验证之用，尤其在对高风险干扰段、高后果区内管段进行干扰评价时，同时使用多个准则可以相互验证，确保得出准确的评价结论。

（四）采集频率设置的一些注意事项

在进行杂散电流测试时，每个位置或区间的检测时间（时长）及数据读取、采集频率（时间间隔）首先应符合标准GB/T 50698—2011、GB 50991—2014的相关要求，另外还需注意以下几点：

（1）与高速铁路（客运专线）接近的位置或区段，应设置较高的采集频率比如1～2s（即每1s或2s采集一次），由于动车组列车运行速度很快，如果采集频率过低，则能采集的有效数据量会很少，不利于干扰的分析、评价；

（2）当管道与高速铁路、普通电气化铁路、高压输电线路几种干扰源同时接近时，采集频率按最短的一种设置；

（3）当干扰强度很大时，比如用数字万用表初步测试发现干扰电压、管地电位变动剧烈时，数据采集时间间隔宜为1s；

（4）GB/T 50698第4.4.1节规定高压交流电线附近检测时间（时长）不短于5min，但考虑到可能存在未发现的不明干扰源，高压交流输电线附近检测时间最好延长一些，比如不短于20min，当然，如果能确定只有输电线而不存在其它任何干扰源，则可只检测5min。

（五）仪器设备的选择及高效运用原则

在现场检测时，为了提高工作效率，宜优先选用数据记录类仪器，且交、直流干扰可同时检测，比如在恒电位仪停运24h后，可采用一个记录仪采集直流地电位梯度（比如上述的IPL），另一个记录仪采集交流电压、交流电流密度、管地电位（比如上述的uDL2），这样就能一次性采集到所需全部数据，而不用一个检测点去两次。

四、安全注意事项

不论开展哪一个检测项目，安全都是首先要考虑的，也是自始至终都需要高度重视的，基本的安全要求如下：

（1）在对强制电流阴极保护电源设备进行安装、检测、调试、维护及维修之前，有关人员应受过电气安全培训，并掌握相关电气安全知识；

（2）测量接线应采用绝缘线夹和插头，以避免与未知高压电接触；

（3）测量操作中应首先接好仪表回路，然后再连接被测体，测量结束时，按相反的顺序操作，并执行单手操作法；

（4）当测量导线穿越街道、公路等交通繁忙的地段时，应设置安全警示标志或有安全员现场监管；

（5）根据检测作业环境的要求穿戴必需的防护用品（用具）；

（6）进入站场、油库必须关闭手机等非防爆电子产品；

（7）遵守现场安全管理规定、服从现场安全员监督，遇到特殊情况要听从统一指挥；

（8）当环境温度高于35℃或风力6级以上或雷暴等恶劣天气时应停止检测。

第六节　海底管道路由探测技术

一、探测目的

为了全面掌握海底管道的平面位置、埋深、管顶标高及附近海床标高、管道的悬空、裸露等状态，同时为消除安全隐患，预防因管道变形产生漏油而引起的重大水体环境污染事件的发生，每年需对海底管道全线路由进行探测以及对特殊区段进行加密观测，为海底管道安全管理及全面治理提供数据支持。

二、探测项目

海底管道路由探测的主要项目包括：

1. 水下地形测量

采用多波束及单波束测深系统对全部海底管道按照相应的测图比例进行水下地形测量，以获取精确的海床地形数据。

2. 侧扫声呐探测

采用侧扫声呐探测，以获取海底管道区域的海床地貌图像和管道图像，以判别管道的裸露、悬空等状态信息。

3. 浅地层剖面探测

采用浅地层剖面仪探测，以获取海底管道区域的浅地层构成、管道埋深（管顶距海床的高度）、管道位置等状态信息。

4. 水下探摸及底质取样分析

对于处于裸露、悬空状态的管道位置进行水下探摸，以了解混凝土层的完整性、管线接头处补口的完整性、裸露管段处可探摸的牺牲阳极的耗蚀等情况，确定其真实状态，为下一步决策提供技术依据。

三、探测设备

探测设备中，强制检定的设备，均应具备合格的检定证书；非强制检定的设备，探测前均应进行精度比测，确保设备精度可靠且处在适用状态。相关的探测设备具体见表2.6－1，实际工作中所使用的设备并不限于表内所示的型号和数量，但精度均需满足规范要求，并尽量选择近几年购置的较新的各种设备。

表 2.6－1　相关的探测设备

序号	名称	性能指标	备注
1	GNSS 接收机	快速静态：5mm＋1ppm RTK：5～10mm＋1ppm RTD：10～20cm	
		定位：OmniSTAR 服务＜0.2m 定向：＜0.1°	
2	多波束测深系统	工作频率：200/400kHz 波束发射频率：50Hz 波束角：1.0°×0.5°、2.0°×1.0° 扫测覆盖角度：140° 扫测波束数量：256/512 个（等角或等距波束） 测深量程：0.5～500m 测深分辨率：6mm	
3	浅地层剖面仪系统	额定频率：1760Hz 声输出：200 分贝 释放能量：每脉冲 100J 分辨率：超过 20cm 最大穿透深度：浅海松软海底 60m 发射速率：最大每秒 6 个	
4	侧扫声呐系统	频率：120/410kHz 双频 工作范围（最大）：120kHz 时每侧 500m，410kHz 时每侧 150m 最大安全拖曳速度：12 节 横向分辨率：120kHz 时 8cm，410kHz 时 2cm 纵向分辨率：120kHz 时 200m，范围内为 2.5m，410kHz 时 100m，范围内为 0.5m 工作深度：＞1000m	
5	单波束测深仪	功耗：30W 频率：208kHz（波束角≤8°） 测深分辨率：0.01m 测深精度：±（0.01m＋0.1%D）（D 为所测深度） 输出功率：≥80W 测深范围：0.3～150m	
6	声速剖面仪	声速量程：1375～1625m/s；精度：±0.025m/s 分辨率：0.001m/s 温度：量程：－2～32℃；精度：±0.005℃ 分辨率：0.001℃ 压力：量程 0～6000dBar 精度：±0.05%FS 分辨率：0.02%FS	
7	水准仪	每公里往返测高程精度：1.5mm 放大倍率：28x 补偿器设置精度：＞0.3″ 补偿器工作范围：≥15′	

续表

序号	名称	性能指标	备注
8	潮位自记仪	精度：≤1cm	
9	姿态仪	Roll & Pitch 静态精度：0.02°（RMS） Roll & Pitch 动态精度：0.03°（RMS） Roll & Pitch 分辨率：0.001° Heave 涌浪精度：5cm or 5% Heave 分辨率：1cm Heave 范围：±10m	
10	激光粒度仪	分析范围 0.00002～2mm，1000 次/s 扫描速度	
11	全自动筛分仪	分析范围 0.02～2mm	

四、探测流程

（一）总体探测流程

首先对测区内已有控制成果进行查勘比测，求取 WGS－84 到 1954 年北京坐标系的转换参数，并在其它控制点进行校测，校测合格后开始进行多波束测量，获取管道的海床信息，同时利用浅剖来确定管道的平面位置和埋设深度，滩地及浅水地形测量与浅剖同步进行，浅剖与多波束测得的管道裸露、悬空段采用侧扫声呐进行扫测，获取整个海底管道埋深的起点、终点，裸露悬空段的悬空度、冲刷信息等。

（二）控制流量

为保证资料的一致性，尽量采用测区原有的控制成果，当原有的控制点损毁或者因沉降等原因不能满足本次测量要求时，根据现场情况重新收集资料或补充控制测量。

对引用的控制成果现场进行必要的检测，确保引用的成果准确可靠。投入使用的仪器设备，在测前按照规范要求进行检校，精度满足要求后方可投入使用。

（三）潮位观测

在靠近岸边的位置设立水尺，水尺零点高程采用四等水准精度施测，当采用水准测量确实困难时，采用电磁波高程导线测量或 GNSS 测高法。在仪器记录的同时，应进行一定数量的人工现场潮位观测，与仪器记录的数据进行比测。潮位仪记录时，记录间隔为 5min。人工观测潮位时，尽量选择在高潮位、中潮位、低潮位等有代表性的时间段观测。水位读数取波峰、波谷读数的中数。考虑到风浪影响，每个数值读数两次及以上，在风浪较小时潮位读数两次，遇风浪较大潮位波动剧烈时读数三次，取各次读数的平均值作为最终观测数值。

对自容式潮位仪，项目结束后及时下载数据，并对采集的数据进行处理分析。

（四）水下地形测量

采用多波束扫测与单波束测深相结合的方法施测。深水区域（一般水深≥5m）采用多波束扫测，浅水区域（一般水深 <5m）采用单波束施测，并在多波束扫测区域采用单波束进行比测。

（五）侧扫声呐探测

侧扫声呐采用4200－FS型，侧扫量程采用50m。为了获得清晰的侧扫图像，测船按照预定的测线尽量匀速行驶，尽量避免急转弯，航速控制在4kn左右，采用HYPACK或中海达海洋测绘软件，在导航软件里设定好定位间隔，根据设定的定位距离记录数据，同时触发侧扫声呐的定标，实现GNSS定位数据和侧扫定标数据的同步采集。

数据采集软件采用Edgetech Discover 4200FS，仪器探测增益等参数现场根据实际情况调整，以能够获得清晰的侧扫图像为原则。

（六）浅地层剖面测量

浅地层剖面仪采用C－Boom型，为了获得清晰的浅剖图像，测船按照预定的测线尽量匀速行驶，尽量避免急转弯，航速控制在4kn左右，采用HYPACK或中海达海洋测绘软件，在导航软件里设定好定位间隔，根据设定的定位距离记录数据，同时触发浅剖仪定标，实现GNSS定位数据和浅剖仪定标数据的同步采集。仪器探测增益等参数现场根据实际情况调整，以能够获得清晰的浅剖图像为原则。

（七）水下探摸及底质取样分析

水下探摸时聘请专业的潜水员，携带潜水装备，制定详细的潜水计划，按照潜水安全操作规程，进行水下探摸作业。通过探索模拟了解混凝土层的完整性、管线接头处补口的完整性、裸露管段处可探摸的牺牲阳极的耗蚀等真实情况。

底质取样采用蚌式采泥器抓取，底质样品根据沙样种类、泥沙粒径范围采用SFY－D型音波振动式全自动筛分粒度仪和马尔文2000激光粒度仪分析，或者两种分析方法相结合进行粒度分析。分析统计出各层各粒径级（采用0.25ϕ间距）的百分比分布，进行中值粒径D_{50}、平均粒径的统计，绘制出底质组成成分图（砂、粉砂、黏土分别所占的比重），编制底质样品粒度分析报表，判别泥沙类型，并绘制粒度分布曲线。

五、关键技术问题和难点及其解决方法

（一）多波束测量

多波束测深系统是一套高精度、复杂的系统，是声学技术、计算机技术、导航定位技术和数字化传感器技术等多种技术的高度集成。

影响多波束测深精度的关键因素有初始安装参数校准（时延Latency、横摇Roll、纵摇Pitch、艏向Yaw）、声速改正、光纤罗经和姿态传感器的速率和精度等，同时定位GNSS决定了平面定位精度。

因此在多波束安装后，严格按照校准方法进行时延Latency、横摇Roll、纵摇Pitch、艏向Yaw的校正，采用声速剖面仪按照规范要求施测声速剖面，配备高速率、高精度的光纤罗经和姿态传感器（价值80余万元的OCTANS），采用Trimble SPS461卫星差分GNSS通过OmniSTAR卫星差分信号模式进行导航定位，实现误差小于0.2m的定位精度，采用

专业 CARIS 软件实现数据的后处理，从而保证了多波束测深数据的精度。

（二）侧扫声呐探测和浅地层剖面仪探测

侧扫声呐和浅地层剖面仪都是利用声学原理探测海底地貌和浅地层剖面结构的。侧扫和浅剖图像的清晰程度直接影响到对图像的判读，而图像的清晰程度取决探测频率、量程、探测增益、走航速度等多种因素，同时图像判读人员的经验和技术水平也是极为重要的。因此探测时应在现场认真调试各项参数，确保获取足够清晰的探测图像，同时安排经验丰富的内业人员对图像进行判读和数据处理，以确保资料的可靠性。

（三）管道状态判定、管道埋深及标高判定

管道状态、管道埋深及标高单纯依靠多波束、侧扫声呐、浅地层剖面仪的施测结果都不能很好的判别，需要集合两种或三种仪器的施测结果综合判别。

埋深管道是埋于海床面之下，从侧扫图像中无法发现这部分管道图像，管顶标高需结合浅剖图像和多波束所测海床高程进行判别；裸露管道是裸露于海床面之上，但管壁与海床面之间是接触的（可细分为裸露管道、双侧冲刷、单侧冲刷），裸露管道从侧扫图像中可以看出，但冲刷深度和管顶标高需结合多波束所测海床高程进行判别；悬空管道是悬空于海床面之上，管道悬空跨度和悬空高度可从侧扫图像中量取或计算，管顶标高需结合多波束所测海床高程进行判别。

三种仪器设备相辅相成，优势互补，任何一种仪器精度出了问题都会影响管道最终探测精度，因此在探测过程，严格执行仪器操作流程，认真调试仪器参数，以确保每一种仪器的探测精度。

六、技术报告

技术报告应包含（但不限于）的内容：测量方法及数据处理，管道附近的障碍物和海底面状况，已掩埋海底管道的位置和掩埋深度，裸露管道的位置、裸露高度、悬跨长度，偏离设计路由的距离，偏离最近一次探测路由的距离，管道坐标，管道节点平面偏差，管道路由探测综合评价等。

1. 探测成果图件

探测成果图件应包含（但不限于）以下内容：

（1）管道位置图；

（2）管道区域水深图；

（3）管道区域海底面状况图；

（4）管道横向剖面图和纵向剖面图；

（5）管道状态成果；

（6）管道平面偏差成果；

（7）管道坐标成果（包括管道顶高程和海床面高程）。

2. 水下地形图

管道区域 1∶1000 水下地形图。

第七节　应力检测

一、应变片检测

（一）应变片检测原理

将应变片贴在被测定物上，使其随着被测定物的应变一起伸缩，这样里面的金属箔材就随着应变伸长或缩短。很多金属在机械性地伸长或缩短时其电阻会随之变化。应变片就是应用这个原理，通过测量电阻的变化而对应变进行测定。一般应变片的敏感栅使用的是铜铬合金，其电阻变化率为常数，与应变成正比例关系。

（二）应变片种类

应变片主要有两种，即光学应变片和电阻应变片。

1. 光学应变片

光学应变计一般采用不超过4～9μm直径的布拉格光栅玻璃纤维制造。一般来说，人的头发直径为60～80μm。纤维芯被直径大约125μm的纯玻璃覆盖层所包围。

基于布拉格光栅的应变片有以下优势：

（1）对电磁场不敏感；

（2）可以用于可能爆炸的环境；

（3）高震动负载情况下，材料（玻璃）不会产生故障；

（4）可以测量更大的应变，一般电阻应变片的最大应变为数百με，而光学应变片的可测量的最大应变为7000με；

（5）更少的连接线，因此会对测试物体产生更少的干扰；

（6）互连需要大量的传感器，不同的布拉格波长可以集成在一个光纤中。

2. 电阻应变片

电阻应变片的工作原理是基于应变效应制作的，即导体或半导体材料在外界力的作用下产生机械变形时，其电阻值相应的发生变化，这种现象称为“应变效应”。半导体应变片是用半导体材料制成的，其工作原理是基于半导体材料的压阻效应。压阻效应是指当半导体材料某一轴向受外力作用时，其电阻率发生变化的现象。

应变片是由敏感栅等构成用于测量应变的元件，使用时将其牢固地粘贴在构件的测点上，构件受力后由于测点发生应变，敏感栅也随之变形而使其电阻发生变化，再由专用仪器测得其电阻变化大小，并转换为测点的应变值。常用的电阻应变片包括金属电阻应变片和半导体应变片，其中金属电阻应变片品种繁多，形式多样，常见的有丝式电阻应变片和箔式电阻应变片。金属电阻应变片的结构如图2.7－1所示。

（三）应变片的应用

应变片的应用十分广泛，可测量应变、应力、弯矩、扭矩、加速度、位移等物理量。

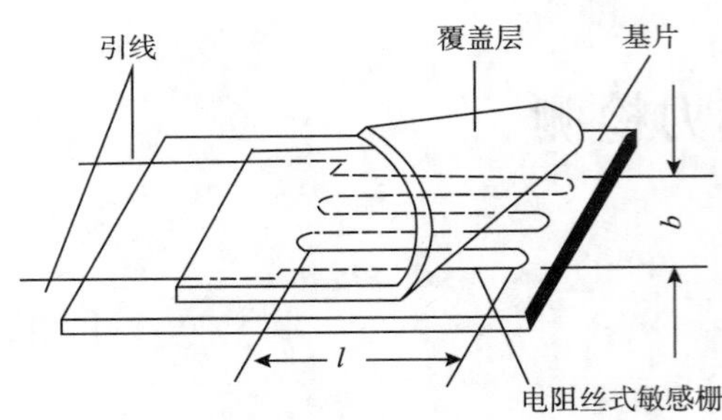

图 2.7-1 金属电阻应变片的结构

应变片的应用可分为两大类：第一类是将应变片粘贴于某些弹性体上，并将其接到测量转换电路，这样就构成测量各种物理量的专用应变式传感器。应变式传感器中，敏感元件一般为各种弹性体，传感元件就是应变片，测量转换电路一般为桥路。第二类是将应变片贴于被测试件上，然后将其接到应变仪上就可直接从应变仪上读取被测试件的应变量。

应变计电测使用电阻应变片可分为两种方法，一种是将应变片直接粘贴在某一受载零件表面上进行测量。这种方法简单，但不够精确。另一种方法是将应变片粘贴在弹性元件上制成传感器，受载后建立载荷与电阻变化间的函数关系，通过预先确定的载荷标定曲线获得测量的载荷值，所获的测量结果比较准确。

各种结构物工作运行中要承受各种外力的作用，工程上将这些外力称为载荷。载荷是进行强度和刚度计算得主要依据。通常在设计时确定载荷有三种办法。即类比法、计算法和实测法。下面介绍实测法中的电阻应变法测定载荷。

电阻应变法测定载荷的方法是利用由应变片、应变仪和指示记录器组成的测量系统进行载荷值的测量。先将应变片粘贴在零件或传感器上，在零件受载变形后应变片中的电阻随之发生变化，经应变仪组成的测量电桥使电阻值的变化转换成电压信号并加以放大，最后经指示器或记录器显示出与载荷成比例变化的曲线，通过标定就可以得到所需数据值的大小。

二、管道应力内检测

管道应力内检测指的是利用在管道内运行的应力集中检测器对管道应力进行的检测。

（一）背景及目的

石油天然气输送管道所使用的铁磁性金属材料（如碳钢、合金钢）具有良好的强度、硬度、塑性和韧性，其发生损坏的主要根源是各种微观和宏观机械应力集中。因而对于管道应力集中及由应力集中引起的塑性变形的检测可以找到管道破坏的根源，可以预知风险的存在，对管道安全进行预判，进而采取有效措施进行处理，避免危害的发生。即将检测技术前移，作为一种预知风险事故的手段，使管道从以前的危害后被动维修转变为基于检测评价的主动维护，从而更好的保证管道安全运行，有效减少破坏事故的发生，降低管道破坏引起的损失。

当前，国内外长输油气管道安全运行保障的检测，均以管道管体已形成的体积缺陷为检测目的，尚没有开展管体应力分布为内检测目的的技术研究。但从近年来管道事故的分析来看，新建管道的事故频发，此时完全没有形成管体的体积缺陷，所以，以传统的管道内检测技术无法实现管道安全运行的检测保障。金属磁记忆应力检测技术支持非接触在线动态检测，在管道内检测技术领域具有很大的应用潜力。该项技术可以在非励磁条件下（地磁环境下），通过检测管道在应力作用状态下的外部弱磁场大小及分布特征来判断管道的应力变形及损伤状态，从而实现对管道危害发生的预判。

（二）原理

应力集中检测技术，又称金属磁记忆检测技术，是基于铁磁性材料构件在受载荷应力和地磁场的共同作用时，在应力集中区域会发生磁畴组织可逆的和不可逆的重新取向，而这种磁畴的变化在卸载应力之后会继续保留下来，而被铁磁性材料的磁畴组织“记忆”下来，这种现象被称之为金属磁记忆现象。应用金属磁记忆检测技术可检测铁磁性材料的应力集中区域及微观损伤，对铁磁性材料进行早期诊断。

（三）应力集中检测器

应力集中检测器的结构组成如图 2.7－2 所示。

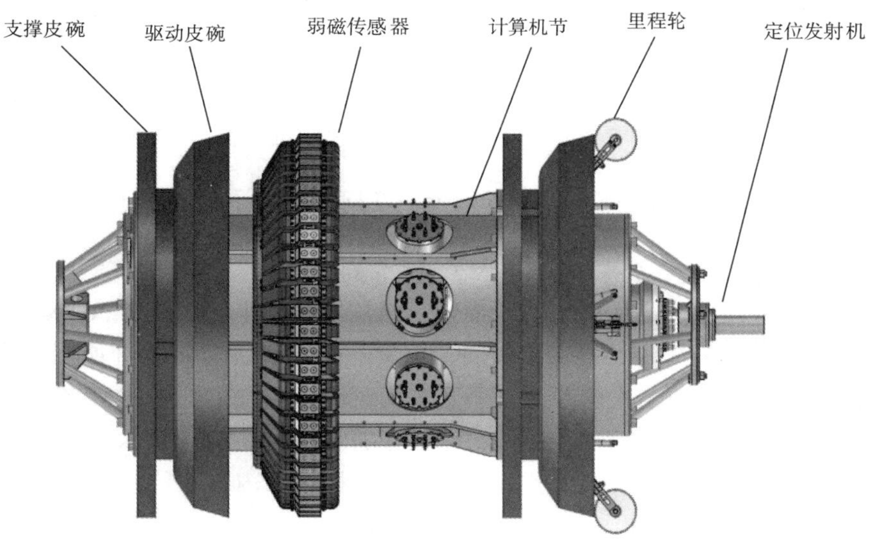

图 2.7－2　应力集中检测器

应力集中检测器的性能指标：

①工作压力≤10MPa；

②工作时间≤100h；

③最大里程≤300km；

④运行速度在 0.3～5km/h；

⑤应力检测精度在 ±20MPa；

⑥工作温度 0～65℃；

⑦通过弯头能力 >1.5D，允许管道斜接 17°，通过变形能力 15%；

⑧可以检测出铁磁性材料塑性变形范围内的应力集中区（磁场分辨率 <0.5nT，磁场测量误差 <5nT，管壁测量深度为 0～10mm）。

（四）应力集中检测时机

新建油气管道应力集中检测在新建管道水压试压前后各进行一次；在役油气管道应力集中检测在两次不同运行压力（两次运行压力差值不小于1MPa）下各进行一次。

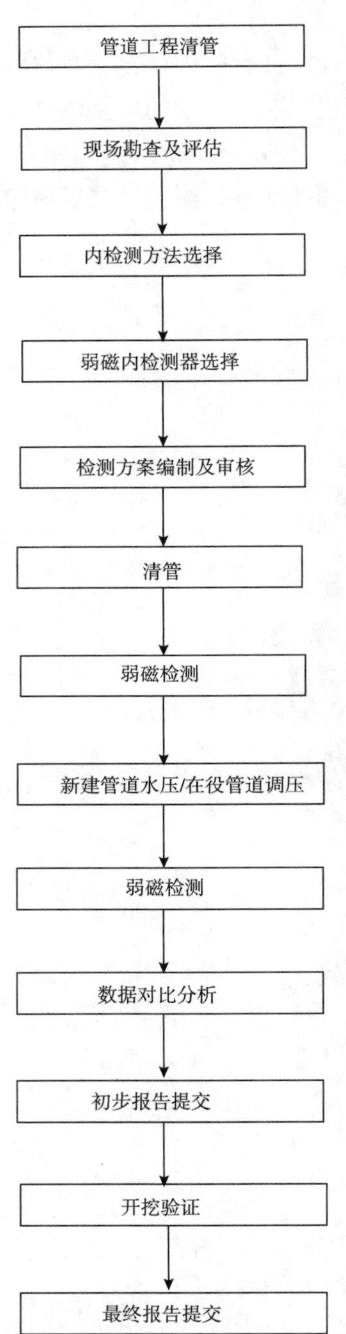

图2.7-3　应力集中检测流程图

（五）应力集中检测流程

应力集中检测的流程如图2.7-3所示。

（六）应力集中检测报告

应力集中检测报告应包括（但不限于）以下内容：

①管线基本信息；

②应力集中部位的位置信息及相关统计图表；

③维修建议。

（七）干扰的排除

外界载荷作用、体积缺陷在外界磁场或漏磁检测后、制管和施工损伤等情况下都会产生弱磁信号，通过二次检测法可以很好排除其它情况的干扰，使由应力集中产生的弱磁信号显示得更加清晰、明显。

三、管道应力磁记忆检测

（一）技术简介

长输管道处在地磁场中，会产生感应磁场。在管道由于腐蚀、裂纹、变形和应力集中等原因产生缺陷时，会造成管道金属组织结构发生细小的变化，感应磁场的磁力线分布，会随之变化，MTM技术利用高灵敏度磁力计进行探测，将数据存入内存并传输到电脑，并用成像诊断软件进行分析，评估每个缺陷的危险等级。

通过非接触式磁力计设备进行新建、在役油气管道磁场异常信号识别，利用专用数据分析解释软件确定管道沿线局部应力水平，从而直接评估管线的缺陷类型、位置与等级，判断管道本质安全状况，为管道完整性检测与完整性评价提供直接手段和依据。

（二）技术特点

1. 优点

（1）管道外部非接触式检测：不与管道接触、不需清管、不需开挖、操作风险小。

（2）检测条件要求低：无流速、管径大小、弯管曲率半径、压力、流动介质等方面的限制；管径变化对检测无影响。

（3）对腐蚀缺陷、焊接缺陷、管道受外力变形（管体因凹陷、温度载荷、滑坡等地表变动而导致的应力集中和变形区域）等应力集中缺陷响应敏感、可靠性高。

（4）可以用于方便快捷地对管道安全状况进行检查，例如是否有新增埋地交叉管道或盗油接管。

（5）可以对管道整体安全状态进行综合分级评价，为管道有选择修理提供依据。

2. 缺点

（1）磁层析检测技术对具有一定面积的腐蚀区域更为敏感，单个缺陷检测准确性还有待验证。

（2）受管道周围高压线等磁场、电场、铁磁性物质、人工磁化等因素影响较大。需要在漏磁内检测之前、或磁化未退磁较长时间后，才能进行磁层析检测。

（3）对于埋地垂直管段、埋深超过 15 倍直径的穿越管段、人无法行走的管段等无法检测；

（4）较易受人为因素影响：检测时，操作员需匀速通过，不可晃动、偏转、偏离管段轴线等，否则将影响检测数据的准确性。

3. 技术发展

MTM 具有非开挖非接触、低安全风险、适应性强、缺陷检测直接的显著优点，是未来管道检测技术重点发展方向。MTM 检测技术不受现场检测条件限制，直接进行铁磁性管材的成品油管道、油气长输管道、油气集输管道、注水管道、海底管道缺陷应力集中和变形区域的识别，根据缺陷异常等级针对性地提出维修建议，预防管道穿孔、开裂等事故的发生，从而提高油气管道的安全运行能力与完整性管理水平。

4. 应用案例

图 2.7－4 是在检测人员在白沙湾对站场工艺管道进行磁记忆检测，图 2.7－5 是检测仪器显示面板。

图 2.7－4　磁记忆检测

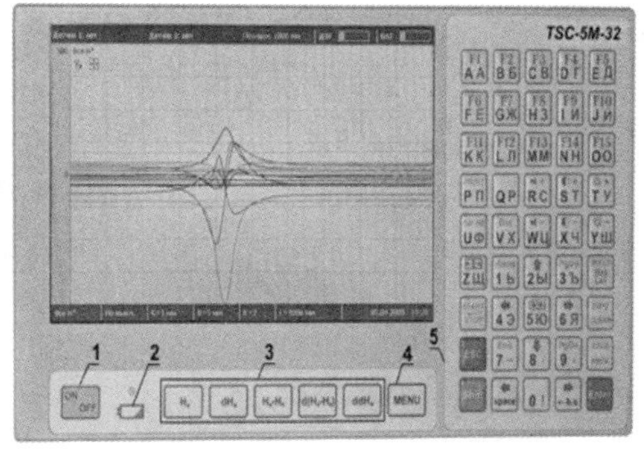

图 2.7－5　设备显示面板

白沙湾磁记忆检测是第一次正式用于站内管道的检测，在此次检测中，我们的检测人员（上图）第一次直接现场见证了磁记忆技术对内腐蚀的检测效果。与前文中的相控阵设备结合，在白沙湾输油站检测出了大量的管道内腐蚀。

第八节 检测案例

一、年度检查案例

（一）项目情况介绍

该原油管道属于甬沪宁管线的一部分，与镇赛线同沟敷设，承担着岚山输油站到白沙湾输油站的原油输送任务，管径762mm，壁厚8.7mm，输送的是进口原油，设计年输量2×10^7t，全线共计98km，其中海底管道53.5km，陆地管道44.5km，管道采用环氧粉末防腐层。管线途径慈溪市、杭州湾、平湖市，全线设3座阴保站，其中海底管道自成阴保系统。

按照《压力管道定期检验规则－长输（油气）管道》TSG D7003—2010关于开展年度检查项目与要求，该管线本次年度检查项目包括资料调查、宏观检查、防腐（保温）层检查、电性能测试、阴极保护系统测试、壁厚测定、地质条件调查、安全保护装置检验。

（二）检测与评价方案

1. 检测准备

（1）主要检验人员

参加检验人员为长输管道作业人员。

（2）主要检测设备

年度检测主要设备见表2.8－1。

表2.8－1 年度主要检测设备表

序号	设备名称	型号	数量/台	生产厂家	完好状况
1	埋地管道防腐层检测仪	PCM＋	1	雷迪	良好
2	密间隔电位测试系统	Cath-Tech Hexcorder	1	加拿大Cath-Tech	良好
3	硫酸铜参比电极	MODEL8－B	4	美国TR	良好
4	接地电阻测试仪	ZC－8	1	上海电表厂	良好
5	超声波测厚仪	27MG	1	奥林巴斯	良好
6	涂层测厚仪	MineTest730	1	德国EPK	良好
7	高精数字万用表	FLUKE289C	1	上海世禄	良好
8	手持GPS	集思宝MG858	1	天津嘉信	良好

（3）现场检测前准备

检验设备必须经过检定或校准合格，配备的检验器材应符合使用要求，确保检测设备完好，符合检测需要。

2. 现场检测实施

（1）年度检测工作流程图

年度检测工作流程见图2.8－1。

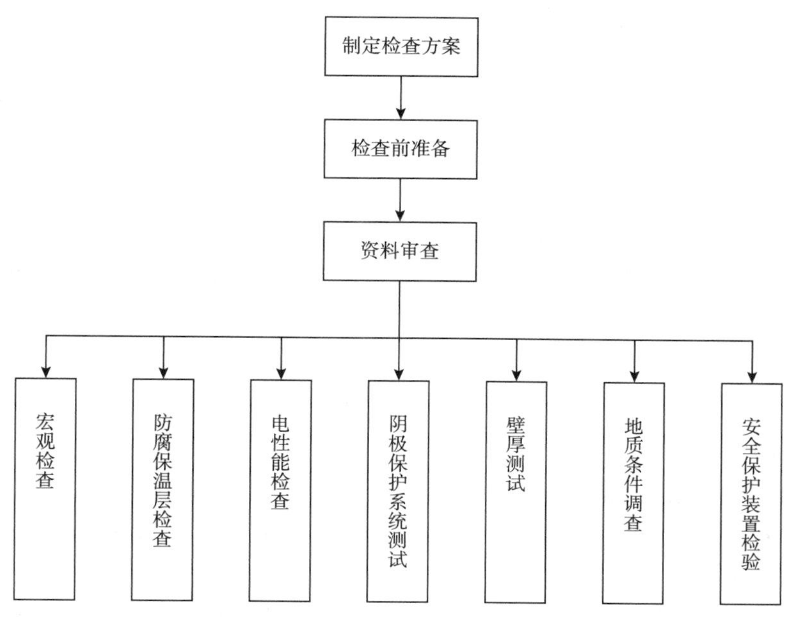

图 2.8－1　年度检查工作流程图

（2）资料调查

主要包括以下内容：

①长输管道安全管理资料，包括使用登记证、安全管理规章制度与安全操作规则、作业人员上岗持证情况；

②长输管道技术档案资料，包括定期检验报告，必要时还包括设计和安装、改造、维修等施工、竣工验收资料；

③长输管道运行状况资料，包括日常运行维护记录、隐患排查治理记录、改造与维修资料、故障与事故记录。

④检查人员认为年度检查工作所需要的其他资料。

（3）宏观检验

一般性宏观检验的重点部位与管段主要包括：

①位置与走向，主要检查管道位置、埋深和走向；

②地面装置，主要检查标志桩、测试桩、里程桩、标志牌（简称三桩一牌）以及围栏等外观完好情况、丢失情况；

③管道沿线与其他建（构）筑物净距和占压状况；

④地面泄漏情况；

⑤跨越段，检查跨越段管道防腐（保温）层、补偿器、锚固墩的完好情况，钢结构及基础、钢丝绳、索具及其连接件等腐蚀损伤情况；

⑥穿越段，检查管道穿越处保护工程的稳固性及河道变迁等情况；

⑦水工保护设施情况；

⑧检查人员认为有必要的其他检查。

(4) 防腐（保温）层非开挖检测

本次年度检查采用 PCM + + A 字架（电流衰减法和电位梯度法结合）对防腐（保温）层进行不开挖检测。

(5) 管道阴极保护效果检测评价

本次测试采用常规参比电极地表法，综合评估管道阴极保护效果，通过测试桩、管道露管点、开挖点、阀井、加信号点等处测试管道沿线管地电位。此外，对恒电位仪等阴保设施进行调查。

(6) 管线腐蚀环境调查

通过对下述项目的检测，评价管线沿线的腐蚀环境状况：

①土壤电阻率测试

土壤电阻率是土壤腐蚀性的一项基本指标，这项参数能够判断未开发地域的土壤腐蚀性严重程度，对管道敷设环境土壤腐蚀性强弱程度也具有重要的指导意义。土壤电阻率的现场测试步骤如下：

a. 在测量点使用接地电阻测量仪，采用四极法进行测试，测试接线如图 2.8 – 2 所示；

b. 将测量仪的四个电极布置在一条直线上，a 为内侧相邻两电极间距（通常等于所测量位置的管道底部到地表的垂直距离），单位为 m，其值与测试土壤的深度相同，且 $a = b$，电极入土深度应小于 $a/20$；

c. 按仪器说明书进行测试并记录土壤电阻 R 值；

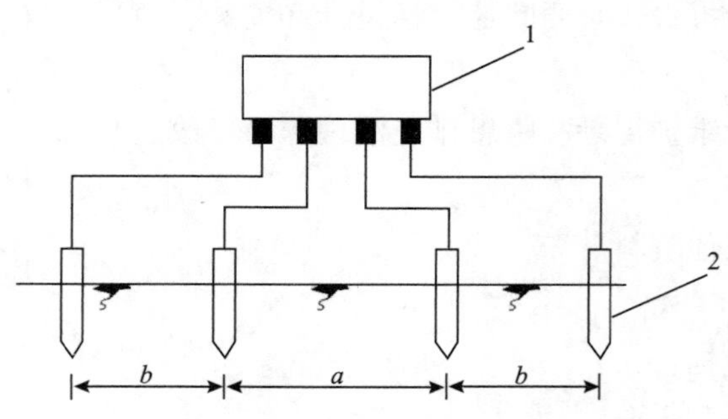

图 2.8 – 2　土壤电阻率测试接线示意图

1—接地电阻测量仪；2—测试电极

完成上述土壤电阻 R 值测试后，从地表至深度为 a 的平均土壤电阻率按公式 (2.8 – 1) 计算。

$$\rho = 2\pi aR \tag{2.8-1}$$

式中　ρ——从地表至深度 a 土层的平均土壤电阻率，Ω · m；

a——内侧两电极之间的距离，m；

R——接地电阻测量仪示值，Ω。

现场测试位置主要包括沿线加电点、开挖坑检点、可能具有腐蚀倾向的重要地段等。拟按 1 处/10km 进行测试（根据检测现场实际情况进行适当调整），测试位置根据具体情况确定。

②杂散电流测试

本次开展的管线杂散电流调查，主要是分析管道本身是否存在明显的杂散电流干扰和被干扰的强度。现场测试时，检测的项目（参数）有：土壤表面电位梯度、管地电位波动值、交流干扰电压及电流密度。

a. 土壤表面电位梯度测试

测试原理及接线图如图 2.8－3 所示。具体操作执行《埋地钢质管道直流干扰防护技术标准》（GB/T 50991—2014）附录 A 及其它相关规定。

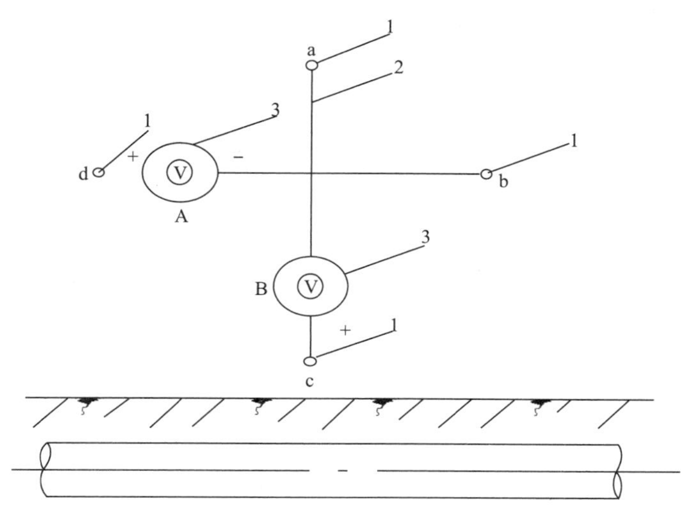

图 2.8－3　土壤表面电位梯度测试接线示意图

1—a、b、c、d 四支铜－饱和硫酸铜参比电极；2—测试导线（多股铜芯塑料软线）；3—数字万用表

b. 管地电位波动法

杂散电流在管道中流动引起管道对大地电位（简称管地电位）的异常波动。通过管地电位的测试，就可以直接的评价管道中是否存在杂散电流。测试示意图如图 2.8－4 所示。通过在测试桩等管道附属设施处，用数据记录仪或数字万用表（直流电压表）＋参比电极进行测试，当管地电位波动大于等于 200mV 时，用数据记录仪进行 24h 或 12h 的数据采集。

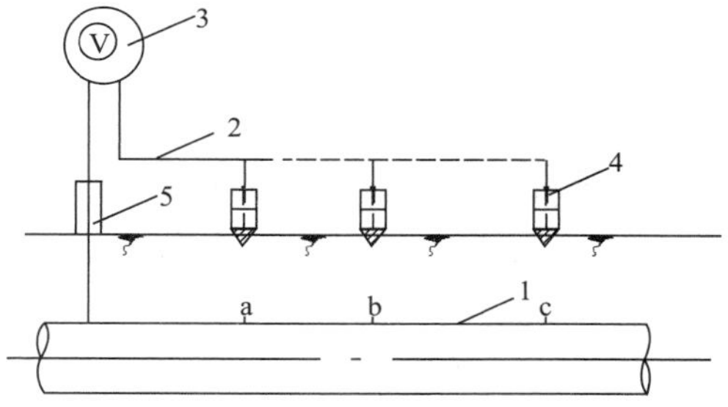

图 2.8－4　管地电位波动测试接线图

1—管道（被测体）；2—测试导线（多股铜芯绝缘线；在有电磁干扰的地区采用屏蔽导线）；3—数字万用表；4—参比电极；5—测试桩

c. 交流干扰测试

测试原理及接线图如图 2.8－5 所示，用数据记录仪＋极化试片（或探头）＋参比电极或数字万用表（交流电压表）＋极化试片（或探头）＋参比电极进行测试。当交流电压大于 4V 时，必须继续测量或计算（计算前需测量土壤电阻、计算其电阻率）交流电流密度，用数据记录仪进行至少 1h 的数据采集（采集参数：交流电压、电流密度、管地电位）。

针对管线不同地段的情况，沿线测试重要区段点，特别是有明显干扰源的区域，如变压器入地点、穿跨越电气化铁路、与电气化铁路或公路近距离并行段的抽查、与高压线并行或交叉处、有外部管道交叉的区域等。项目开始之前可要求相关输油管理处（油库）提

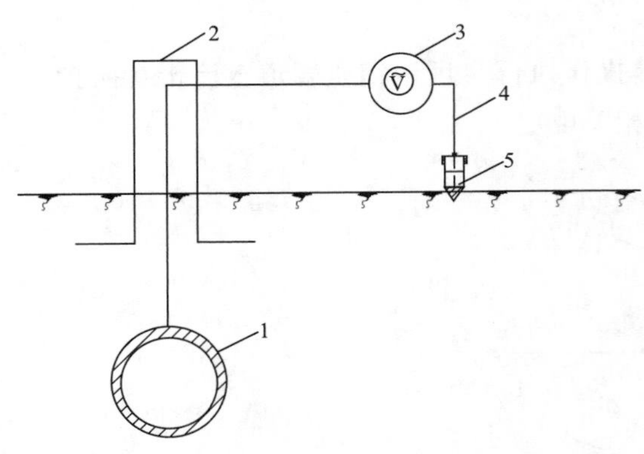

图 2.8－5 管道交流干扰电压测试接线示意图
1—埋地管道；2—测试桩；3—交流电压表；
4—测试导线；5—参比电极

供杂散电流干扰源统计资料。

在进行杂散电流测试时，每个位置的检测时间（时长）及数据读取、采集频率（时间间隔）应符合标准 GB/T 50698—2011、GB/T 50991—2014 的相关要求。另外，GB/T 50698 第 4.4.1 节规定高压交流电线附近检测时间（时长）不短于 5min，但考虑到可能存在未发现的不明干扰源，因此本方案规定：高压交流电线附近（除高压线无其它明显干扰源）检测时间不短于 20min。

对检测出的数据，根据现行的标准与规范进行评定。

（7）壁厚测定

对露管处、明显腐蚀和弯头部位进行管体壁厚测定。

（8）跨越段检查

对跨越段管道防腐（保温）层的性能进行检测，根据防腐破损情况对部分管道本体及环焊缝进行宏观检查，必要时进行无损检测，选择局部管道出、入土位置进行开挖检测。

（9）安全保护装置检验

参照在用工业管道定期检验规程第五章《安全保护装置检验》第五十四条至第五十九条有关内容执行，其中阀室及防空系统等特殊安全保护装置参照相关标准。

（10）重点检查部位

①穿、跨越管道；

②管道出土、入土点，管道阀室、分输点，管道敷设时位置较低点；

③后果严重区内的管道（高后果区确定准则按照 GB/T 32167《油气输送管道完整性管理规范》）；

④工作条件苛刻及承受交变载荷的管道，如原油热泵站、成品油与天然气加压站等进口处的管道；

⑤曾经发生过泄漏以及抢险抢修过的管道，地质灾害发生比较频繁地区的管道；

⑥已经发现严重腐蚀或者其他危险因素的管道；

⑦使用单位认为的其他危险点。

⑧所有检查项的检查结果要建档保存。

（11）编制年度检查报告

检查人员应当根据检查情况出具年度检查报告，做出下述检查结论：

①允许使用，检查过程中未发现或者只有轻度不影响管道安全运行的问题，检查结果

符合现行法规与标准要求，可在允许参数范围内继续使用；

②监控使用，检查结果虽然发现有超出现行国家法规与标准规定的缺陷，经过使用单位采取措施后能能在允许参数范围内安全运行的；

③要求进行全面检验，检查结果发现存在多处超出国家法规与标准规定的缺陷，不能保证管道安全使用要求，需由检验机构进行进一步检验。

年度检查由使用单位自行实施时，按照《压力管道定期检验规则 - 长输（油气）管道》TSG D7003—2010 的检查项目、要求进行记录，并出具年度检查报告，年度检查报告应当由使用单位安全管理负责人或者授权的安全管理人员审批。

（三）现场检测结果概述

1. 资料调查

（1）安全管理资料：未见使用登记证；

（2）技术档案资料：管线设计图纸、文件、强度计算书、管道元件产品质量证明资料、安装监督检验证明文件、竣工验收资料分散存放，档案室未进行整理和完善；查阅 2016 年年度检查报告，检测内容不全，不满足 TSG D7003—2010 标准要求。

（3）运行状况资料：记录填写不规范，如在防腐层破损点记录中，未写信号馈入点，破损点位置描述仅记录绿化带，未注明是地名绿化带及地表情况。

2. 宏观检查

（1）发现 20 处占压，其中直接占压 16 处；4 处建筑物距管道中心线 5m 范围内，安全距离不足。

（2）发现浅埋（埋深小于 0.8m）管段 29 处。

（3）检查水工保护 1 处。位于 19#测试桩 +2m 五洞闸河，水工保护采取钢索悬挂稳管措施，长年有水，水位较高，无法检测水中管道状态，部分钢索浸在水里，裸露部分表面出现轻度锈蚀；两岸固定墩完好。

（4）发现 2 处露管，露管处防腐层状况良好。

（5）三桩一牌偏离管道 1.5m 以上 217 处，倒塌 5 处，倾斜 6 处。

（6）穿越段检测 127 处，穿越管段未发现破损点。

（7）与高压线交叉、并行共计 28 处。

（8）该管道与某条原油管道交叉 3 处。

3. 敷设环境调查

（1）土壤腐蚀性评价：检测土壤电阻率 41 处，土壤质地多为盐碱地。其中最大值为 11.39Ω·m，最小值为 4.11Ω·m，以土壤电阻率评价腐蚀性等级为“强”的有 41 处，建议对土壤电阻率评价腐蚀性等级为“强”的区域重点监控防腐层质量状况和阴保有效性。选择 3 处有代表性的探坑进行土壤腐蚀性检测，得出管道沿线土壤腐蚀性评价为 3 级（中）等腐蚀。

（2）杂散电流检测：根据管道沿途与高压输电线路分布情况，在管道与高压输电线路交叉、并行管段对可能存在杂散电流干扰的 4 处位置进行杂散电流检测，经检测 4 处交直流杂散电流干扰均为弱。

4. 防腐（保温）层状况不开挖检测结论

发现破损点359处，其中60dB以上2处，40～60dB的116处，40dB以下241处。根据开挖结果，建议对于60dB值以上的破损点立即修复；40～60dB的破损点的结合风险识别程度、历年来发生泄漏情况以及第三方破坏频繁区段等因素，计划优先修复；40dB以下的破损点结合下年度年度检查情况计划修复。在对防腐层破损点进行修复时，要对破损部位的管体进行壁厚测试，将检测结果进行记录，拍照或留影像资料后归档留存。

5. 管道阴极保护有效性检测问题

（1）采用常规参比电极地表法，对所有测试桩电位进行测试，全部达到保护要求，阴极保护有效保护率为100%。

（2）线路阴极保护站设备运行状况检测结论：6台恒电位仪正常运行。

（3）站场绝缘接头检测结论：检测绝缘法兰4只，绝缘性能良好。

6. 管道元件检查

发现1处封堵法兰，为11#测试桩+718m探坑，位于荒地中，封堵法兰处无防腐层，露铁。封堵法兰规格ϕ1300×360mm，表面及螺帽处大面积轻度锈蚀。

7. 安全装置及仪表检查

本次检查安全阀4个、压力表2个，均有合格证和铭牌，并有定期检查表和校验证书。现场检查未发现泄露情况。压力表表盘刻度清楚，读数正常。

8. 管道运行、维护维修建议

（1）加强资料管理工作，建议公司实行资料归档标准化管理，安排专人负责，并将考核办法落到实处。

（2）建议对29处管道浅埋管段进行覆土加厚，达到一般线路段管顶埋深不小于0.8m的设计要求；对于2处露管段，应采取护管措施；对容易水土流失的管段应定期监测，发现露管和覆土深度变小要及时进行处理。

（3）对于16处直接占压，4处建筑物距管道中心线5m范围内安全距离不足，建议整治，同时做好管道巡护管理工作，确保不产生新的占压。

（4）建议对“三桩一牌”进行整改，按标准进行埋设，对缺失及损坏的进行更换和维修。

（5）建议在管线途径河流、沟渠、水塘处设置水工保护设施。建议邀请相关部门对五洞闸河稳管措施的有效性进行评估，确保管道处于安全平稳状态。

（6）根据线路阴极保护系统有效性评价结果，为保证该管道均受到阴保电流正常保护，应结合季节变化进行监测，并做好记录。

（7）本次检查全线交直流干扰均为弱，无需排流。由于直流干扰具有随机性、短时间内也难以找出规律，平时正常运行时几乎没有干扰，只有在故障、检修等情况下、采取单极运行以大地作为回路时才会发生较明显干扰，在短时间内会显著地加剧管体腐蚀。因此，对于输送电压等级较高的（比如100kV以上）直流输电线路附近的管道建议加装针对直流干扰的监测装置。建议做好与电力线路运营管理单位的沟通与协调，了解、熟悉每年的检修时间、启停时间、故障多发时段等。

（8）本次检测已对在60dB以上的破损点进行修复。建议对在40～60dB之间未开挖的破损点结合高后果区分布情况、风险识别程度、历年来发生泄漏情况以及第三方破坏频繁区段等因素，计划优先修复；40dB以下的破损点结合下年度检查情况计划修复。

二、全面检验（内检测）案例

本节将介绍管道内检测的实际应用案例，更加直观地介绍管道内检测整个过程。

（一）现场调研

检测前对被检管线收发球筒尺寸、收发球场地、重点穿跨越段等信息进行测量、记录，对不满足管道内检测要求的向管道管理单位提出改造建议，以保证内检测工作的顺利进行。现场调研如图2.8－6所示。

图2.8－6　检测人员对收发球筒尺寸进行测量

（二）编制检测方案

根据现场调研及资料审查的结果，编制管道内检测方案，并组织相关单位进行检测方案评审，形成检测方案评审的会议纪要，依据会议纪要内容完善检测方案，形成最终的检测方案。

（三）埋设地面标记

地面标记的埋设工作应在投放检测器之前完成，埋设间距一般为2km。地面标记可以是磁钢或智能定位盒，主要作用是在后续开挖验证过程中降低轴向定位的累计误差，提高定位准确度，减少开挖量。磁钢和智能定位盒如图2.8－7和图2.8－8所示。

图 2.8－7　磁钢

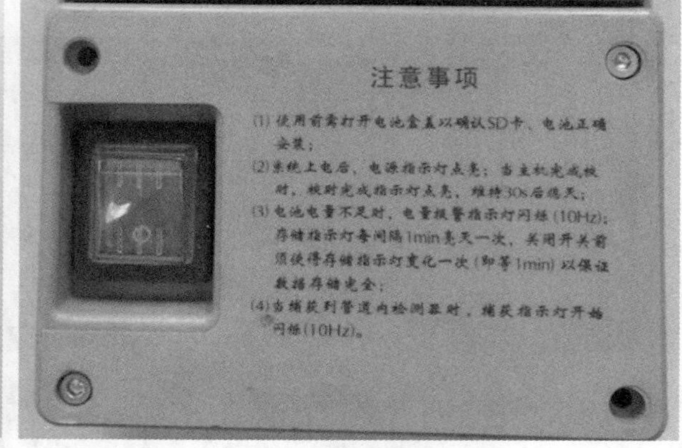

图 2.8－8　智能定位盒

图 2.8－9　磁钢埋设现场

智能定位盒采用浅埋的方式，距离管道顶部 1.5～2m 即可；磁钢的埋设需在管线正上方挖坑，坑底需挖至露出管道正上方 500mm×500mm 面积，将磁钢放在管道正上方并接触到管顶（不需破开防腐层）。智能定位盒或磁钢埋设后应记录埋设位置，包括地理位置和 GPS 坐标，如图 2.8－9 所示。

（四）清管

投放清管器顺序的基本原则是：清管器的通过能力由强到弱，清管器的清污效果由弱到强，主要目的是防止一次性清出杂质过多，导致清管器的卡堵。

由于被检管线进行定期清管，因此，可不投放泡沫清管器，从机械清管器开始进行管道清管工作。

（1）碟型测径清管器的外观、发送、接收分别如图2.8－10、图2.8－11和图2.8－12所示。

图2.8－10　碟型测径清管器

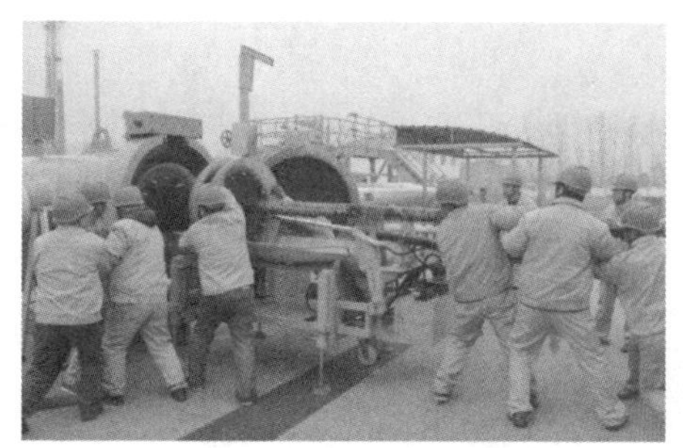

图2.8－11　发送碟型测径清管器

图2.8－12　接收碟型测径清管器

从图2.8－12可以看出，收球筒内较为干净，没有杂质，满足投放下一清管器（即直板清管器）的要求，若杂质很多，需要再次投放该类型清管器，直到满足投放下一清管器的要求。

（2）直板清管器的外观、发送、接收分别如图2.8－13、图2.8－14、图2.8－15所示。

图2.8－13　直板清管器

图2.8－14　发送直板清管器

图2.8－15　接收直板清管器

从图 2. 8 – 15 可以看出，收球筒内无杂质，亦满足投放一下清管器（即直板钢刷清管器）的要求。

（3）直板钢刷清管器的外观、发送、接收如图 2. 8 – 16、图 2. 8 – 17 和图 2. 8 – 18 所示。

图 2. 8 – 16　直板钢刷清管器

图 2. 8 – 17　发送直板钢刷清管器

图 2. 8 – 18　接收直板钢刷清管器

图 2. 8 – 19　几何变形检测器

按照检测方案，投放完直板钢刷清管器，且清管效果满足投放检测器的要求，下一步投放几何变形检测器。

（五）几何变形检测

几何变形检测器主要检测管道内存在椭圆度、凹陷、褶皱等缺陷。几何变形检测器的外观、发送、接收分别如图 2. 8 – 19、2. 8 – 20 和 2. 8 – 21 所示。

图 2.8－20　发送几何变形检测器

图 2.8－21　接收几何变形检测器

几何变形检测结束后，对检测数据进行初步分析，确认检测数据的完整性、有效性且管道内无影响漏磁检测器通过的变形，可投放漏磁检测器；若数据不完整，应分析原因，确定是否需要再次投放；若有影响漏磁检测器通过的变形，应尽快确定变形的位置，维修后方可投放漏磁检测器。

图 2.8－22　漏磁检测器

（六）漏磁检测

漏磁检测器主要检测管道本体存在的金属损失、焊缝异常、盗油阀等缺陷，并且能识别出所有的管道特征物，为后期完整性评价提供重要的数据基础。漏磁检测器的外观、发送、接收分别如图 2.8－22、图 2.8－23 和图 2.8－24 所示。

图 2.8－23　发送漏磁检测器

图 2.8－24　接收漏磁检测器

漏磁检测结束后，对检测数据进行初步分析，确认检测数据的完整性、有效性，若数据不完整或有丢失，应分析原因，确定是否需要再次投放。

（七）数据判读

检测数据初步分析完毕后，应对检测数据进行全面的、详细的、准确的数据判读工作。

通过对被检管线几何变形检测数据的判读，发现一处变形量为 12% *OD*（*OD* 为管道外径）的凹陷，数据曲线如图 2.8－25 所示。

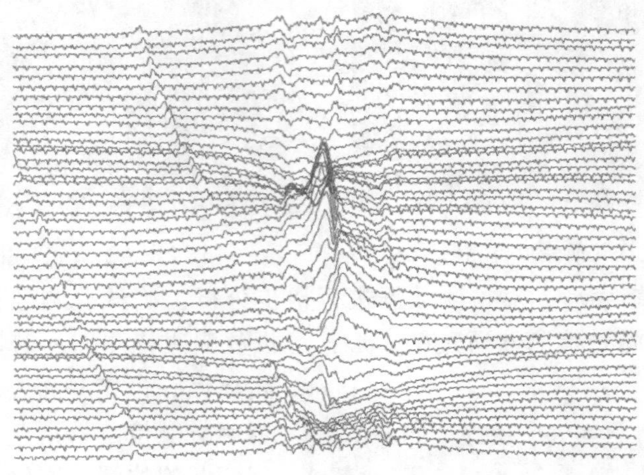

图 2.8－25　被检管线一处 12% *OD* 的凹陷

通过对被检管线漏磁检测数据的判读，发现一处深度为 43% *t*（*t* 为管道正常壁厚）的金属损失，检测曲线如图 2.8－26 所示。

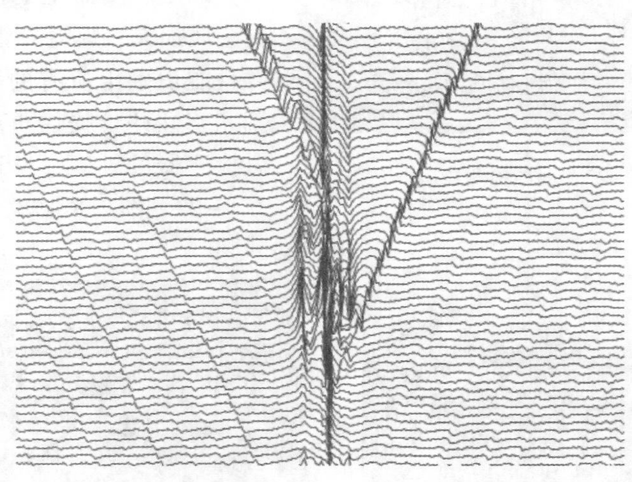

图 2.8－26　被检管线一处 43% *t* 的金属损失

（八）出具检测报告

检测数据判读、复核完成后，出具管道内检测报告。

（九）开挖验证及维修

为了核实检测报告的准确性，每个检测段选择不少于 2 个缺陷进行开挖验证，并对缺陷采取相应的修复措施，最后出具开挖验证报告。

通过现场开挖验证，被检管线的凹陷开挖后如图 2.8－27 所示。对该凹陷采取的修复措施为换管，如图 2.8－28 所示。

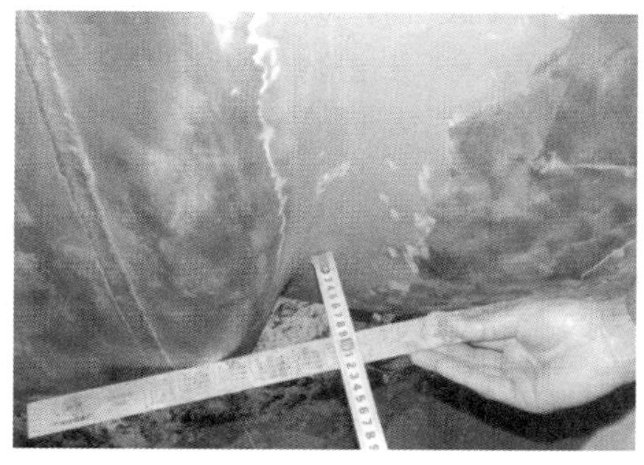

图 2.8－27　凹陷

图 2.8－28　凹陷的换管现场

通过现场开挖验证，被检管线的金属损失开挖后如图 2.8－29 所示。

对该金属损失采取的修复措施为外加套管，如图 2.8－30 所示。

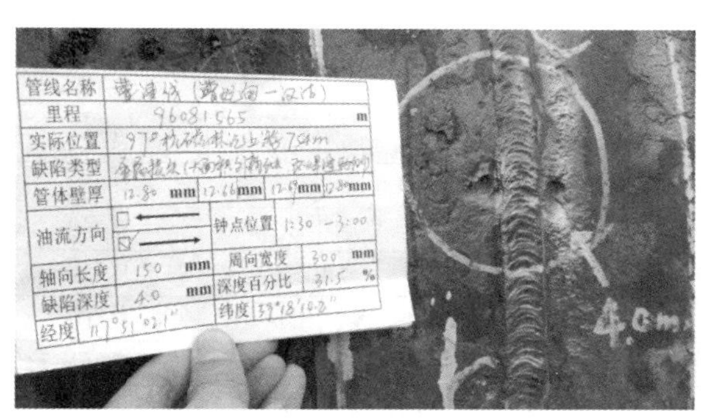

图 2.8－29　金属损失

图 2.8－30　金属损失的套管现场

（十）出具开挖验证报告

根据检测结果和开挖验证结果的对比，结合现场开挖验证相关资料，出具开挖验证报告。

三、全面检测（外检测）案例

（一）项目情况介绍

管道全长 8.917km，管径 ϕ508 ×7.9mm，管道材质采用 L320；该管线 2005 年 11 月建成投产，年设计输量 1000 ×10^4t，全长 8.917km。该管线初始功能是将主干线进口原油输送至某输油站，然后，通过另一条管线输送至沿江各炼油厂。2011 年 11 月，由于新线来油已基本满足炼油厂需求，该管线已失去其设计功能，基本处于停输状态，每 3 个月左右安排专人活动一次，其功能定位转变为在突发状况下，向沿江管线的应急输油功能。该管段管道外壁采用环氧粉末防腐层和外加强制电流阴极保护联合防腐。

（二）全面检验内容

按照《压力管道定期检验规则－长输（油气）管道》TSG D7003—2010关于开展全面检验项目与要求，该管线本次采用外腐蚀直接检测开展全面检验，内容包括：资料调查、现场勘察、风险预评估、管道敷设环境调查、防腐（保温）层状况不开挖检测、管道阴极保护有效性检测、开挖直接检验。根据检测、检验结果，对腐蚀防护系统进行综合评价、分级。

（三）检测与评价方案

该管线输送介质为原油，根据输送原油管道特点，管道腐蚀失效主要因素有：管道的外防腐层保护状态、管道沿线阴极保护状态、管道敷设环境腐蚀状况和管道施工及人为破坏情况等，针对以上状态采用相应检测技术方法。

1. 检测准备

（1）主要检验人员

参加检验人员必须具有国家及地方检验机构认可的从事压力管道检验的资质，并从事允许范围内相应项目的检验工作。提供资质证明材料。

（2）主要检测设备

全面检测主要使用的检测设备见表2.8－2。

表2.8－2　主要检测设备表

序号	设备名称	型号	数量/台	生产厂家	完好状况
1	埋地管道防腐层检测仪	PCM +	1	雷迪	良好
2	密间隔电位测试系统	Cath-Tech Hexcorder	1	加拿大 Cath-Tech	良好
3	硫酸铜参比电极	MODEL8－B	4	美国 TR	良好
4	接地电阻测试仪	ZC－8	1	上海电表厂	良好
5	超声波测厚仪	27MG	1	奥林巴斯	良好
6	涂层测厚仪	MineTest730	1	德国 EPK	良好
7	数字超声波探伤仪	CUD－2900	1	扬中中大	良好
8	高精数字万用表	FLUKE289C	1	上海世禄	良好
9	手持 GPS	集思宝 MG858	1	天津嘉信	良好

2. 现场检验前准备

（1）检验人员准备核查要求

①检验前作好参加本检验任务工作人员的安全交底和技术交底、业务培训和安全、环境与健康教育工作。凡计划用于本检验工作的人员必须全部按计划到岗，不得被随意抽调到其他项目，保证检验人员持证上岗率100％。

②若在检验过程中遇到特殊情况需要支援时，检测单位及时向检验现场增派人员，保证人员数量和质量上达到检验检测实际需求。

（2）检验设备核查要求

根据检验的进度情况配备相应的检验设备到达检验现场，检验设备必须经过检定或校准合格，配备的检验器材应符合使用要求。到达项目所在地后，由项目经理对检验设备及检验器材进行验收和验证，确保检验设备完好，符合检验需要。

（3）检验材料准备核查要求

根据检验需要向公司提出检验材料采购计划，采购计划应有针对性，经公司主管副总经理批准后由设备材料员进行采购，采购的材料必须符合标准及使用要求，对检验质量有直接影响的消耗材料应进行质量验证。

在材料、设备的接、检、运、保过程中，严格执行公司质量手册和程序文件，保证设备性能良好、材料质量合格，满足本次检验工作的需要。

（4）安全技术交底

①交底要求

检验方案编制完成并批准后，检测开始前在现场应及时组织安全技术交底。项目技术负责人应向检验人员进行安全技术交底并填写安全技术交底记录。安全技术交底必须做到“五个交清楚”：交清楚工程特点、交清楚检验工艺流程、交清楚技术要求、交清楚质量标准、交清楚安全措施。

项目经理应组织检验人员讨论并消化交底内容，消除疑点，并在技术交底记录上签名。涉及少量修改或检验方案略有改动时可进行补充技术交底；涉及修改较大或检验方案改动较大时，应重新进行技术交底。

安全技术交底记录各检验人员签字存档。

②交底内容

现场检测负责人应组织现场检测人员就检验任务、检测技术要求、检测流程、检验项目、检测方法、重点检验过程控制要求、现场检验记录、检测安全等要求进行技术交底和安全交底工作，并做好《检验检测交底记录》。现场所有检测人员应熟悉检测所采用的技术标准、方法、操作步骤、质量要求及安全防护要求。

3. 检验实施

（1）检验工作按计划流程实施，如图2.8－31所示。

（2）资料调查

①管道原始资料：管道的长度、管径、壁厚、管道材质、管道设计压力及运行压力、输送介质分析报告（特别是含硫化氢、二氧化碳和游离水）、管道运行温度、投产时间、设计年限、维检修记录、改线换管记录等。

②管道防腐层资料：防腐层类型，原始厚度，补口形式、维修记录。

③管道阴极保护资料：阴极保护系统设计图纸、竣工图纸、竣工验收报告、运行记录等原始资料。

④强制电流阴极保护系统需收集：阴极保护站位置、恒电位仪型号、辅助阳极的形式；

⑤管道的位置及沿线设施的分布：站场及阀室的分布，测试桩的位置（测试桩之间的距离）及编号，绝缘接头（法兰）的位置及是否存在跨接线，排流装置的类型和位置等。

⑥管道竣工资料：管道穿越位置及方式、穿越深度等，管道途经区域地形、地貌、地质、水文气象、交通条件、人文等，管道竣工图、关键位置施工图纸等。

⑦TSG D7003—2010《压力管道定期检验规则—长输（油气）管道》标准中第十三条规定的资料。

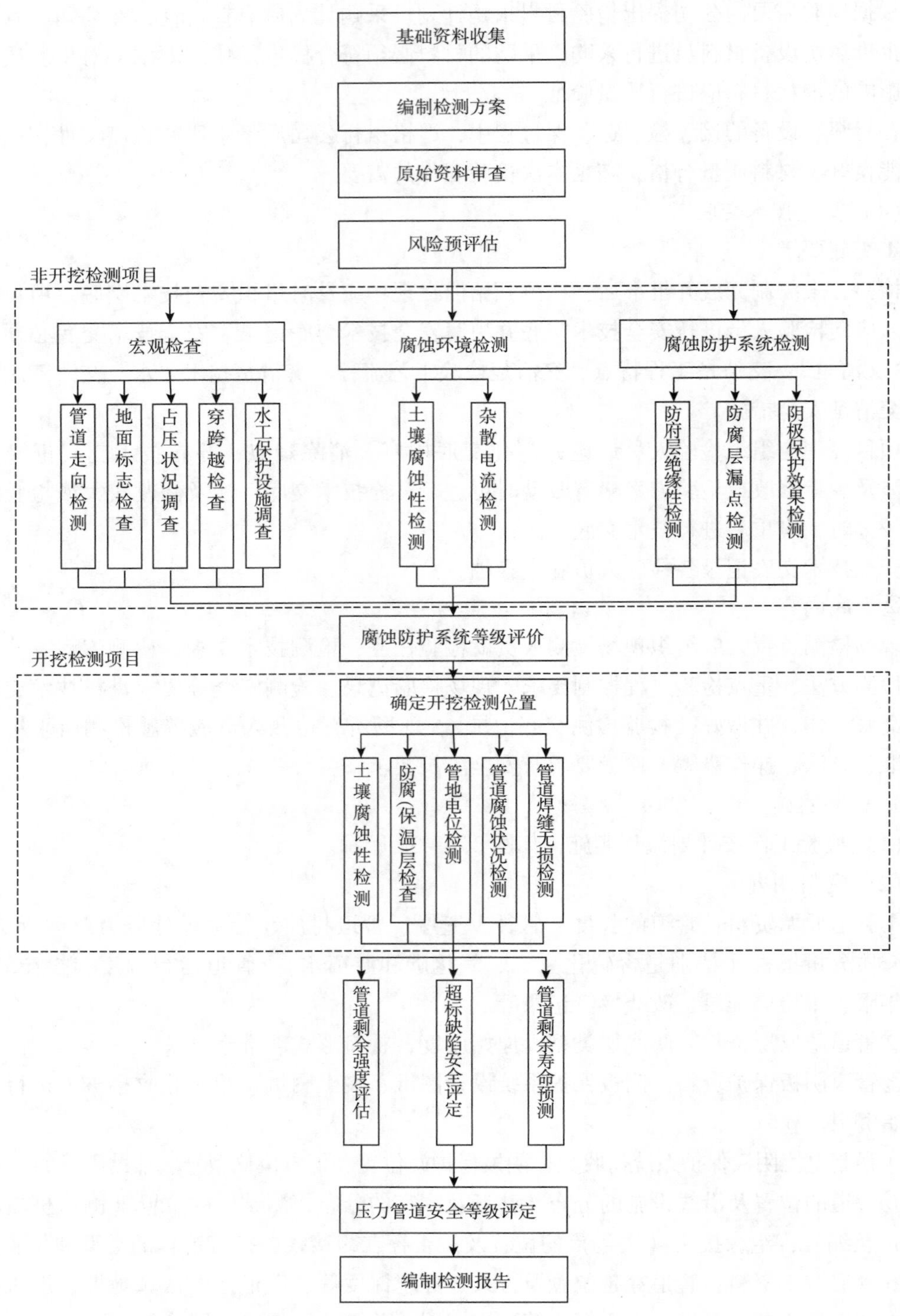

图 2.8－31　检验工作流程图

（3）风险预评估

通过风险评估，能将管道按风险排序，从而将检验重点集中在高风险管段上，达到在降低风险的同时减少管理成本的目的。资料审查分析完成后，应当进行风险预评估，目前采用标准 GB/T 27512 风险评估方法。

本次检测根据管道材质、结合输油处 2016 年年度检查数据、容易引起第三方破坏区段、风险识别程度、高后果区分布情况、间接检测方法使用状况、自然地理位置、地貌环境特点以及土壤类别调查，对该管线进行了 ECDA 区段划分。按照上述划分原则，管道分为 5 段。

表 2.8－3 某管线输油管道 ECDA 区段划分表

段号	起点（GPS 点）	终点（GPS 点）	长度/m	性质	周围环境
1	E119. 07258 N32. 251813	E119. 070504 N32. 249605	478	高风险区	YCLJ001#测试桩－220m 与甬沪宁其他管道 90°交叉、YCLJ001#测试桩－2227m 与西气东输管道 90°交叉、YCLJ001#测试桩－257m 与甬沪宁其他管道并行 184m
2	E119. 070504 N32. 249605	E119. 079015 N32. 261429	2890	高后果区	YCLJ002#测试桩－0m 至 YCLJ002#测试桩－1040m 定向钻穿村庄，学校、YCLJ002#测试桩－264 至 YCLJ002#测试桩－474m 村庄房屋占压、YCLJ002#测试桩－612m 至 YCLJ002#测试桩－1040m 村庄，学校占压、YCLJ002#测试桩－787m 至 YCLJ002#测试桩－807m 斜穿盛成路、YCLJ002#测试桩－1140m 至 1153m 穿沿江小区公路
3	E119. 079015 N32. 261429	E119. 098145 N32. 273133	2826	高风险区	YCLJ003#测试桩＋50m 至 YCLJ003#测试桩＋300m 与 110kv 高压线并行、YCLJ003#测试桩＋183m 与仪金线管道 60°交叉、YCLJ003#测试桩＋576m 与冀宁管道 90°交叉、YCLJ003#测试桩＋0m 至 YCLJ003#测试桩＋1114m 与 220kv 高压线并行、YCLJ005#测试桩＋350m 至 YCLJ005#测试桩＋450m 四条高压线交叉
4	E119. 098145 N32. 273133	E119. 097912 N32. 287136	1557		农田、路边、菜地
5	E119. 097912 N32. 287136	E119. 091371 N32. 295797	1604	高后果区	YCLJ007#测试桩＋561m 至 YCLJ007#测试桩＋1021m 仪征化纤厂圈占、YCLJ007#测试桩＋1025m 至 YCLJ007#测试桩＋1080m 穿中央大道、YCLJ008#测试桩－125m 油库内

（4）一般性宏观检验

一般性宏观检验的重点部位与管段主要包括：

①位置与走向，主要检查管道位置、埋深和走向；

②地面装置，主要检查标志桩、测试桩、里程桩、标志牌（简称三桩一牌）以及围栏

等外观完好情况、丢失情况；

③管道沿线与其他建（构）筑物净距和占压状况；

④地面泄漏情况；

⑤跨越段，检查跨越段管道防腐（保温）层、补偿器、锚固墩的完好情况，钢结构及基础、钢丝绳、索具及其连接件等腐蚀损伤情况；

⑥穿越段，检查管道穿越处保护工程的稳固性及河道变迁等情况；

⑦水工保护设施情况；

⑧检验人员认为有必要的其他检查。

（5）防腐（保温）层非开挖检测

本次检测采用电流衰减法（ACCA）和交流电位梯度法（ACVG）对防腐（保温）层进行非开挖检测（具体方法见本章第四节）。

（6）管道阴极保护效果检测评价

本次测试采用常规参比电极地表法与CIPS/DCVG进行，综合评估管道阴极保护效果。此外，对恒电位仪等阴保设施进行调查。

（7）管线腐蚀环境调查

进行土壤电阻率测试和杂散电流干扰测试，必要时进行土壤理化分析。（土壤电阻率测试和杂散电流干扰测试具体方法见本章第四节）。

4. 腐蚀防护系统综合评价

依据《埋地钢质管道腐蚀防护工程检验》（GB/T 19285—2014）附录M，基于对管道外防腐层状况、阴极保护有效性、土壤腐蚀性、杂散电流干扰情况、排流保护效果等数据的综合分析，采用模糊综合评价方法，合理选取各影响管道腐蚀因素的权重，实现对各影响因素的模糊化处理，经过模糊运算后对评价结果进行定量化，从而对管道腐蚀防护状况进行准确而全面的评价。

5. 开挖直接检验

（1）开挖检验位置的选择原则

为确保管道安全运行，就必须对管道一些薄弱环节进行重点检验，其中包括安装过程中出现过质量问题的管段、运行期间发生过问题的管段（如：管道断裂、泄漏、第三方破坏、带压补漏等）以及非开挖检测发现有明显问题的管段，如：防腐层性能差、阴极保护不达标、土壤腐蚀性较强的管段等。

探坑的选择原则除需考虑上述因素外，还应结合本次的检测数据及分析结果，包括：腐蚀防护系统检验评价结果、一般性宏观检验结果等。综合考虑上述因素后，在探坑总量一定的情况下，合理布置探坑位置，将更有助于摸清管道的安全状况，消除管道运行安全隐患。

依据《压力管道定期检验规则—长输（油气）管道》（TSG D7003—2010）和《埋地钢质管道腐蚀防护工程检验》（GB/T 19285—2014）相关要求，基于本次管道的腐蚀防腐系统检测数据，最终决定现场开挖探坑数量。

（2）开挖坑的要求

开挖坑底部长度约为 3～4m，使管道沿长度方向位于探坑正中，管道两侧净宽各为 1m，同时管道底部掏空 0.5m，按施工规范要求进行放坡，设置逃生通道，对地下水位较高的地区应及时排水并设置支护措施。探坑周围按照安全部门要求做好安全警戒措施。

（3）检测项目

直接开挖探坑检测内容：

①土壤腐蚀性检测：电阻率、环境地貌描述、地下水、植物根系、土壤松紧度、土壤颗粒组划分、土壤分层描述、土壤干湿度，重点部位进行理化分析，管地电位（近参比）测量；

②外防腐层检测：外观检查、电火花测试、厚度测量、粘附力测试；

③管体检测：管段结构与焊缝外观检查、壁厚测量、管体外壁腐蚀状况检测，必要时对管道焊缝处进行无损检测；

④硬度测试：对可能发生 H_2S 腐蚀的管道，必要时进行硬度测试；

⑤检验检测人员认为需要的检测项目。

6. 跨越段检查

对跨越段管道防腐（保温）层的性能进行检测，根据防腐破损情况对部分管道本体及环焊缝进行无损检测，选择局部管道出、入土位置进行开挖检测。

7. 合于使用评价

具体内容参见本章第二节“合于使用评价”内容。

8. 检测评价记录与报告

（1）检验记录

按照检验机构记录填写的要求现场填写检验记录

（2）检验评价报告

①按照公司质量体系文件，根据所进行的项目，认真、准确填写检验报告。

②检验人员应当根据全面检验情况和所进行的全面检验项目，准确填写全面检验记录，及时出具全面检验报告。合于使用评价工作结束后，评价人员应当根据全面检验报告和所进行的合于使用评价项目，出具合于使用评价报告。合于使用评价报告中应当明确许用参数、下次全面检验日期等。

③压力管道检验的正式报告必须由具有相应资格的人员出具、审核，并经中石化长输油气管道检测有限公司技术负责人或技术负责人授权的人员批准、签署检验报告，并盖检验单位印章。

（四）全面检验结果总述

1. 资料调查

①安全管理资料：未见使用登记证；

②技术档案资料：基础资料归档存放分散，部分管线设计、竣工资料分散存放在南京处档案室和公司档案馆，管理不规范；查阅 2016 年年度检查报告，检测内容不全，不满

足 TSG D7003—2010 标准要求。

③记录填写不规范。

2. 风险预评估

本次评估以原始资料审查结果、综合人口密度、环境状况等对管道区段进行 ECDA 划分。按照上述划分原则，管道分为 5 段。

3. 宏观检查

①发现 3 处占压，其中直接占压 2 处；1 处建筑物距管道中心线 5m 范围内安全距离不足。

②未发现浅埋（埋深小于 0.8m）管段。

③全段共 4 处水工保护，表面完好未见损坏。

④发现 1 处露管。

⑤三桩一牌偏离管道 1.5m 以上共计 16 处（见表 3－6），无损坏。

⑥穿、跨越检测 23 处，发现 9 处出现防腐层破损，其中 YCLJ001—259m 位置破损比较严重，该位置有 5 处破损点。

⑦与高压线交叉、并行共 5 处。

⑧管道与其他管道发生 7 段区域交叉、并行。

4. 敷设环境调查

①土壤腐蚀性评价：检测土壤电阻率 4 处，土壤质地多为黏土。其中最大值为 49.64Ω · m（YCLJ001 测试桩），最小值为 18.85Ω · m（YCLJ005 测试桩），以土壤电阻率评价腐蚀性等级为“强”的有 1 处，为“中”的有 3 处，建议对土壤电阻率评价腐蚀性等级为“强”的区域重点监控防腐层质量状况和阴保有效性；另采集 2 处具有代表性的土壤进行土壤理化检验，分析结果，2 处土壤腐蚀性评价均为“3 级（中）等腐蚀”。

②杂散电流检测：根据管道沿途高压输电线路分布情况，检测 4 处可能存在杂散电流干扰的位置，发现 4 处管道交流电压均小于 4V，交流杂散电流干扰均评价为“弱”，4 处管道管地电位波动值均大于 350mV，直流杂散电流干扰均评价为“强”，应采取直流排流措施或其他防护措施。

③防腐（保温）层状况不开挖检测结论：本次检测全线 8.917km，累计发现破损点 34 处，其中 60dB 及以上破损点 2 处，40～60dB 破损点 18 处，40dB 以下破损点 14 处。根据开挖结果，建议对 60dB 及以上的位置立即修复；其余位置有计划修复，40～60dB 的破损点结合风险识别程度、历年来发生泄漏情况以及第三方破坏情况，计划优先修复；dB 值 40 以下的破损点结合下年度检查情况计划修复。

5. 管道阴极保护有效性检测问题

①本次密间隔电位测试共计 8.917km，累计 4.35km 管段未达到有效保护，有效保护率为 51.97%。

②线路阴极保护站设备运行状况检测结论：阴极保护站 1 座位于仪征站，恒电位仪 1 台，采用恒电位模式运行，运行正常。

③站场绝缘接头检测结论：江北阀室出站绝缘法兰绝缘性能良好。

本次检测结果，该条管线腐蚀防护系统综合评价等级为2级。

6. 开挖直接检测

鉴于本次所检管段腐蚀防护系统质量等级为2级，依据《压力管道定期检验规则—长输（油气）管道》（TSG D 7003—2010）标准表D-1开挖点数量确定原则，选择开挖选点应不少于1处；结合输油处2016年年度检查数据、风险识别程度、高后果区分布情况、管线改造记录、管道泄漏情况以及容易引起第三方破坏区段等因素，本次共选择5处进行开挖探坑检测，发现问题如下：

（1）土壤腐蚀性检测

根据沿线土壤情况，选择5处有代表性的探坑进行土壤腐蚀性检测，综合评价结果为“3级（中）等腐蚀”。

（2）防腐（保温）层检查

机械划伤破坏引起的防腐层破损有5处。分别为YCLJ001#测试桩-208m探坑、YCLJ003#测试桩-196m探坑、YCLJ005#测试桩+16m探坑、YCLJ007#测试桩+1300m探坑、YCLJ003#测试桩+472m探坑。

（3）管道腐蚀状况检测

主要是由第三方破坏引起的管体划伤及管体腐蚀严重。共发现4处局部减薄缺陷，它们分别是YCLJ001#测试桩-208m处，2点至3点钟位置有2处机械划痕：84mm×12mm×0.2mm、40mm×2mm×0.2mm；YCLJ005#测试桩+16m处管体1点至2点钟有1处机械划伤：1540mm×22mm×0.6mm；YCLJ007#测试桩+1300m处管体3点钟有一处机械划伤524mm×32mm×0.4mm。

7. 管道运行、维护维修建议

（1）加强资料管理工作，建议公司实行资料归档标准化管理，安排专人负责，并将考核办法落到实处。

（2）对于2处直接占压，1处建筑物距管道中心线5米范围内安全距离不足，建议整治，同时做好管道管理巡护工作，确保不产生新的占压。

（3）建议对“三桩一牌”进行整改，按标准进行埋设，对缺失及损坏的进行更换和维修。

（4）建议在管线途径河流、沟渠、水塘处设置水工保护设施。

（5）根据线路阴极保护系统有效性评价结果，为保证该管线全线受到阴保电流正常保护，输油处在开展年度检查工作时，应结合季节变化进行监测，并做好记录。

（6）依据依据《钢质管道及储罐腐蚀评价标准 第1部分：埋地钢质管道外腐蚀直接评价》（SY/T 0087.1—2018）干扰指标判断全线交流杂散电流干扰程度为“弱”，直流杂散电流干扰程度为“强”，应采取相应直流排流保护措施或其他防护措施。由于直流干扰具有随机性、短时间内也难以找出规律，平时正常运行时几乎没有干扰，只有在故障、检修等情况下、采取单极运行以大地作为回路时才会发生较明显干扰，在短时间内会显著地加剧管体腐蚀。因此，对于输送电压等级较高的（比如100kV以上）直流输电线路附近的管道建议加装针对直流干扰的监测装置。建议输油处应做好与电力线路运营管理单位的沟通与协调，了解、熟悉每年的检修时间、启停时间、故障多发时段等。

（7）通过对5处开挖探坑检测发现以下问题：

①机械划伤引起的防腐层破坏4处。分别为YCLJ001#测试桩－208m探坑、YCLJ003#测试桩－196m探坑、YCLJ005#测试桩＋16m探坑、YCLJ007#测试桩＋1300m探坑。

②防腐层老化、剥离1处。如YCLJ003#测试桩＋472m探坑。

（8）建议输油处对60dB及以上的破损点立即进行修复，对40～60dB之间未开挖的破损点结合风险识别程度、高后果区分布情况、历年来发生泄漏情况以及第三方破坏频繁的位置计划优先修复；40dB以下的破损点结合下年度年度检查情况计划修复。

（9）本次检测选择开挖点未发现管体超标缺陷，由于外检测本身的局限性，建议管理处针对后续开挖情况进一步验证，在修复外防腐层时应测试管体的腐蚀状况，并对发现的管体超标缺陷进行补强。

四、阴极保护检测案例

CIPS测试后阴极保护率的计算：

保护率的计算可采用断电电位达标的检测点数除以总检测点数、再乘上100%，比如对某条管道全长100km，全线进行CIPS测试，导出数据后统计断电电位数据共计41006个，首先检查是否达到每1～3m采集一次数据的要求，计算过程如下：

(100×1000)m/41006个＝2.44m/个

由计算结果可知平均每2.44m采集了一次数据，符合标准要求，

再统计断电电位达标的数据个数（比如39678个），则保护率为96.76%（保护率＝$39678/41006\times100\%$）。

思考题

1. 年度检查项目包括哪些内容？

2. 年度检查工作中，重点检查部位有哪些？

3. 年度检查报告结论主要有哪些，报告如何审批？

4. 全面检验周期是如何确定的？

5. 开展全面检验时，开挖数量和位置是如何确定？

6. 开挖直接检验的方法和内容有哪些？

7. 壁厚法剩余寿命预测和极值统计腐蚀剩余寿命预测的适用条件是什么？

8. 在做基于管道内检测的合于使用评价时，要进行特殊管段评价需要哪些管道资料和评价参数？

9. 漏磁内检测的原理及特点？

10. 压电超声内检测和电磁超声内检测的异同点？
11. 如何选择合适的清管器进行清管作业？
12. 几何变形检测和漏磁检测可以分别检测出管道的哪些缺陷？
13. 开挖验证点的数量应如何确定？
14. 埋设地面标记的间距如何选择、应有哪些注意事项？
15. 清管时，如何确定是否可以投放下一种类型的清管器？
16. 开挖验证时，应记录缺陷的哪些信息？
17. 压力管道宏观检查内容包括哪些？
18. 宏观检查常用方法有哪些？
19. 如何提高防腐层破损点检测定位精度？
20. 简要介绍各类外防腐层检测设备的优缺点？
21. 检测中发现三通、四通如何判断路由方向？
22. 简述防腐层破损点定位步骤？
23. 在对钢管原防腐层进行清除时，能否使用砂轮片进行打磨除锈？为什么？
24. 土壤取样时为什么要在探坑管体周围取样？为什么不可以在地表进行取样？
25. 为什么通电电位不能用于阴极保护效果的评价？
26. 为什么用近参比法能减小 IR 降误差？
27. 使用密间隔电位测试仪和极化探头（或试片）都能测量断电电位，但二者的原理有何不同？
28. 为什么自然电位不能人为规定？
29. 测量直流地电位梯度时为什么要先将阴极保护电源（恒电位仪）停运？
30. 测量直流地电位梯度时为什么首先要将垂直、平行管道方向的各组参比电极中的一只定义为正极、另一只定义为负极？
31. 海底管道路由探测包括哪些项目？
32. 如何进行潮位观测？
33. 技术报告包括哪些内容？

第三章　站场工业管道检测检验

第一节　定期检验

站场工业管道检验依据《压力管道定期检验规则 - 工业管道》TSG D7005 - 2018 进行，管道的定期检验即全面检验，应当在年度检查的基础上进行。

一、年度检查

（一）定义

年度检查，即定期自行检查，是指使用单位在管道运行条件下，对管道是否有影响安全运行的异常情况进行检查，每年至少进行一次。

（二）执行标准

年度检查工作执行《压力管道定期检验规则 - 工业管道》中附件 A《工业管道年度检查要求》。

（三）年度检查的基本要求及检查项目

使用单位应当制定年度检查管理制度。年度检查工作可以由使用单位安全管理人员组织经过专业培训的人员进行，也可以委托具有工业管道定期检验资质的检验机构进行。自行实施年度检查时，应当配备必要的检验器具及设备。年度检查至少包括管道安全管理情况、管道运行状况和安全附件及仪表的检查，必要时进行壁厚测定和电阻值测量。

1. 管道安全管理状况检查内容

（1）安全管理制度和安全操作规程是否齐全有效；

（2）相关安全技术规范规定的设计文件、安装竣工图、质量证明文件、监督检验证书以及安装、改造、修理资料等是否完整；

（3）作业人员是否持证上岗；

（4）日常维护、运行记录、定期安全检查记录是否符合要求；

（5）年度检查、全面检验报告是否齐全，检查、检验报告中所提出的问题是否得到解决；

（6）安全附件校验（检定）、修理和更换记录是否齐全；

（7）是否按相关要求制定了应急预案，并且有演练记录；

（8）是否对事故、故障以及处理情况进行了记录。

2. 管道运行状况检查内容

（1）一般检查内容

①检查管道漆色、标志等是否符合相关规定；

②检查管道组成件以及其焊接接头等有无裂纹、过热、变形、泄漏、损伤等情况；

③外表面有无腐蚀，有无异常结霜、结露等情况；

④管道有无异常振动，管道与相邻构件之间有无相互碰撞、摩擦情况；

⑤管道隔热层有无破损、脱落、跑冷等以及防腐层破损情况，必要时可以采用红外热成像检测、热流密度检测等技术手段进行监测和节能评价；

⑥检查支吊架有无脱落、变形、腐蚀、损坏、主要受力焊接接头开裂，支架与管道接触处是否积水，恒力弹簧支吊架转体位移指示是否符合要求，变力弹簧支吊架有无异常变形、偏斜、失载，刚性支吊架状态、转导向支架间隙、阻尼器和减振器位移、液压阻尼器液位是否符合要求等情况；

⑦检查阀门表面有无腐蚀，阀体表面裂纹、严重缩孔、连接螺栓是否松动等情况；

⑧检查放空（气）阀和排污（水）阀设置位置是否合理，有无异常集气、积液等情况；

⑨检查法兰有无偏口以及异常翘曲、变形、泄漏，紧固件是否齐全、有无松动、有无腐蚀等情况；

⑩检查波纹管膨胀节表面有无划痕、凹痕、腐蚀穿孔、开裂以及波纹管波间距是否符合要求，有无失稳现象，铰链型膨胀节的铰链、销轴有无变形、脱落、损坏现象，拉杆式膨胀节的拉杆、螺栓、连接支座是否符合要求等情况；

⑪对有阴极保护装置的管道，检查其保护装置是否完好；

⑫对有蠕胀测量要求的管道，检查管道蠕胀测点或者蠕胀测量带是否完好；

⑬检查人员认为有必要的其他检查。

（2）检查重点部位

①压缩机、泵的出口部位；

②补偿器、三通、弯头（弯管）、异径管、支管连接、阀门连接以及介质流动的死角等部位；

③支吊架损坏部位附近的管道组成件以及焊接接头；

④曾经出现过影响管道安全运行问题的部位；

⑤处于生产流程要害部位的管段以及与重要装置或设备相连接的管段；

⑥工作条件苛刻以及承受交变载荷的管段；

⑦基于风险的检验分析报告中给出的高风险管段；

⑧上次定期检验提出的重点监控的管段。

3. 壁厚测定

需要重点管理的管道或者有明显腐蚀的弯头、三通、异径管以及相邻直管段等部位，应当采取定点或者抽查的方式进行壁厚测定。壁厚测定的布点和检测频次应当依据腐蚀部位预测结果确定。

定点测厚的测点位置应当在单线图上标明，并且在年度检查报告中给出测厚结果。发现壁厚异常时，应当适当增加测厚点，必要时对该条管道的所有管段和管件进行壁厚测定。

4. 电阻值测量

对输送易燃、易爆介质的管道，应以抽查的方式进行防静电接地电阻值和法兰间接触电阻值测定。防静电接地电阻值不大于100Ω，法兰间接触电阻值小于0.03Ω。图3.1－1为检验人员现场使用钳形电阻测量仪进行管道接地电阻测量。

图3.1－1　现场检测管道接地电阻

5. 安全附件与仪表检查

（1）一般要求

安全附件及仪表应当符合安全技术规范和现行国家标准的要求。存在下列情况之一的安全附件及仪表，不得投入使用，正在运行使用的，使用单位应当及时处理，处理期间应当采取有效措施，确保管道运行安全：

①无产品合格证和铭牌的；

②性能不符合要求的；

③逾期不检查、不校验、不检定的；

④无产品监督检验证书的（相关安全技术规范有要求的）。

（2）安全阀检查内容

①安全阀选型是否正确；

②安全阀是否在校验有效期内使用，整定压力是否符合管道的运行要求；

③弹簧式安全阀调整螺钉的铅封装置是否完好；

④如果安全阀和排放口之间设置了截断阀，截断阀是否处于全开位置以及铅封是否完好；

⑤安全阀是否泄漏；

⑥放空管是否通畅，防雨帽是否完好。

检查时，如果发现选型错误、超过校验有效期或者有泄漏现象的，使用单位应当采取有效处理措施，确保管道的安全运行，否则应当暂停该管道运行。

（3）爆破片装置检查内容

①爆破片是否超过产品说明书规定的使用期限；

②爆破片安装方向是否正确，产品铭牌上的爆破压力和温度是否符合运行要求；

③爆破片装置有无渗漏；

④爆破片在使用过程中是否有未超压爆破或者超压未爆破情况的情况；

⑤与爆破片夹持器相连的放空管是否通畅，放空管内是否存水（或者冰），防水帽、防雨片是否完好；

⑥爆破片装置和管道间设置截断阀的，截断阀是否处于全开状态，铅封是否完好；

⑦爆破片装置和安全阀串联使用时，如果爆破片装置设置在安全阀出口侧的，检查与安全阀之间所装压力表和截断阀，以及二者之间的压力、疏水和排放能力是否达到要求；如果爆破片装置设置在安全阀进口侧的，检查与安全阀之间所装压力表有无压力指示，截断阀打开后有无气体漏出。

在检查中，如果发现爆破片装置存在超过规定使用期限、安装方向错误、爆破压力和温度不符合或者爆破片和安全阀串联使用时有异常情况的，使用单位应当采取有效处理措施，确保管道的安全运行，否则应当暂停该管道运行。

（4）阻火器装置检查内容

①阻火器装置安装方向是否正确（限单向阻火器）；

②阻火器装置标定的公称压力、适用介质和温度是否符合运行要求；

③阻火器装置泄漏及其他异常情况。

在检查中，如果发现阻火器装置存在安装方向错误、标定的参数不符合运行要求、本体泄漏、超过规定的检定或者检修期限、出现凝结、结晶或者结冰等未采取有效措施的，使用单位应当采取有效处理措施，确保管道的安全运行，否则应当暂停该管道运行。

（5）紧急切断阀检查内容

①紧急切断阀铭牌是否符合要求；

②紧急切断阀有无泄漏及其他异常情况；

③紧急切断阀的过流保护装置动作是否达到要求。

在检查中，如果发现紧急切断阀存在铭牌内容不符合要求或者阀体泄漏、紧急切断阀动作异常，使用单位应当采取有效处理措施，确保管道的安全运行，否则应当暂停该管道运行。

（6）压力表检查内容

①压力表选型是否符合要求；

②压力表定期检修维护制度，检定有效期及其封签是否符合要求；

③压力表外观、精度等级、量程、表盘直径是否符合要求；

④在压力表和压力管道之间设置三通旋塞或者针形阀的位置、开启标记及其锁紧装置是否符合要求；

⑤同一系统上各压力表的读数是否合理。

检查时，如果发现压力表选型错误、表盘封面玻璃破裂或者表盘刻度模糊不清、封签损坏或者超过检定有效期限、弹簧管泄漏、指针松动、扭曲、外壳腐蚀严重、三通旋塞或者针形阀开启标记不清以及锁紧装置损坏的，使用单位应当采取有效处理措施，确保管道的安全运行，否则应当暂停该管道运行。

（7）测温仪表检查内容

①测温仪表定期校验和检修是否符合要求；

②测温仪表量程与其检测的温度范围是否匹配；

③测温仪表及其二次仪表的外观是否符合要求。

检查时，如果发现测温仪表超过规定的校验、检修期限、仪表及其防护装置破损或者仪表量程选择错误的，使用单位应当采取有效处理措施，确保管道的安全运行，否则应当暂停该管道运行。

6. 年度检查报告及问题处理

年度检查工作中，检查人员应当进行记录，检查工作完成后，应当分析管道使用安全状况，出具检查报告，按照以下要求作出年度检查结论，年度检查结论分为符合要求、基本符合要求和不符合要求：

（1）符合要求，指未发现影响安全使用的缺陷或者只发现轻度的、不影响安全使用的缺陷，可以在允许的参数范围内继续使用；

（2）基本符合要求，指发现一般缺陷，经过使用单位采取措施后能够保证管道安全运行，可以在监控条件下使用，并应在检查结论注明监控条件、监控运行需要解决的问题及其完成期限；

（3）不符合要求，指发现严重缺陷，不能保证管道安全运行的情况，不允许继续使用，必须停止运行或者由检验机构进行进一步检验。

年度检查由使用单位自行实施时，检查记录和其年度检查报告应当由使用单位安全管理负责人或者授权的安全管理员审查批准。

使用单位应当将年度检查报告及其记录（单项报告）存档保存，保存期限至少到下一个定期检验周期。

二、定期检验

（一）定义

管道的定期检验，即全面检验，是指特种设备检验机构按照一定的时间周期，根据《压力管道定期检验规则——工业管道》以及有关安全技术规范及相应标准的规定，对管道安全状况所进行的符合性验证活动。

（二）检验项目

管道定期检验项目应当以宏观检验、壁厚测定和安全附件的检验为主，必要时应当增加表面缺陷检测、埋藏缺陷检测、材质分析、耐压强度校核、应力分析、耐压试验、泄漏试验等项目。

1. 宏观检验

宏观检验主要采用目视方法（必要时利用内窥镜、放大镜或者其他辅助仪器设备、测量工具）检验管道结构、几何尺寸、表面情况（如裂纹、腐蚀、泄漏、变形）以及焊接接头、防腐层、隔热层等。宏观检验一般包括以下内容：

（1）管道结构检验，管道布置，支吊架、膨胀节、开孔补强、排放装置设置等；

（2）几何尺寸检验，管道焊缝对口错边量、咬边、焊缝余高等；

（3）外观检验，包括管道标志，管道组成件及其焊缝的腐蚀、裂纹、泄漏、鼓包、变形、机械接触损伤、过热、电弧灼伤，管道支承件变形、开裂，排放（疏水、排污）装置的堵塞、腐蚀、沉积物，隔热层的破损、剥落、潮湿以及隔热层下的腐蚀和裂纹等。

管道结构和几何尺寸等检验项目应当在首次定期检验时进行，再次定期检验时，仅对承受疲劳载荷的管道、经过改造或者重大修理的管道，重点进行结构和几何尺寸异常部位有无新生缺陷的检验。

2. 壁厚测定

壁厚测定，一般采用超声测厚方法。测定位置应当有代表性，有足够的测定点数。测定后标图记录，图中应当标注测定点位置和记录测定的壁厚值，对异常测厚点做详细标记。测定点位置选择和抽查比例应当符合以下要求：

（1）壁厚测定点的位置，重点选择易受腐蚀、冲蚀，制造成型时壁厚减薄和使用中易产生变形、积液以及磨损部位，超声导波检测、电磁检测以及其他方法检查发现的可疑部位，支管连接部位等；

（2）弯头（弯管）、三通和异径管等的抽查比例见表3.1－1；每个被抽查的管道组成件，测定位置一般不得少于3处；被抽查管道组成件与直管段相连的焊接接头直管段一侧的测定位置一般不得少于3处，同时检验人员认为有必要时，可以对其余直管段进行壁厚抽查；

表3.1－1　弯头（弯管）、三通和直径突变处测厚抽查比例

管道级别	GC1	GC2	GC3
弯头（弯管）、三通和直径突变处	≥30%	≥20%	≥10%

（3）在检验中，发现管道壁厚有异常情况时，应当在壁厚异常部位附近增加壁厚测点，并且确定壁厚异常区域，必要时，可适当提高整条管线壁厚测定的抽查比例；

（4）采用长距离超声导波、电磁等方法全长度检测时，可仅抽查信号异常处的管道壁厚。

3. 表面缺陷检测

表面缺陷检测，应当采用 NB/T 47013《承压设备无损检测》中的磁粉检测、渗透检测方法。铁磁性材料管道的表面检测应当优先采用磁粉检测。

4. 埋藏缺陷检测

埋藏缺陷检测，应当采用 NB/T 47013《承压设备无损检测》中的射线检测或者超声检测等方法。

5. 材质分析

根据管道实际情况，可以采用化学分析或者光谱分析、硬度检测、金相分析等方法进行材质分析。材质分析应当符合以下要求：

（1）对材质不明的管道，一般需要查明管道材料的种类和相当牌号，可采用化学分析或者光谱分析予以确定，再次检验时不需要进行该项目检验；

（2）对有高温蠕变和材质劣化倾向的管道，应选择代表性部位进行硬度检测，必需时进行金相分析；

（3）对有焊接硬度要求的管道，应当进行焊接接头硬度检测。

6. 耐压强度校核

当管道组成件全面减薄量超过公称厚度的 20%，或者检验人员对管道强度有怀疑时，应当进行耐压强度校核，校核用压力应当不低于管道允许（监控）使用压力。强度校核参照相应管道设计标准的要求进行。

7. 应力分析

应力分析，检验人员和使用单位认为必要时，对下列情况之一的管道进行应力分析：

（1）无强度计算书，并且 $t_0 \geqslant D_0/6$ 或者 $P_0/[\sigma]t > 0.385$ 的管道的；

说明：

t_0——管道设计壁厚（mm）；

D_0——管道设计外径（mm）；

P_0——设计压力（MPa）；

$[\sigma]t$——设计温度下材料的许用应力（MPa）。

（2）有较大变形、挠曲的；

（3）由管系应力引起密封结构泄漏、破坏的；

（4）管段要求设置而未设置补偿器或者补偿器失效的；

（5）支吊架异常损坏的；

（6）结构不合理，并且已经发现严重缺陷的；

（7）壁厚存在严重全面减薄的。

8. 耐压试验

定期检验过程中，使用单位或者检验机构对管道安全状况有怀疑时，应当进行耐压试验。耐压试验的试验参数、准备工作、安全防护、试验介质、试验过程、合格要求等按照相关安全技术规范规定执行。耐压试验由使用单位负责实施，检验机构负责检验。

9. 泄漏试验

对于输送极度危害、高度危害介质，或者设计上不允许有微量泄漏的管道，应当进行泄漏试验（包括气密性试验和氨、卤素等检漏试验），试验方法的选择，按照设计文件或者相关安全技术规范和标准要求执行。泄漏试验由使用单位负责实施，检验机构负责检验。

10. 安全附件与仪表检验

安全附件与仪表检验的主要内容如下：

（1）压力表是否在检定有效期内；

（2）安全阀是否在校验有效期内；

（3）爆破片装置是否按期更换；

（4）紧急切断阀是否完好。

11. 缺陷以及问题处理

安全状况等级定为4级或者定期检验发现严重缺陷可能导致停止使用的管道，应当对缺陷进行处理，缺陷处理的方式包括采用修理的方法消除缺陷或者进行合于使用评价。合于使用评价应当按照相关安全技术规范和标准执行。

12. 基于风险的检验（RBI）

申请基于风险的检验的管道使用单位，应当经上级主管单位或者第三方机构（具有专业性、非营利性特点并且与申请单位、检验机构无利害关系的全国性社会组织）进行管道使用单位安全管理评价，其能够满足基于风险检验应用条件。承担基于风险检验的检验机构需经国家市场监督管理总局核准，取得基于风险检验资质。经RBI分析后，对于风险位于可接受水平之上的的管道，应当采取在线检验等方法降低其风险。

（三）安全状况等级评定

管道安全状况等级确定应当根据定期检验的结果评定，并且以其中各个评定项目中等级最低者作为评定级别。需要改造或者修理的管道，按照改造或者修理后的复检结果评定管道安全状况等级。管道的安全状况分为1级至4级。

安全状况等综合评定为1级和2级的，检验结论为符合要求，可以继续使用。安全状况综合等级为3级的，检验结论为基本符合要求，有条件的监控使用。安全状况等级综合评定为4级的，检验结论为不符合要求，不得继续使用。

（四）检验报告

现场检验工作结束后，一般应当在30个工作日或者约定的期限内出具《工业管道定期检验报告》，给出检验结论、管道安全状况等级、允许（监控）工作条件以及下次定期检验日期。定期检验结论报告应当有检验、审核、批准三级签字，批准人应当为检验机构的技术负责人或者授权人。

（五）检测时机及周期

定期检验一般在管道停止运行期间进行。当管道运行条件不影响检验的有效性和安全时，也可以基于管道的损伤模式，结合管道的使用情况制定检验策略，在运行条件下实施检验。

管道一般于投用后 3 年内进行首次定期检验。以后的检验周期由检验机构根据管道的安全状况等级，按照以下要求确定：

（1）安全状况等级为 1、2 级，GC1、GC2 级管道一般不超过 6 年检验一次，GC3 级管道不超过 9 年检验一次；

（2）安全状况等级为 3 级，一般不超过 3 年检验一次，在使用期间内，使用单位应当对管道采取有效的监控措施；

（3）安全状况等级为 4 级，使用单位应当对管道缺陷进行处理，否则不得继续使用。

三、检验案例

某管道公司输油站在 2016 年进行了一次全面检验。检验过程如下：

（1）现场踏勘，资料调查。

现场进行了管线单线绘制，如图 3.1－2 所示，对站场管线分布做了了解，资料调查过程中，部分资料缺失，难以补全的资料通过测量补充，对无法补全的资料，按法规对资料检查项目降低一个安全评级等级。

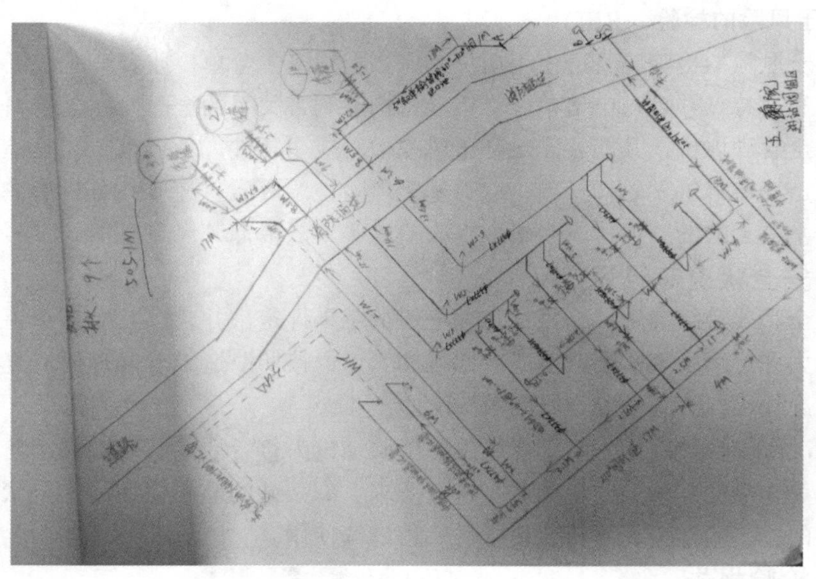

图 3.1－2　管线单线

（2）根据台账，对管道按 GC1 与 GC2 级分类。

（3）制定检验方案，针对 GC1 与 GC2 级管道分别制定具体检测方案。

（4）宏观检查。对整个罐区按项目进行宏观检查，包括外观、防腐层、支吊架、管道位置等。宏观检查报告如图 3.1－3 所示。

在用工业管道宏观检查报告

<table>
<tr><td>管道名称</td><td>2#卸油臂出口汇管</td><td rowspan="2">管道规格
（外径 mm × 壁厚 mm）</td><td rowspan="2" colspan="2">ϕ630mm × 10mm</td></tr>
<tr><td>管道编号</td><td>2#</td></tr>
<tr><td>管道级别</td><td>GC2</td><td>管道材质</td><td colspan="2">X52</td></tr>
<tr><td>检查项目</td><td colspan="3">检查结果（选择合适的选项）</td><td>备注</td></tr>
<tr><td>管道位置</td><td colspan="3">■正常；□碰撞；□摩擦</td><td></td></tr>
<tr><td>管道结构</td><td colspan="3">■正常；□翘曲；□下沉；□异常变形</td><td></td></tr>
<tr><td>绝热层</td><td colspan="3">■完好；□破损；□脱落；跑冷</td><td></td></tr>
<tr><td>防腐层</td><td colspan="3">■完好；□破损；□脱落</td><td></td></tr>
<tr><td>支吊架</td><td colspan="3">□完好；□间距不合理；□脱落；□变形；■腐蚀；□与管道接触处积水；□恒力弹簧支吊架转体位移指示越限；□变力弹簧支吊架偏斜；□变力弹簧支吊架失载；□刚性支吊架状态异常；□吊杆损坏；□吊杆异常；□吊杆连接配件损坏；□吊杆连接配件异常；□转导向支架卡涩；□承载结构变形；□承载结构上主要受力焊接接头存在裂纹；□支撑辅助钢结构变形；□支撑辅助钢结构上主要受力焊接接头存在裂纹</td><td>轻度腐蚀</td></tr>
<tr><td>阻尼器</td><td colspan="3">□完好；□位移异常；□液压阻尼器液位异常</td><td>无此项</td></tr>
<tr><td>减振器</td><td colspan="3">□完好；□位移异常</td><td>无此项</td></tr>
</table>

图 3.1－3　宏观检查报告截图

（5）厚度测量。如表 3.1－1 所示，按 GC1 与 GC2 分类对管件进行测厚，测厚示意如图 3.1－4 和图 3.1－5 所示。

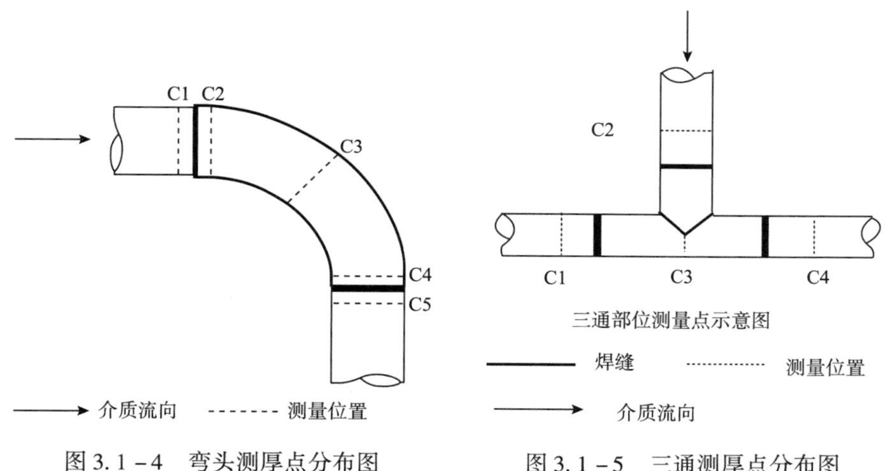

图 3.1－4　弯头测厚点分布图　　图 3.1－5　三通测厚点分布图

（6）硬度测定。对于出泵口焊缝等震动较为强烈的地方进行硬度测定，见表 3.1－2。

表 3.1－2　硬度测定

序号	硬度测定部位	硬度值（HB）（此值为三个测量值平均值）
1	弯头焊缝检 1	166
2	弯头焊缝检 6	115

（7）按比例与现场实际情况对焊缝表面及内部进行无损检测。其中表面采用磁粉及渗透检测，焊缝内部采用超声检测。开挖的埋地管道同地上管道。

（8）检查安全装置，对发现的问题进行记录。

（9）整理检测发现的问题，报使用单位整改，见表3.1－3。

表3.1－3　检测出的缺陷及整改建议表

序号	管线名称	功能区域	管道编号	管道规格/mm	问题类型	整改建议	整改确认
1	152#～162#阀门	阀组区	11	ϕ711×7.9	焊口错边	监控使用（巡检时对该焊缝进行外观检查）	监控使用
2	162#～161#阀门后	阀组区	12	ϕ711×7.9	内壁局部减薄	换管、B型套筒、复合材料套管	整体更换
3	134#到高桥入口汇管	阀组区到外输泵区	15	ϕ508×7.1	内壁局部减薄	换管、B型套筒、复合材料套管	碳纤维补强
4	9～2/A出口到P－2/A，P－2/B泵出口交汇处	给油泵进出口管线	17	ϕ610×7.1	内壁局部减薄	换管、B型套筒、复合材料套管	碳纤维补强
5	P－2/A，P－2/B泵出口交汇处到140，141入口交汇处	给油泵进出口汇管	19	ϕ610×7.1 ϕ711×7.9	内壁局部减薄	换管、B型套筒、复合材料套管	碳纤维补强
6	141#～421#阀门	外输泵进泵管线	31	ϕ610×7.1	内壁局部减薄	换管、B型套筒、复合材料套管	碳纤维补强
7	1#罐区出汇管	出罐汇管	41	ϕ1016×12	外壁腐蚀	除锈防腐	除锈防腐

（10）使用单位整改结束，检测单位进行核实，确认整改效果。

（11）汇总最终检验结果，按整改后的结果给出管线评定等级，给出下一次全面检验日期，本站给出的下一次检验日期为3年后。

（12）出具检验报告。

第二节　相关检测技术方法

一、概述

20多年来，随着工业生产和科学技术的进步，无损检测技术也得到飞速发展，不仅超声、射线等传统的检测技术蓬勃发展，而且还产生了激光超声、红外、声发射、微波、远场涡流、电磁超声、磁记忆、超声相控阵等众多的无损检测新兴技术与方法[1]，它们中的大部分短时间内在工业生产中就得到了应用。

新型无损检测技术概念的提出是为了区别传统无损检测技术。传统无损检测技术包括超声、射线、磁粉、渗透以及涡流检测技术等，这些技术在我国发展了几十年，是应用较为广泛与成熟的技术。

在国外，无损检测行业发展较快。我们定义的新型检测技术在国外已经发展了十几年甚至几十年，对于国外从事无损检测的人来说，这些都是较为普遍的检测技术。他们高精尖的设备制造工艺与检测人员的素质水平带给整个无损检测行业良好的发展。而高精尖设备制造行业发展缓慢，标准体系不健全，现场施工的不规范等因素使得传统无损检测一直作为我国主导的检测技术，其他较为先进的无损检测技术在我国无损检测行业推行较为缓慢。

本部分主要介绍传统无损检测之外的几种新型检测技术，以及管道储运有限公司检测中心近几年在新型检测技术的引进与运用上的部分经验。

二、超声波相控阵检测技术

（一）技术简介

工业超声波相控阵检测技术（phased array ultrasonic testing，PAUT）来源于20世纪70年代医学诊断设备首先采用的超声波相控阵诊断技术（医学用语B超）。这种新型的超声波技术类似相控阵雷达、声呐，比普通超声波检测技术能更加准确的描述金属缺陷。

（二）工作原理

超声波相控阵检测技术根据惠更斯－菲涅耳原理（Huygens-Fresnel principle）：球形波面上的每一点（面源）都是一个次级球面波的子波源，子波的波速与频率等于初级波的波速和频率，此后每一时刻的子波波面的包络就是该时刻总的波动的波面。如图3.2－1所示。

常规超声波检测技术通常采用一个压电晶片来产生超声波，一个压电晶片只能在一个固定的角度产生一个固定的声速，在使用中不能变更。

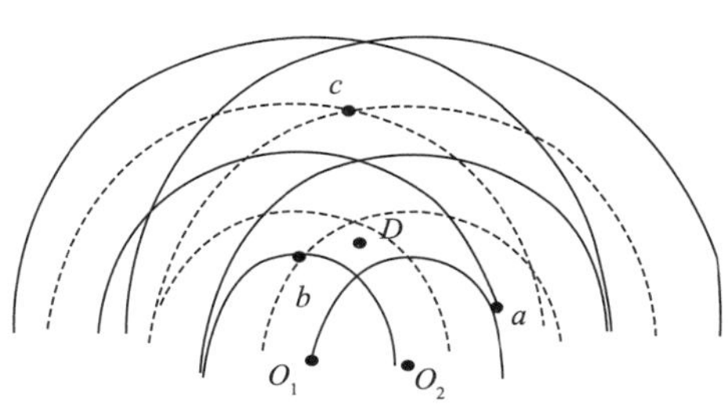

图3.2－1　两个声源的干涉图像

超声波相控阵检测技术的创新性是采用精密复杂的工艺将很多微小的压电晶片（例如16、32、64、128等）按照不同的形式进行组合然后封装在一个探头中，构成的多晶片阵列来产生和接收超声波。超声波的产生与接收都通过复杂的计算机与电子原件来控制。最终将检测结果以图像的形式反馈在设备的屏幕上。

超声相控阵相控阵成像系统中的数字控制技术主要是波束的时间控制，采用先进的计算机技术，对发射/接收状态的相控阵波束进行精确相位控制，以获得最佳的波束特性。

（三）扫描类型

在相控阵检测中，通过不同相位的声波之间的干涉影响来控制和形成超声波。根据波束的合成情况可以进行线形扫描、扇形扫描和体扫描。线形扫描的合成波束是平行的，所以成像侧向分辨率均匀一致；扇形扫描的波束合成方向成发射状，所以侧向分辨率在不同距离有所变化。在声入口受到限制的场合，为了得到较大的探测范围，就应用扇形扫描。

体扫描是在二维相控阵的基础上进行空间波束合成形成空间扫描线，实现三维成像。

（四）探头

1. 阵列

用于检测的超声相控阵阵列就是将一系列单晶片的传感器按照某种形式排列，这样就可以加大检测范围提高检测速度。

可以将一个具有一系列晶片的相控阵探头简单的理解为将多个探头组合放在一起进行检测。但是不同的是相控阵探头的晶片大小实际远远小于常规探头晶片，这些晶片被以组的形式触发，产生方向可控的波阵面。这种“电子声束形式”可以用一个探头对多个区域进行快速检测。

2. 晶片阵列形式

相控阵探头规格有很多种，包括不同的尺寸、形状、晶片数量，但其整体来说都是将一个整块的压电陶瓷晶片划分成多个段。

图 3.2－2 是一些常见的晶片阵列形式。

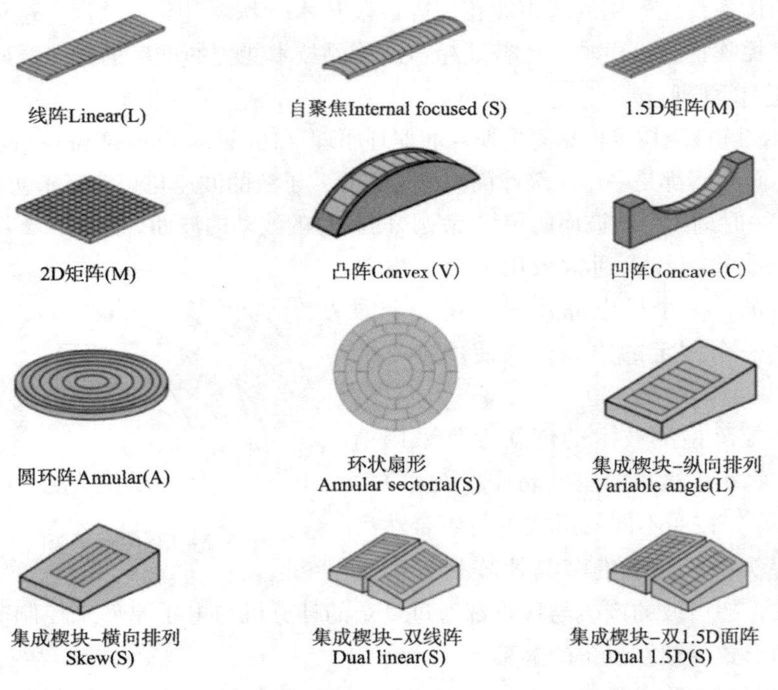

图 3.2－2　晶片阵列形式

3. 探头特性

（1）类型：非直接接触型（带楔块）、直接接触型（无楔块）、浸入型；如图 3.2－3 所示。

（2）频率：大多在 2～10MHz 之间。低频探头穿透力强，高频探头分辨率及聚焦清晰度高。

（3）晶片数：大多在 16～128 晶片之间，最多可达 256 个。晶片数量多，聚焦能力及声束偏转能力强，声束覆盖面积大，但是探头价格也随之上涨。

（4）晶片尺寸：晶片越窄，声束偏转能力越高。

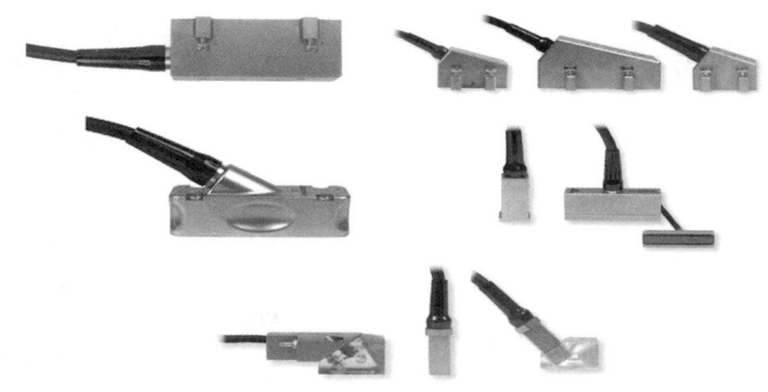

图 3.2－3　典型的相控阵探头

4. 相控阵设备

市面上的相控阵设备已经较为丰富，国外有 GE、奥林巴斯、ISONIC 等，国内有汕头超声、南通友联等。相控阵由于其检测自由度大，各家参数不一，以及国内标准缺失，使得相控阵检测技术目前缺乏一个统一的程序与格式，还不能作为某些检测工作的主体方法。如：在工艺管道检测中，由于相控阵其检测的定量没有相关标准支持，目前只能将其作为辅助检测手段，但就其精度与准确度来说，相控阵检测技术完全可以作为一种主要的检测手段。

5. 应用案例

某检测公司于 2013 年引入 GE 公司生产的相控阵系统，用于焊缝检测与管道内腐蚀检测，如图 3.2－4 所示。

图 3.2－5 是在岚山输油站进行管道检测的现场照片。使用的是 GE 公司的相控阵设备，这款相控阵与普通超声检测设备要求基本相同，探头需要与检测件良好接触，因此对检件表面处理有一定要求。检测时，管道表面进行打磨清理，使表面光滑或者去掉漆层露出金属本体（表面有腐蚀坑的管道将不能使用相控阵进行检测）。

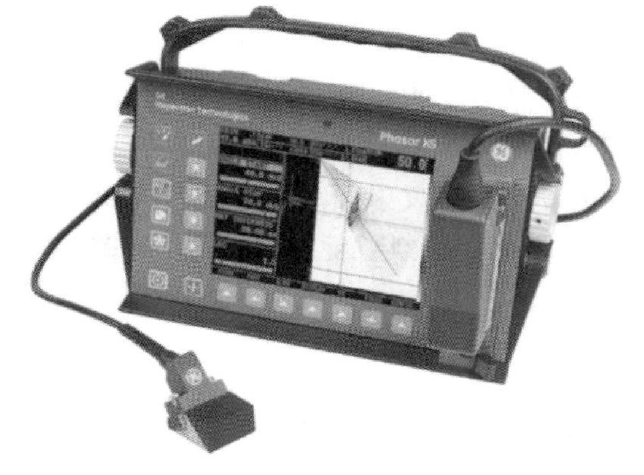

图 3.2－4　GE 相控阵设备

图 3.2－5　现场相控阵检测

检测时，由于空间狭窄，一人在下检测，一人在上观察仪器。

图 3.2－6 和图 3.2－7 为相控阵在焊缝上与管体上分别检测出的缺陷信号。

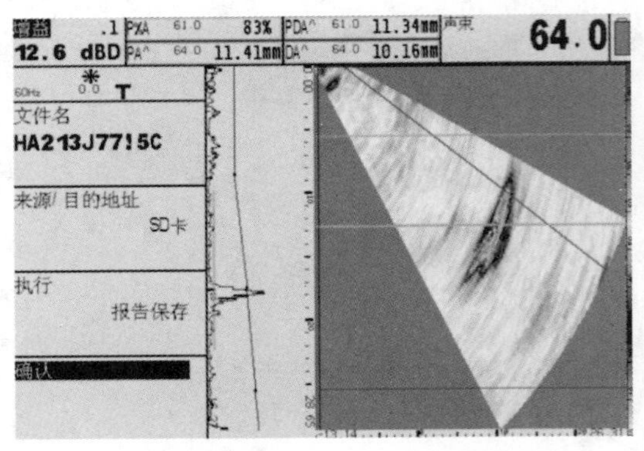

图 3.2－6　相控阵焊缝扫查图像图

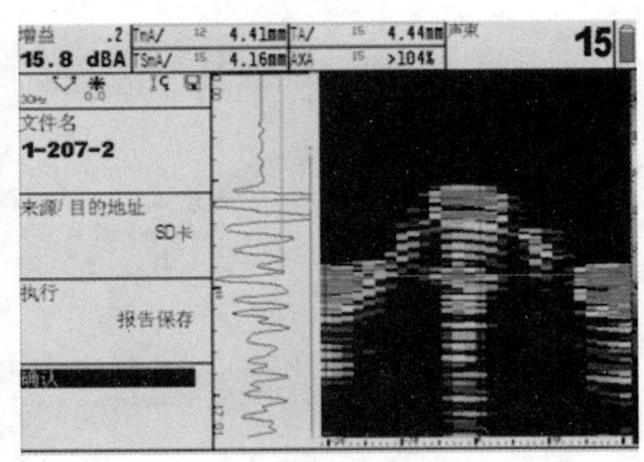

图 3.2－7　相控阵管道内腐蚀扫查图像

三、导波检测技术

（一）技术简介

超声导波（Ultrasonic Guided Wave）检测技术主要用于在线管道检测。可应用于油、气站场工艺管网、保温层下管道。超声导波检测技术可以检出管道中的内外部腐蚀或冲蚀、环向裂纹、焊缝错边、焊接缺陷、疲劳裂纹等缺陷。

超声导波检测的优点是能长距离传播而能量衰减很小，在一个位置固定脉冲回波阵列就可一次性对管壁进行长距离大范围的 100% 快速检测（100% 覆盖管道壁厚），检测过程简单，不需要耦合剂，工作温度可达 －40～938℃范围，只需要剥离一小块防腐层以放置探头环即可进行检测，特别是对于地下埋地管线不开挖状态下的长距离检测更具有独特的优势。

导波根据频率差别又可分为低频导波（32～128kHz）、高频导波（512kHz～2MHz）、以及近年来发展的中程导波。它们因为频率的不一样，一次检测的距离与分辨率也有差别。一般来说，频率越高检测精度越高，但是检测距离越小。

（二）基本原理

超声导波应用的主要波型包括扭转波和纵波。扭转波能够使质点一边沿管道周向振动，一边让机械波沿管子轴向传播，机械波在传播过程中，遇到管道中的不连续（包括缺陷、金属腐蚀、焊缝余高、其他焊缝信号等），波动信号被反射回来被换能器（探头）接收，根据计算机运算，得到反射点信息，检测人员根据信号判断反射信号是否缺陷，以及缺陷的大小。

（三）技术特点

根据理论与现场应用发现超声导波目前有如下特点：

（1）在管道外部实现局部长距离检测。快速实现对管道腐蚀的重点区域局部检测，只需清除管道局部表面覆盖物，无需大面积开挖或大量拆除保温层，就可以实施检测，大大降低检测成本。

（2）对壁厚 12mm 以内的管道，可以对内、外壁的腐蚀等各类缺陷检测。

（3）检测距离长：对于直接在 50～600mm 的管道，使用轻型环状传感器发射超声导波，单侧检测距离可达 50m；直径大于 600mm 管道，使用伸缩式环状传感器检测。

（4）可提供缺陷结构位置和尺寸信息，实现对管段管壁一次性 100% 检测。

（5）检测灵敏度高，对管道内外腐蚀具有同样的灵敏度、低噪音，定位准确。理想条件下，灵敏度可达横截面的 2%。

（6）允许被测管内壁积蜡、油污和变形，可对各类流体介质管道实施在线检测。

（四）典型应用场合

超声导波作为一种扫描式检测技术，能用于各种长距离扫查，从而避免了管道因为空间影响造成的难以接触的情况。一般用于以下场合：

（1）穿路套管；

（2）穿越围墙管段；

（3）直管段 100% 检测；

（4）各种支架下的管道检测；

（5）架空管道检测；

（6）防腐层下腐蚀检测（内、外壁腐蚀）；

（7）管道密集区域检测；

（8）较高温度下的管道检测。

（五）低频导波的局限性

根据其原理，低频导波检测技术能检测出 1%～3% 以上的金属截面损失，由此推论，当管道直径越大其截面积越大，此时缺陷也就越大，当管径达到一定程度后，金属损失相对管道截面积可能不大，但是其实际大小已经超过安全要求。

因此，直径越大管道的检测对低频导波来说难度越高，精度越低，同时，大直径的管道带来大的能量损耗，使定频导波的检测距离大大下降。

（六）应用案例

从 2014 年开始，低频导波已经在储运公司的多个站库使用，如白沙湾站、岚山站、怀宁站、黄岛油库等等。在使用的过程中对其优点给予肯定，也对其缺点进行了充分的认识。

图 3.2－8 中，检测公司检测人员正在岚山商储库进行检测。检测时，先打磨出一道约 15cm 的光洁环带，要求露出金属本体，然后布设磁化后的换能铁钴带，其上套上激励线圈，布设完毕后，选择不同频率的探头进行多次采集，采集后的信号保存在电脑硬盘内。整个现场检测完成后统一分析。

图 3.2－8 低频导波检测现场

四、管道外壁漏磁检测技术

（一）技术简介

漏磁外壁检测方法是一项以磁性特征为基础的检测技术，其原理为：铁磁材料被磁化后，其表面和近表面的缺陷在材料表面形成漏磁场，通过检测漏磁场来发现缺陷。从这个意义上讲，压力容器检测中常用的磁粉检测技术也是一种漏磁检测，不过其磁力较低，仅能检测材料近表面。

管道漏磁检测技术按检测位置区分为管道内漏磁检测技术（内检测技术）、管道外部漏磁检测技术，本章节主要讨论检测仪器位于管道外部的漏磁检测技术。

（二）基本原理

利用励磁源对被检工件进行局部磁化，若被测工件表面光滑，内部没有缺陷，磁通将全部通过被测工件；若材料表面或近表面存在缺陷时，会导致缺陷处及其附近区域磁导率降低，磁阻增加，从而使缺陷附近的磁场发生畸变，如图 3.2－9 所示，此时磁通的形式分为三部分，①大部分磁通在工件内部绕过缺陷。②少部分磁通穿过缺陷。③还有部分磁通离开工件的上、下表面经空气绕过缺陷。第 3 部分即为漏磁通，可通过传感器检测到。对检测到的漏磁信号进行去噪、分析和显示，就可以建立漏磁场和缺陷的量化关系，达到无损检测和评价的目的。

（三）技术特点

一般磁粉检测的厚度为钢材表面 1～3mm 范围，而漏磁检测需要穿透整个材料的厚度，这就要求磁通量要达到一定程度（饱和）。从设备的扫查器上我们也可以知道，扫查器的磁力很强，为强永磁铁。从而可以保证磁力线可以贯穿整个材料厚度。因此，扫查器的质量也较大。

根据漏磁扫查原理，我们可以按管道横截面金属百分比损失来度量检测结果，一般漏磁检测精度可达管道截面金属损失的 20%，其后按 10% 一个档距度量。

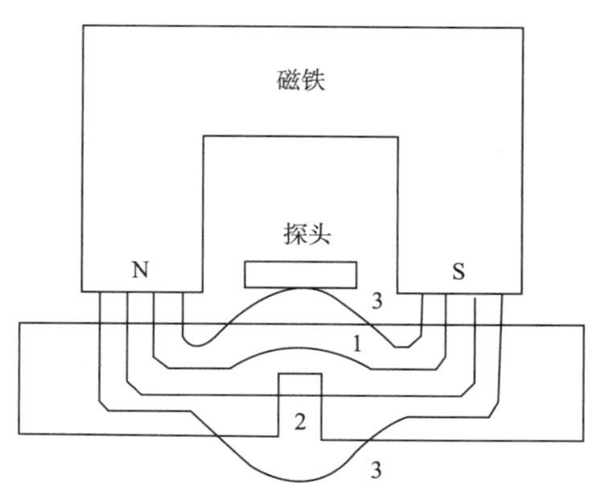

图 3.2－9 漏磁检测原理图

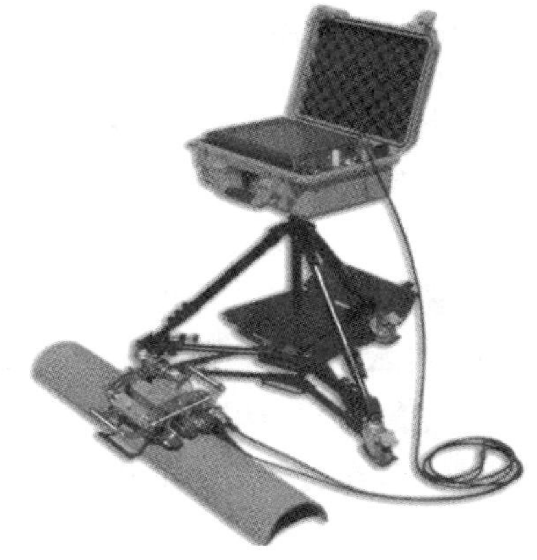

图 3.2－10 管道漏磁扫查系统

如图 3.2－10 所示使用的漏磁检测系统，它的最小精度为 20%，它可以将缺陷深度按照区间进行统计。

这款漏磁系统参数如下：

操作原理漏磁检测，数据采集和智能化数据分析一体化

磁化方法永　久磁铁磁化

通道　15 个高精度霍尔效应传感器

扫描宽度　105mm

驱动方式　人工推动

检测速度　最大可以达到 0.5m/s（保持匀速检测）

厚度范围　4～10mm

穿透涂层　可以穿透非铁磁性材料的涂层

最大涂层厚度　2mm 非铁磁性材料

灵敏度　壁厚 20%

数据存储　可以存储和返放

管径范围　≥159mm

电池工作时间　20Ah（安培小时）12V，可以保证连续工作 16h。

实时分析可用缺陷槛值报警和彩色带图分析检测两种模式实时显示与分析，并能准确确定缺陷位置。

离线图像报告以彩色带图形式确定储罐底板上缺陷的位置和严重程度。

（四）应用案例

管道漏磁主要用于中短距离管段检测，可以进行快速面状扫查，通常用于开挖出的较为长的管段，采用其他方法有困难时。目前检测公司在外管道开挖验证，站内管道筛查时可以用到。

五、电磁超声导波检测技术

（一）技术简介

针对超声导波耦合问题，压电晶片自身局限等问题，新型的电磁超声导波检测技术开创了新的思路，采用电磁超声原理，用电磁激发，使金属质点震动，通过复杂的电路控制产生导波，避免了因超声导波需要进行耦合而带来的问题。.

（二）基本原理

处于交变磁场的金属导体，其内部将产生涡流，同时任何电流在磁场中都受到力的作用，而金属介质在交变应力的作用下将产生应力波，频率在超声波范围内的应力波即为超声波。如果把表面放有交变电流的金属导体放在一个固定的磁场内，则在金属的涡流透入深度 σ 内的质点将承受交变力。该力使透入深度 σ 内的质点产生振动，致使在金属中产生超声波。与此相反，由于此效应呈现可逆性。返回声压使质点的振动在磁场作用下也会使涡流线圈两端的电压发生变化，因此可以通过接收装置进行接收并放大显示。我们把用这种方法激发和接收的超声波称为电磁超声。

在这种方法中，换能器已不单单是通用交变电流的涡流线圈以及外部固定磁场的组合体，金属表面也是换能器的一个重要组成部分，电和声的转换是靠金属表面来完成的。电磁超声只能在导电介质上产生，因此电磁超声只能在导电介质上获得应用。

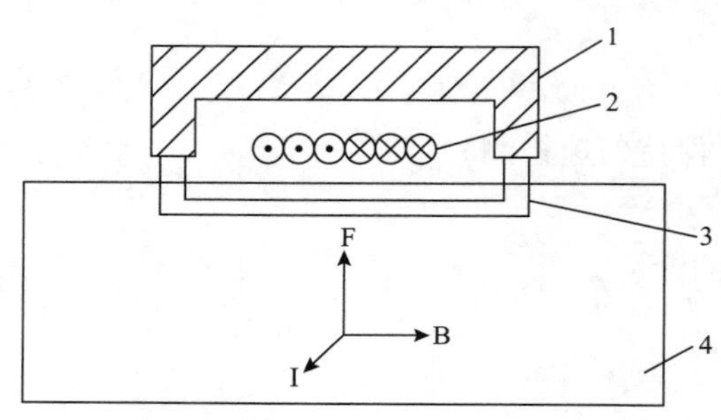

图 3.2－11　纵波的激发和接收

1—磁铁；2—线圈；3—磁力线；4—工件

涡流线圈贴于金属表面，磁铁如图 3.2－11 所示放置，此时金属内的磁力线平行于金属表面。当线圈内通过高频电流时，将在金属表面感应出涡流，且涡流平面与磁力线平行，在磁场作用下，涡流上将受一个力的作用。某一时刻的方向如图所示方向向上，半个周期后将受一个向下的力，这样，质点受交变力的作用，因此在作用力方向上产生一个弹性波。由于振动方向和波的传播方向一致，此波为超声纵波。

（三）技术特点

电磁超声导波检测技术结合超声导波检测技术与电磁超声技术的优势，能够方便地在铁磁性材料与非铁磁性材料金属材料中产生各种类型的导波。

电磁超声导波，能够采用非耦合方式进行导波的产生和传导，不论与磁致伸缩式导波，还是压电陶瓷式导波相比，都具有优势。

六、声发射测量管道泄漏技术

（一）技术简介

声发射用于储罐、大型容器较多，技术相对成熟，但用于管道泄漏等方面还处于研究推广阶段。采用的主要方法是检测监测管道泄漏时候产生的声信号，通过声信号的特点计算得到泄漏点的位置与大小。

这种技术用于站内埋地管道有较为明显的优势。

（二）基本原理

材料或构件在受力过程中产生变形或裂纹时，以弹性波形式释放出应变能的现象，称为声发射。利用接收声发射信号，对材料或构件进行动态无损检铡的技术，称为声发射技术。管道泄漏以后，流体与管道破损处的相互作用会带来应力的变化，短时均匀的流速带来应变的周期性变化，与此同时，由应力周期变化产生的机械波沿着管道传播，可以被管道上布设的声发射接收探头所接收。

（三）管道泄漏特点

管道的泄漏过程可分为三个阶段：应力集中及裂口阶段；裂口扩展及渗漏阶段；高速流体喷射阶段（即泄漏阶段）。

1. 裂口阶段

由于疲劳或腐蚀等原因，使管壁在应力集中到一定程度时产生微小的裂纹或裂口。在开裂过程中要以弹性波的形式释放出应变能，即声发射。第一阶段的声发射信号是由金属裂纹产生的，信号为突发型信号，而且持续时间比较短，能量比较强。

2. 渗漏阶段

裂纹形成后，在裂口处应力继续集中。当应力达到足够大时，使裂纹进一步扩展，释放出弹性波，并且管内带压流体从裂口处渗漏，在壁内激发出应力波。前者是突发型信号，后者为连续型信号。渗漏激发的应力波并不是严格定义上的声发射（可称之为广义声发射），因为管壁只是波导，本身并不释放能量。这两种信号叠加在一起，使我们接收到的信号呈现出幅度起伏比较大的特征。这个阶段的信号能量也较小，但这个阶段持续的时间比较长。

3. 泄漏阶段

当裂口较大时，带压流体流从裂口中喷射出来，形成高速射流激发应力波，此应力波在管壁内传播。实验结果表明，泄漏所激发的应力波的频谱具有很陡的尖峰，此尖峰的位置与泄漏量有关。泄漏率和信号幅度关系见公式（3.2－1）。

$$\log y = a - b\log x \tag{3.2-1}$$

式中　y——泄漏率，L/h；

x——声发射信号幅度，dB；

a，b——系数

由射流所产生的声发射信号为连续型的，若水中含有气体，那么气体的间断喷出可造成很强的突发型声发射信号。泄漏的声发射信号具有如下特点：

（1）泄漏所激发的应力波的频谱具有很陡的尖峰，利用频谱分析法可以很容易把声发射信号从噪声中分离出来。

（2）泄漏产生的声发射信号比较强，且其幅度大小与泄漏速率成正比，与信号的均方根值成正比。

（3）当泄漏速率很小时，几乎与压力无关时，依然满足泄漏速率与信号的均方根值成正比。因此，可以根据所接收到的声发射信号的频谱和均方根值判断是否发生漏泄或漏泄程度的大小。

（4）当管壁较薄，声发射波在壁的两个界面上发生多次反射，每次反射都要发生模式变换（或者由横波变为纵波，或者由纵波变为横波），这样传播的波称为循轨波。

（5）由于多次反射声发射波的叠加，使得声发射波在其中心频率附近得到增强，可以沿管壁长距离传播。

（四）发展前景

在重要管道、维修难度大、风险高的管段上进行泄漏监测很有必要，声发射检测技术可以收到很好的效果。当把声发射技术与温度检测、振动监测等相结合后，可以全面反映管道的运行状态，为实现状态维修提供了有力的手段，其应用前景是非常广阔的。

七、远场涡流检测技术

（一）技术简介

远场涡流（Remote Field Eddy Current，简称 RFEC）检测技术是近年来发展起来的一种新型涡流无损检测技术。它是一种能穿透金属壁管的低频涡流检测技术。探头通常为内通过式，由激励线圈和检测线圈构成，检测线圈通以低频交流电，检测线圈能拾取发自激励线圈穿过管壁后又返回管外壁的涡流信号。远场涡流设备如图 3.2－12 所示。

图 3.2－12　远场涡流设备

（二）技术特点

（1）采用穿过式探头，检测线圈与激励线圈分开，且二者的距离是所测管道内径的二倍至三倍；

（2）采用低频涡流技术能穿过管壁；

（3）主要用于石油天然气管道与油井管道；

（4）检测的是测量线圈的感应电压与激励电流之间的相位差；

（5）激励信号功率较大，检测信号微弱；

（6）能以相同的灵敏度检测管道内外壁表面的缺陷和管壁变薄情况，不受趋肤效应的影响；

（7）检测信号与激励信号的相位差与管壁厚度近似成正比；

（8）远场技术检测，其灵敏度不随激励与检测线圈距离变化而变化，探头的偏摆、倾斜对检测结果影响很小；

（9）当探头位于管道外时，检测灵敏度较位于管道内下降50%左右。

八、阀门泄漏声发射检测技术

（一）技术简介

在流体管道系统中，阀门是一种常见的机械产品，其主要作用是隔离设备和管道系统、防止回流、调节压力和流量等。在实际使用中，阀门泄漏常有发生，一般通过现场监护巡查能观察到，但阀门内漏却是看不见的，阀门内漏，原油损失，同时阀门内漏腐蚀将使阀门寿命降低，损坏过快，影响公司的经济效益。

阀门内漏检测技术从声发射原理出发，利用阀门泄漏时产生的微弱声波进行判断泄漏点大小，可以为使用方提供进行维护维修的参考。

（二）阀门内漏的原因

介质的隔断是靠阀芯和阀座表面的密封来实现的，若阀芯和阀座的密封失效，会使阀门出现内漏，其主要原因如下：

（1）镶配的阀座与阀圈结合不够紧密；阀杆变形，使阀座与阀件不对中，密封面之间不能严密贴合；密封面材料选择不当，经受不住介质的腐蚀冲刷。

（2）密封面未达到要求的表面粗糙度，或两密封面得材料不匹配，抗磨损及抗擦伤性能差。

（3）液态介质中产生局部气化，或含有固体颗粒或析出晶体，或某些高温阀门在关闭后迅速冷却，使密封面出现细微裂纹，这都会加速阀门密封面的磨损、冲蚀或汽蚀。

（4）关闭阀门过快、过猛等操作不当，或未将沉积在阀内的固体杂质冲走就关闭阀门，造成杂质嵌入密封面，使密封面无法关严，以至在高速介质的不断冲刷下，密封面加速磨损。

（5）密封面在高速介质的冲刷下，坚硬粒子在载荷作用下产生冲蚀，泡点状态液体压力变化形成气泡产生汽蚀，都会导致密封面的失效。

（三）基本原理

1. 层流和湍流

按照流体内部流动结构的不同，可以把粘性流体的流动分为层流和湍流两种状态。英国科学家雷诺认为这两种不同的规律代表了流体的两种流态，称之为层流和湍流，并经过许多管流实验，归纳出区分这两种状态的特征参数，见公式（3.2－2）。

$$Re = \rho Vd/\mu \qquad (3.2-2)$$

这是一个无量纲量，d 为圆管直径，V 为平均流速，ρ 和 μ 为流体的密度和粘度。关于这两种流动状态，特别是层流和湍流的转变论证已经被大量的实验所论证，为了纪念雷诺，后人把该参数称之为雷诺系数。根据雷诺多年的数据整理，发现了一个临界雷诺系数 $Recx = 2000$，低于该值时，流体为层流状态，而 $Recx = 4000$ 时，流体为湍流状态，中间为过渡区。

2. 湍流的产生

前面介绍湍流时已经介绍过，当雷诺系数大于 4000 时，流体的流体状态为湍流，见公式（3.2－3）：

$$Re = \rho Vd/\mu > 4000 \qquad (3.2-3)$$

式中 V——流体从泄漏孔喷射而出的平均速度，m/s；

ρ——流体的密度，kg/m^3；

μ——流体黏度，Pa·s；

d——泄漏孔的直径，mm；

P——管内流体的压力，MPa。

从以上公式中，我们可以得到以下影响湍流产生的因素：

（1）管内压力值越高，湍流越容易产生。

（2）黏度越小，湍流越容易产生。

（3）泄漏孔越小，湍流越容易产生。

3. 影响因素

影响泄漏声发射信号强度的因素有很多，主要有：

（1）声发射信号强度和泄漏率的关系：如图所示，声发射信号的幅值随着泄漏率的增加而增加；

（2）声发射信号幅值和泄漏孔大小的关系：声发射信号的幅值随着泄漏孔的增大而快速增大；

（3）声发射信号幅值和泄漏方向的关系：随着泄漏角度的逐渐增大而减小；

（4）声发射信号幅值与泄漏距离的关系：声波具有衰减特性，在同一种材料中，声波的频率越高，衰减越快，频率越低，衰减越慢。

（四）阀门内漏定量评估系统——VPAC Ⅱ介绍

1. VPAC Ⅱ仪器简介

VPAC Ⅱ是美国物理声学公司研发的专门用于阀门泄漏在线检测的声发射检测仪器，如图 3.2－13 所示。其功能是在阀门完全关闭的情况下，判断阀门是否有泄漏，并评估其泄漏率。

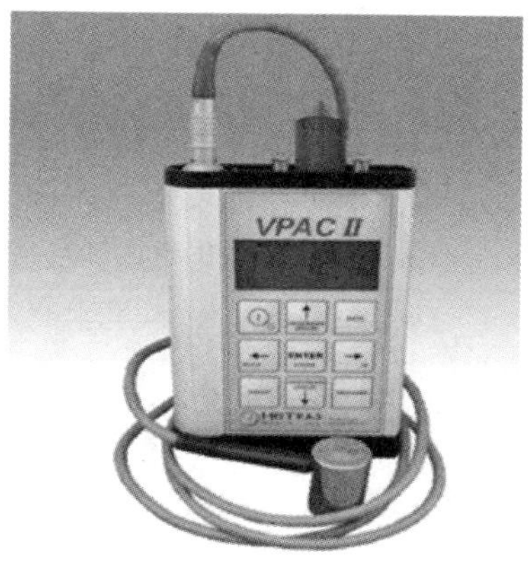

图 3.2－13　VPAC Ⅱ仪器

2. 仪器特点

仪器特点如下：

（1）本征安全，其防爆等级是 Ex ia IIC T3 Gb；

（2）便携式设备，仪器总重量 0.8kg；

（3）蓄电池供电，充满电可连续工作 8h 以上；

（4）可适用于各种检测环境。仪器工作温度范围－20～55℃；探头本身工作温度－35～110℃。通过波导杆，可测试 400℃的阀门；

（5）不但能定性判断阀门是否有内漏，还能评估其泄漏率。

3. VPAC Ⅱ系统现场使用的条件

使用的条件如下：

（1）阀门是完全关闭的；

（2）适用的介质：蒸汽、气体、液体以及气液混合物；

（3）上下游有一定的压力差，气体阀门压力差需大于 0.5 kgf/cm^2，液体阀门的压力差需大于 3 kgf/cm^2；

（4）公称管径：1～48in；

（5）传感器需和阀门本体相接触。

思考题

1. 思考针对个人所在站库，开展在线检验的具体流程和做法。

2. 结合自己所在站库的管线的工艺情况，思考在站内管线全面检验过程中需要重点关注的部位有哪些？

3. 相控阵的发展是超声检测的重要方向，其检测结果与精度较为理想，但是其有很大的缺陷，缺陷是什么？

4. 现场进行相控阵检测的非技术影响因素有哪些？

5. 每种检测技术都有其局限性，现场进行导波检测的局限性在哪里？

6. 埋地管道进行导波检测的难度在哪里？精度的可靠性如何？

7. 既然都是漏磁检测技术，为何有内外之分？

8. 漏磁检测技术的缺点有哪些？

9. 漏磁检测技术成熟，但外壁漏磁是适用性不强，有哪些因素影响？

10. 磁记忆检测对应力敏感，但是无法定量缺陷的大小，那么进行磁记忆检测的意义在哪里？

11. 电磁超声导波与前文中低频导波有何关系？

12. 电磁导波与低频导波的应用有哪些共同的缺点？

13. 针对原油输送站场，声发射管道泄漏技术比较适合使用的场合？

14. 如果此项技术用于穿越河流，它的优缺点都有哪些？

第四章　大型储罐检测检验

第一节　储罐检测相关标准

一、国内储罐检验相关标准

我国关于大型储罐检验的常用标准有 SY/T 5921《立式圆筒形钢制焊接油罐操作维护修理规范》、SY/T 6620《油罐的检验、修理、改建及翻建》和 SHS 01012《常压立式圆筒形钢制焊接油罐维护检修规程》，相关标准有 SH/T 3537《立式圆筒形低温储罐施工技术规程》、GB 50128《立式圆筒形焊接油罐施工及验收标准》等。

SY/T 5921、SY/T 6620 分别源自于不同版次的 API 653，两个标准同时存在，且均为有效版本。目前，API 653 已颁布了第五版，但 SY/T 5921，SY/T 6620 尚未做出相应的调整。

SY/T 5921《立式圆筒形钢制焊接油罐操作维护修理规程》非等效采用 API 653，适用于 $1.5\times10^5m^3$ 立式圆筒形钢制焊接油罐的操作、维护和修理的技术要求，其他储存介质和容量的储罐可参照执行，规定了罐体、附件、防腐、保温和油罐基础的检测、评定与修理的要求。与 API 653 相比，除了有关罐底、罐壁、罐顶、基础沉降、脆性断裂的评定要求外，SY/T 5921 还指出了储罐应进行附件评定、焊缝评定、防腐层和保温层评定，同时对磁粉、渗透、超声等检验技术以及罐体的几何形状和尺寸偏差、充水试验也有要求。

SY/T 6620 等效采用 API 653（第四版），2014 年 API 653（第五版）做了适当的修订和增补，但 SY/T 6620 并未做出相应的调整。该标准适用于按照 API650 建造的碳钢和低合金钢油罐，内容包括术语定义，工况适用性，脆化断裂考虑事项、检验，材料，翻建储罐设计考虑事项、改建、拆除和翻建、焊接、检验与试验、标记和记录保管等内容。

SHS 01012 属于中国石化《石油化工设备维护检修规程》的一部分，适用于储存液态石油和石油产品等介质，内压不大于 6kPa 的立式圆筒形钢制焊接储罐，内容包括检修周期和内容、检修与质量标准、试验与验收、维护与故障处理。储存酸、碱、氨等液态化学药剂或高台架上以及罐壁不与挡土墙直接接触的地下、半地下常压储罐的维护和检修可参照本规程执行。

二、国外储罐检验相关标准

国外储罐检验的标准主要有 API 653《储罐检验、维修、改造和重建》、API 650《焊接石油储罐》、API RP 575《现有常压和低压储罐的检验指南和方法》、API 620《大型焊接低压储罐设计与建造》等。

API 653《储罐检验、维修、改造和重建》使用最为广泛，它适用于按照 API 650 建造的碳钢和低合金钢油罐，提供了在役的地面、非制冷、常压、焊接或铆接油罐保持完整性的最低要求。API 653 标准关于储罐检验方面有如下特点：

（1）检验周期的确定综合考虑储存介质的性质、腐蚀裕量和腐蚀速率、以往检验情况、工作历史等多方因素，还可参考一座工况条件相似的储罐进行，并且引入了基于风险的检验（RBI）的理念，检验周期不是固定不变的。

（2）检验分为罐外部检验和开罐检验，有不同的检验项目、检验方法、检验周期。

（3）磁粉、渗透、超声波、射线、真空箱等检验方法只应用于开罐检验。

（4）提供了一套在检验的基础上对储罐罐顶、罐壁、罐底、基础等完整性评估的方法，还提供了脆性断裂的考虑因素和程序。

三、不同标准检测要求的对比

（一）检修/验周期

SY/T 5921：检修周期一般为 5 ~ 7 年，新建油罐第一次检测修理周期不宜超过 10 年，经过可靠检测分析手段评价油罐状况，根据评价结果，经主管部门批准，油罐修理周期可适当延长或缩短。油罐的检测评价一般在修理周期到达前一年内进行，对于延长修理周期的油罐宜每年进行一次检测评价。

SY/T 6620：储罐的检验分为外部检验和内部检验 2 种。外部检验分例行在役检验、外部检验和超声波厚度检验三种。例行在役检验一般不超过一个月检验一次。外部检验的最长周期应为 5 年或 *RCA/4N*（*RCA* 为测量的罐壁壁厚与要求的最小壁厚之差，*N* 为罐壁的年腐蚀速率）中的较短期限；当腐蚀速率未知时，超声波测厚的最长周期为 5 年，当腐蚀速率已知时，最长检验周期为 15 年和 *RCA/2N* 中的较小者；内部检验主要是指底板的腐蚀、泄漏沉降检验，当腐蚀速率未知时，首次检验周期不能超过 10 年，当腐蚀速率已知时，最长检验周期为 *RCA/N*，但在任何情况下，内部检验周期都不得超过 30 年。

如果对储罐实施了基于风险的检验（RBI），则可以根据 RBI 评估结果适当延长或缩短储罐的检验周期。

SHS 01012：检修周期一般为 3 ~6 年。

（二）壁板厚度检测与评定要求

SY/T 5921：检测点的布置一般按排板的每块板布点、按每块板上的局部腐蚀的深度布点或按照点蚀布点。一个检测区用超声波测厚时，布点不少于 5 个，当平均减薄量大于设计厚度的 10% 时，应加倍增加检测点。对于腐蚀程度较重的区域则可以按点蚀布点。壁板检测的重点应在底板向上 1m 范围内，宜分内外两面检查，各圈壁板的最小平均厚度不得小于该圈壁板的计算厚度与检验周期内的腐蚀裕量之和，各圈壁板上局部腐蚀区的最小平均厚度不得小于该区底部边缘处计算厚度与腐蚀裕量之和。分散点蚀最大深度不得大于原设计厚度的 20%，且不得大于 3mm，密集点蚀最大深度不得超过原设计厚度的 10%。

SY/T 6620：油罐任何一层壁板的最小可接受厚度不得小于 2.5mm，用超声波测厚仪进行检测，任一腐蚀区域内平均厚度不得小于最小可接受厚度与腐蚀裕量之和，而最小厚度应不低于最小可接受厚度的 60% 与腐蚀裕量之和，当点蚀形成的剩余壁厚不小于最小可接受厚度的 50%，且沿着任何垂直线在 203mm 长度内这些点蚀的尺寸总和不超过 50.8mm 时，不必考虑分散点蚀的影响。

SHS 01012：每年对罐壁做一次测厚检查，罐壁下部两圈壁板每块板竖向至少测两个点，其他圈板可沿盘梯每圈测一个点，测厚点应固定，并设有标识，根据腐蚀情况可适当缩短或延长测厚时间间隔。用超声波测厚仪检查罐壁，不能满足要求时必须对罐壁进行加固；当罐壁腐蚀超过规定值时应进行修补或更换。

（三）底板厚度检测与评定要求

SY/T 5921：底板检测方法与壁板相同，需要注意检查有无自下而上的腐蚀穿孔，必要时可以在中幅板上少量开孔以检查底板背面的腐蚀状况，边缘板的平均减薄量不得小于设计厚度的 15%，中幅板的平均减薄量不得小于设计厚度的 20%，点蚀的最大深度不得大于设计厚度的 40%，当腐蚀深度超过上述规定，腐蚀面积大于检测板块面积的 50% 且在整块板上呈分散状态时，宜更换整块钢板，若小于 50%，则可考虑补板或局部换板。

SY/T 6620：底板厚度（腐蚀状况）的测定可以采用超声波测厚与漏磁或电磁检测相结合的方法，其最小壁厚应符合规定。

SHS 01012：用超声波测厚仪或其他设备检查底板腐蚀的减薄程度，底板剩余厚度不得低于相关规定，否则，应补焊或更换。

（四）顶板厚度检测与评定要求

SY/T 5921：顶板首先进行外观检查，对于固定顶评定应根据监测结果进行整体强度和稳定性计算并据此作出评定。对腐蚀严重的构件应单独进行评定。定板及焊缝不应有任何裂纹和穿孔。单盘板、浮舱顶板和底板的平均减薄量不应大于原设计厚度的 20%。点蚀的最大深度不应大于原设计厚度的 30%。

SY/T 6620：在任意 645cm^{2}范围内固定顶板平均厚度小于 2.3mm 或有穿孔性腐蚀时，应进行修补或更换，对固定顶支承系统的坚固性、变形、已经腐蚀和危险的构件做出评定，必要时应进行修补或更换；对于已经出现裂纹或穿孔的浮顶和浮舱要进行修补或更换损坏的构件；对凹坑做出评定，若在下次检测之前可能产生穿透性孔洞，应对受损部位进行修补或更换。

SHS 01012：对凹陷鼓包、折褶、变形值等有相应规定，对顶板厚度值无明确要求。

（五）焊缝检测与评定

SY/T 5921：对罐底板、浮顶单盘板、浮舱底板焊缝进行 100% 真空试漏，试验负压值不应低于 53kPa。对浮顶船舱通入 785kPa 压力的空气进行气密性检测。对罐底板与壁板、浮顶单盘板和浮舱的内侧角焊缝进行渗透或磁粉检测，并按 NB/T 47013 相关要求进行；对罐下部壁板纵焊缝进行超声波检测，容积小于 2×10^4m^{3}的储罐检测其下部一圈壁板，容

积大于等于 $2\times10^4m^3$ 的储罐则检测其下部两圈壁板，容积大于或等于 $1\times10^5m^3$ 的储罐检查下部三圈，纵焊缝不小于该部分焊缝总长的10%，丁字型焊缝100%检查。NB/T 47013 Ⅱ级为合格。

SY/T 6620：只有检测人员资质要求，无具体检测项目要求。

SHS 01012：罐底焊缝的无损检测包括射线、渗透、超声等，具体执行相关规定，合格标准按 NB/T 47013 评定。

SY/T 4109《石油天然气钢质管道无损检测》，适用于石油天然气钢质管道的无损检测。SY/T 4109 与其他无损检测标准的区别是：该标准不仅规定了检测方法，同时还规定了合格判定准则。

NB/T 47013《承压设备无损检测》规定了承压设备的无损检测方法，无损检测机构和检测结果的质量分级。同时，GB 50128《圆筒形钢制焊接储罐施工及验收规范》、SH 3530《石油化工立式圆筒形钢制储罐施工工艺标准》也分别规定了采用 NB/T 47013 进行无损检测。

四、标准的应用

API 653（第五版）2014 年 11 月开始实施，现行的 SY/T 5921 和 SY/ T 6620 与新版的 API 653 存在一些差距，应及时引进新版 API 653 并转化为标准，用于指导国内大型储罐的检验和安全运行。

整体上，SY/T 6620 比 SY/T 5921 更加科学，但是从罐体受力和缺陷产生的机理两方面进行分析，SY/T 5921 对焊缝表面检测的要求比 SY/T 6620 的规定更加符合实际。SY/T 6620 适用于按照 API 650 要求建造的碳钢和低合金钢油罐，因此，并不适用于国内在用的绝大部分储罐。SHS 01012 作为石油化工设备维修规程，主要在石油化工企业实施，相对而言，该规范对于罐壁板、底板厚度的检测要求更加严格，执行该规范，将使储罐运行的安全性更高，但实用性和科学性则相对较差。在检测实践中，应根据客户要求，选择适用的检测依据，如果能将 3 个标准结合起来，各取所长，不失为一种更加科学的做法。

SY/T 5921、SY/T 6620 和 SHS 01012 对于壁厚的要求主要是基于强度的要求，在检验实践中曾发现多个罐体刚度不足的案例，因此，若发现壁厚有异常或罐体有变形时，应进行罐体刚度（抗风力稳定性）计算，以保证储罐的安全运行。规范和标准是实施大型储罐检验的依据，目前我国关于大型储罐检验的标准尚未形成体系，只有有限的几个行业标准或企业标准，其科学性、实用性和适用性也有待改进，应尽快规范大型储罐的检测标准，建立和完善标准体系，确保储罐的安全运行。

GB 50341《立式圆筒形钢制焊接储罐设计规范》、SH 3046《石油化工立式圆筒形钢制焊接储罐设计规范》和 API 650《焊接石油储罐》适用于立式圆筒形储罐设计，在罐体进行强度或刚度计算时，需要应用这些标准中的计算公式。

JB/T 10765《无损检测常压金属储罐漏磁检测方法》，规定了检测设备、检测人员、检测工艺和检测报告等相关内容。

JB/T 10764《无损检测常压金属储罐底板声发射检测及其评价方法》，规定了检测方法、检测人员、检测工艺、检测结果及评价、检测报告等内容。声发射检测是一种定性的在线检测，其检测结果按 JB/T10764 可分为Ⅰ～Ⅴ级，对于评价为Ⅰ、Ⅱ级的储罐不必开罐检修，可以使业主节省大笔的检修费用和避免因停产造成的损失，而对于评价为需要开罐检修的储罐，则可采用 MFL 或其他方法做进一步的定量检查。

第二节　储罐检验的技术现状

储罐的失效模式主要是腐蚀及由此引起的泄漏，因而国内外关于储罐的检验技术也是围绕着腐蚀展开的，主要有声发射检验、漏磁检验、常规无损检测等。

一、声发射检验

储罐在腐蚀过程中会产生声发射信号，通过固定在储罐上的传感器阵列采集这些信号，然后利用计算机软件进行分析处理，就能够对储罐的腐蚀状况进行评定，并且对腐蚀区域进行定位，为进一步的检验或维修提供指导。

储罐的声发射检验具有以下优点：①不需要停产就可以实现对罐底等内部结构的腐蚀状况进行评估；②可以对储罐进行实时的、整体的监控，这是其他检验技术无法实现的；③检验速度快，工期短，成本低；④检验结果可以作为储罐是否需要维修的依据；⑤腐蚀评定过程中同时可发现泄露的声发射信号。

有关储罐声发射检验的标准主要有美国的 ASTM E1930—02《充液的常压和低压金属储罐声发射检测方法》和我国的 JB/T 10764《无损检测 常压金属储罐声发射检测及评价方法》。

我国标准对声发射检验原理、检验人员及设备、传感器的布置、加压程序等都进行了详细的描述，但对于检验结果的分级评定却比较模糊，基于时差定位分析的定位事件数 E 和基于区域定位分析的撞击事件数 H 都需要进行一定数量的检测实验或者开罐验证来取得。声发射在线检测罐底板的意义：可以定性确定储罐的“好”和“坏”，即确定底板是否存在严重腐蚀和泄漏的问题，作为储罐底板腐蚀状况“普查”和“初筛”方法，具有一定的预测性，可大大减小泄漏事故发生的概率，指导用户如何确定是否实施开罐检验和开罐时间的排序问题。目前，我国储罐的声发射检验尚处于初起步阶段，还需要大量的实践经验的积累。

二、漏磁检验

漏磁检验的原理是当铁磁性材料被外部磁化装置磁化后，使其产生感应磁场，如果材料有腐蚀或机械损伤等缺陷，则磁力线就会泄露，从而在表面形成漏磁场，被磁场探头检测到，对漏磁场信号进行分析就可获得缺陷的有关信息。对于腐蚀，漏磁检验可以给出腐蚀的深度当量；对于裂纹，可以分析漏磁信号的波形来确定。漏磁检验扫描速度快，灵敏度较高，不受表面涂层和粗糙度的影响，特别适合于储罐底板的检验，其局限性是仅适用于铁磁性材料，对于储罐底板的检验需要开罐进行。

储罐漏磁检验可参照 JB/T 10765《无损检测　常压金属储罐漏磁检测方法》，对于检测小车无法覆盖的区域，如罐壁与罐底连接处的大角焊缝，应改用手持式设备或其他表面检验方法进行补充。

三、常规无损检测

包括射线、超声、磁粉、渗透等检测方法，详见第七章中常规无损检测技术相关内容。

储罐检验没有像特种设备那样执行强制检验，但储罐的安全运行同样不容忽视，全面而有效的检验技术是储罐安全运行的有力保障。我国标准对储罐的检验周期尚无明确要求，而国外标准要求综合考虑储存介质、腐蚀速率、检验历史等多方面信息柔性确定，避免了硬性规定检验周期造成重复检验而使检验成本上升。声发射检验、漏磁检验等新技术在储罐检验中具有很大的优势，值得积极地应用推广，同时不应忽视磁粉、渗透、超声、真空箱试漏等其他常规无损检测方法，多种检验方法结合运用，才能确保储罐检验的全面性和有效性。

第三节　储罐年度检查

储罐年度检查应包括储罐日常检查、季度检查以及年度检查。

一、储罐日常检查

检查内容如下：

（1）储罐罐体应无渗漏。与储罐相连阀门应完好，各阀门及管路连接处应牢固，紧固件无锈蚀，密封可靠，储罐防雷接地极连接完好无断裂。

（2）浮梯运行正常，轨道无杂物，滚轮转动灵活、无卡阻、损坏。

（3）盘梯、浮梯、平台、量油孔、取样孔等处卫生、无油污和杂物。

（4）浮船与罐壁、浮船与浮梯、浮梯与罐壁间电气连接完好，无缠绕现象，连接处应牢固，无锈蚀。

（5）一、二次密封及附件应完好、无油面外露和较大的变形。

（6）感温光栅完好，无破损或断裂现象。

（7）量油管、导向管表面无明显划痕、无严重的摩擦，限位滚轮转动灵活。

（8）中央集水坑内应无杂物，浮碟（球）式单向阀应灵活好用，排水管排水畅通；

及时清理集水坑内堵塞杂物，防止堵塞。

（9）进油中、进油后目视检查浮舱是否存在渗漏点。

（10）目视检查液位计和高低液位报警等应完好，无异常。

（11）量油孔、取样孔防止产生火花的衬垫完好，密闭良好。

（12）阴极保护电缆与罐底外边缘板连接处连接牢靠、无断裂。

（13）固定顶油罐液压安全阀油位正常，呼吸阀进出口应无堵塞、阀杆无卡阻，安全阀、呼吸阀法兰与阻火器法兰连接完好。

（14）二次密封上导静电片与罐壁接触良好。

（15）搅拌器、罐下取样器及自动切水器运行良好，无异常现象。

（16）在暴雨、台风等极端天气前后，应及时对油罐进行前15项内容检查。雷雨季节前，应对油罐及罐区进行一次全面检查。

（17）将检查情况在巡回检查记录本上做好记录，对影响安全运行的问题及时安排处理，其他问题安排保养或专项检修。

二、储罐季度检查

检查内容如下：

（1）季度检查包括日常检查的全部内容。

（2）进出罐阀、排水阀、蒸汽阀、消防管线阀门等阀体漆面、保温壳体应无脱落；填料函处应无渗漏，做好阀杆的防腐润滑和防尘。

（3）加热盘管、罐外阀门冬季无冻裂现象，加热盘管停用时应排净管内的积水。

（4）搅拌器球面组件压盖填料处不应有渗漏现象。

（5）检查罐顶表面和罐底部边缘板的腐蚀情况，局部腐蚀部位重新防腐。

（6）消防泡沫发生器完好、无锈蚀、无杂物。

（7）浮顶密封装置与罐壁间应接触严密，密封件无翻边、撕裂等损坏现象。

（8）浮顶加热除蜡装置金属软管接口无漏气；软管无裂纹。

（9）一次密封完好，无变形、损坏现象。雷雨季节每月应检测每个油罐二次密封内、外部可燃气体浓度，检测次数不少于1次。容积大于等于$10\times10^4m^3$的油罐监测点不少于8个点（周向均布），小于$1\times10^5m^3$的油罐检测点不少于4个（周向分布）。

（10）呼吸阀、安全阀、阻火器、排水阀季度检查内容：

①检查呼吸阀的阀盘等部件完好，呼吸阀动作正常。

②清理阻火器的杂物，清洗防火网（罩）。

③清理排水阀中的杂物，保持畅通。

④对锈蚀的螺丝、螺栓进行保养或更换。

⑤必要时更换或补充安全阀的密封油（推荐使用变压器油），并保持正常液位。

⑥检查油罐防雷接地设施，应无破损。

三、储罐年度检查

（一）罐体测厚

每年因对储罐罐体至少做一次测厚检查，罐底外露边缘板应沿环向每米布置 1 个测点。底圈罐壁板沿环向一圈每米布置一个测点。其他圈罐壁板可沿盘梯进行检测，每圈板测一个点。单（双）盘上表面每张板测 1 个点，测厚点应固定，设有标志，并按编号做好测厚记录。有保温层的储罐，测厚点处做成活动块便于拆装，如果测厚点测厚数值偏出规范要求，应在临近处加密检测。

1. 罐底外露边缘板测厚

（1）测点布置

以正东（或以某物或固定点做标记）罐底板外侧的基础顶面为第一点，按顺时针（或者逆时针）方向布点，每块板布 2 点。当发现减薄量大于设计厚度的 10% 时，适当增加检测点数。

（2）测量方法

用超声波测厚仪测量每个点的钢板厚度并记录（测厚仪在每测 8～10 个点后要进行自校验）。测量过程中一人在前测量，一人在后测量，若两人测量数据偏差大于 0.1mm（测量下限至 10mm 以下）；$0.1+H/100$（$H \geqslant 10$mm；H 为材料公称厚度），应重新校准设备再次测量。

（3）边缘板评定

边缘板按下列条款进行评定：

①边缘板腐蚀平均减薄量不大于原设计厚度的 15%；

②点蚀最大深度不大于原设计厚度的 40%；

③当腐蚀深度超过以上规定的、腐蚀面积大于一块检测板的 50%，且整块板上呈分散分布时，宜更换钢板；面积小于 50% 时；应考虑补板或局部更换新板。

2. 罐壁板测厚

（1）测点布置

测点布设应满足下列条件：

①无保温储罐底圈板应以正东（或以某物或固定点做标记）为第一点，按顺时针（或者逆时针）方向布点，每块板布 2 点；

②有保温储罐底圈板应按预留测点检测；

③其它圈板可沿盘梯每圈设置 1 个检测点；

④当发现减薄量大于设计厚度的 10% 时，适当增加检测点数。

（2）测量方法

①测量方法同罐底外露边缘板测厚。

②壁板评定

壁板按下列条款进行评定：

a. 各圈壁板的最小平均厚度不应小于该圈壁板的计算厚度加腐蚀裕量；

b. 各圈壁板上局部腐蚀的最小平均厚度不应小于该区底部边缘的计算厚度加腐蚀裕量；局部腐蚀平均计算按 SY/T 6620—2014 的 4. 3. 2. 1 规定执行；

c. 分散点蚀最大深度不应大于与设计壁厚的 20% ，且不大于 3mm；密集点蚀最大深度不应大于壁板厚度的 10% 。点蚀数大于 3 的，任意两点间的最大距离小于 50mm，可视为密集点蚀。

（二）罐顶板测厚

1. 测点布置

布点按每块板不少于 1 个点进行。当平均减薄量大于设计厚度的 10% 时，在减薄处附近区域进行加密检测。

2. 测量方法

测量方法同罐底外露边缘板测厚。

3. 浮顶评定

浮顶按下列条款进行评定：

（1）单盘板、浮舱顶板和底板平均减薄不应大于原设计厚度的 20% 。

（2）点蚀最大深度不应大于原设计厚度的 30% 。

（三）储罐基础环梁高程检测

1. 检测仪器

使用水准仪进行储罐基础测量。

2. 测点布置

以正东（或以某物或固定点做标记）罐底板外侧的环梁顶面（距罐壁 150mm 左右）为第一点（有固定测点的以固定测点为基准），按顺时针（或者逆时针）方向均布测点。

有环墙时测点间距不应大于 9m，无环墙时测点间距不应大于 3m。测点个数为$4n$（$n=2，3，4，\cdots$）。

3. 检测方法

采用“逐点测量法”，从第一点开始，用全站仪（或水准仪）等仪器依次测量各点的相对高程。测站距测点应小于 50m。

4. 检测误差

闭合测量误差小于 $\pm 3\sqrt{n}$mm（**注**：n—测站数量），否则重新测量。

5. 高程差允许值

储罐基础高程偏差允许值应满足：

（1）各测点与其相邻地面之间的高差不小于 300mm；

（2）两测点之间的高差，有环墙时每 10m 弧长内任意两点的高差不应大于 12mm；

（3）无环墙时，每 3m 弧长内任意两点的高差不应大于 12mm；同一直径上两测点间的高差不大于表 4. 3 - 1 的要求。

表 4.3-1 油罐基础均匀倾斜及沉降许可值

浮顶油罐/m		固定顶油罐/m	
$D \leqslant 22$	0.007D	$D \leqslant 22$	0.015D
$22 < D \leqslant 30$	0.006D	$22 < D \leqslant 40$	0.010D
$30 < D \leqslant 40$	0.005D	$40 < D \leqslant 60$	0.008D
$40 < D \leqslant 60$	0.004D	—	—
$60 < D \leqslant 80$	0.0035D	—	—
$D > 80$	0.003D	—	—

注：引自 SY/T 5921—2011 5.8.2.1.1。

(四) 储罐附件检查

(1) 检查罐基础下沉、开裂、破损，罐体倾斜，散水坡破损等情况等；

(2) 检查罐顶、罐壁是否变形，有无严重的凹陷、鼓包、褶皱以及渗透穿孔；

(3) 目视检查浮舱有无泄漏情况；这里泄漏情况重点检查浮舱底板及焊缝是否有渗油，同时要检查浮舱内是否有积水，若有积水应查明积水原因，注意浮舱顶板是否有穿孔；检查浮舱盖板的严密性；目测检查浮顶防腐涂层，对点蚀和凹面积水腐蚀部分进行测厚（腐蚀面不易进行检测时，应从顶板背面进行测厚）；

(4) 目视检查罐壁接管腐蚀情况，对于有腐蚀的区域应进行测厚检测其减薄量；

(5) 检查防腐层脱落、起皮、破损等；

(6) 检查盘梯、栏杆、平台支架、踏步、梯子斜梁以及转动梯的腐蚀、磨损、防腐漆损坏等情况；

(7) 对有保温的储罐，检查保温层的破损情况，罐体无明显损坏、保温层无渗漏痕迹时，可不拆除保温进行检查，破损处应进行修补；

(8) 检查罐前阀、罐根阀、补偿器、呼吸阀、弹性密封装置、自动透气阀、紧急排水装置、泡沫发生器状况、抗风圈、加强圈、泡沫挡板的腐蚀情况；

(9) 检测储油罐防雷、防静电设施，采用接地电阻测试仪测试接地电阻；

(10) 油罐上液位计、温度计、压力表等各种检测仪表工作正常；

(11) 紧急排水装置无堵塞、无泄漏现象；

(12) 浮顶中央排水集水坑无堵塞、无泄漏现象；

(13) 罐顶安全阀、呼吸阀、通气阀完好无损。检查通气阀内壁腐蚀情况；

(14) 罐前阀灵活好用，密封部位无泄漏，电动阀门执行机构应完好；

(15) 自动通气阀检查阀盖顶杆上下滑动灵活无卡组，阀盖顶杆与固定橡胶密封垫无硬化开裂现象；

(16) 呼吸阀、安全阀、阻火器检查应按说明书要求检查呼吸阀，确保呼吸阀开启灵活，根据不同季节、地区定期换油（变压器油），阻火器无杂物阻塞；

(17) 检查防雷接地，一是检查浮顶与罐体静电导出线连接完好，无腐蚀现象；二是春秋两季应各对储罐的防雷接地进行一次检测，电阻值应小于 4Ω，同时，雷雨季节前应检测一次；

（18）检查浮顶的立柱、套管加强板有无腐蚀，外观检查套管的焊缝、加强板焊缝；

（19）检查防火提内喷淋管线和泡沫消防管线（不含罐上部分）；采用数字超声波每间隔2m环向测厚4个点（上、中、下）；

（20）检查浮梯踏步腐蚀情况和中心轴的腐蚀情况；

（21）检查罐壁人孔、清扫孔、浮船人孔盲板及禁锢螺栓状态；

（22）检查量油孔及孔盖、量油平台、导向管平台变形、腐蚀情况；

（23）检查量油管、导向管有无弯曲变形、划痕，检查量油管、导向管限位装置状态及限位滚轮是否转动灵活；

（24）检查罐外边缘板与基础顶面间密封胶或防水裙等密封，应无裂缝、脱胶或损坏；

（25）检查储罐外大角焊缝，应无渗漏现象；

（26）当储罐罐体椭圆度、垂直度和量油管、导向管倾斜度超出标准范围时，应使用全站仪对储罐进行几何形体检测。

四、年度检查案例

（一）单盘板、浮舱顶板腐蚀检查

单盘板、浮舱顶板腐蚀检查，特别注意检查长期积水处，因为顶板腐蚀基本上都是积水腐蚀。也有些特例，例如储罐建设过程中以及投产运行过程中造成的机械损伤，此处也容易腐蚀，甚至穿孔。如果浮舱顶板腐蚀穿孔未能及时发现，浮舱内将积累雨水，加快浮舱内的腐蚀。如果单盘板上表面原油渗出，说明有穿孔，较容易发现。浮船顶板典型缺陷如图4.3－1、图4.3－2和图4.3－3所示。

图4.3－1　浮舱顶板积水腐蚀穿孔

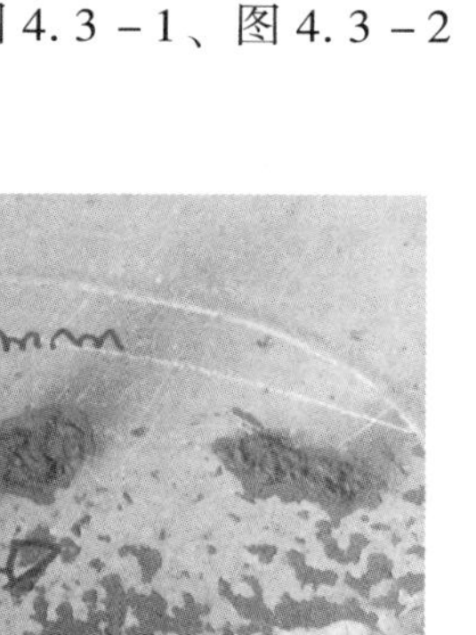

图4.3－2　浮舱顶板防腐漆脱落，积水腐蚀

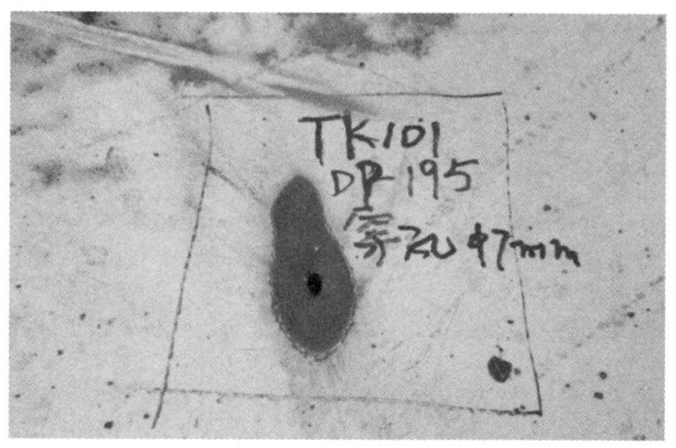

图4.3－3　单盘板机械损伤导致的穿孔

（二）单盘板、浮舱顶板焊缝宏观检查

单盘板、浮舱顶板焊缝宏观检查，主要检查焊缝是否有裂纹、穿孔，焊缝产生裂纹主要是因为浮舱顶板局部严重变形。单盘板焊缝典型缺陷如图 4.3－4 所示。

（三）浮舱内检查

检查浮舱内是否有渗漏现象，如图 4.3－5 所示，一是检查是否渗油，二是检查是否有积水。如果某个浮舱有渗油情况，首先确定是焊缝渗油还是母材穿孔渗油，并及时处理。

图 4.3－4　单盘板搭接焊缝穿孔渗油

图 4.3－5　浮舱底板渗油

（四）储罐附件检查

储罐附件检查，主要是检查附件运行状态，对于腐蚀严重及不能正常运行的需及时维护保养。储罐自动通气阀缺陷如图 4.3－6 所示。

（五）储罐基础、防火墙及排水沟检查

储罐基础、防火墙及排水沟检查，检查基础是否有开裂、露筋情况，如图 4.3－7 所示。

图 4.3－6　储罐自动通气阀严重锈蚀

图 4.3－7　储罐基础破损露筋

（六）罐外壁板、储罐抗风圈、加强圈及盘梯踏步检查

罐外壁板、储罐抗风圈、加强圈及盘梯踏步检查，主要检查其是否存在大面积防腐漆

脱落、锈蚀情况，如图 4. 3 – 8 和图 4. 3 – 9 所示。

图 4. 3 – 8 罐外壁板局部防腐漆脱落，罐壁腐蚀

图 4. 3 – 9 抗风圈平台腐蚀

（七）储罐抗风圈、加强圈及盘梯踏步护栏检查

储罐抗风圈、加强圈及盘梯踏步护栏检查，注意是否有断裂，如图 4. 3 – 10 所示。

图 4. 3 – 10 抗风圈平台护栏腐蚀断裂

（八）储罐外大角焊缝检查

检查储罐外大角焊缝是否有渗漏、开裂情况。

（九）量油管、导向管限位装置检查

检查量油管、导向管限位装置是否变形以及限位滚轮是否卡阻，如图4.3－11所示。

图4.3－11　量油管限位装置变形以及限位滚轮是否卡阻

第四节　定期检验

储罐定期检验是按一定的检测周期对储罐进行的较全面的检测。储罐定期检验可采用在线检验方法或开罐检测方法。

一、在线检验

在线检验分为储罐外部检验和储罐声发射检测两种检测方法。

（一）储罐外部检验

储罐外部检验的内容主要包括储罐基础检测、几何形体测量、测厚、补偿器检查、一、二次密封尤其浓度抽查、附件常规检查。

1. 储罐基础检测

对于新建储油罐投产后三年内，应每年对基础进行一次检测，以后至少每隔三年检测一次，在运行过程中，发现罐体或基础存在异常情况现象，应立即对基础进行检测。各二级输油生产单位（库）负责提供基础绝对标高点位置及高程参数。要求检测储油罐基础绝对标高。相邻点高差及对径点高差及罐基础倾斜角等检测项目和评定标准，详见SY/T 5921《立式圆筒形钢制焊接原油储油罐操作维护修理规范》。

2. 几何形体（椭圆度，垂直度）测量

在罐低油位时，测量储油罐垂直度，各圈壁板椭圆度，量油管及导向管倾斜度。

3. 储油罐的测厚检测

储罐测厚检测按照年度检查进行，并应标记测厚点位置。

4. 罐前补偿器检查

对补偿器的进行宏观检查，重点检查补偿器是否有裂纹，螺距是否有异常变化，是否有渗漏等。

补偿量测量：以进出油大拉杆补偿器或金属软管两端法兰最低点或最高点（两端法兰盘直径不一致时需修正，即减去两法兰盘半径的差值）等易测量点检测进出油管线大拉杆补偿器高程差。

5. 一、二次密封油气浓度抽查

小于 $1\times10^5m^3$ 储油罐监测点不少于 4 个（周向均布），大于等于 $1\times10^5m^3$ 储油罐监测点不少于 8 个（周向均布）。

6. 附件常规检查

采用宏观检查方法，对基础与罐底、罐壁与罐顶、有关附件、防雷接地、消防设施等进行常规检查。

（二）储罐声发射检测

储罐声发射检测是在储罐不开罐的情况下，通过在储罐第一层壁板上布置声发射传感器，采集储罐底板的腐蚀和泄漏发出的声发射信号，进行数据分析，判断储罐底板的腐蚀情况及是否存在泄漏。声发射检测技术将在本章第 5 节进行详细介绍。

二、开罐检测

开罐检测是储罐大修前进行的有针对性的检测，检测结果将作为大修的主要参考和依据，在本章第四节“声发射检测技术”进行详细阐述。

（一）检测准备阶段

（1）收集油罐相关设计图纸和运行过程中的资料以及相关的技术标准、规范；组织人员认真做好资料会审；详细了解该储油罐，确定油罐检测的部位；开始检测前对检测人员组织上岗前培训。

（2）对所有检测设备进行仔细的检查、保养、保障检测期间设备运转正常；对检测仪器、试验设备有效期进行确认，确保试验和检测的准确性、可靠性。

（二）确认现场检测条件

（1）确认储罐的罐前进出油阀门，处于关闭状态，并要求加装盲板；

（2）油罐的人孔、清扫孔应全部打开且充分通风换气，使用“四合一”气体浓度检测仪检测罐内氧气及有害气体浓度；

（3）罐内无积水，罐壁和罐底板待检表面无锈蚀、无油污及其它杂物；

（4）喷砂达到要求，不平整处采用角向磨光机打磨平整。

（三）检测内容

1. 罐体腐蚀程度检测

罐壁板、罐底板、浮顶检测：

采用数字超声波测厚仪对储罐罐壁进行测厚，测量过程中一人在前测量，另一人随后测量，若俩人测量数据相差较大，应重新测量。每测 8～10 个点后测厚仪要进行自校验（当平均减薄量大于设计厚度的10%时，应增加检测点，以下顺延）。

测量时测量每一块钢板及每一块钢板上每一个腐蚀区的平均减薄量，并检测腐蚀严重点的腐蚀深度。对于直径小于5mm，深度大于1.2mm的坑点，使用深度游标卡尺进行间接测厚。

（1）罐壁板检测

底圈壁板1.0m高以下，罐内壁板每块板检测10个点（当有腐蚀深度超过原设计厚度10%点时，增加5～10个点）。对其它壁板腐蚀深度超1.5mm，腐蚀面积大于40cm²的，也进行腐蚀检测。标出密集腐蚀点的深度和腐蚀面积（长×宽）。

（2）罐底板检测

①中幅板

罐底板中幅板每平方米不少于2个点。当平均减薄量大于设计厚度的10%时，加倍增加检测点，标出严重腐蚀点的深度和密集腐蚀区域的腐蚀面积（长×宽）。储罐底板腐蚀缺陷如图4.4－1所示。

图4.4－1　罐底板腐蚀坑

②边缘板

罐底边缘板罐内每平方米不少于2个点，罐外边缘板每米布1点。对于点蚀处应全部进行布点，标出严重腐蚀点的深度和密集腐蚀区域的腐蚀面积（长×宽）。储罐底边腐蚀缺陷如图4.4－2所示。

（3）浮顶检测

①（单、双）盘板

（单、双）盘板、浮舱顶板上表面每块板检测8～10个点，每平方米不少于1个点。当平均减薄量大于设计厚度的10%时，应增加检测点。标出严重腐蚀点的深度和密集腐蚀区域的腐蚀面积（长×宽）。浮舱顶板缺陷如图4.4－3和图4.4－4所示。

图 4.4－2　罐底边缘板腐蚀坑

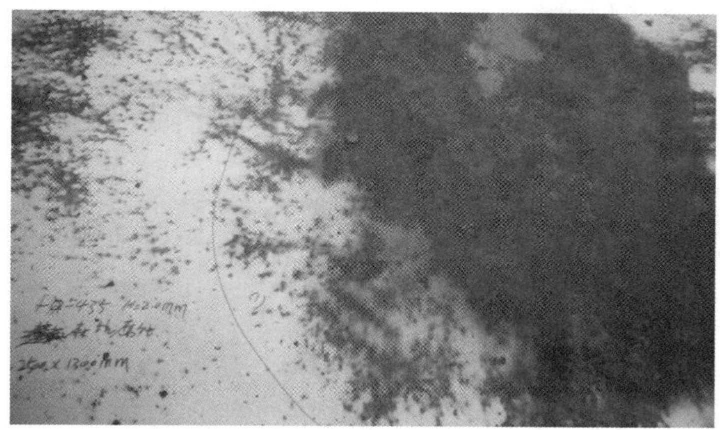

图 4.4－3　浮舱顶板积水腐蚀

图 4.4－4　浮舱顶板穿孔

②浮舱

浮舱采用目测方式逐个检测内外表面的腐蚀情况，对腐蚀明显处按罐底板布点原则进行布点检测。浮舱内的渗漏点需现场标记清楚，并做好详细记录。浮舱底板缺陷如图4.4－5和图4.4－6所示。

图4.4－5　浮舱底板焊缝渗油

图4.4－6　浮舱底板母材穿孔渗油

（4）储罐罐底板采用漏磁扫描检测法，对罐底板进行100%检测，方法如下：

①检测时一般应使仪器沿底板的长轴方向进行扫查，并在长轴两端距底板边沿等于磁场探头宽度的端部区域沿底板短轴方向进行一次扫查，如有必要，也可对整个底板进行短轴方向扫查。

②扫查可以采用手动或自动模式进行，扫查速度应尽量保持均匀。

③扫描检测中应确认相邻扫描带之间的有效重叠，确保不引起漏检，从而影响检测结果。

④由于储罐底板是由很多钢板焊接而成的，在检测每块具体的底板之前，必须对它们进行编号。编号时首先要确定储罐底板的检测基准点，这个检测基准点是储罐底板编号系

统、底板坐标系和实际缺陷位置的基准点。

2. 罐体焊缝检查

检测前，对焊缝和焊缝热影响区域进行外观目视检查，如有明显腐蚀穿孔，标示并记录拍照。

（1）对罐底板、浮顶板的所有焊缝（除角焊缝外）进行100%真空试漏检测。

真空试漏试验负压值不低于53kPa。检测前检查真空箱密封性能，检测时，在焊缝上涂肥皂水，扣上真空箱后，待负压值达到53kPa时，关闭排气阀门，观察真空箱内的焊缝区域是否有气泡溢出（即漏点），观察时间为5～10s。下一箱与上一箱试漏必须有10%的重合，且将测出的所有漏点标注在排板图上。罐底板焊缝漏点缺陷如图4.4－7所示。

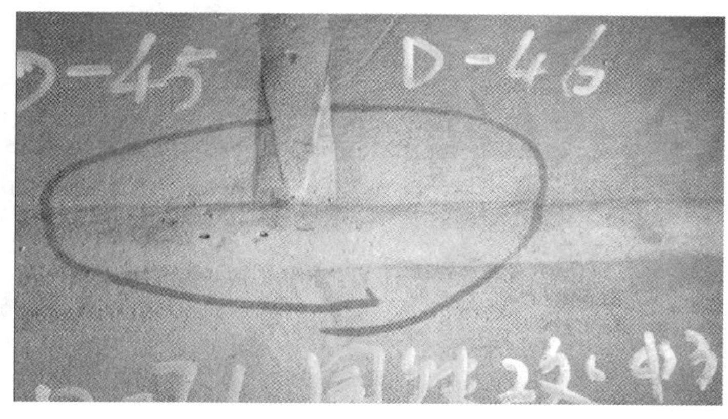

图4.4－7　罐底板焊缝漏点

（2）对罐底板与壁板间大角焊缝、单盘板与浮舱角焊缝、浮舱角焊缝进行100%渗透检测或100%磁粉检测。现场标出上述焊缝的腐蚀位置，并画图标出腐蚀深度和长度。罐底板“T”型焊缝、单盘“T”型焊缝、罐体底部与罐体相连管线的焊缝进行100%磁粉探伤。不能进行磁粉探伤的进行100%渗透探伤，现场检测条件允许的情况下尽量进行磁粉检测。储罐外大角焊缝缺陷如图4.4－8所示。

图4.4－8　储罐外大角焊缝圆形缺陷

(3) 对底圈罐壁板纵焊缝进行15%超声波抽检，第一圈与第二圈壁板对接丁字焊缝100%超声波探伤。

(4) 对浮舱、浮舱底板焊缝采用气密性试验的方式检测。

对浮舱人孔密封后，使用空压机对浮舱打压，气压达到785Pa（80mm水柱）后停气，稳压至少保持10min，观察浮舱顶板、底板焊缝、隔舱角焊缝是否有漏气现象，并将查出的渗漏点现场标注并记录。对浮舱、浮舱底板焊缝缺陷如图4.4-9所示。

图4.4-9　浮舱隔仓板与浮舱顶板焊缝未焊满、串气

(5) 对浮舱边缘板角焊缝和隔舱角焊缝采用煤油试漏。

将浮舱边缘板角焊缝和隔舱角焊缝表面的脏物、铁锈去掉后，刷涂白石灰浆，干透后，在角焊缝背面至少喷涂2遍煤油，每次要间隔10min，如果煤油喷涂浸润以后过12h，在涂白石灰焊缝的表面没有出现斑点，焊缝就符合要求；如果环境气温低于0℃，则需在24h后不应出现斑点。冬天为了加快检查速度，允许用事先加热至60～70℃的煤油来喷涂浸润焊缝。此时，在1h内不应出现斑点。

三、罐体几何形体检测

罐几何形体检测主要内容：罐外基础相对（绝对）高程及散水相对（绝对）高程、罐内底板相对（绝对）高程、浮顶板和浮舱底板相对（绝对）高程、罐主体倾斜程度、罐壁板椭圆度、罐外边缘板宽度、浮船偏移度、量油管、导向管的垂直度。

1. 罐外基础相对高程及散水相对高程

采用水准仪测量，以正东方向（或以某物如人孔等做标记）外边缘板上表面为第一点，按顺时针方向沿罐壁均布$4n$个测点，且测点间距不大于9m；散水测3个点（内、中、外）。

2. 罐底板相对高程

采用水准仪以罐底板中心为圆心，将底板分成若干个等距离同心圆，环间距离不大于

5m，外环紧靠外壁分点。

3. 浮顶（单、双盘）相对高程

采用水准仪测量，以浮顶（单、双盘）中心为圆心，将浮顶分成若干个等距离同心圆，环间距离不大于5m。

4. 罐主体倾斜程度

以第一（二、三）圈板1/4（3/4）处为基准，以正东为第一点，按顺时针方向沿罐壁均布4n（n=2、3、…）个基准点，且测点间距不大于9m，基准点数量与罐外基础高程测点数量相等。对数据进行汇总计算得出主体最大倾斜度、倾斜角。

5. 油罐各圈罐壁板椭圆度

以东西向直径和南北向直径与罐壁的四个交点为圆心，正东方处为测量第一点，按顺时针方向在罐内壁均布48个测点，并进行汇总计算得出各圈壁板平均直径、最大、最小直径值。

6. 罐外基础边缘板宽度、外壁板外露高度

测量方法与罐外基础高程布点原则相同，每一测点用钢板尺测量其宽度，并且每块板不少于3点。

7. 浮船偏移程度

采用钢板尺测量浮船与罐壁之间的距离，将测量结果进行计算，分析浮船偏移情况。

8. 底圈壁板、导向管和量油管的垂直度检测

采用全站仪将其放在罐内底板、浮舱顶板中心处，用全站仪和钢板尺测量量油管和导向管的环向倾斜。

9. 对罐底板内直径、浮舱顶板直径测量

将全站仪置于罐内底板、浮舱顶板中心处，通过相应公式进行计算。

四、油罐附件的检测

对油罐的下述附件进行检查及检测：平台、盘梯、量油管、导向管、罐前阀、呼吸阀、安全阀、自动通气阀、加热盘管、中央排水管、刮蜡机构、抗风圈、浮顶立柱、转动浮梯、导轨、浮梯导静电装置、液位计、抗震金属软管、防护栏杆、扶手静电导出线、静电接地设施和防火堤等。

1. 浮顶的立柱、套管加强板检查

重点检查是否有腐蚀，甚至穿孔。对套管的焊缝、加强板焊缝进行外观检查，焊缝应无裂纹、严重腐蚀。腐蚀缺陷如图4.4－10所示。

2. 喷淋管线和泡沫消防管线检查

测量喷淋管线和泡沫消防管线长度、直径；采用数字超声波每间隔2m环向测厚4个点（上、中、下）。编制消防、喷淋管线检测图。腐蚀缺陷如图4.4－11所示。

图 4.4－10　单盘浮顶的立柱套管腐蚀穿孔渗油

图 4.4－11　喷淋及消防管线防腐漆脱落、锈蚀

3. 中央排水管及中央排水口水封装置检查

检查测量中央排水管长度、直径，采用数字超声波每间隔 2m 环向测厚 4 个点（上、中、下），并对中央排水管以 390kPa 的压力进行水压实验，稳压 30min 应无渗漏。编制中央排水管检测图。

4. 浮梯各部位有无腐蚀，主要指踏步和中心轴的情况检查

检查浮梯中心线投影与浮梯轨道中心线偏差。检查测量或计算浮梯在油罐极限罐位时，浮梯与轨道的平行度夹角及两端的富裕长度。

5. 检查其他部件

（1）检查罐前阀、补偿器、呼吸阀、刮蜡机构、弹性密封装置、自动透气阀、紧急排水装置、泡沫发生器状况、抗风圈、加强圈、泡沫挡板的腐蚀情况。腐蚀缺陷如图 4.4－12和图 4.4－13 所示。

图 4.4－12　自动通气阀锈蚀

图 4.4－13　抗风圈平台严重锈蚀

（2）人孔、清扫孔、量油孔及孔盖腐蚀及平台变形、腐蚀情况。

（3）检查储油罐防雷、防静电设施，采用接地电阻测试仪测试接地电阻。

（4）检测保温层：保温层外防护层采用目测检查和选点取样检查记录锈蚀或破损位置。

（5）检查罐内牺牲阳极的完好情况。腐蚀缺陷如图 4.4－14 所示。

图 4.4－14　罐底牺牲阳极腐蚀 80%

（6）检查盘梯、抗风圈平台等护栏。腐蚀缺陷如图 4.4－15 所示。

图 4.4－15　抗风圈平台护栏严重锈蚀

第五节　声发射检测技术

一、声发射检测技术概述

材料中局域源快速释放能量产生瞬态弹性波的现象称为声发射（Acoustic Emission，简称 AE），有时也称为应力波发射。声发射是一种常见的物理现象，各种材料声发射信号的频率范围很宽，从几赫兹的次声频、20Hz ~20kHz 的声频到数 MHz 的超声频。声发射信号幅度的变化范围也很大，从 10^{-13}m 的微观位错运动到 1m 量级的地震波。如果声发射释放的应变能足够大，就可产生人耳听得见的声音。大多数材料变形和断裂时有声发射发生，但许多材料的声发射信号强度很弱，人耳不能直接听见，需要借助灵敏的电子仪器才能检测出来。用仪器探测、记录、分析声发射信号和利用声发射信号推断声发射源的技术称为声发射技术。

（一）声发射技术发展

声发射是自然界中随时发生的自然现象，人们观察到声发射现象已经有很长历史，公元 8 世纪阿拉伯炼金术士对“锡鸣”现象进行描述，是人们首次观察到的金属中的声发射现象。

1950 ~ 1953 年德国物理学家 Kaiser 观察到铜、锌、铝、铅、锡、黄铜、铸铁和钢等金属和合金在形变过程中都有声发射现象。并发现是材料形变声发射的不可逆效应即：“材料被重新加载期间，在应力值达到上次加载最大应力之前不产生声发射信号”。现在人们称材料的这种不可逆现象为“Kaiser 效应”。Kaiser 同时提出了连续型和突发型声发射信号的概念。

20 世纪 50 年代末和 60 年代，美国和日本许多工作者在实验室中作了大量工作，研究了各种材料声发射源的物理机制，并初步应用于工程材料的无损检测领域。Dunegan 首次将声发射技术应用于压力容器的检测。美国于 1967 年成立了声发射工作组，日本于 1969 年成立了声发射协会。

20 世纪 70 年代初，Dunegan 等人开展了现代声发射仪器的研制，他们把仪器测试频率提高到 100kHz ~ 1MHz 的范围内，这是声发射实验技术的重大进展，现代声发射仪器的研制成功为声发射技术从实验室走向在生产现场用于监视大型构件的结构完整性创造了条件。

随着现代声发射仪器的出现，整个 70 年代和 80 年代初人们从声发射源机制、波的传播到声发射信号分析方面开展了广泛和系统的深入研究工作。在生产现场也得到了广泛的应用，尤其在化工容器、核容器和焊接过程的控制方面取得了成功。

80 年代初，美国 PAC 公司将现代微处理计算机技术引入声发射检测系统，设计出了体积和重量较小的第二代源定位声发射检测仪器，并开发了一系列多功能高级检测和数据分析软件，通过微处理计算机控制，可以对被检测构件进行实时声发射源定位监测和数据分析显示。由于第二代声发射仪器体积和重量小易携带，从而推动了 80 年代声发射技术进行现场检测的广泛应用，另一方面，由于采用 286 及更高级的微处理机和多功能检测分析软件，仪器采集和处理声发射信号的速度大幅度提高，仪器的信息存储量巨大，从而提高了声发射检测技术的声发射源定位功能和缺陷检测准确率。

进入 90 年代，美国 PAC 公司、德国 Vallen Systeme 公司和中国广州声华公司先后分别开发生产了计算机化程度更高、体积和重量更小的第三代数字化多通道声发射检测分析系统，这些系统除能进行声发射参数实时测量和声发射源定位外，还可直接进行声发射波形的观察、显示、记录和频谱分析。

从本世纪开始至今，声发射技术出现多元化、多样化、多层次的色彩缤纷局面。声发射技术逐渐出现两方面细化，即实验室研究和工程现场检测两方面。两个方面需求的基本原理及主要功能类似，主要区别在于侧重点不一样。实验室研究的声发射要求性能更高、速度更快、处理能力更强及精度更高；但通道数要求不高，声发射设备的体积也没必要更小。另一方面，工程应用方面的声发射要求系统更高度集成，更便携，以方便携带和各种现场应用，系统也更稳定可靠。近年来声发射技术发展的多样化主要体现在针对不同工程对象和解决不同工程问题的多样化，包括如下：长期现场连续监测系统；基于 PDA 技术的口袋型高性能声发射系统；无线声发射系统；USB 型声发射系统；本安型声发射系统等。

（二）声发射技术的应用领域

目前人们已将声发射技术广泛应用于许多领域，主要包括以下方面：

（1）石油化工工业：低温容器、球形容器、柱型容器、高温反应器、塔器、换热器和管线的检测和结构完整性评价，常压储罐的检测，阀门的泄漏检测，埋地管道的泄漏检测，腐蚀状态的实时监测，海洋平台的结构完整性监测。

（2）电力工业：变压器局部放电的检测，高压蒸汽包的检测，管道的检测和连续监测，阀门蒸汽损失的定量测试，蒸汽管线的连续泄漏监测，锅炉泄漏的监测，汽轮机叶片的检测，汽轮机轴承运行状况的监测。

（3）材料试验：复合材料、增强塑料、陶瓷材料和金属材料等的性能测试，材料的断裂试验，金属和合金材料的疲劳试验及腐蚀监测，高强钢的氢脆监测，材料的摩擦测试，铁磁性材料的磁声发射测试等。

（4）民用工程：楼房、桥梁、起重机、隧道、大坝的检测，水泥结构开裂和扩展的连续监测等。

（5）航天和航空工业：航空器的时效试验，航空器新型材料的进货检验，完整结构或航空器的疲劳试验，机翼蒙皮下的腐蚀探测，飞机起落架的原位监测，发动机叶片和直升机叶片的检测，航空器的在线连续监测，飞机壳体的断裂探测，航空器的验证性试验，直升机齿轮箱变速的过程监测，航天飞机燃料箱和爆炸螺栓的检测，航天火箭发射架结构的验证性试验。

（6）金属加工：工具磨损和断裂的探测，打磨轮或整形装置与工件接触的探测，修理整形的验证，金属加工过程的质量控制，焊接过程监测，振动探测，锻压测试，加工过程的碰撞探测和预防。

（7）交通运输业：长管拖车、公路和铁路槽车的检测和缺陷定位，铁路材料和结构的裂纹探测，桥梁和隧道的结构完整性检测，卡车和火车滚珠轴承和轴颈轴承的状态监测，火车车轮和轴承的断裂探测。

（8）其他：硬盘的干扰探测，带压气瓶的完整性检测，磨损摩擦监测，岩石探测，地质和地震上的应用，发动机的状态监测，转动机械监测，钢轧辊的裂纹探测，汽车轴承强化过程的监测，铸造过程监测，Li/MnO_2 电池的充放电监测，人骨头的摩擦、受力和破坏特性试验，骨关节状况的监测。

二、声发射检测的技术原理

（一）声发射的产生机理

机械零件或材料受力时，在微观结构上将产生错位、滑移、变形等，并在这些部位集聚一定能量，当错位、滑移、变形发展到一定程度时，零件或材料将发生损伤，并以弹性波的形式释放积蓄的能量，从而产生声发射现象。声发射是材料中局部区域快速卸载使弹性能得到释放的结果，声发射源快速卸载的时间决定了声发射信号的频率。卸载时间越短，能量释放速度越快，声发射信号频率越高。

（二）声发射源

声发射检测的目的是找出材料或构建中的声发射源，并确定声发射源的性质，进而评价构件或材料的安全性。材料中有多种机制可以产生声发射源。声发射的能量一般由外加负载、相变潜热、外加磁场等来提供。在实际应用中，有几类重要的声发射源：一是错位运动（微观）和塑性变形（宏观），二是裂纹的形成和扩展；三是金属材料腐蚀。

（三）声发射波的传播

声发射波在介质中传播的模式可分为纵波（又称压缩波）、横波（又称剪切波）、表面波（又称瑞利波）、板波（又称兰姆波）等。

纵波（压缩波）：由体积变化产生，质点的振动方向与波的传播方向平行，可在固体、液体、气体介质中传播。

横波（剪切波）：由剪切变形引起，质点的振动方向与波的传播方向垂直，只能在固体介质中传播。

表面波（瑞利波）：质点的振动轨迹呈椭圆形，沿深度约为 1 ~ 2 个波长的固体近表面传播，波的能量随传播深度增加而迅速减弱。

兰姆波：因物体两平行表面所限而形成的纵波与横波组合的波，它在整个物体内传播，质点作椭圆轨迹运动，按质点的振动特点可分为对称型（扩展波）和非对称型（弯曲波）两种。

在实际检测过程中，对于大型常压储罐常见的容器类薄板结构，表面波和板波的传播衰减远小于纵波和横波而可传播更远的距离，是主要的传播模式。

三、声发射检测仪器系统

声发射检测系统由传感器、信号线缆、二次放大器、数据采集卡、数据存储单元、数据分析单元组成。例如美国 PAC 公司第三代 SAMOS 系统，其核心是并行处理 PCI 总线的声发射功能卡 – PCI – 8 板，在一块板上具有 8 个通道的实时声发射特征提取、波形采集及处理的能力。声发射采集卡如图 4.5 – 1 所示。

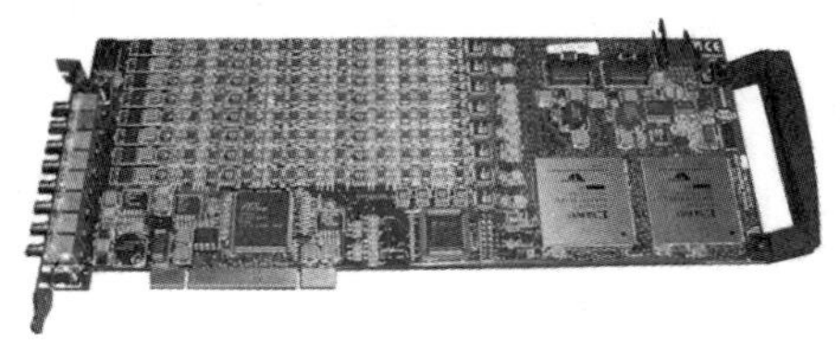

图 4.5 – 1　声发射采集数据卡

（一）声发射传感器

声发射传感器又称声发射探头，是声发射信号采集的关键装置，一般情况下传感器与被测件直接接触，其性能尤其是动态响应特性对能否捕捉到构件真实的声发射信号影响极大。在声发射检测中，大多使用的也是谐振式传感器和宽带响应的传感器。传感器的主要类型有：高灵敏度传感器，是应用最多的一种谐振式传感器；宽频带传感器，通常由多个不同厚度的压电元件组成，或采用凹球面形与楔形压电元件扩展频带；此外还有差动传感器、微型传感器、内置前放的传感器、防水传感器、高温传感器、低温传感器、磁吸附传感器、复合传感器等。

1. 高灵敏度谐振式传感器，也称窄带传感器

声发射源定位实际运用中大量遇到的是结构稳定的金属材料（如压力容器等），这类材料的声向各向异性较小，声波衰减系数也很小，频带范围大多是 100 ~ 400kHz，因此谐振式高灵敏度传感器是声发射检测中使用最普遍的一种，这种传感器具有很高的灵敏度，可探测的最小位移可达到 10 ~ 14m，但它们的响应频率范围很窄，且共振频率一般都位于 50 ~ 1000kHz 之间。一般在传感器型号上加 R 来区分（Resonance）。

2. 宽频带传感器，也称宽带传感器

在失去了与源有关的力学机理的情况下，用谐振式传感器来测量声发射信号有其它的局限性。为了测量到更加接近真实声发射信号来研究声源特性，就需得使用宽带传感器来获取更广频率范围的信号。宽带响应的传感器的主要优点是采集到的声发射信号丰富，全面，当然其中也包含着噪声信号。传感器是宽带、高保真位移或速度传感器以便捕捉到真实的波形。

3. 差动传感器

差动传感器也称差分传感器，由两个正负极差接的压电元件组成，输出相应变化的差动信号。其抗共模干扰能力强，适合噪声来源复杂的现场使用，一般会在传感器型号上加D来区分（Differential）。

4. 微型传感器

微型传感器具有小巧的外形结构，适合探测小型试件的声发射。但由于压电元件小，灵敏度较低，一般在传感器型号上加M来区分（Micro）。

5. 内置前放的传感器

这种传感器将声发射信号的前置放大器与压电元件一起置入探头的不锈钢外壳中，因此具有最好的抗电磁干扰能力，而且传感器的灵敏度不受影响。这种传感器在现场检测中使用十分方便，一般在传感器型号上加I来区分（Integral Preamp）。

6. 防水传感器

防水传感器也称浸入式传感器，这种传感器经过密封防水处理，可以在水中对构件进行声发射检测，一般在传感器型号上加W来区分（Water-proof）。

7. 高温传感器

高温传感器适合在高温环境下长时间工作，要求压电元件具有高温稳定性能，它的居里温度远高于使用温度。高温传感器的使用温度范围为 -20 ~ +200℃甚至更高。

8. 低温传感器

低温传感器适合在低温环境下长时间工作，要求压电元件具有低温稳定性能。

9. 磁吸附传感器

磁吸附传感器可以直接吸附在铁磁材料的检测对象上，达到充分接触耦合的目的。由于切变波传感器不能采用油耦合，所以它常采用磁吸附传感器的结构。

10. 复合传感器

复合传感器除了对声发射波敏感外，还可测试传感器布放位置的温度、振动等信号，因此特别适合声发射信号和其他温度、振动信号的综合检测。

（二）信号电缆

从前放一体式传感器到声发射检测仪主体，往往需要很长的信号传输线。目前信号电缆包括同轴电缆、双绞电缆和光导纤维电缆，大型储罐多采用同轴电缆作为信号传输线。

1. 同轴电缆

同轴电缆是由一根空心的外圆柱导体和一根位于中心轴线的内导线组成，内导线和圆柱导体及外界之间用绝缘材料隔开。根据传输频带的不同，可分为基带同轴电缆和宽带同轴电缆两种类型：

（1）基带：数字信号，信号占整个信道，同一时间内能传送一种信号。

（2）宽带：可传送不同频率的信号。

广泛使用的同轴电缆有两种：一种为50Ω（指沿电缆导体各点的电磁电压对电流之比）同轴电缆，用于数字信号的传输，即基带同轴电缆；另一种为75Ω同轴电缆，用于宽带模拟信号的传输，即宽带同轴电缆。

2. 双绞电缆

双绞电缆（TP）：将一对以上的双绞线封装在一个绝缘外套中，为了降低信号的干扰程度，电缆中的每一对双绞线一般是由两根绝缘铜导线相互扭绕而成，也因此把它称为双绞线。双绞线是现在最普通的传输介质，它由两条相互绝缘的铜线组成，典型直径为1mm。两根线绞接在一起是为了防止其电磁感应在邻近线对中产生干扰信号。

双绞线分为分为非屏蔽双绞线（UTP）和屏蔽双绞线（STP）。

3. 光导纤维电缆

光导纤维电缆是由一组光导纤维组成的用来传播光束的、细小而柔韧的传输介质。应用光学原理，由光发送机产生光束，将电信号变为光信号，再把光信号导入光纤，在另一端由光接收机接收光纤上传来的光信号，并把它变为电信号，经解码后再处理。与其它传输介质比较，光纤的电磁绝缘性能好、信号衰减小、频带宽、传输速度快、传输距离大。主要用于要求传输距离大于100m的声发射应用。

由于光纤传输相对同轴电缆结构复杂，两端需要光电编码器和解码器，目前应用较少，但有可能成为需要长距离传输声发射信号的最佳选择。

四、声发射信号源定位

声发射源的定位，需由多通道声发射仪器来实现，也是多通道声发射仪最重要的功能之一。对于突发型声发射信号和连续型声发射信号需采用不同的声发射源定位方法，图4.5-2是目前人们常用的声发射信号源定位方法。

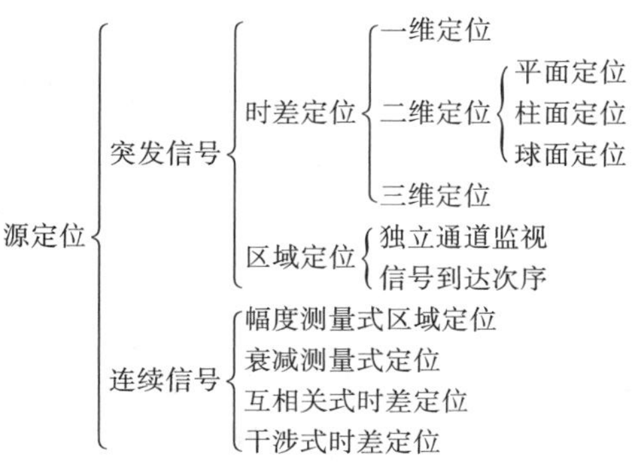

图4.5-2　声发射源定位方法分类

时差定位，是经对各个声发射通道信号到达时间差、波速、探头间距等参数的测量及复杂的算法运算，来确定波源的坐标或位置。

区域定位，是一种处理速度快、简便而又粗略的定位方式，主要用于复合材料等由于声发射频度过高或传播衰减过大或检测通道数有限而难以采用时差定位的场合。

连续声发射信号源定位，多采用幅度衰减测量区域定位方法、互相关式定位方法、干涉式定位方法进行定位，主要用于带压力的气液介质泄漏源的定位。

五、检测的基本操作

（一）测点布置

声发射传感器在储罐圆周等间距安置，按顺时针编号，测点（开孔点）避免在人孔、管道附近，误差小于平均间距5%。拱顶储罐一般设置护卫传感器。

（二）测点打磨

声发射检测传感器布置测点应用百叶抛光片进行打磨处理。大小 ϕ30mm；若有保温层，保温层应开孔，孔直径 ϕ150mm，孔中心打磨；处理质量应达到 St3 的质量等级。

（三）传感器安装

传感器表面均匀涂抹耦合剂（耦合剂应能在检测期间内保持良好的声耦合效果。应根据容器壁温选用无气泡、黏度适宜的耦合剂（可选用真空脂、凡士林或黄油）。并通过磁性夹具固定在罐壁安装位置处，固定传感器连接信号线应用胶带或其它方式固定。

（四）软件设置

根据被检件选择不同配置文件，依次设置门槛、系统增益、定时参数、声速等参数。

（五）标定

用 ϕ0.3mm、硬度 2H 的铅笔芯折断信号作为模拟源。铅芯伸出长度约为 2.5mm，与被检储罐表面夹角为30°左右，在每个传感器附近相同位置进行断铅，其响应幅度值应取三次以上响应的平均值。每个通道响应的幅度值与所有通道响应的幅度值之差应不大于 ±4dB。

（六）背景噪声测试

监测储罐附近背景噪声，设定每个通道门槛值应大于背景噪声 6dB。

（七）数据采集

检测过程中应观察声发射撞击数和（或）定位源随时间变化趋势，对声发射定位源集中出现的部位，应查看是否有外部干扰因素，如存在应停止检测并排除干扰因素。

六、检测结果及评价

按 JB/T 10764 对储罐底板进行声发射检测，其结果可以采用声发射源的时差定位分析及分级方法，也可采用声发射源区域定位分析及分级方法。

（一）罐底声发射源时差定位分析及分级

对罐底板以不大于直径 10% 的长度划定出正方形或圆形评定区域，对评定区域内定位相对较集中的所有定位集团进行局部放大分析并计算出每小时出现的定位事件数 E。根据罐底板的时差定位情况，对每个评定区域的有效声发射源级别按表 4.5－1 进行分级。

表 4.5－1　时差定位分析分级

评价等级	评定区域内每小时出现的定位事件数 E	评定区域腐蚀状态
A	$E \leqslant C$	无局部腐蚀迹象
B	$C < E \leqslant 10C$	存在轻微局部腐蚀迹象
C	$10C < E \leqslant 100C$	存在明显局部腐蚀迹象
D	$100C < E \leqslant 1000C$	存在较严重局部腐蚀迹象
E	$E > 1000C$	存在严重局部腐蚀迹象
表中的 C 值需通过采用相同的检测仪器与设置工作参数，对相同规格和运行条件的储罐进行一定数量的检测实验和开罐验证实验来取得。		

（二）罐底板声发射源的区域定位分析及分级

计算出各独立通道有效检测时间每小时出现的撞击数 H。根据罐底板的区域定位情况，对每个通道区域的声发射源级别按表 4.5－2 进行分级。

表 4.5－2　时差定位分析分级

评价等级	每个通道每小时出现的撞击数数 H	评定区域腐蚀状态
A	$H \leqslant K$	无局部腐蚀迹象
B	$K < H \leqslant 10K$	存在轻微局部腐蚀迹象
C	$10K < H \leqslant 100K$	存在明显局部腐蚀迹象
D	$100K < H \leqslant 1000K$	存在较严重局部腐蚀迹象
E	$H > 1000K$	存在严重局部腐蚀迹象
表中的 K 值需通过采用相同的检测仪器与设置工作参数，对相同规格和运行条件的储罐进行一定数量的检测实验和开罐验证实验来取得。		

七、声发射检测案例

（一）1×10^5 m^3 储罐检测实例

1. 检测前准备工作

某储罐 1×10^5 m^3 储罐，储罐液位 17.01 m，检测前静置关闭进出油阀门 30h。在罐侧壁距底板 400mm 处打磨 30 测点均布，每个测点直径 30mm 露出金属光泽。

2. 按顺序和计算机放置位置布设信号线，同时安装声发射传感器。

3. 设置检测软件

启动检测主机进行配置文件的设置，如图 4.5－3 所示，建新项目文件；进行硬件设置（采集设置，通道设置，定时参数设置），进行定位设置，图形设置，并保存配置文件。

4. 标定

进行连接情况的标定，对罐壁产生一定的信号，观察每个通道信号是否完好。并保存标定文件。检查每个通道是否正常，所有通道正常则开始标定，采用 Φ0.3mm2H（Φ0.5mmHB）铅笔芯折断信号作为模拟源。铅芯伸出长度约为 2mm，与储罐表面夹角为

30°左右。断铅五次，取三次相近幅度进行计算，所有通道均值与单通道均值不大于 ±4dB。

图 4.5－3　检测软件设置

5. 检测过程

在数据采集过程中，技术工程师应观察声学检测相关图：通道－撞击计数分布、通道－幅值分布、通道－能量分布、撞击计数－时间分布、撞击计数－幅度关系、事件－幅度关系图，如图 4.5－4（a）～（f）所示。

检测记录，内容包括：检测状态设置文件名称、检测数据文件名称、检测数据采集时间、采集过程中所发生的泄漏或其它事件冲击产生的声发射信号、检测前后系统的性能验证的数据文件。采集时间根据现场情况来确定。

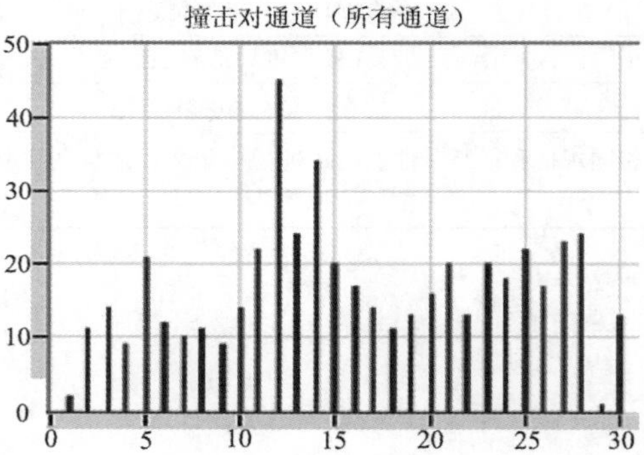

撞击对通道（所有通道）

(a)

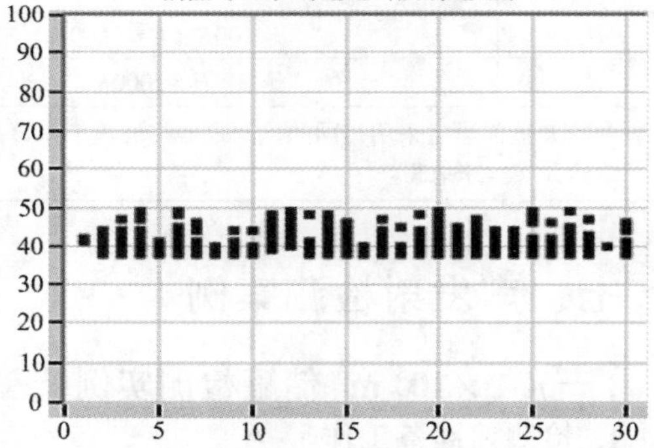

幅值（dB）对通道（所有通道）

(b)

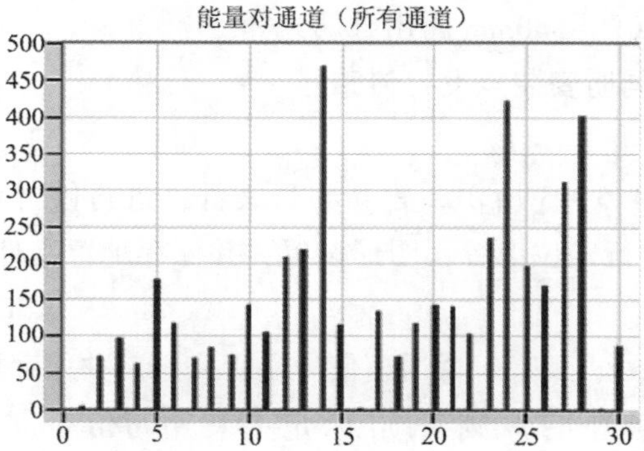

能量对通道（所有通道）

(c)

撞击对时间（秒）（所有通道）

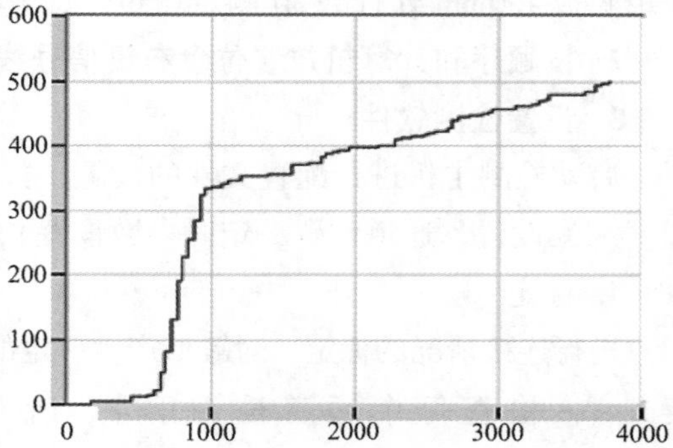

(d)

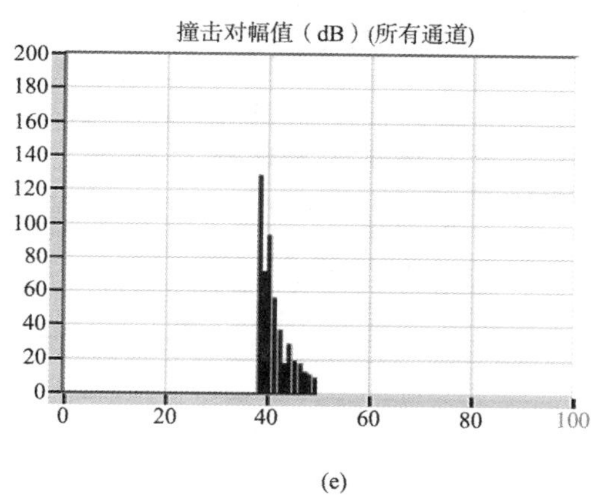

(e)

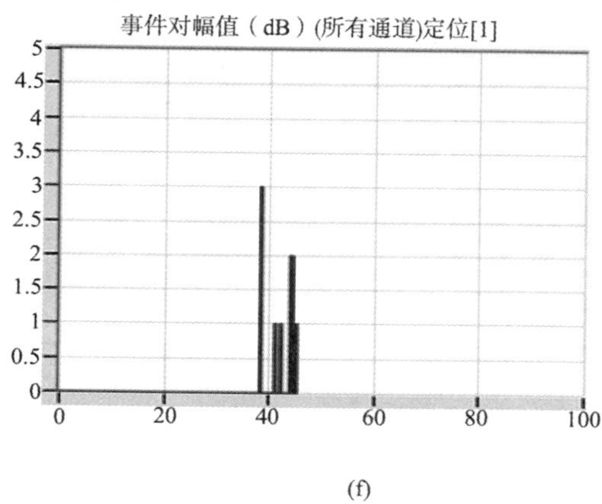

(f)

图 4.5－4　声学检测相关图

6. 数据分析

应用小波分析等方法对数据进行相应的处理，对采集到的声发射数据，逐个分析信号特点，逐次滤波，提取有效信号。得到储罐底板声源平面定位图、储罐罐底三维定位图如图 4.5－5（a）和（b）所示，并对储罐的腐蚀状态进行等级划分，确定检测结果。

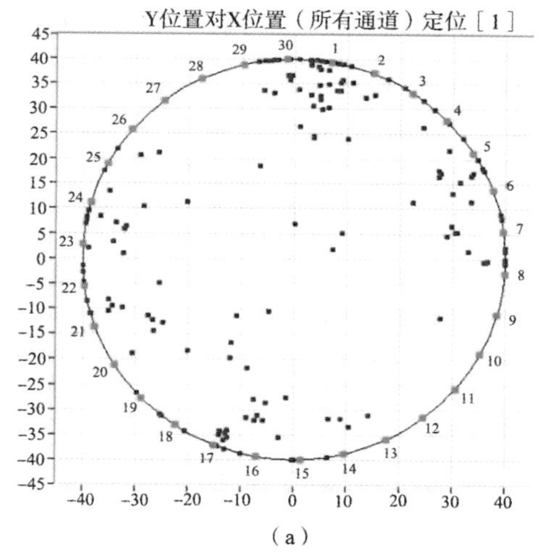

（a）

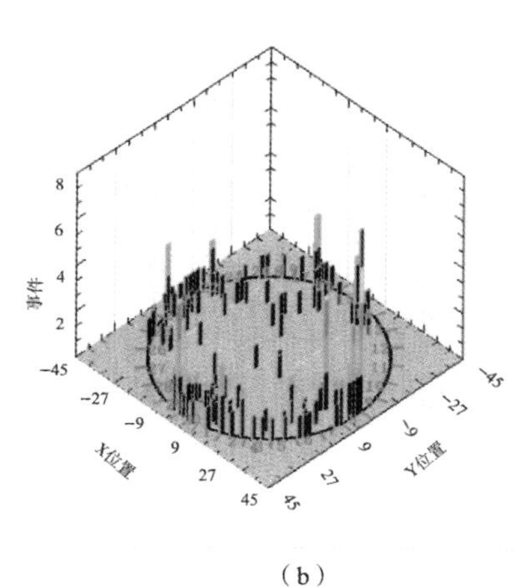

（b）

图 4.5－5　储罐底板定位图

（二）美国物理声学公司检测实例

美国物理数学（PAC）公司的储罐底板声学在线检测技术根据罐底腐蚀情况将储罐状况进行由 A－E 的 5 级分类。每个等级都有相应的维修处理方法，具体见表 4.5－3。

作为对该技术应用效果的一个检验，国外对来自于工业应用的结果进行了统计，统计结果显示了这种技术的可靠性和有效性。598 个不同直径和高度的 A 级到 E 级的储罐的检测统计结果见图 4.5－6，根据维修计划所有这些罐都是必须清罐检测。但基于维修优先权的分类表，有大部分的储罐不需立即维修。

表 4.5－3　基于腐蚀状况的声发射分类级别及维修优先建议

等级	腐蚀状况	维修处理方法
A	非常微少	没有维修必要
B	少量	没有立即维修必要
C	中等	考虑维修
D	动态	维修计划中优先考虑
E	高动态	在维修计划中最优先考虑

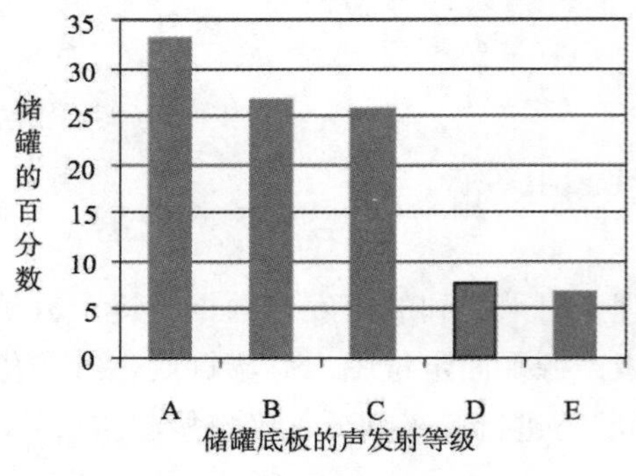

图 4.5－6　不同储罐底板等级的百分数

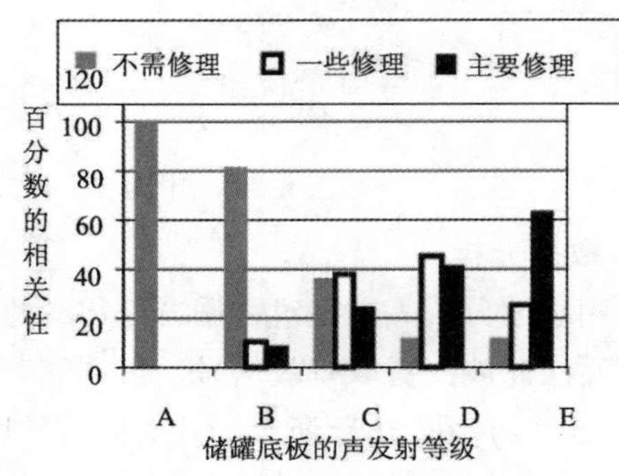

图 4.5－7　不同储罐底板等级验证百分数的相关性

如图 4.5－7 中可见，超过 50% 的罐为不必立即维修的 A 类 B 类罐，这意味着占总数 50% 以上的 A 类和 B 类罐不需要开罐而可立即重新投入使用。需进一步采取行动的只是 C～E 级罐，但优先维修的计划可基于 C～E 等级及维修费用等。基于这种策略所带来的经济效益是非常显著的，对于一个工业现场用户，一年可节省数百万美元的检修费用。所以这种方法对于储罐所有者是非常有吸引力的。然而，在这种技术被某一工业用户接受之前，必须提供足够的证据说服用户使他们相信声发射分类与腐蚀状况的关系是符合实际的。实际上，这种方法已带来了 shell（壳牌）、Dow、Exxon 等公司的兴趣。全部 157 个储罐事后被打开并由其他技术进行了检测验证，如目视检查，磁粉及超声等方法。这些被清理检查的罐的罐底状况被分为 3 种情况：

不需维修（在实际中，不需要立即开罐维修）；

需要一些维修工作（腐蚀并不显著，可基于维修的优先计划进行开罐修理）；

大修/换罐底（已严重腐蚀，需给予最优先计划进行开罐维修）。

图 4.5－7 显示了这 157 个罐声发射分类结果与罐实际状况间的关系。罐底实际状况来自于开罐并由其他无损检测手段的检查结果。图 4.5－7 中每一种声发射等级被视为 100%。非常令人兴奋的是，100% 的 A 级罐和 80% 的 B 级罐与实际情况非常吻合不需维修。而超过 60% 的 E 级罐与实际需要大修的状况相吻合。这些数据使用户对储罐底板声学在线检测的实用性及可靠性具有了充分的信心。考虑到在图 4.5－7 中，A 类、B 类罐的总体百分比已超过 50%，说明 50% 以上的储罐可不需开罐，这将节省大量开罐检测维修费用。

需注意到的是在上述罐底实际状况与声发射分类结果的关系中，有两种不大可靠的情况（出现在B~E级）。第一种是一些好的罐可能被分到其他的等级中，即需要些维修或大修；既然这种误判的百分比非常小而且它不影响A类、B类准确分类的百分比，它的损失与A类、B类罐的准确分类所带来的经济效益相比要小得多。第二种误判情况是，某一坏罐可能被分类到A类、B类中，即不需要维修或不需要立即进行维修。这种误判是不影响C~E类维修方案的。它只影响B类罐的维修方案。对于此类情况可做如下分析：

这种误判的概率很小（<5%）；

可参考其它信息，比如罐的历史资料及潜在的泄漏数据等来改善声发射分类的准确性；

声发射分类的准确性可随着经验的积累及数据库的丰富得到改善；

最重要的是，维修结论并不简单地以是或否来回答，它是基于优先权的考虑。对B或C类中有些疑问的情况，可采用比A类罐短一点的维修周期或一定时间后重新对储罐进行测试。

第六节 相关检测技术方法

近年来随着大型储罐数量的激增和科学技术的进步，储罐检测技术也得到了飞速发展。不仅储罐超声、磁粉、渗透等传统检测技术青春长存；储罐声发射检测技术、漏磁检测技术逐渐成熟，而且产生了三维激光扫描、储罐底板高频导波、分布式光纤光栅检测、储罐机器人等新技术。

一、全站仪检测技术

全站仪是人们在角度测量自动化的过程中应运而生的，它几乎可以用在所有的测量领域。电子全站仪由电源部分、测角系统、测距系统、数据处理部分、通讯接口、及显示屏、键盘等组成。全站仪如图4.6-1所示。

图4.6-1 全站仪

同电子经纬仪、光学经纬仪相比，全站仪增加了许多特殊部件，因此而使得全站仪具有比其它测角、测距仪器更多的功能，使用也更方便。在大型立式储罐的几何形体检测中也经常使用到全站仪检测技术。

按照标准SY/T 5921—2017中5.9.2.2规定：罐壁垂直度的允许偏差，不应大于罐壁高度的0.4%，且不应大于50mm。

储罐垂直度（圆柱度）检测可采用全站仪内测法或外测法，现场检测宜优先选择内测法测量。

（一）内测法

1. 测点布置

应找准圆心，将全站仪置于储罐中心，以正北（或以某物或固定点做标记）方向、浮船上（下）所能检测最底圈内高 3/4（1/4）处为第 1 点，在第 1 点所在的平面上用全站仪按每 7.5°分 1 点，沿顺时针方向在罐内均布 48 个测点。要求至第 1 点误差应小于 30′。

2. 检测方法

使用全站仪时，首先应将全站仪安装在三角架上，三角架的放置要稳固可靠，以防倾倒，调节三角架，使三角架头大致处于水平状态。其次调节仪器上的调节旋钮，将仪器的各种旋钮调整到适中的位置，以便使螺旋向两个方向都能够转动。调节脚螺旋使水准仪的气泡处于居中位置。使仪器底部放射出的激光红点对准所选定的地面基准点（如选定的罐中心）此时气泡可能不再处于圆形的中心，微调后反复上面两步，使激光对准选定圆心和调整气泡到圆形中心后，测出各测点到选定罐中心点的半径值。

（二）外测法

1. 测点布置

应以距罐底板 3/4（1/4）处为作为基圆。以进出油管下方为起始测点（1#测点），顺时针均布 48 测点，并标记。

2. 检测方法

将全站仪架在罐前方便标记位置的地方，整平，在地面标记下仪器的对中点，假设此点的坐标［例如（10，10，10）］。在另一点架设棱镜，整平，在地面上标记下棱镜的对中点，利用设置角度方法确定棱镜的坐标，然后依次瞄准之前标记的基圆点，确定视野内基圆点的坐标。直至确定完视野内最后一点坐标，换站。保持全站仪不动，在前视方向放置棱镜，在地面标该标记棱镜的对中点，确定棱镜的坐标，棱镜与全站仪互换位置，搬站。利用已知后视点方法定向后，确定该站视野内基圆点坐标。之后依次搬站，直至确定完 48 个基圆点坐标。

利用全站仪油罐外测软件测量该母线上各圈板高 1/4 及 3/4 处测点。测量完每条母线后保持全站仪不动，测量出距基圆点的平距，并记录。依次测量直至完成 48 条母线。

利用 48 个基圆点坐标拟合基圆圆心的坐标，之后算出对应的 48 条基圆半径值。利用基圆点和母线测量点间的平距差，算出对应的半径值。

（三）允许偏差

1. 垂直度

垂直度允许值应满足：

罐壁垂直度偏差，不应大于罐壁高度的 0.4%，且不应大于 50mm；

底层壁板的铅垂允许偏差不应大于 3mm。

注：引自 SY/T 5921—2017 的 5.9.2.2。

2. 圆柱度

圆柱度允许值应满足：

在罐底圈壁板 1 m 高处，任意测点半径偏差，不超过表 4.6－1 规定；

在罐底圈壁板 1 m 高以上，任意测点半径偏差不超过表 4.6－1 偏差的 3 倍。

底圈壁板 1m 高处任意点半径允许偏差参见表 4.6－1。

表 4.6-1 底圈罐壁 1m 高处内表面任意点半径的允许偏差

储罐直径 D/m	半径允许偏差/mm
$D<12.5$	±13
$12.5<D\leq45$	±19
$45<D\leq76$	±25
$D>76$	±32

注：引自 SY/T 5921—2017 的 5.9.2.3。

二、水准仪检测技术

水准仪（英文：level）是建立水平视线测定地面两点间高差的仪器。原理为根据水准测量原理测量地面点间高差。主要部件有望远镜、管水准器（或补偿器）、垂直轴、基座、脚螺旋。按结构分为微倾水准仪、自动安平水准仪、激光水准仪和数字水准仪（又称电子水准仪）。

在大型立式储罐基础沉降观测时常使用该检测技术，按标准 SY/T 5921—2017 中 5.8.2.1 规定：有环墙时每 10m 弧长内任意两点的高差不应大于 12mm。

基础环梁高程检测方法如下：

1. 测点布置

以正东（或以某物或固定点做标记）罐底板外侧的环梁顶面（距罐壁 150mm 左右）为第一点（有固定测点的以固定测点为基准），按顺时针（或者逆时针）方向均布测点。

有环墙时测点间距不应大于 9m，无环墙时测点间距不应大于 3m。测点个数为 $4n$（$n=2,3,4,\cdots$）。一般情况下 $5\times10^4\,m^3$ 储罐不少于 24 点；$1\times10^5\,m^3$ 储罐应不少于 28 点。

2. 检测方法

使用水准仪时，应将水准仪安装在三角架上，安装水准仪前，三角架应安置在选好的测站上，三角架的放置要稳固可靠，以防倾倒，调节好三角架，使三角架头大致处于水平状态。调节仪器上的调节旋钮，将仪器的各种旋钮调整到适中的位置，以便使螺旋向两个方向都能够转动，调节脚螺旋使水准仪的气泡处于居中位置，用准星和照门瞄准水准标准尺，通过望远镜用十字丝在水准尺上读数，采用“逐点测量法”，从第一点开始，用水准仪依次测量各点的相对高程。测站距测点应小于 50 m。

3. 检测误差

闭合测量误差小于 $\pm3\sqrt{n}$mm（**注**：n—测站数量），否则重新测量。

4. 高程差允许值

储罐基础高程偏差允许值应满足：

（1）各测点与其相邻地面之间的高差不小于 300mm；

（2）两测点之间的高差，有环墙时每 10m 弧长内任意两点的高差不应大于 12mm；无环墙时，每 3m 弧长内任意两点的高差不应大于 12mm；

（3）同一直径上两测点间的高差不大于表 4.6－2 的要求。

表 4.6－2　油罐基础均匀倾斜及沉降许可值参见

浮顶油罐直径 D/m	任意直径方向最终沉降差许可值	固定顶油罐 D/m	任意直径方向最终沉降差许可值
$D\leqslant22$	$0.007D$	$D\leqslant22$	$0.015D$
$22<D\leqslant30$	$0.006D$	$22<D\leqslant30$	$0.010D$
$30<D\leqslant40$	$0.005D$	$30<D\leqslant40$	$0.009D$
$40<D\leqslant60$	$0.004D$	$40<D\leqslant60$	$0.008D$
$60<D\leqslant80$	$0.0035D$	$60<D\leqslant80$	$0.007D$
$D>80$	$0.003D$	$D>80$	$<0.007D$

注：引自 SY/T 5921—2017 中 5.8.2.1.1。

三、储罐三维扫描技术

三维激光扫描技术又被称为实景复制技术，是形体测绘领域继 GPS 技术之后的一次技术革命。它突破了传统的单点测量方法，具有高效率、高精度的独特优势。三维激光扫描技术能够提供扫描物体表面的三维点云数据，因此可以用于获取高精度高分辨率的数字地形模型。它通过高速激光扫描测量的方法，大面积高分辨率地快速获取被测对象表面的三维坐标数据。可以快速、大量的采集空间点位信息，为快速建立物体的三维影像模型提供了一种全新的技术手段。由于其具有快速性，不接触性，穿透性，实时、动态、主动性，高密度、高精度，数字化、自动化等特性。

三维激光扫描技术是近年来出现的新技术，在国内越来越引起研究领域的关注。它是利用激光测距的原理，通过记录被测物体表面大量的密集的点的三维坐标、反射率和纹理等信息，可快速复建出被测目标的三维模型及线、面、体等各种图件数据。由于三维激光扫描系统可以密集地大量获取目标对象的数据点，因此相对于传统的单点测量，三维激光扫描技术也被称为从单点测量进化到面测量的革命性技术突破。三维激光扫描系统包含数据采集的硬件部分和数据处理的软件部分。按扫描系统类型可分径向三维激光扫描仪、相位干涉法扫描系统、三角法扫描系统；按照载体的不同，三维激光扫描系统又可分为机载、车载、地面和手持型类型。

（一）三维扫描原理

三维激光扫描系统主要由计算机、扫描仪、和电源供应系统三部分组成。激光扫描仪自身主要包括激光测距系统和激光扫描系统两个部分，同时还也集成了 CCD 和仪器内部校正和控制等系统。仪器内部，通过测量水平角的反射镜和一个测量天顶距的反射镜快速、同步而有序地旋转，将激光脉冲发射体发射出的无数激光脉冲，按照一定次序依次扫过被测区域，光束接触到物体后被反射，测距模块测量得到每一个激光脉冲的实际空间距离 L，同时通过扫描控制模块，对每个脉冲激光的水平角和天顶距进行控制和测量，最后按照空间极坐标计算原理得出扫描获得的激光点在被测目标物体上的三维坐标数据，并记录被测物体反射率和纹理等信息。三维激光扫描系统一般使用仪器自带的坐标系：坐标的原点位于扫描仪三脚架底部的中心位置，X 轴处于横向扫描面内，Y 轴的横向扫描面垂直

于 X 轴，通常为扫描仪即将扫描的方向，Z 轴与横向扫描面垂直，$X_P = L\cos\beta\cos\alpha$；$Y_P = L\cos\beta\sin\alpha$；$Z_P = L\sin\beta$ 如图 4.6－2 所示。

（二）系统组成

1. 三维激光扫描仪

三维激光扫描仪研发始于 20 世纪 60 年代，到 90 年代技术趋于成熟。美国、日本、瑞典、德国等国家相继开发出相关三维扫描产品。其中比较典型的有 Minolta 公司（日本）、Leica 公司（瑞士）、Polhemus 公司（美国）等。国内研究起步较晚，近年也出现了——北京天远三维扫描仪为代表的扫描系统。激光扫描仪如图 4.6－3 所示。

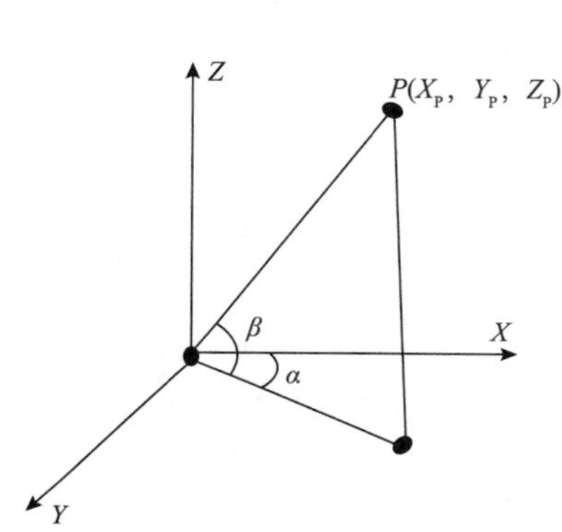

图 4.6－2　三维扫描坐标计算示意图

图 4.6－3　三维激光扫描仪

2. 附属设备

三脚架、标靶（拼接球）、小型服务器。

三脚架，仪器固定设备，具有快速找平的功能。

标靶（拼接球），多个测站扫描时，数据拼接的基点，每两个测站之间拼接需要至少三个公共点。

小型服务器，用于点云数据的拼接和处理。

（三）一般作业流程

1. 制定检测方案，进行现场勘查，选取不同的测量基站，进行靶标的设置，绘制设站草图。

2. 进行现场的扫描。为了保证扫描的整体精度，围绕罐体扫描的同时，在起始站设置 3 个以上目标球（整个罐体测量过程中，不能移动），在进行最后一站扫描时进行闭合扫描，这样就可以将罐体扫描闭合，从而保证高精度的测量。

3. 数据拼接。全部扫描结束后，进行点云数据的预处理，确定数据是否完整如图 4.6－4所示。

4. 数据拟合，降噪和处理。由于仪器精度、操作者经验和储罐表面质量等因素的影响，云数据中会产生一些粗差点和噪声点，点云数据的预处理过程就是剔除粗差点和滤波，如图 4.6－5 所示。

图 4.6－4　数据拼接后的储罐

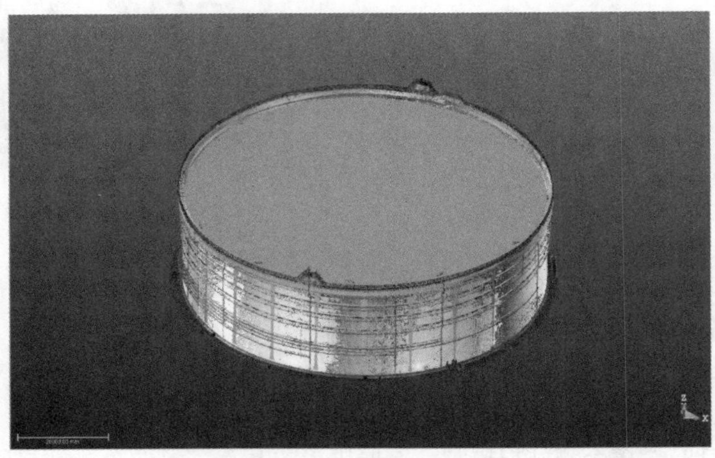

图 4.6－5　拟合的储罐模型

5. 进行断面切片，数据的编辑、提取和测量结果分析，拼接成单个罐体文件后，得到储罐形体信息。

（四）技术优势

三维激光扫描技术运用激光的独特性能应用于扫描测量，该技术具有如下优势：

（1）扫描快速性：三维激光扫描仪的测量原理与激光全站仪相同，但是扫描速度从几万到百万不等，扫描过程无需人工干预，在短时间内即可获取区域的测量数据，解决了以往需要几天进行的测量工作。三维激光扫描仪一台仪器，通过 1 个操作人员和 2～3 个协助人员即可进行工作，测量整个罐体只需 1 个多小时，这样就大大节省了人力和物力。

（2）实时、动态性：三维激光扫描仪获取点云数据具有快速性特点，扫描的同时就可以在仪器显示屏上看到扫描对象点云数据，真正做到“所见即所得”。而传统的光电测量方法，测点发射率低，测量数据完整性和可靠性需导出到计算机后进行判断无实时性。

（3）高密度性：三维激光扫描仪是测量领域为了解决点位测量带来的问题所开发的顶

级测量仪器。虽然也是通过单点进行测量，但是测量速度快，通过每秒百万的扫描速度获取的罐体密集的点云数据，即可形成整体的“形测量”效果，能够有效的解决形体检测遇到的观测点不足的问题。

（4）工况要求低：由于三维激光扫描仪具有防潮湿、防震动、和防尘的性能，同时激光不受黑夜、白昼的影响，因此具有全天候的适应性。

（5）自动化：三维扫描仪可以在设定的参数下自动工作，扫描仪数据可以通过接口与计算机或其他无线控制设备连接，操控简便。

（五）储罐三维扫描应用

1. 外业工作流程

对于每个罐体，不需要采用绝对坐标，所以只需在外业扫描时，单独假设三维激光扫描仪基准，以其中一站作为扫描的基准站，其他各站通过目标球进行拼接即可。为了保证扫描的整体精度，围绕罐体扫描的同时，在起始站设置3个以上靶标（整个罐体测量过程中，不能移动），在进行最后一站扫描时进行闭合扫描，这样就可以将罐体扫描闭合，从而保证高精度的测量。

2. 数据分析

使用罐体形变分析软件，可以直接将罐体拟合，与设计尺寸或者罐体的不同期多次测量成果进行比较，在罐体的三维点云上进行形变分析。如图4.6－6和图4.6－7所示。

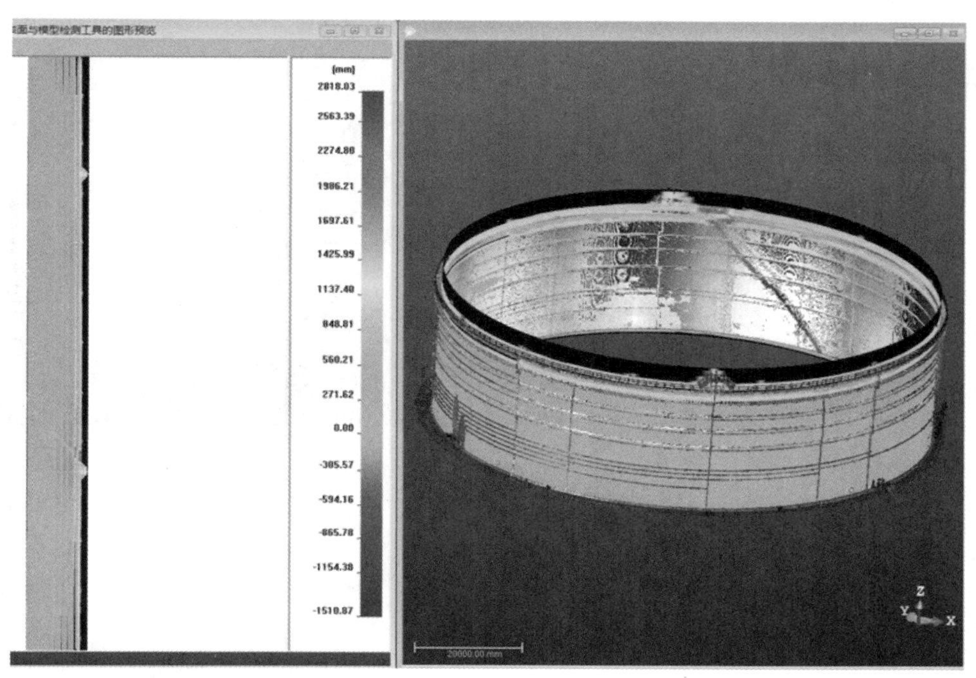

图4.6－6 罐体变形情况图

3. 多截面分析

传统测量速度慢，所以只能在每个圈板的1/4和3/4处进行测量。而扫描仪可以快速获取大量点，所以可以按照需求，获取任意高度的截面进行切面分析，确保探测可能的变形区域。截面分析如图 4.6－8 所示。

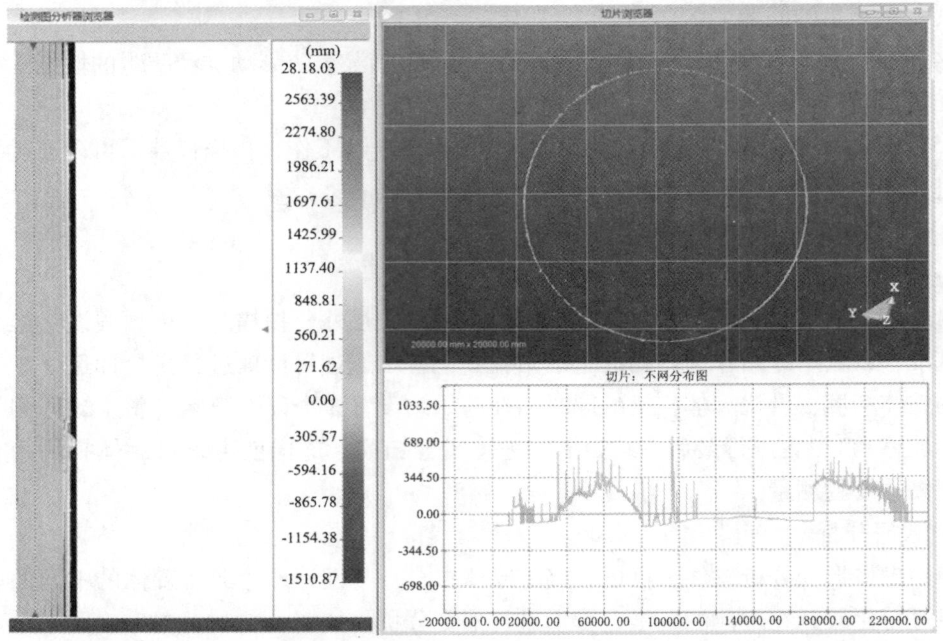

图 4.6－7　任意截面的变形情况

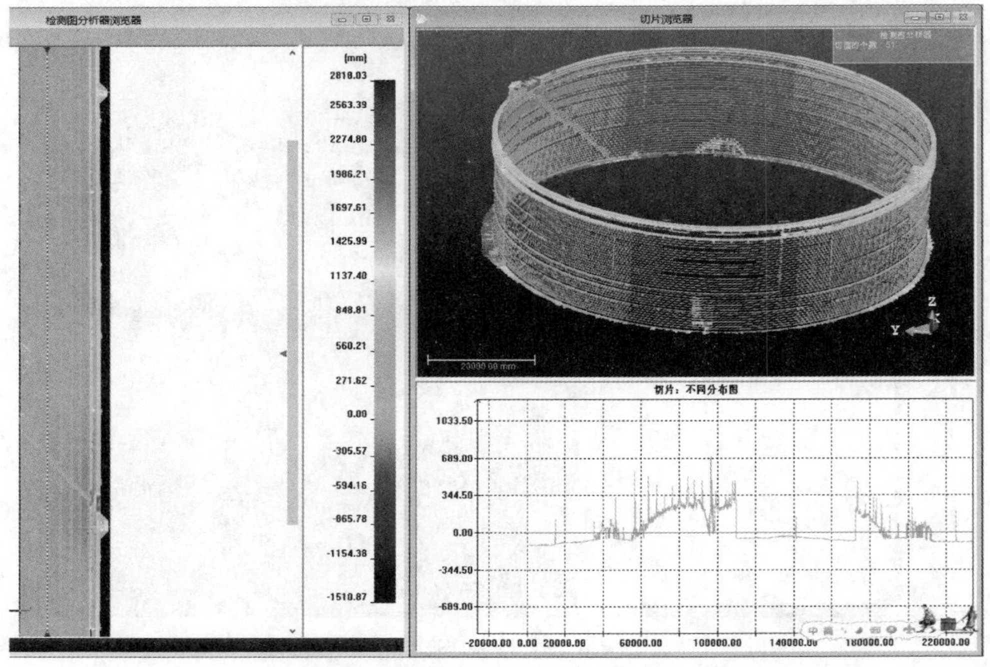

图 4.6－8　任意截面的变形情况

四、储罐底板导波检测技术

（一）导波理论基础

体波为在无限介质中传播的波，在传播过程中会进行无波型的耦合，当介质中存在边界时，体波传播中以反射和折射的方式与边界发生相互作用，发生横波和纵波之间的模态转变。如果存在多个平行或相交的边界时，超声波会不断发生折射，产生更为复杂的模态变化和波形耦合。像这样在固体介质的表面或者边界传播的波被称为导波。导波的载体被称为波导，平板、圆柱壳体和圆棒等都是常见的波导。

导波有瑞利波、兰姆波和 Stonely 波等。瑞利波为在半无限固体的表面传播的波，在边界上的应力为零，波的强度随着深度而衰减；兰姆波是在自由平板中传播的平面应变波，它的边界条件是上下表面应力为零，传播媒介中的每一点都会随着波的入射角和频率的改变而产生不同的模态；Stonely 波为在两种介质交界面传播的一种自由波，在交界面上满足应力和位移连续条件以及辐射条件。此外，在平板中还存在水平剪切波（SH 波），在在圆柱壳体或者棒中传播的有纵波、扭转波和弯曲波。

（二）储罐底板导波检测原理

当超声波被局限在板状、管状或棒状材料的边界内时，超声波在介质中的不连续交界面产生多次往复反射，并进一步产生干涉和几何弥散形成一种波形，这样就形成了新的超声波类型—导波。在平板内传播的导波主要有拉姆波和水平剪切波，板材超声导波具有快速便捷、传播距离远、检测精度不受储罐内部原油影响的特点，非常适合储罐底板和储罐壁板的大面积无损检测。探头激发导波信号，导波信号在底板上下表面来回反射后沿着储罐直径方向传播，当遇到板中缺陷和板底端面时导波信号就会发生反射，反射回来的信号由同一探头接收，如图 4.6－9 所示，接收的信号经计算机处理后显示缺陷的图像，并实现缺陷的定位和定量，导波信号在壁板接触，边缘板倒角处也具有反射和折射现象。

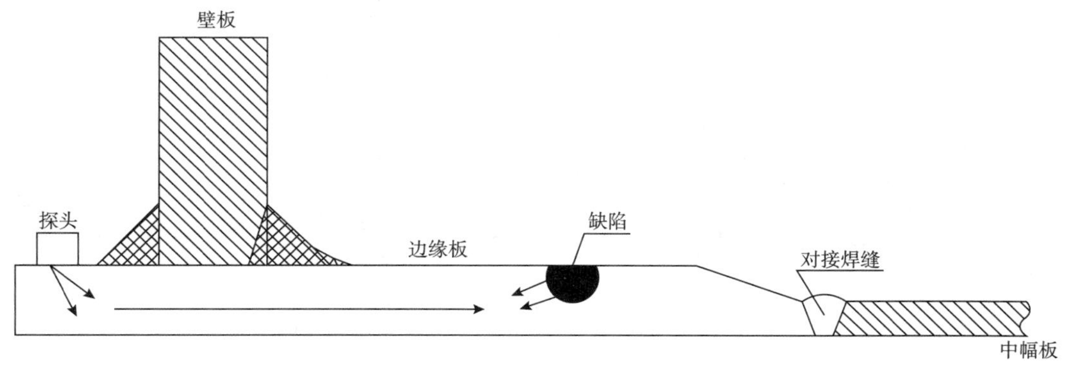

图 4.6－9　储罐底板导波检测原理示意图

（三）导波检测优势

目前，超声导波无损检测技术以其全面、快速高效实用性和低成本等优点成为一种较理想的无损检测方法。导波在点成为一种较理想的无损检测方法。导波在被检对象中中具有长距离传输能力，最长可达几十米，导波换能器所接收到的信号携带有导波传播经过检测对象结构的整体信息，相对于传统的点对点式的检测，导波检测大大地提高了检测的效率和精度，减少漏检的机率。导波检测可实现从被检对象的可接触位置检测远距离的难以触及的区域，在实际应用中，对于埋地、水下、架空等检测环境具有良好的适应性。对于外部覆盖防腐层的检测对象也无须将防腐层完全剥离，大大降低了检测成本，提高实用性。超声导波无损检测技术的众多优点使之在管道、铁轨、钢索和板材等的安全检测中都发挥着重大作用。

（四）现场应用

1. 模拟底板

模拟底板由边缘、两块中幅板、短壁板、两块垫板焊接而成，样板的宽度为2m，总长为8m，其中边缘板长2m，中幅板长3m。边缘板厚度为20mm，中幅板厚度12mm。边缘板和中幅之间的对接焊缝和两块中幅板之间的对接焊缝下方都有起到提高强度、预防变形的垫板，垫板厚度为5mm，宽度为100mm。短壁板靠近边缘板端面，与边缘板直角对接，厚度为32mm，高度100mm。

2. 模拟缺陷

缺陷①和缺陷②为槽型缺陷，缺陷③和缺陷④为孔型缺陷，计算所得其等效横截面损失百分比分别为0.32%、0.59%、0.36%、0.82%。实验示意图如图4.6－10所示。

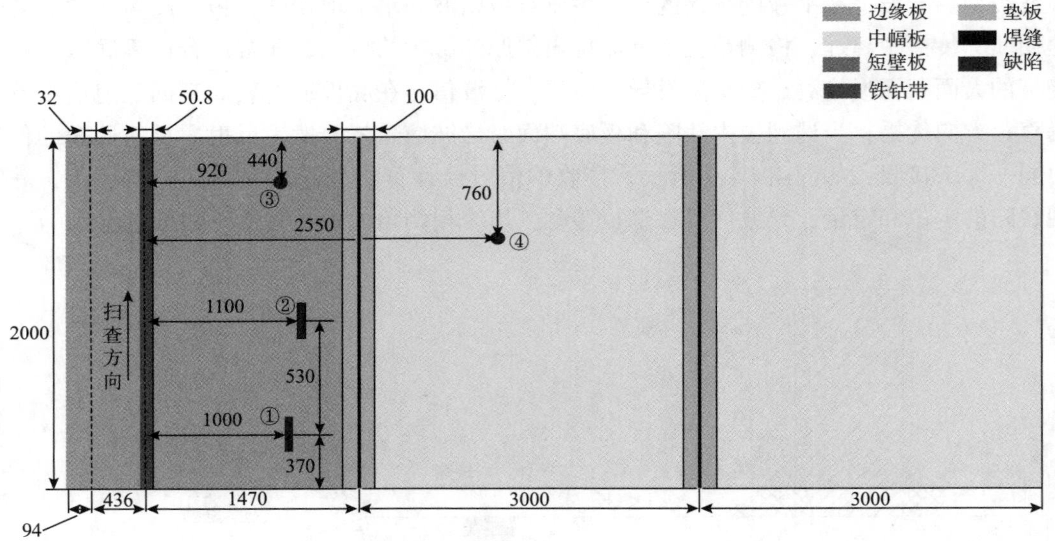

图4.6－10　储罐底板检测实验示意图（单位：mm）

3. 实验过程与结果

使用64kHz和128kHz的换能器进行扫查，64kHz的典型检测信号和成像结果如图4.6－11所示；128kHz的典型检测信号和成像结果如图4.6－12所示。从检测结果中可以看出，人工设置的缺陷都能够被检测出来。不同频率的导波对于不同类型、尺寸、位置的缺陷有不同的检测灵敏度。

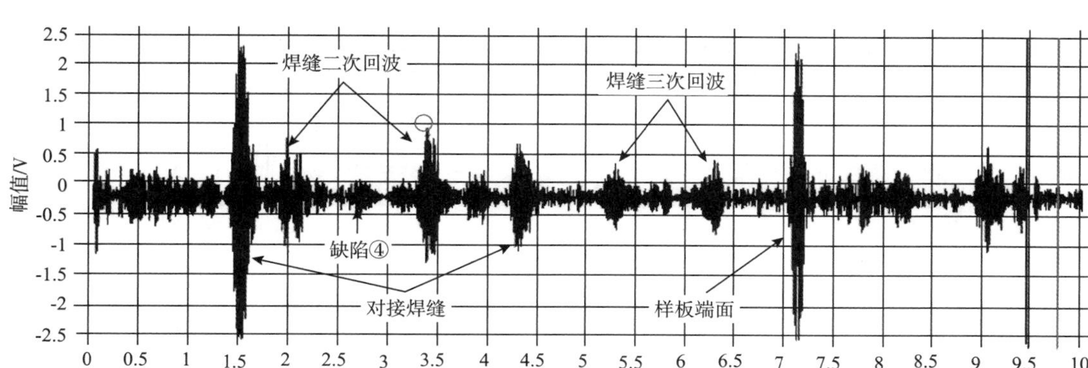

图 4.6－11　64kHz 典型检测信号

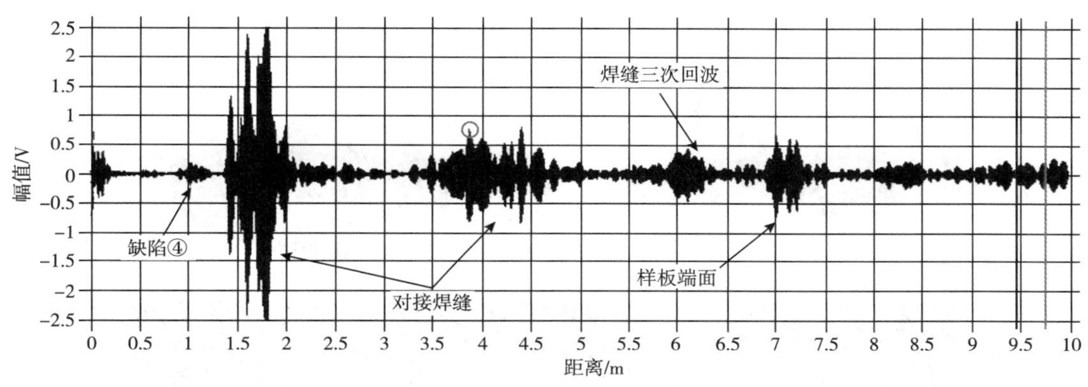

图 4.6－12　128kHz 典型检测信号

五、储罐沉积物声学检测

（一）技术原理

基于声学原理的沉积物探测系统用于测量液体储罐底部沉积物的体积和分布情况。系统传感器工具符合防爆认证，通过罐体顶部人孔，将传感器插入到罐体内直到完全淹没在液体中，传感器成角度定向矩阵发射并接收反射信号，扫描罐体底部沉积物情况，如图 4.6－13 所示。

通过专用软件分析采集的数据生成三维分布图像，并计算得出罐体内沉积物的体积，如图 4.6－14 所示。

（二）技术优势

储罐沉积物检测能监测储罐搅拌器运行模式和搅拌器有效性；评估储罐因物而损失的空间；通过识别储罐沉积物沉积物堆积区，促进沉积物取样；识别和量化沉积物堆积，避免浮顶下降时而造成风险；帮助估算储罐清洗费用；为每一台储罐制定最优化的清洗方案；监测在线清洗系统的性能；优化储罐清洗和维修方案。

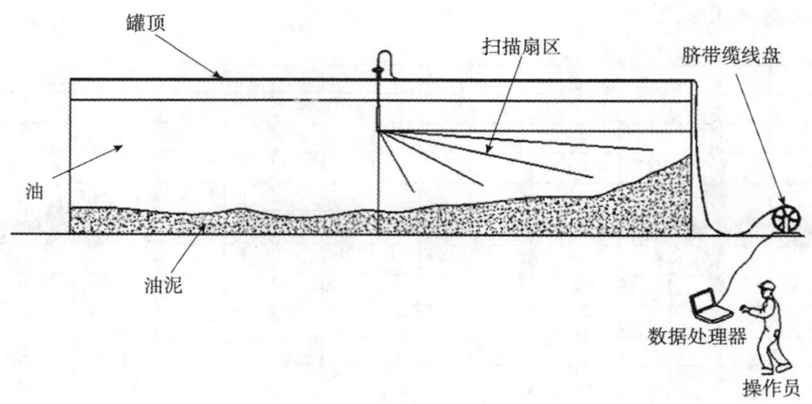

图 4.6－13　沉积物检测系统示意图

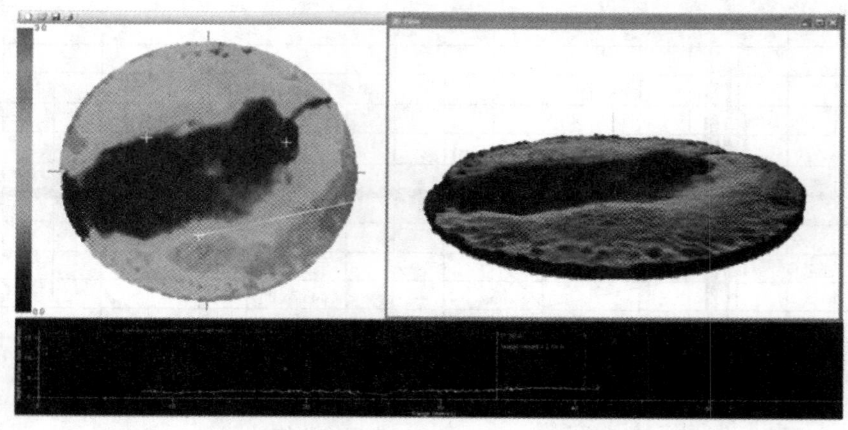

图 4.6－14　罐体内沉积物三维分布图

六、光纤检测技术

近年来，光纤传感领域得到了很大的发展。以光纤光栅技术为基础的光纤检测传感器研究领域的又一大热点。由于有波长解码、易构成分布式结构、抗电磁干扰强等特点，光纤光栅传感器已经成为各种参量检测的重要的传感工具。

光纤工作频带宽，动态范围大，适合于遥测遥控，是一种优良的低损耗传输线；在一定条件下，光纤特别容易接受被测量或场的加载，是一种优良的敏感元件；光纤本身不带电，体积小，质量轻，易弯曲，抗电磁干扰，抗辐射性能好，特别适合于易燃、易爆、空间受严格限制及强电磁干扰等恶劣环境下使用。

光纤传感器基本原理是利用外界信号（被测量）的扰动改变光纤中光（宽谱光或特定波长的光）的强度（即调制），再通过测量输出光强的变化（解调）实现对外界信号的测量。

光纤传感技术中使用的光相位调制大体有三种类型。一类为功能型调制，外界信号通过光纤的力应变效应、热应变效应、弹光效应及热光效应使传感光纤的几何尺寸和折射率等参数发生变化，从而导致光纤中的光相位变化，以实现对光相位的调制。第二类为萨格奈克效应调制，外界信号（旋转）不改变光纤本身的参数，而是通过旋转惯性场中的环形光纤，使其中相向传播的两光束产生相应的光程差，以实现对光相位的调制。第三类为非功能型调制，即在传感光纤之外通过改变进入光纤的光波程差实现对光纤中光相位的调制。

目前国内大型储罐主要应用光纤光栅位移传感器、液位传感器、温度传感器。

储罐沉降监测，光纤光栅位移传感器固定在储罐基础上，垂直安装。当储罐基础沉降时，位移传感器既可以监测到沉降量，采用波分复用技术可对基础沉降进行多点准分布式监测，对储罐沉降、沉降速度和沉降不均匀性进行检测分析。

七、储罐机器人

储罐机器人主要用于大型储罐的自动化检测，根据检测要求搭载不同的设备，可以对结构进行近距离视频观察、近距离照相、超声测厚、超声扫描等监测工作。

储罐机器人主要有储罐爬壁机器人、储罐内检测机器人。

储罐爬壁机器人相对成熟，目前主要采用磁吸附方式，它可以吸附在储罐壁板上，根据作业任务的不同，机器人可安装摄像头、喷头、水耦合超声对储罐壁板检查、喷涂和测厚。

储罐内检测机器人检测时将搭载不同传感器的机器人通过储罐罐顶人孔（或透光孔）放置到储罐内部，由罐外控制平台通过脐带线缆远程控制机器人实施检测，机器人通过传感器采集缺陷信息，并在罐内运动时发射特殊的声信号，布置在罐壁的传感器接收声信号，控制平台利用时差定位原理计算缺陷位置信息。实现储罐内部缺陷定量测量。

思考题

1. 储罐检验周期的确定应综合考虑哪些因素？
2. SY/T 5921 中是否提及浮舱严密性检测的相关要求？SY/T 5921 与 GB/T 50128 两标准最本质的区别是什么？
3. 储罐年度检查过程中，对浮舱顶板检测要用到哪些检测设备及工具？
4. 对储罐附件检查过程中，有哪些注意事项？
5. 什么是储罐定期检验？
6. 储罐 RBI 检验与声发射检测的区别是什么？
7. 储罐真空试漏检测过程中注意事项有哪些？
8. 大型储罐声发射检测的意义是什么？
9. 三维激光扫描仪是否能代替全站仪对储罐进行几何形体的检测？两种仪器的优缺点各有哪些？

第五章　节能监测

第一节　概　　述

节能监测是指具有节能监测能力与资质的节能监测机构，受节能行政主管部门的委托，依据有关节能法律、法规和技术标准，对用能单位的耗能设备的能源利用状况进行检测，对浪费能源的行为提出整改和处理建议的执法性技术活动。

从宏观上讲，是为了加强国家对节约能源管理的宏观管理，促进节能降耗，提高经济效益，保证国民经济的可持续发展。对企业而言，通过节能监测手段，为企业节能降耗提供准确、可靠、科学的监测数据，帮助企业寻找节能挖潜的方向和制定技术改造的措施。

节能监测的性质主要是行政执法活动。

节能监测的主要任务是贯彻政府法令，通过节能监测，能够使落后生产能力、落后工艺装备、落后产品的淘汰工作落到实处。根据国家的有关法律、法规，已公布的淘汰产品目录，查处高耗能设备和工艺，防止低水平重复建设，促进生产工艺、装备和产品的升级换代。

节能监测的作用是强化和督促企业节能降耗，即节能监测是政府推动能源合理利用的一项重要手段。

首先，通过设备测试，能质检验等技术手段，对用能单位的能源利用状况进行定量分析，依据国家有关能源法规和技术标准对用能单位的能源利用状况作出评价，对浪费能源的行为提出改进建议，节能监测加强了政府或者企业对用能单位合理利用能源的监督，促进了企业自身的节能自觉性的提高，促进了企业节能技术改造，提高了企业的经济效益。

其次，节能监测在节能技术监督中还体现一种服务，这种服务通过对用能单位的能源利用状况的定量分析，给用能单位提出节能潜力和措施，为用能单位改进能源管理和开展节能技术改造提供科学依据。

节能监测主要依据《中华人民共和国节约能源法》和国家、行业标准及客户要求。

第二节 输油泵机组节能监测

输油泵机组节能监测的主要目的是通过对输油泵机组的效率测试，掌握不同工况下的管泵匹配率和机组个体的耗能状况，制定出可行的优化输送方案和改进措施。

一、监测依据标准

GB/T 16666—2012 泵类液体输送系统节能监测

GB/T 12497—2006 三相异步电动机经济运行

GB/T 1884—2000 原油和液体石油产品密度实验室测定法（密度计法）

GB/T 4756—2015 石油液体手工取样法

二、监测方法

输油泵机组节能监测方法：流量法（正平衡法）和热力学法（反平衡法）。

三、监测参数

输油泵流量（热力学法测输油泵进出口介质的温差）、进出口压力、泵出口汇管压力；电动机输入功率、电压、电流、功率因素，介质标准密度；输油泵进出口压力表位差、进出口管径。

四、监测所需仪器设备使用要求

检测仪器仪表选用：超声波流量计、温差测试仪、标准温度计、电子秒表、测厚仪、钢圈尺。有特殊要求时还应使用电力品质分析仪、转速表、精密压力表。

监测所用仪器设备的范围和精度需满足相关检测标准要求，并保证其性能良好且在检定周期范围内，无检定合格证或超过检定期的仪器设备不得使用。

测试项目完成后，应检查仪器设备的性能状况，确保测试过程中参数的准确性。

五、监测要求

监测对象运行工况要求在测试前必须连续运行 1h 以上，并且在测试过程中保持运行工况的相对稳定。

监测环境温度：－10℃～40℃。相对湿度：<80%。

监测现场有害气体及可燃气体浓度符合国家安全规定。

输油泵机组性能曲线测试通过阀门调节在50%额定流量到额定流量工况点范围内进行至少 4 个测点的测试。通常情况下测试额定流量的 50%、60%、70%、80%、90%、100%和 110%七个点。

监测前准备记录表格，检查测试仪器和监测现场仪表是否正常，确定各参数的测点位置。

监测时所有监测参数应同时进行读数，监测时间不少于 30min，每隔 10min 记录一组数据，取算术平均值。

六、各项参数测试

（一）流量测试

根据现场工艺流程情况，确定被测输油泵流量计的安装位置。通常流量计安装在输油泵进出口直管段上，串联泵机组也可安装在阀组区符合要求的进出站直管段上，但必须确保仪器所测试的流量值为输油泵机组真实流量。

按照标准和仪器使用说明书的要求，安装流量计的直管段出口压力表应装在泵出油管出口法兰后 1 ~2 倍管线直径处，测点后应保持有 3 ~4 倍管线直径长的直管段并且管壁光滑无漆，输入各项参数后开始测试，待流量计安装完毕流量显示正常并稳定后，开始读数并记录。通常情况下为确保数据的有效性，每 10min 左右记录一组流量，结果以 30min 的累积流量计算平均流量。

流量计超声波传感器安装如图 5.2 –1 所示。

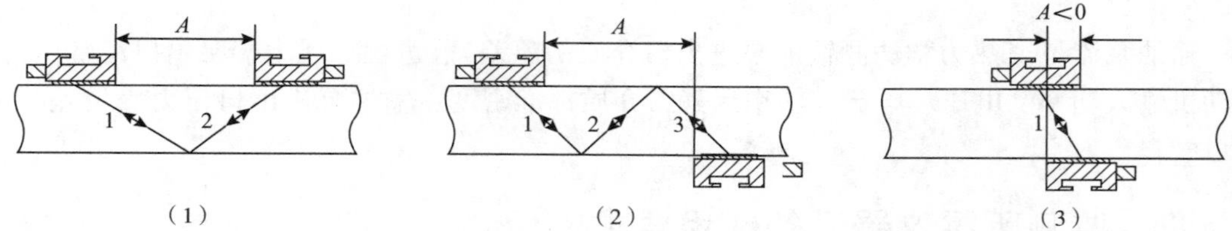

图 5.2 –1　流量计超声波传感器安装示意图

图中 A 为声路和传感器距离，其中：(1) 反射模式，2 传输；(2) 对角线模式，3 传输；(3) 对角线模式，1 传输，负的传感器距离。

FLUXUS F601 超声波流量计测试流量现场应用如图 5.2 –2 所示。

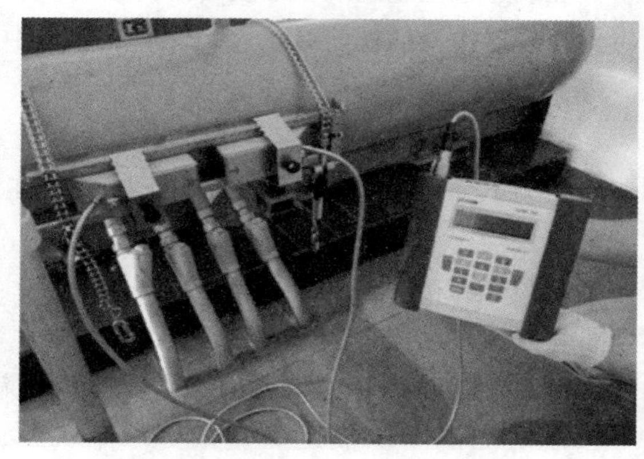

图 5.2 –2　FLUXUS F601 超声波流量计现场应用

（二）扬程测试

用钢卷尺测量输油泵进、出口管径，测量泵进、出口压力表位差，待输油泵运行稳定后，记录泵进、出口压力表的数值。在输油泵进、出口管径规格相同，泵进、出口表位差也较小时，可以在扬程计算中只用进出口的压力差。

泵进出口压力测试过程中，应将一次表的数值与SCADA系统显示数值进行比对，以SCADA系统显示数值为监测数值，如出现两数值偏差较大，可参考其余输油泵机组压力仪表数值，如某输油站在节能监测过程中发现串联运行的2#输油泵进口一次压力表与SCADA系统监测数值偏差较大，在无其他压力监控仪表的情况下可参考1#泵机组的出口压力表的数值，或者直接安装经计量检定过的精密压力表。

汇管压力是用来测试节流损失率的重要参数，在输油泵机组出口汇管上读取。在工艺流程较为复杂的输油站（库）如无法确定汇管压力表的位置，应与站库内技术人员协调，确保汇管压力读取数值准确。

（三）电机电能参数的测试

电动机输入功率。从电压、电流、功率因数表读取数据，按公式计算。也可以直接测算电动机输入功率，电动机输入功率可以利用电动机控制柜上的电能表与秒表配合进行测量。

我们在实际监测过程中发现有个别输油站电流监控仪表出现较大偏差。所以电气仪表数据读取完成后应进行初步输油泵机组节能监测计算，如电气测试结果与实际偏差较大，应使用秒表计算电机控制柜电能表参数进行比对，如电机电能参数无法获取，则需安装经计量检定的电力品质分析仪来测试电气参数（由于安全考虑通常情况下不建议安装）。

（四）介质密度测试

输油站如使用在线密度计，在测试过程中应读取介质密度。如在线密度计无法使用或未经计量检定，可调整流程保证单一品种的油品输送。如条件不允许则测试前需对输送介质进行取样，送实验室测定介质密度。

（五）输油泵进出口温度

输油泵节能监测优先选用流量法（正平衡法），只有在不具备正平衡测试条件时采用热力学法（反平衡法）。输油泵进出口温度是热力学测试法的重要参数。热力学测试法对进出口温差精度要求较高，通常用于节能监测的温度计分度值为0.1℃，温差测试仪温差为0.01级。

测试前需要拆除输油泵进出口管线上的温度仪表，并保证套管内有足够的导热油，将泵效测试仪铂电阻温度传感器放入同一个温度计套管内校准，待校准完毕后，将两支传感器分别放入泵进出口温度计套管内，等待温度数值稳定后开始监测，每10min读取一组温度（温差）数据。如没有温差测试仪，也可以用温度计替代，但数据读取时应读到小数后两位（最后一位为估值）。

由于热力学测试法对温度精度要求较高，套管内的杂质会严重影响温度计数据的读取，在实际的计算中0.1℃温度的误差就会产生近百立方甚至几百立方的输油泵流量的计算偏差。所以温度计套管内应定期检查保持管内清洁，并更换导热油。

出于安全考虑输油泵进出口温度仪表应由各输油站协助拆除，测试完成后由输油站负责恢复。对于某些进出口温度套管损坏的输油泵机组将不进行反平衡测试。

普通玻璃温度计测试输油泵进出口介质温度如图 5.2－3 所示。

BYC－2B 泵效测试仪测试输油泵进出口介质温差如图 5.2－4 所示。

图 5.2－3　普通玻璃温度计测试输油泵进出口介质温度现场应用

图 5.2－4　BYC－2B 泵效测试仪测试输油泵进出口介质温度现场应用

（六）数据处理与计算方法

1. 扬程计算

扬程计算见公式（5.2－1）。

$$H=\frac{(P_2-P_1)\times 10^6}{\rho\cdot g}+\frac{V_2^2-V_1^2}{2g}+Z_2-Z_1 \tag{5.2-1}$$

式中　P_2、P_1——输油泵出、进口压力，Pa；

Z_2、Z_1——输油泵出、进口压力表高度差，m；

V_1、V_2——输油泵进、出口处液体流速，m/s；

2. 电动机输入功率

（1）电能表法

电能表法功率见公式（5.2－2）。

$$P_r=K_{CT}\times K_{PT}\frac{n}{t\zeta}\times 3600 \tag{5.2-2}$$

式中　K_{CT}——电流互感器变比；

K_{PT}——电压互感器变比；

n——测量期内电能表铝盘所转的圈数，r；

ζ——电能表常数，r/kW·h。

（2）电流、电压、功率因数法

电流、电压、功率因数法见公式（5.2－3）。

$$P_r=\sqrt{3}\cdot U\cdot I\cdot\cos\varphi \tag{5.2-3}$$

式中　U——实测电动机负载电压，kV；

I——实测电动机负载电流，A；

$\cos\varphi$——实测电动机功率因数。

（3）电动机负载率法

电动机负载率见公式（5.2－4）。

$$\beta = \frac{-P_N/2 + \sqrt{P_N^2/4 + (\sum P_N - P_0)(P_r - P_0)}}{\sum P_N - P_0} \times 100\% \tag{5.2-4}$$

式中　β——电动机负载率，%；

P_N——电动机额定功率，kW；

P_0——电动机的空载有功损耗，kW；

$\sum P_N$——电动机额定负载时的有功损耗，kW；

$\sum P_N = (1/\eta_N - 1) P_N$

3. 输油泵效率

（1）正平衡法（流量法）

输油泵效率见公式（5.2－5）。

$$\eta_b = \frac{P_{bc}}{P_{br}} \times 100\% \tag{5.2-5}$$

式中　η_b——输油泵效率，%；

P_{br}——输油泵输入功率，kW；

P_{bc}——输油泵输出功率，kW。

输油泵输入功率计算见公式（5.2－6）：

$$P_{br} = \beta \cdot P_N \tag{5.2-6}$$

输油泵输出功率计算见公式（5.2－7）：

$$P_{bc} = \rho_t gHQ \times 10^{-3} \tag{5.2-7}$$

当泵的出、进口压力表高度差（$Z_2 - Z_1$）和动能（$V_2^2 - V_1^2/2g$）可以忽略的情况下，允许按公式（5.2－8）计算输出功率：

$$P_u = (P_2 - P_1) \times Q \times 10^{-3} \tag{5.2-8}$$

式中　ρ_t——温度为 t 时的介质密度，kg/m^3；

Q——实测输油泵流量，m^3/s；

H——输油泵的总扬程。

（2）反平衡法（热力学法）

采用测试输油泵进出口地温差和相关参数计算输油泵效率的一种方法。输油泵机组反平衡效率可按公式（5.2－9）计算：

$$\eta_b = \frac{H}{H + 102C_p(\Delta t - \Delta PS_p)} \times 100\% \tag{5.2-9}$$

式中　C_p——原油比热容，kJ/（kg·℃）；

S_p——原油等熵压缩温升系数，℃/MPa；

ΔP——输油泵进出口压力差，MPa；

Δt——输油泵进出口温差，℃。

原油通过输油泵时因受压力作用温度升高，其温度的变化随原油密度和压力的变化而不同。压力每增加1MPa，原油所升高的温度称为原油等熵压缩温升系数，用符号 S_p 表示，单位为℃/MPa。其值实测或按经验公式（5.2-10）计算。

$$S_p = 95.18 \times 10^{-3} \times (\rho_t/1000)^{-2.74} \tag{5.2-10}$$

式中 ρ_t——温度 t 时的原油密度，kg/m³；

S_p——等熵压缩温升系数，℃/MPa。

输油泵的流量可以按公式（5.2-11）计算：

$$Q = \frac{P_{br}\eta_b \times 10^3}{H\rho_t g} \tag{5.2-11}$$

4. 输油泵机组效率

输油泵机组效率按公式（5.2-12）计算：

$$\eta_{jz} = \frac{P_{bc}}{P_r} \times 100\% \tag{5.2-12}$$

式中 η_{jz}——输油泵机组效率，%。

5. 输油泵机组液体输送系统效率

输油泵机组液体输送系统效率按公式（5.2-13）计算：

$$\eta_{sys} = \eta_{jz}\eta_t \times 100\% \tag{5.2-13}$$

式中 η_{sys}——输油泵机组液体输送系统效率，%；

η_t——液体输送效率，按公式（5.2-14）计算：

$$\eta_t = \frac{\rho_t g\ (H - H_1)\ Q \times 10^{-3}}{P_{bc}} \times 100\% \tag{5.2-14}$$

式中 H_1——调节阀引起的扬程损失，m。

当输油泵的进、出口压力表高度差和动能差可以忽略不计的情况下，液体输送效率可以按公式（5.2-15）计算：

$$\eta_t = \frac{P_3 - P_1}{P_2 - P_1} \times 100\% \tag{5.2-15}$$

式中 P_3——输油泵出口调节阀后压力（管压），MPa。

输油泵机组液体输送系统效率按公式（5.2-16）计算：

$$\eta_{sys} = \frac{(P_3 - P_1)\ Q \times 10^3}{P_r} \times 100\% \tag{5.2-16}$$

七、输油泵节能监测案例

使用正平衡测试方法对某一型号输油泵机组进行节能监测工作，该输油泵额定流量为3560m³/h；额定扬程100m，电动机额定电压6000V；额定电流164A；额定功率1440kW；额定功率因素0.87；额定转速1492r/min。测试过程中，机组运行正常，测试结果如下（多次平均值）：进口压力为0.978MPa；出口压力为1.96MPa；汇管压力为3.83MPa；介质流量为 2843.4m³/h；电动机负载电压 6253V；电动机负载电流 115.23A；电动机功率因素 0.86。

经化验分析，输送介质密度为 887.4kg/m³，根据以上监测数据计算得知结果如下：输油泵扬程 112.8m；电动机输入功率 1073.2kW；电动机输出功率 969.8kW；电动机负载率 67.3%；电动机运行效率 90.4%；输油泵输入功率 965.0kW；输油泵输出功率 775.9kW；输油泵效率 80.4%；输油泵机组效率 72.3%，符合评价指标应该不小于 72% 的要求；节流损失率 0.5%，符合评价指标应该小于 10% 的要求；吨百米耗电量 0.38kW·h/(t·hm)，符合评价指标应该小于 0.404kW·h/(t·hm) 的要求。

第三节　加热炉、锅炉节能监测

加热炉、锅炉监测有正平衡和反平衡两种方法，通常我们只做反平衡监测。监测目的主要是通过测试了解加热炉和锅炉的运行状态，以监测结果为依据优化加热炉、锅炉运行，达到节能减排的目的。

一、监测依据标准

GB/T 15319—1994 火焰加热炉节能监测方法

SY/T 6381—2016 石油工业用加热炉热工测定

GB/T 10180—2017 工业锅炉热工性能试验规程

GB/T 4756—2015 石油液体手工取样法

GB/T 1884—2000 原油和液体石油产品密度实验室测定法（密度计法）

二、监测参数

通过燃烧热效率仪测试加热炉、锅炉的烟气成分计算加热炉的热效率。

监测主要参数有炉体外表面温度、排烟温度、环境温度、空气系数，以及排烟处烟气成分分析（如烟气中二氧化碳、一氧化碳和氮氧化物等其他气体成分）。正平衡监测还需要进炉介质的流量（锅炉给水量）、燃料的密度、含水量，燃料消耗量，加热炉进出炉温度、蒸汽锅炉的给水温度或热水锅炉的进出口水温，蒸汽锅炉的蒸汽压力或热水锅炉的进出口水压力。

三、监测所需仪器设备使用要求

检测仪表选用：

（1）反平衡：烟气分析仪、红外测温仪；

（2）正平衡：流量计、标准温度计、精密压力表。

监测所用仪器设备的范围和精度需满足相关检测标准要求，并保证其性能良好在检定周期范围内，无检定合格证或超过检定期的仪器设备不得使用。

测试项目完成后，应检查仪器设备的性能状况，确保测试过程中参数的准确性。

四、监测要求

监测对象运行工况要求在测前必须连续运行1h以上，并且在测试过程中保持运行工况的相对稳定。

测试外表面温度的红外温度计和监测烟气成分的烟气分析仪的各传感器的精度应符合标准要求，并且计量检定合格并在有效期内。

炉顶操作人员应系好安全带。

其余监测所需计量仪器均应符合计量要求并在检定有效期内。

五、各项参数测试

（一）排烟温度、空气系数和烟气分析

排烟温度、空气系数和烟气成分均由烟气分析仪测出。使用烟气分析仪测试应在工业加热炉锅炉最后一级尾部受热面后1m以内的烟道上进行，烟气采样管应插入烟道中心位置并保持采样管插入口处的密封。由于加热炉锅炉监控用热电偶安装位置和烟气分析仪采样的位置不同，烟气分析仪测得的排烟温度与热电偶测得数据可能会有偏差，在计算时以烟气分析仪测得的排烟温度为准。

排烟温度和空气系数相互影响，同时也是影响热效率的重要指标。烟气温度过低，烟气中的水分将凝结在尾部受热面和烟囱壁上，由于这些水分中含有燃烧后留下的二氧化硫、氮氧化物等腐蚀性成分，对于尾部受热面和烟囱内壁将产生腐蚀，会影响尾部受热面和烟囱的使用寿命。排烟温度高，烟气被受热介质吸收的热量少，热效率降低。排烟温度高是由受热面积集灰大、空气进气量大或者漏风造成的。受热面积灰使传热面传热系数降低，加热炉锅炉吸热量降低，烟气放热量减少，从而使排烟温度升高，应定期对加热炉锅炉吹灰，保持受热面清洁。进风量大空气系数高使炉膛烟气温度降低，传热能力降低，烟气流速加快不能进行完全的放热，从而导致排烟温度较高。进风量小燃料不完全燃烧，燃料未能完全放热，烟气温度低，传热能力随之降低。应根据实际运行情况适当调整炉膛进风量，在燃料完全燃烧的情况下降低空气系数，降低排烟温度，提高热效率。在实际监测过程中可根据烟气分析仪分析结果对加热炉锅炉的运行状态适当调整提高运行效率。

2015年在某输油站对燃气加热炉进行节能监测，烟气分析仪一氧化碳测试值超高报警，实测排烟温度185℃，空气系数3.75，热效率不足80%，在输油站相关技术人员配合下适当调节了加热炉进风量。调节后加热炉稳定运行后空气系数降低到1.45，排烟温度降级到150℃，热效率提高到85%。

近年来为了便捷有效地降低加热炉的空气系数，提高燃烧效率，许多输油处为风机安装了矢量变频器，主要是通过控制燃烧器风机转速来改变燃烧过程中的进风量。在加热炉

图 5.3－1　KM9106 烟气分析仪测试烟气参数现场应用

烟道上安装氧化锆探头，通过氧化锆探头检测含氧量并反馈给变频器。当排烟处烟气氧含量升高则变频器控制风机转速降低，相反如果氧气含量降低则变频器控制风机转速升高，以此实现燃料充分燃烧、降低空气系数的目的，提高了燃烧热效率。

KM9106 烟气分析仪测试烟气参数现场如图 5.3－1 所示。

（二）外表面温度

炉体外表面温度是用于监测炉体散热损失的参数。一般 0.5～2 个平方米一点，如炉体部分表面温度超过 50℃，应在停炉或大修期间对加热炉内衬进行检修。散热损失按查表法。根据炉型大小对照 GB/T 10180—2017《工业锅炉热工性能试验规程》中炉体散热损失表读取散热损失。

（三）热负荷

测试加热炉、锅炉燃油流量计单位时间的燃油消耗量计算热负荷。

监测时间为 1 h，从热工况达到稳定状态开始，除需化验分析以外的测试项目每隔 15min读数记录一次，取算术平均值。需要进行试验得出结果的参数为：输油量G（kg/h）；进油温度 t_{js}（℃）；出油温度 t_{cs}（℃）；进油压力 P_{js}（MPa）；出油压力 p_{cs}（MPa）；燃料消耗量 B（kg/h）；燃油温度 t_y（℃ ）。

（四）燃料成分的分析

燃料取样后化验得出结果的参数有：收到基碳 C_{ar}（%）；收到基氢 H_{ar}（%）；收到基氧 O_{ar}（%）；收到基硫 S_{ar}（%）；收到基氮 N_{ar}（%）；收到基灰分 A_{ar}（%）；收到基水分 M_{ar}（%）；燃油密度 ρ_y（kg/m³）；燃油收到基低位发热量（$Q_{net,v,ar}$）$_y$（kJ/kg）。

六、加热炉效率测试与计算方法

测试应在正常生产实际运行工况下进行。本测试方法的测试以加热炉系统为对象进行分析。按照 GB/T 10180—2017《工业锅炉热工性能试验规程》规定进行加热炉的效率测试。试验进行正、反平衡测试。我们在进行炉效测试时主要运用反平衡测试方法。

（一）正平衡法

采用正平衡法计算加热炉输出热量见公式（5.3－1）。

$$Q_O = Q_{Oout} - Q_{Oin} = D_O \rho_O \left(t_{out} c_{out} - t_{in} c_{in} \right) \tag{5.3-1}$$

式中　Q_O——加热油时加热炉输出热量，kJ/h；

Q_{Oout}、Q_{Oin}——加热炉输出、输入热量，kJ/h；

t_{out}、t_{in}——加热炉出油、进油温度，℃；

c_{out}、c_{in}——加热炉实测出口、进口温度与 0 ℃时原油比热容的平均值；

ρ_O——被加热油的密度，kg/m³；

D_0——被加热油的流量，kg/h。

供热能量计算见公式（5.3-2）。

$$Q_r = (Q_{net,v,ar} + Q_{wl} + Q_{rx})\ B \tag{5.3-2}$$

式中 Q_r——供热能量，kJ/h；

$Q_{net,v,ar}$——燃料的基低位发热值，kJ/kg；

Q_{wl}——外来热量加热空气，相当于标准状态下每千克燃料所给的热量，kJ/h；

Q_{rx}——燃料的物理热，kJ/kg；

B——燃料消耗量，kg/h。

正平衡效率计算见公式（5.3-3）。

$$\eta_1 = \frac{Q}{Q_r} \times 100\% \tag{5.3-3}$$

式中 η_1——正平衡效率；

Q——加热炉有效输出热量，kJ/h。

（二）反平衡法

反平衡效率按公式（5.3-4）计算。

$$\eta_2 = 100\% - (q_2 + q_3 + q_4 + q_5 + q_6) \tag{5.3-4}$$

式中 η_2——反平衡效率，%；

q_2——排烟热损失，%；

q_3——气体未完全燃烧热损失，%；

q_4——固体未完全燃烧热损失，%；

q_5——散热损失，%；

q_6——灰渣物理热损失，%。

（三）空气系数

空气系数按公式（5.3-5）计算。

$$a = \frac{21}{21 - 79\dfrac{O_2 - 0.5CO - 0.5H_2 - 2CH_4}{100 - (RO_2 + O_2 + CO + H_2 + CH_4)}} \tag{5.3-5}$$

式中 O_2，RO_2，CO，CH_4，H_2——干燃烧产物的百分含量，%，对于固体和液体燃料不分析 H_2 和 CH_4。

七、加热炉节能监测案例

运用反平衡对某一台加热炉进行节能监测，该加热炉热负荷8000kW，设计效率90%。该加热炉在测试过程中运行正常，测试结果如下（多次平均值）：进炉温度为25.8℃；出炉温度为43.5℃；进炉压力1.44MPa；出炉压力1.28 MPa；炉膛温度612.0℃；炉体表面最高温度65.4℃；炉体表面平均温度33.0℃；烟气排放温度为194℃、含氧量7.62%、一氧化碳0.0054%、二氧化碳10.07%、空气系数1.57。

经化验分析，该加热炉燃料油密度927.3kg/m^3，燃料油低位发热值41110kJ/kg，根据以上监测数据计算和查表得知结果如下：气体未完全燃烧热损失0.0079%；排烟热损失7.43%；炉体散热损失（查表）1.5%；热效率87.1%，符合评价指标不小于88.0%的要求；排烟温度194℃，符合评价指标不大于230℃的要求；排烟处空气系数1.53，不符合评价指标不大于1.50的要求；炉体外表面温度33℃，符合评价指标不大于50℃的要求。

思考题

1. 影响输油泵能量利用率的因素主要有哪些？
2. 采取哪些措施可以提高输油泵的运行效率？
3. 加热炉排烟温度较高，可以采取哪些措施降低其排烟温度？

第六章　常规检测技术

第一节　通用测量技术

《在用工业管道定期检验规程（试行）》规定，压力管道检验项目主要有外部宏观检查、材质检验、电阻测定、无损检测和理化试验等。本节主要介绍了厚度测量、焊缝检验尺测量、万用表测量、硬度测量、涂层厚度测量和接地电阻测量6个方面的内容。

一、厚度测量

厚度测量是压力管道检验中最常见的检测项目。由于管道是闭合壳体，测厚只能从一面进行，所以需要采用特殊的物理方法，最常用的是超声波法。测厚一般采用超声波测厚仪进行测量。

（一）超声波测厚仪工作原理

超声波测厚仪主要是根据超声波脉冲反射原理进行测量的，当发射的超声波脉冲通过被测物体到达材料分界面时，脉冲会被反射回探头，然后通过测量超声波在材料中传播时间来确定被测物体的厚度。凡能使超声波以一恒定速度在其内部传播的各种材料均可采用此原理测量。被测物体的厚度 h 计算见公式（6.1－1）。

$$h = \frac{ct}{2} \tag{6.1-1}$$

式中　c——超声波的在工件中的传播速度，m/s；

t——声波发射与接收超声波之间的时间间隔，s。

其测厚原理如图6.1－1所示。

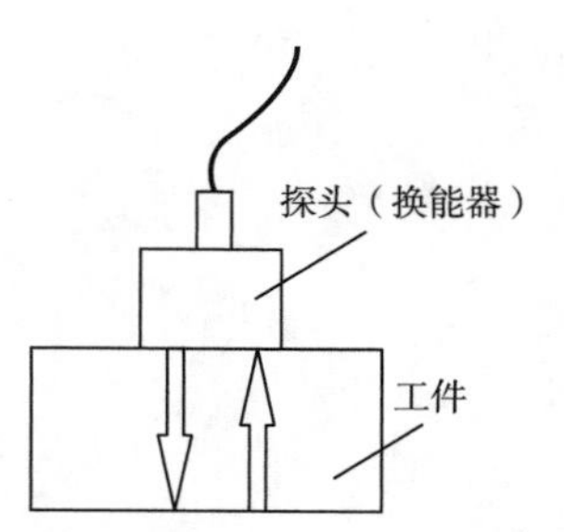

图6.1－1　脉冲反射法测厚原理图

（二）超声波测厚仪的结构

1. 主机和探头

超声波测厚仪的主机和探头结构如图6.1－2所示。

2. 超声波测厚仪键盘及显示界面

超声波测厚仪键盘中功能键见表6.1－1。

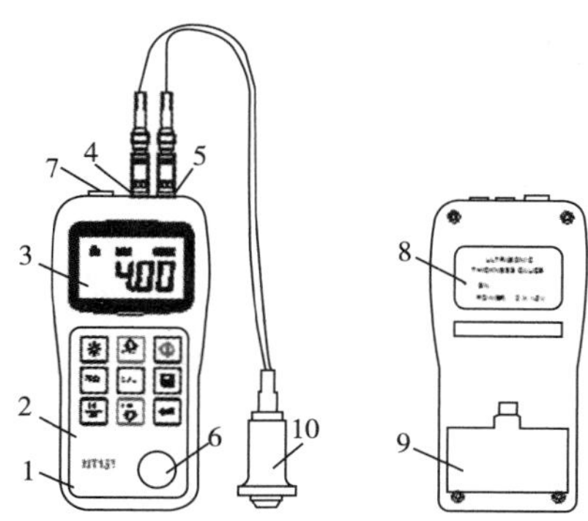

图 6.1－2　主机和探头

1—外壳；2—键盘；3—液晶屏；4—发射插座；5—接收插座；6—校准厚度块；
7—通讯插座；8—铭牌；9—电池仓盖；10—超声探头（简称探头）

表 6.1－1　超声波测厚仪键盘的功能键列表

按键	功能	按键	功能
（电源图标）	仪器开关键	CAL	参数修改/打印键
（背光图标）	背光开关键	（回车图标）	确认键
PRB	探头校零键	⇧ SCAN	数值增加键
IN/MM	单位制切换/退出键	ALRM ⇩	数值减小键
（存储图标）	数据存储/删除键		

超声波测厚仪键盘中功能键如图 6.1－3 所示。

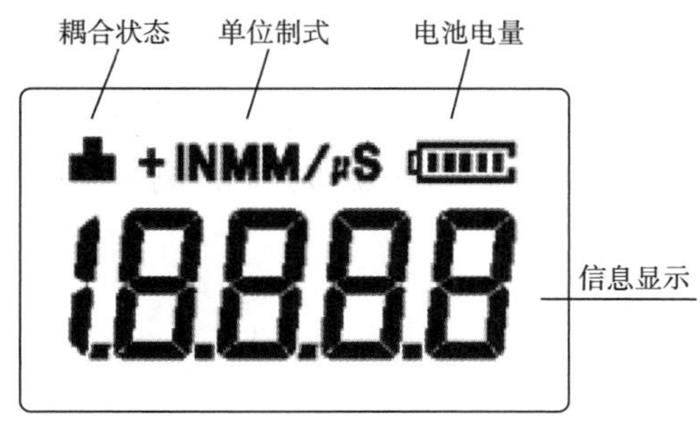

图 6.1－3　主显示界面

说明：1——耦合状态：探头与被测工件的耦合状态

2——单位制式：MM、M/S（公制时），或者 IN、IN/μS（英制时）

3——电池电量：电池剩余电量显示

4——信息显示：显示厚度测量值，以及简单的操作提示信息。

（三）超声波测厚仪使用的一般程序

1. 测量前准备

测量前的准备工作主要包括仪器准备和探头选择。

（1）仪器准备

按极性正确装入电池。把适合测量对象的探头装上测厚仪，安装时，探头的接头颜色与测厚仪本体的颜色相对应，不可接错，对于管壁测厚可安装曲面探头护套。

（2）探头选择

根据被测对象的厚度及形状来选择探头。可参考表6.1－2选择探头。

表6.1－2　探头选择

名称	型号	频率/MHz	探头直径/mm	测量范围/mm	最小管径/mm	特性描述
粗晶探头	N02	2.5	14mm	3.0～300.0（钢） 40mm以下（灰铸铁HT200）	20	用于铸铁等粗晶材质的测量
标准探头	N05	5	10mm	1.0～230.0（钢）	$\phi20\times3.0$	通用
标准探头	N05/90°	5	10mm	1.0～230.0（钢）	$\phi20\times3.0$	通用
微径探头	N07	7	6mm	0.75～80.0（钢）	$\phi15\times2.0$	用于薄壁及小弧面的测量
高温探头	HT5	5	14mm	3～200（钢）	30	用于温度小于300℃的材料的测量

（3）耦合剂选择

测厚时要施加一定量的耦合剂（镍、奥氏体不锈钢等特殊材料测厚，应控制耦合剂中硫或卤素的含量），常用耦合剂有甘油、机油、水玻璃等。耦合剂是用来排除探头和被测物体之间的空气，使超声波能有效地穿入工件达到检测目的。如果耦合剂选择种类或使用方法不当，将造成误差或耦合标志闪烁，无法测量。应根据使用情况选择合适的种类，当使用在光滑材料表面时，可以使用低黏度的耦合剂；当使用在粗糙表面、垂直表面及顶表面时，应使用粘度高的耦合剂。高温工件应选用高温耦合剂。其次，耦合剂应适量使用，涂抹均匀，一般应将耦合剂涂在被测材料的表面，但当测量温度较高时，耦合剂应涂在探头上。

（4）被测工件的表面处理

若被测体表面很粗糙或锈蚀严重，应利用除锈剂、钢丝刷或砂纸处理被测体表面。在材料表面光洁度达到要求后，在待测点涂上合适的耦合剂。

2. 测厚仪的校准

每一次测厚前，必须对测厚仪进行校准，校准步骤如下：

（1）测厚工作开始前，或每次更换探头、改变声速、更换电池、环境温度变化较大或者测量出现偏差时应进行探头校准。此步骤对保证测量准确度十分关键。如有必要，可重复多次。

（2）钢中的纵波声速为5900mm/s，仪器中的声速一般按钢的声速设定。校准时，用仪器配置的标准试块测试，调节相应按键使仪器读数与试块厚度一致。之后进行正常的测厚工作。

（3）当对非钢铁材料测厚前，必须进行声速和仪器线性的校准。用与被检材料相同，厚度不同的试块分别测试数次并调整声速范围，使得仪器显示相应的厚度值与试块实际值一致，则该仪器设置的声速正确，仪器线性良好。

（4）两点校准可以同时校准探头零点和材料声速，从而提高厚度测量精度。

（5）校准方法为：选择与被测物的材料、声速及曲率相同的两个标准试块，其中一个试块的厚度等于或略高于使用中实际测量范围的上限（试块A），另一个试块的厚度尽可能接近测量范围的下限（试块B）。

3. 测厚操作

测厚仪的校准完毕后，可以进行实际测厚工作。测厚时要添加一定的耦合剂，常用的耦合剂有甘油、机油、水玻璃等。将探头与被测材料表面紧密耦合，屏幕将显示被测区域的测量厚度。当探头与被测材料良好耦合时，屏幕将显示耦合标志，如果耦合标志闪烁或无耦合标志则表示耦合状况不好。移开探头后，耦合标志消失，厚度值保持。记录厚度值，此点厚度测量结束。

4. 测厚注意事项

（1）表面涂层会影响测厚结果，使测厚读数变大，所以在测厚前应将表面涂层去除。如果情况不允许去除表面涂层，则应作对比试验，以确定涂层引起的厚度增加值。

（2）被检工件表面应光洁平整，达不到要求时，要进行打磨处理，降低粗糙度，同时也可以将氧化物及油漆层去掉，露出金属光泽，使探头与被检物通过耦合剂能达到很好的耦合效果。

（3）测厚时，探头要平稳放置，应在探头上施加适当的压力20～30N每个位置应稍加移动测量两次。

（4）管道中若有沉积物，且沉积物声阻抗与工件相差不大时，要先用小锤敲击几下管壁后再测厚。

（5）操作者应具备辨别反常读数的能力，通常锈斑、腐蚀凹坑、被测材料内部缺陷都将引起反常读数。必要时可用超声波探伤仪做更仔细的检查。

（6）一般固体材料中的声速随其温度升高而降低，有试验数据表明，热态材料每增加100℃，声速下降1%。对于高温在役设备常常碰到这种情况。应选用高温专用探头和高温耦合剂300～600℃，切勿使用普通探头。

（7）正确识别材料，选择合适声速。在测量前一定要查清被测物是哪种材料，正确预置声速。对于高温工件，根据实际温度，按修正后的声速预置或按常温测量后，将厚度值予以修正。此步很关键，现场检测中经常因忽视这方面的影响而出错。

(四) 超声波测厚技术应用

1. 测厚方法

(1) 单点测量法：在被测管体上任一点，利用探头测量，显示值即为厚度值。

(2) 双测量法：在同一测厚点用探头进行两次测量，在两次测量中，探头的分割面互为90°取较小的数值为材料厚度。

(3) 连续测量法：用单点测量法沿指定路线连续测量，间隔不大于5mm；

(4) 精确测量法：在规定的测量点周围增加测量数目，厚度变化用等厚线表示；

(5) 网格测量法：在指定区域划上网格，按网格点测厚记录。此方法在高压设备、不锈钢衬里腐蚀监测中广泛使用；

(6) 30mm 多点测量法：当测量值不稳定时，以一个测定点为中心，在直径约为30mm 的圆内进行多次测量，取最小值为被测工件厚度值。

2. 管壁测量法

(1) 对于管壁测量，当管径较大时，测量可用单点测量。探头的分割面与管材轴线相垂直。如图 6.1－4 所示。

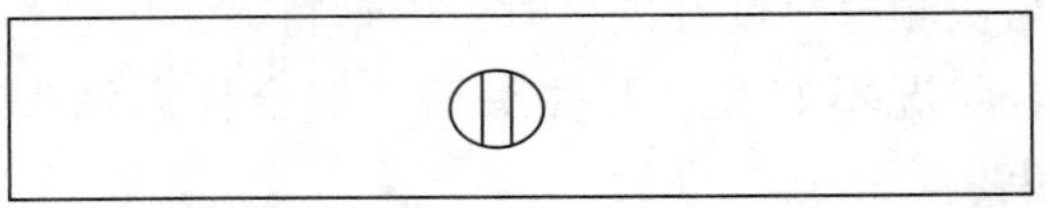

图 6.1－4 探头在管线上的布置

(2) 对于直径较小的管子测量时（外径小于100），一般用双测量法。测量时，探头分割面分别平行管材的轴线或垂直管材的轴线测量。取其中最小值为厚度值。

二、焊缝检验尺测量

(一) 工作原理

焊接检验尺是利用线纹和游标测量等原理，检验工件的坡口角度、焊缝余高、错边量、焊脚高度、焊脚厚度、焊缝咬边深度、点蚀深度等的多用途计量器具。

(二) 主要结构形式

焊接检验尺主要有主尺、高度尺、咬边深度尺和多用尺四个零件组成。常见焊接检验尺的主要结构形式分为Ⅰ型、Ⅱ型、Ⅲ型、Ⅳ型，如图 6.1－5～图 6.1－8 所示。

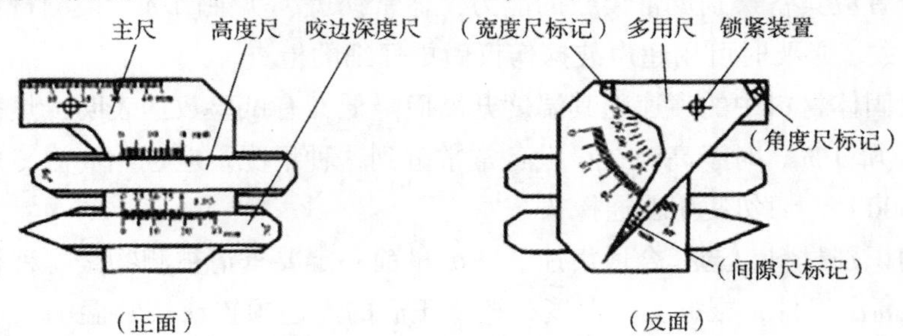

图 6.1－5 焊接检验尺Ⅰ型

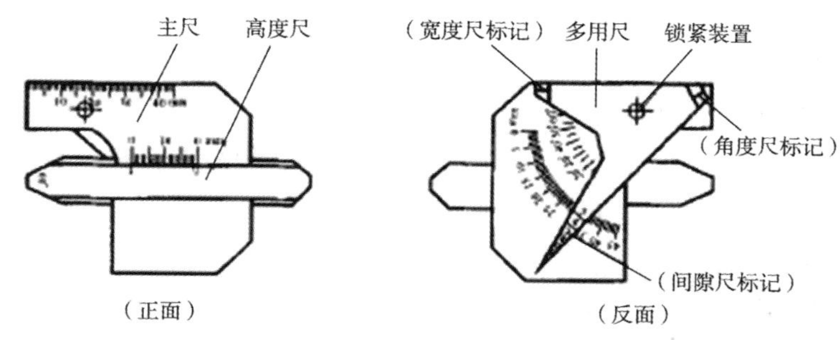

图 6.1－6　焊接检验尺Ⅱ型

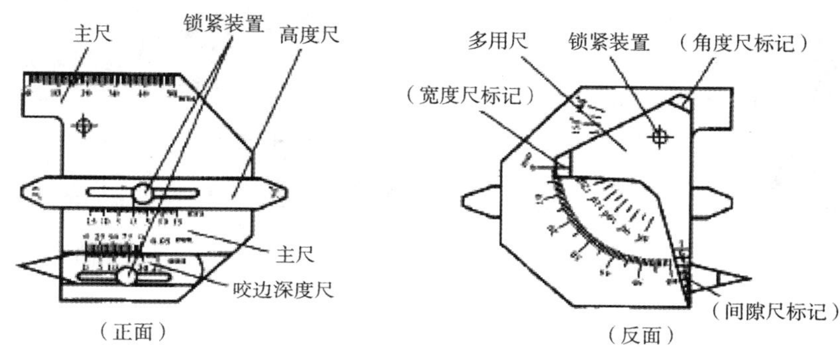

图 6.1－7　焊接检验尺Ⅲ型

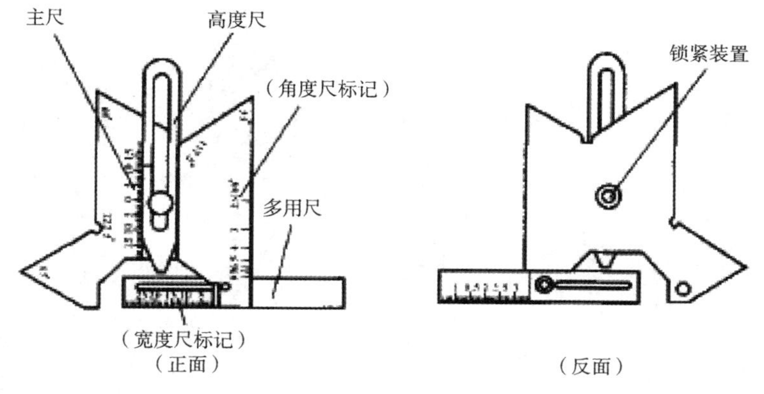

图 6.1－8　焊接检验尺Ⅳ型

（三）主要测量方法

宏观检查是输油设备检验最基本的检验方法。焊接检验尺用途广泛是宏观检查工作中重要的计量器具。本文以 HJC 40 型（焊接检验尺Ⅲ型）焊接检验尺为例，对焊接检验尺的几种常规测量方法进行介绍。

1. 焊缝余高的测量

首先把咬边深度尺零尺寸对准，并紧固螺丝，滑动高度尺与焊缝表面接触，高度尺指示值即为焊缝余高；测量主体为管道时，主尺的工作面应平行于管道轴线方向且紧贴管道表面，测量方法如图 6.1－9 所示。

2. 焊缝错变量的测量

将主尺的工作面平行于管道的轴线方向，紧贴着焊缝的一侧，然后滑动高度尺与焊缝的另一侧接触，此时高度尺的指示值，即为错变量尺寸；焊缝较宽时，可以使用咬边深度尺代替高度尺，执行同样操作方法，测量方法如图 6.1－10 所示。

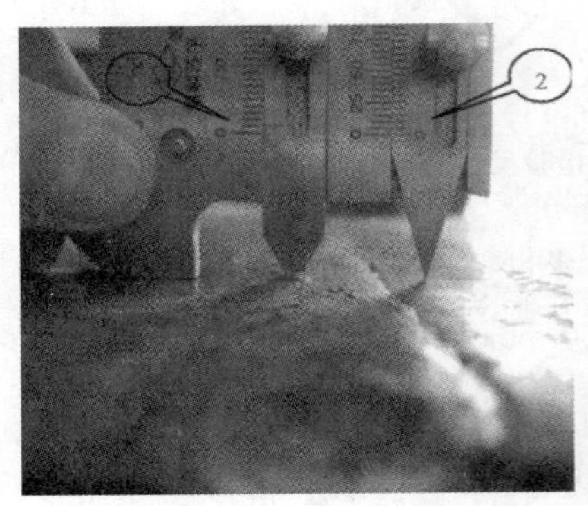

图 6.1－9 焊缝余高的测量

图 6.1－10 焊缝错变量的测量

3. 焊脚高度的测量

用主尺的工作面靠紧焊件和焊缝，并滑动高度尺与焊件的另一边接触，观察和记录高度尺的指示线，指示值即为焊脚高度尺寸，测量方法如图 6.1－11 所示。

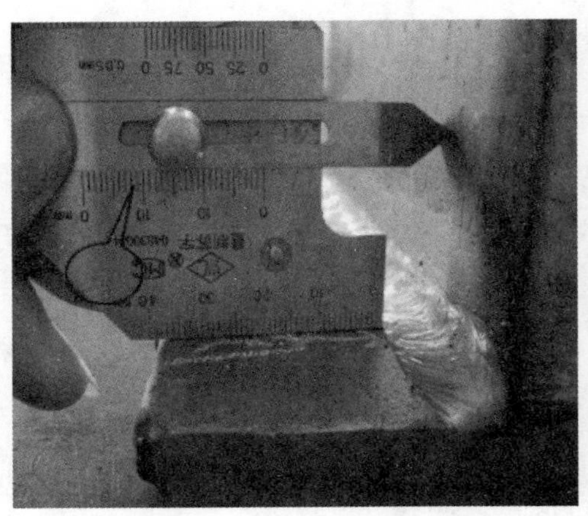

图 6.1－11 焊脚高度的测量

4. 焊角厚度的测量

首先把焊接检验尺工作面两侧分别与焊件靠紧，并滑动主尺与焊点接触，高度尺指示值即为焊角厚度尺寸，测量方法如图 6.1－12 所示。

5. 咬边深度的测量

用主尺的工作面靠紧管道表面，然后使用咬边深度尺测量咬边深度，咬边深度尺指示值，即为咬边深度尺寸，测量方法如图 6.1－13 所示。

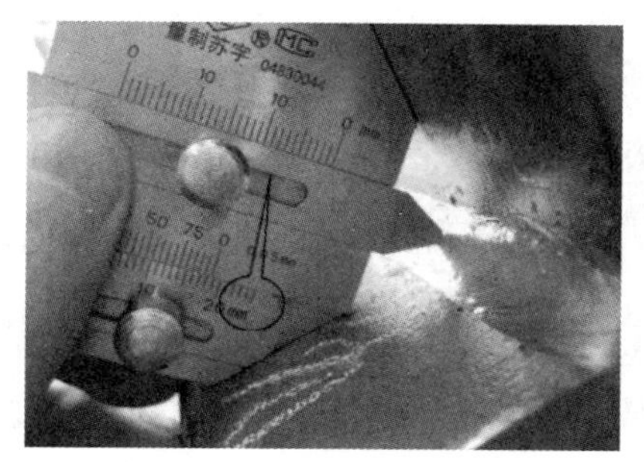

图 6.1－12 焊角厚度的测量

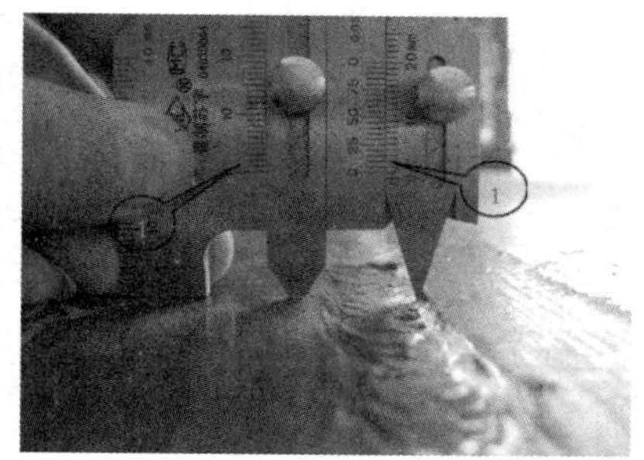

图 6.1－13 咬边深度的测量

6. 焊缝宽度测量

先用检验尺主体测量角靠紧焊缝的一边，然后旋转多用尺的测量角靠紧焊缝的另一边，看多用尺上的指示值，即为焊缝宽度尺寸，测量方法如图 6.1－14 所示。

图 6.1－14 焊缝宽度测量

7. 坡口角度测量

根据焊件所需的坡口角度，用主尺与多用尺配合，分别紧靠待测坡口两侧，看主尺工作面与多用尺工作面形成的角度，多用尺指示线所指的数值即为坡口角度，测量方法如图 6.1－15（a）和（b）所示。

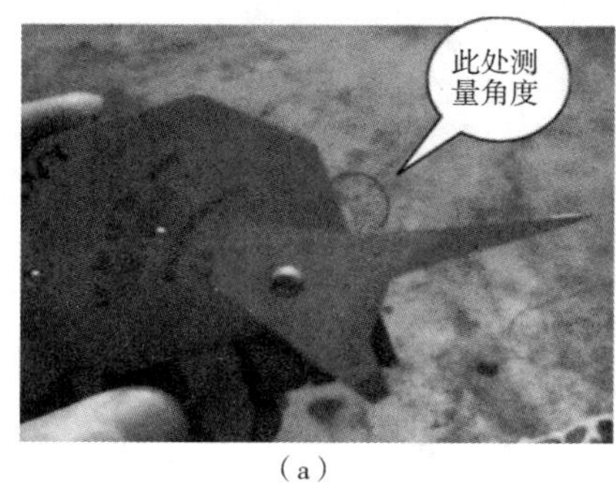

（a）

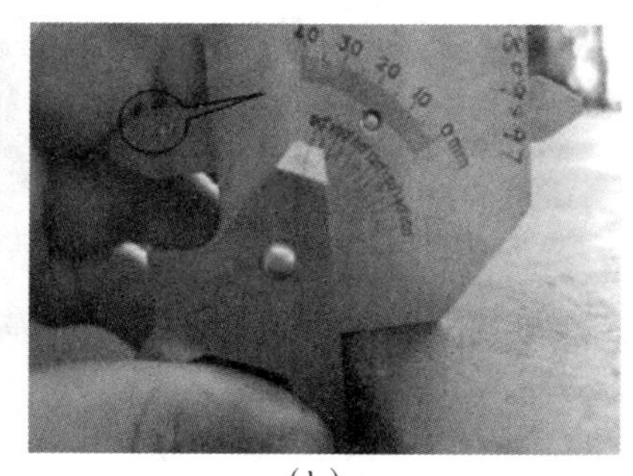

（b）

图 6.1－15 坡口角度测量

8. 装配间隙测量

用多用尺插入两焊件之间，看多用尺间隙尺所指的值，即为间隙值，测量方法如图 6.1－16所示。

三、万用表测量

万用表又称复用表、多用表、三用表、繁用表等，是电力电子等部门不可缺少的测量仪表，一般以测量电压、电流和电阻为主要目标。万用表按显示方式分为指针万用表和数

图 6.1－16　装配间隙测量

字万用表，是一种多功能、多量程的测量仪表，一般万用表可测量直流电流、直流电压、交流电流、交流电压、电阻和音频电平等，有的还可以测电容量、电感量及半导体的一些参数。

（一）万用表工作原理

万用表的基本原理是利用一只灵敏的磁电式直流电流表（微安表）做表头。当微小电流通过表头，就会有电流指示。但表头不能通过大电流，所以，必须在表头上并联与串联一些电阻进行分流或降压，从而测出电路中的电流、电压和电阻。

（二）万用表的结构和类型

万用表由表头、测量电路及转换开关三个主要部分组成。万用表是电子测试领域最基本的工具，也是一种使用广泛的测试仪器。

万用表分为指针式万用表［图 6.1－17（a）］和数字式万用表［图 6.1－17（b）］。万用表由表头、测量电路及转换开关三个主要部分组成。

（a）指针式

（b）数字式

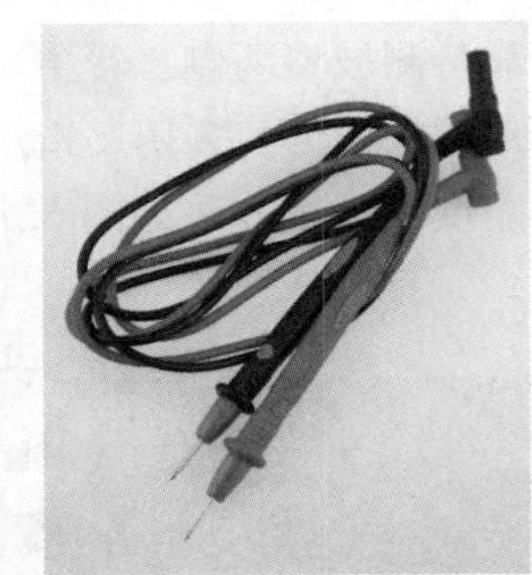

（c）万用表表笔

图 6.1－17　常用万用表及表笔

1. 表头

万用表的表头是灵敏电流计。表头上的表盘印有多种符号、刻度线和数值。符号 A—V—Ω 表示这只电表是可以测量电流、电压和电阻的多用表。表盘上印有多条刻度线，其中右端标有“Ω”的是电阻刻度线，其右端为零，左端为∞，刻度值分布是不均匀的。符号“－”或“DC”表示直流，“～”或“AC”表示交流，“～”表示交流和直流共用的刻度线。刻度线下的几行数字是与选择开关的不同档位相对应的刻度值。

表头上还设有机械零位调整旋钮，用以校正指针在左端零位。

2. 转换开关

万用表的转换开关是一个多档位的旋转开关。用来选择测量项目和量程。一般的万用表测量项目包括：“mA”：直流电流；“V（－）”：直流电压；“V（～）”：交流电压；

“Ω”：电阻。每个测量项目又划分为几个不同的量程以供选择。

3. 测量线路

测量线路是用来把各种被测量转换到适合表头测量的微小直流电流的电路，它由电阻、半导体元件及电池组成。它能将各种不同的被测量（如电流、电压、电阻等）、不同的量程，经过一系列的处理（如整流、分流、分压等）统一变成一定量限的微小直流电流送入表头进行测量。

4. 表笔和表笔插孔

表笔分为红、黑二只［图 6.1－17（c）］。使用时应将红色表笔插入标有“＋”号的插孔，黑色表笔插入标有“－”号的插孔。

（三）万用表测量方法

1. 电阻测量

（1）指针式万用表测量

将万用表档位调到欧姆档，即根据被测电阻的欧姆值选择合适的倍率，将黑红表笔分别接触被测电阻两端，将测量值乘以此时的电阻值倍率，计算得到的结果即为被测物的电阻值。

（2）数字式万用表测量

将万用表档位调到欧姆档，将黑红表笔分别接触被测电阻两端，此时表头显示的电阻值即为被测物的电阻值。

2. 电压测量

（1）交流电压测量

将红表笔插入 V/Ω 插孔，将黑表笔插入 COM 插孔；将转换开关置于交流电压档 V～处，将测试表笔置于待测器件两端（交流电压没有方向）；查看万用表显示读数，确认量程；将转换开关置于合适量程，读取读数。

（2）直流电压测量

将红表笔插入 V/Ω 插孔，将黑表笔插入 COM 插孔；将功能开关置于直流电压档 V－处，将测试表笔置于待测器件两端。（对于指针式万用表而言，红表笔要接电路正极，黑表笔接电路负极，若电路正负极不清楚，可以在最大量程情况下，在被测电路上试一下，根据笔针偏转的方向判断正负极；而对于数字万用表来说，不存在这种情况，红黑表笔可以任意接在待测器件两端，假设红表笔端为正极，若假设错误，则万用表显示读数为负值。）查看万用表显示读数，确认量程，并确定电压方向，将转换开关置于合适量程，读取读数。

（3）注意事项

①在万用表使用之前，应先进行机械调零。

②万用表应水平放置，以减小外界磁场对其的影响。

③如果被测电压范围处于未知状态，则应先将功能开关置于最大量程并逐步降低。

④若在测量过程中发现量程不符，则应在断开表笔后进行量程的变更，不能在测量过

程中进行换挡。

⑤如果万用表显示器只显示“1”，则表示量程过小，应将功能开关置于更大的量程上。

⑥当测试高电压时，应格外注意避免触电。

⑦在万用表使用过程中，不能用手触碰表笔的金属部分，以保证人身安全和测量结果的准确。

⑧万用表使用完毕后，应将功能开关置于交流电压的最大量程处，若长时间不适用，应取出其内部电池，以免腐蚀表内其他器件。

四、硬度测试

（一）硬度测试的作用和特点

硬度是金属材料力学性能中最常用的一个性能指标，对被检材料而言，硬度代表该材料在一定的压力的作用下反映出的弹性、塑性、韧性和抗摩擦性能等一系列不同物理量的综合性能指标。

硬度检测是在用压力管道定期检验中最常用的一种方法，因为硬度检测的结果在一定条件下反映出材料的化学成分、组织结构和热处理工艺上的差异。

硬度检测的特点是经过检测后被测试件不被破坏，留在试件表面的痕迹很小，在大多数情况下对使用无影响，基本可以视为无损检测。此外，硬度检测设备简单、易于操作，工作效率高。

（二）常用的硬度试验方法

1. 布氏硬度 HB

布氏硬度试验方法是把规定直径的淬火钢球（或硬质合金球）（常用 10mm、5mm、2.5mm）以一定的压力 F 压入所测材料表面，保持规定时间后，测量表面压痕直径 d，由 d 计算出压痕表面积 A，布氏硬度值 $HB=F/A$，单位是 N/mm^2，但习惯上不予标注。用淬火钢球所测出的硬度用 HBS 表示，用硬质合金球为压头所测出的硬度值为 HBW。HBS 适用于测量退火、正火、调质钢及铸铁、有色金属及硬度小于 450HBS 的较软材料；HBW 适用于测量硬度在 450～650HBW 之间的淬火材料。

布氏硬度压痕较大，对薄工件或精密制成品表面，这种损伤可能是不允许的，但对压力管道表面则没有什么妨碍。压痕大的一个优点是消除微观组织不均匀造成的影响，测试数据离散性小，测试结果是受压区域的平均值，比较可靠。

布氏硬度试验机型式有台式和便携式两种。台式试验机精度高。便携式锤击布氏硬度计价格低、体积不大，可携带至现场使用，由于是人工操作，检测速度较慢。

2. 洛氏硬度 HR

洛氏硬度是采用压头在一定的负荷的作用下压入材料的表面，用压入的深度来计算材料硬度大小的试验方法，洛氏硬度没有单位。为了满足从软到硬各种材料的硬度测定，按照压头种类和总试验力的大小组成三种洛氏硬度，分别用 HRA、HRB、HRC 表示。

HRA 测量硬度很高或硬而薄的 HB 大于 700 的金属，如硬质合金表面处理工件等。

HRB 测量较软的退火件及铜、铝及 HB = 60 ~ 230 的金属，负荷为 100kg 及 ϕ1.588mm 钢球。

HRC 一般用于测量 HB = 230 ~ 700 的调质钢或淬火回火后的工件。

洛氏硬度试验使用范围广，操作简单迅速，而且压痕较小，故在钢铁热处理质量检查中应用最多。

洛氏硬度试验在室内试验机上进行，无法在现场使用。由于压痕小，当材料组织不均匀时，测得的数值起伏大，缺乏代表性。

3. 维氏硬度 HV

维氏硬度测量原理基本与布氏硬度相同，区别在于维氏硬度测量压头采用锥面夹角为 136°的金刚石正四棱锥体，在一定试验压力下试块在试件表面压出正方形压痕，测量压痕两对角线长度来确定硬度值；单位是 N/mm^2，一般不予标出。主要用于测量金属的表面硬度。

维氏硬度适用的硬度范围宽，试验的压痕非常小，可以测出很小一点区域的硬度值，甚至可以测出金相组织中不同相的硬度，主要用于试验室内的显微硬度测量，焊接性能试验中的最高硬度试验就是用维氏硬度计来测定焊缝、熔合线和热影响区硬度的。

维氏法所用载荷较小、压痕浅，适用于测量零件薄的表面硬化层、金属镀层及薄片金属的硬度，这是布氏和洛氏所不及的。此外，因压头是金刚石角锥，载荷可调范围大，故对软硬材料均适用，测定范围 0 ~ 1000HV。

4. 肖氏硬度 HS

肖氏硬度是一种动力试验法。试验时，用一定重量的标准冲头（钢球或镶金刚石锥体）从一定高度自由落于被检试样表面，由于试样的弹性变形，冲头借助试样的弹性回跳到一定高度，可用落下的高度与回跳的高度的比值来计算试样的硬度。里氏硬度取决于材料的弹性性质，因此又被称为弹性回跳硬度。

试验中，试样厚度应不小于 2mm，表面平整光洁。测试时硬度计必须垂直放置，应取多次测量平均值作为试样硬度值。

里氏硬度计体积小，重量轻，操作简便迅速，可用于现场检测。但试验结果精度低，重复性差，并且受人为因素影响较大；当对试验结果有较精确的要求时，应选用其它硬度试验方法。

5. 里氏硬度 HL

里氏硬度的测量原理：当材料被一个小冲击体撞击时，较硬的材料使冲击产生的反弹速度大于较软者。里氏硬度计采用一个装有碳化钨球的冲击测头，在一定的试验压力下冲击试样表面，利用电磁感应原理中速度与电压成正比的关系，测量出冲击测头距试样表面 1mm 处的冲击速度和回跳速度。里氏硬度值 HL 以冲击测头回跳速度 V_b 与冲击速度 V_a 之比来表示，见公式（6.1 – 2）。

$$HL = 1000 \times V_b / V_a \tag{6.1-2}$$

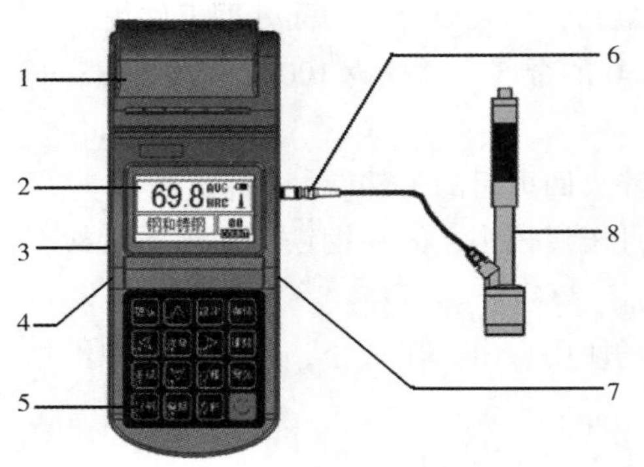

图 6.1－18　硬度计

1—打印纸仓；2—显示区；3—电源开关；4—充电接口；5—键盘；6—传感器接口；7— USB 接口；8—传感器

里氏硬度计体积小，重量轻，操作简便，在任何方向上均可测试，所以特别适合现场使用；由于测量获得的信号是电压值，电脑处理十分方便，测量后可立即读出硬度值，并能即时换算成布氏硬度、洛氏硬度和维氏硬度等。

（三）里氏硬度计的结构

在压力管道检测过程中，常用的是里氏硬度计。

1. 整体视图

里氏硬度计的结构如图 6.1－18 所示。

2. D 型冲击装置

D 型冲击装置结构如图 6.1－19 所示。

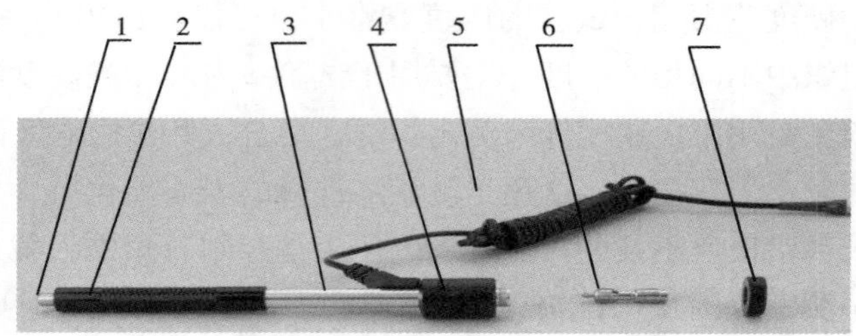

图 6.1－19　D 型冲击装置

1—释放按钮；2—加载套；3—导管；4—线圈部件；5—导线；6—冲击体；7—支承环

3. 异型冲击装置

异型冲击装置包括 DC 型、DL 型、C 型、D＋15 型、E 型、G 型，具体结构如图 6.1－20所示。

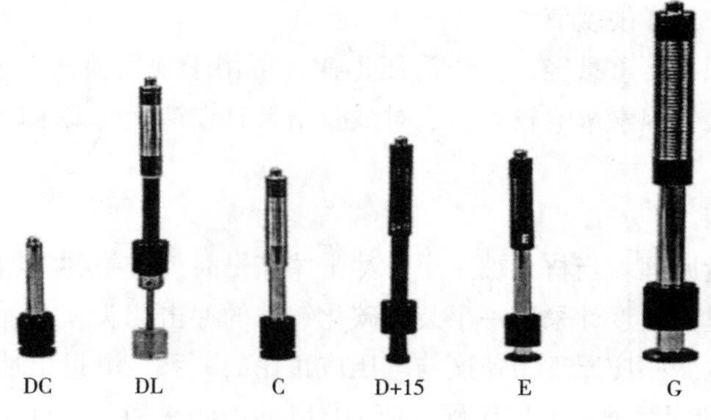

图 6.1－20　异型冲击装置

（四）里氏硬度计的使用

1. 使用前的准备和检查

（1）被测试样的要求

试样表面的状况应符合表6.1－3中的有关要求。试样表面温度不能过热，应该小于120℃。表面粗糙度不能过大，否则会引起测量误差。试样的被测表面必须露出金属光泽，并且平整、光滑、不得有油污。

表6.1－3　被测试样表面状况

异型冲击装置		DC（D）/DL	D＋15	C	G	E
冲击能量 冲击体质量		11mJ 5.5g/7.2g	11mJ 7.8g	2.7mJ 3.0g	90mJ 20.0g	11mJ 5.5g
球头硬度： 球头直径： 球头材料：		1600HV 3mm 碳化钨	1600HV 3mm 碳化钨	1600HV 3mm 碳化钨	1600HV 5mm 碳化钨	5000HV 3mm 金刚石
冲击装置直径： 冲击装置长度： 冲击装置重量：		20mm 86（147）/75mm 50g	20mm 162mm 80g	20mm 141mm 75g	30mm 254mm 250g	20mm 155mm 80g
试件最大硬度		940HV	940HV	1000HV	650HB	1200HV
试件表面平均粗糙度 R_a：		1.6μm	1.6μm	0.4μm	6.3μm	1.6μm
试件最小重量： 可直接测量 需稳定支撑 需密实耦合		＞5kg （2～5）kg （0.05～2）kg	＞5kg （2～5）kg （0.05～2）kg	＞1.5kg （0.5～1.5）kg （0.02～0.5）kg	＞15kg （5～15）kg （0.5～5）kg	＞5kg （2～5）kg （0.05～2）kg
试件最小厚度： 密实耦合 硬化层最小深度		5mm ≥0.8mm	5mm ≥0.8mm	1mm ≥0.2mm	10mm ≥1.2mm	5mm ≥0.8mm
球头压痕尺寸						
硬度 300HV时	压痕直径 压痕深度	0.54mm 24μm	0.54mm 24μm	0.38mm 12μm	1.03mm 53μm	0.54mm 24μm
硬度 600HV时	压痕直径 压痕深度	0.54mm 17μm	0.54mm 17μm	0.32mm 8μm	0.90mm 41μm	0.54mm 17μm
硬度 800HV时	压痕直径 压痕深度	0.35mm 10μm	0.35mm 10μm	0.35mm 7μm	— —	0.35mm 10μm
冲击装置适用范围		DC型测量孔或圆柱筒内；DL型测量细长窄槽或孔；D型用于常规测量	D＋15型接触面细小，加长，适宜测量沟槽或凹入的表面	C型冲击力小，对被测表面损伤很小，不破坏硬化层，适合测量小轻薄部件及表面硬化层。	G型测量大厚重及表面较粗糙的铸锻件	E型测量硬度极高材料

（2）试样重量的要求

对重量大于5kg的重型试样，不需要支撑；重量在2～5kg的试件有悬伸部分的试件及薄壁试件在测试时应用物体支撑，以避免冲击力引起试件变形、变曲和移动。对中型试样，必须置于平坦、坚固的平面上，试样必须绝对平稳置放，不得有任何晃动。

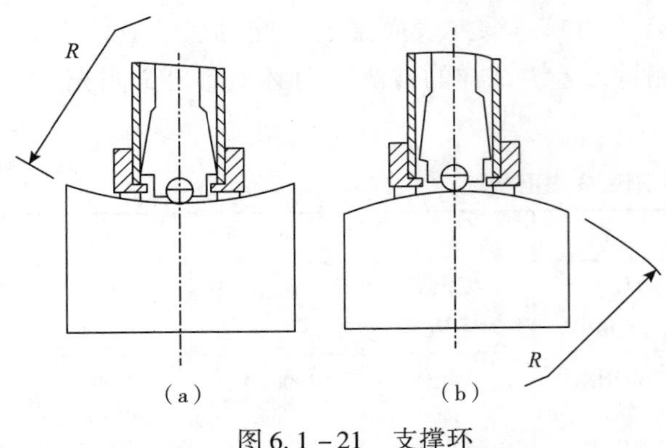

图6.1－21　支撑环

（3）试样表面要求

试样的试验面最好是平面。当被测表面曲率半径R小于30mm（D、DC、D＋15、C、E、DL型冲击装置）和小于50mm（G型冲击装置）的试样在测试时应使用小支撑环［图6.1－21（a）］或异型支撑环［图6.1－21（b）］。

（4）试样应有足够的厚度，试样最小厚度应满足说明书要求。

（5）对于具有表面硬化层的试样，硬化层深度应满足说明书要求。

（6）耦合：对轻型试样，必须与坚固的支撑体紧密耦合，两耦合表面必须平整、光滑、耦合剂用量不要太多，测试方向必须垂直于耦合平面；当试样为大面积板材、长杆、弯曲件时，即使重量、厚度较大仍可能引起试件变形和失稳，导致测试值不准，故应在测试点的背面加固或支承。

（7）试样本身磁性应小于30Gs。

2. 示值误差和示值重复性检验

测量前可先使用随机硬度块对仪器进行检验，其示值误差及重复性应不大于表6.1－4的规定。随机硬度块的数值是用标定过的里氏硬度计，在其上垂直向下测定5次，取其算术平均值作为随机硬度块的硬度值。如该值超标，可以使用用户校准功能进行校准。

表6.1－4　里氏硬度计示指误差范围表

序号	冲击装置类型	标准里氏硬度块硬度值	示值误差	示值重复性
1	D	760±30 HLD 530±40 HLD	±6 HLD ±10 HLD	6 HLD 10 HLD
2	DC	760±30 HLDC 530±40 HLDC	±6 HLDC ±10 HLDC	6 HLDC 10 HLDC
3	DL	878±30 HLDL 736±40 HLDL	±12 HLDL	12 HLDL
4	D＋15	766±30 HLD＋15 544±40 HLD＋15	±12 HLD＋15	12 HLD＋15
5	G	590±40 HLG 500±40 HLG	±12 HLG	12 HLG

续表

序号	冲击装置类型	标准里氏硬度块硬度值	示值误差	示值重复性
6	E	725 ±30 HLE 508 ±40 HLE	±12 HLE	12 HLE
7	C	822 ±30 HLC 590 ±40 HLC	±12 HLC	12 HLC

3. 仪器启动

（1）将冲击装置插头插入位于仪器右侧的冲击装置插口。

（2）按【⏻】键，此时电源接通，仪器进入测量状态。

4. 软件校准

首次使用本仪器前、长时间不使用后再次使用前必须用随机里氏硬度块对仪器和冲击装置进行校准。

一台主机配多种类型冲击装置时，每种冲击装置只需要校准1次，以后更换冲击装置不需要再重新校准。

5. 冲击装置加载

向下推动加载套锁住冲击体；对于DC型冲击装置，则可将加载杆吸于试验表面，将DC型冲击装置插入加载杆，直到停止位置为止，此时就完成了加载。如图6.1－22（a）～（c）所示。

（a）

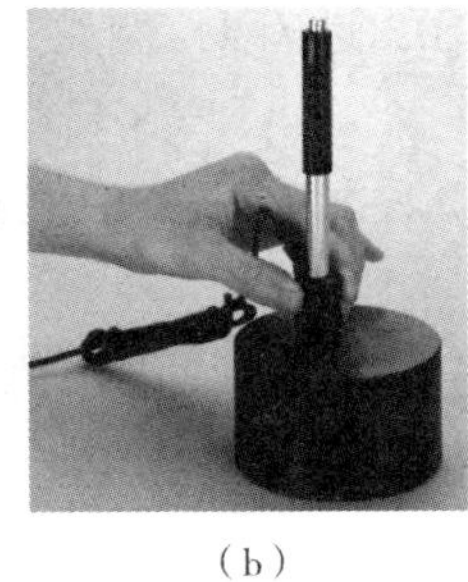
（b）

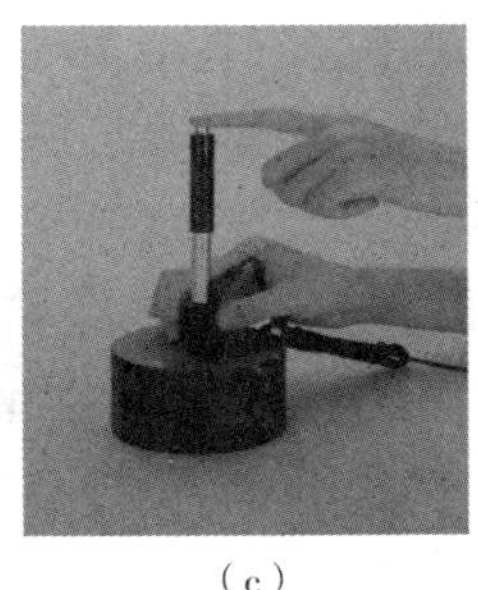
（c）

图6.1－22　冲击装置加载图

6. 冲击装置定位

将冲击装置支承环按选定的测量方向紧压在试样表面上，冲击方向应与试验面垂直。

7. 试件测量

（1）按动冲击装置上部的释放按钮，进行测量。此时要求试样、冲击装置、操作者均稳定，并且作用力方向应通过冲击装置轴线。

（2）试样的每个测量部位一般进行五次试验。数据分散不应超过平均值的±15HL。

（3）任意两压痕之间距离或任一压痕中心距试样边缘距离应符合表6.1－5规定。

（4）对于特定材料，欲将里氏硬度值较准确地换算为其他硬度值，必须做对比试验以得到相应换算关系。方法是：用检定合格的里氏硬度计和相应的硬度计分别在同一试样上进行试验，对于每一个硬度值，在三个以上需要换算的硬度压痕周围均匀分布地各测定五点里氏硬度值，用里氏硬度平均值和相应硬度平均值分别作为对应值，做出硬度对比曲线。对比曲线至少应包括三组对应的数据。

表 6.1－5　压痕距离范围

冲击装置类型	两压痕中心间距离	压痕中心距试样边缘距离
D、DC	≥3mm	≥5mm
DL	≥3mm	≥5mm
D＋15	≥3mm	≥5mm
G	≥4mm	≥8mm
E	≥3mm	≥5mm
C	≥2mm	≥4mm

8. 读取测量值

（1）用多个有效试验点的平均值作为一个里氏硬度试验数据。

（2）在里氏硬度符号 HL 前示出硬度数值，在 HL 后面示出冲击装置类型。例如 780HLD 表示用 D 型冲击装置测定的里氏硬度值为 780HL。

（3）对于用里氏硬度换算的其他硬度，应在里氏硬度符号之前附以相应的硬度符号。例如 420HLD 表示用 D 型冲击装置测定的里氏硬度换算的维氏硬度值为 420HL。

（4）不同冲击装置类型测得的 HL 值不同，例如 780HLD≠780HLC。

（五）使用注意事项

（1）更换冲击装置一定要在关机状态进行，否则无法自动识别冲击装置类型，还有可能造成仪器电路板的损坏。

（2）正常情况下，在未达到设定的冲击次数时不能存储当前测量值。

（3）只有 D 型和 DC 型冲击装置有强度测量功能，所以使用其它类型的冲击装置时，将无法修改【硬度/强度】设置，如果用 D/DC 型冲击装置设为【强度】后，又更换为其它冲击装置，【硬度/强度】设置会自动修改为【硬度】。

（4）当设定为【强度】测量时，将不能设置硬度制（光标会从【硬度制】上跳过）。

（5）不是所有材料都可以转换成所有硬度制，更改材料后硬度制会自动恢复为里氏 HL。所以设置测量条件时要先设置【材料】，再设置【硬度制】。

（6）硬度计的检定周期一般不超过一年。使用单位可根据实际情况进行日常检查。

五、涂镀层测量

涂镀层是指对材料表面保护、装饰形成的覆盖层，如涂层、镀层、敷层、贴层、化学生成膜等，在有关国家和国际标准中称为覆层（coating）。覆层厚度的测量方法主要有：

楔切法，光截法，电解法，厚度差测量法，称重法，X 射线荧光法，β 射线反向散射法，电容法、磁性测量法及涡流测量法等。随着技术的日益进步，特别是近年来引入微机技术后，采用磁性法和涡流法的测厚仪向微型、智能、多功能、高精度、实用化的方向进了一步。测量的分辨率已达 0.1μm，精度可达到 1%，有了大幅度的提高。它适用范围广、量程宽、操作简便且价廉，是工业和科研使用最广泛的测厚仪器。本文主要采用磁性法和涡流法的测厚仪使用方法。

（一）测量原理

1. 磁吸力测量原理

永久磁铁（测头）与导磁钢材之间的吸力大小与处于这两者之间的距离成一定比例关系，这个距离就是覆层的厚度。利用这一原理制成测厚仪，只要覆层与基材的导磁率之差足够大，就可进行测量。鉴于大多数工业品采用结构钢和热轧冷轧钢板冲压成型，所以磁性测厚仪应用最广。测厚仪基本结构由磁钢、接力簧、标尺及自停机构组成。磁钢与被测物吸合后，将测量簧在其后逐渐拉长，拉力逐渐增大。当拉力刚好大于吸力，磁钢脱离的一瞬间记录下拉力的大小即可获得覆层厚度。新型的产品可以自动完成这一记录过程。

2. 磁感应测量原理

采用磁感应原理时，利用从测头经过非铁磁覆层而流入铁磁基体的磁通的大小，来测定覆层厚度。也可以测定与之对应的磁阻的大小，来表示其覆层厚度。覆层越厚，则磁阻越大，磁通越小。利用磁感应原理的测厚仪，原则上可以有导磁基体上的非导磁覆层厚度。一般要求基材导磁率在 500 以上。如果覆层材料也有磁性，则要求与基材的导磁率之差足够大（如钢上镀镍）。当软芯上绕着线圈的测头放在被测样本上时，仪器自动输出测试电流或测试信号。早期的产品采用指针式表头，测量感应电动势的大小，仪器将该信号放大后来指示覆层厚度。近年来的电路设计引入稳频、锁相、温度补偿等新技术，利用磁阻来调制测量信号。还采用专利设计的集成电路，引入微机，使测量精度和重现性有了大幅度的提高（几乎达一个数量级）。现代的磁感应测厚仪，分辨率达到 0.1μm，允许误差达 1%，量程达 10mm。磁性原理测厚仪可应用来精确测量钢铁表面的油漆层，瓷、搪瓷防护层，塑料、橡胶覆层，包括镍铬在内的各种有色金属电镀层，以及化工石油待业的各种防腐涂层。

3. 电涡流测量原理

高频交流信号在测头线圈中产生电磁场，测头靠近导体时，就在其中形成涡流。测头离导电基体愈近，则涡流愈大，反射阻抗也愈大。这个反馈作用量表征了测头与导电基体之间距离的大小，也就是导电基体上非导电覆层厚度的大小。由于这类测头专门测量非铁磁金属基材上的覆层厚度，所以通常称之为非磁性测头。非磁性测头采用高频材料做线圈铁芯，例如铂镍合金或其它新材料。与磁感应原理比较，主要区别是测头不同，信号的频率不同，信号的大小、标度关系不同。与磁感应测厚仪一样，涡流测厚仪也达到了分辨率 0.1μm，允许误差 1%，量程 10mm 的高水平。采用电涡流原理的测厚

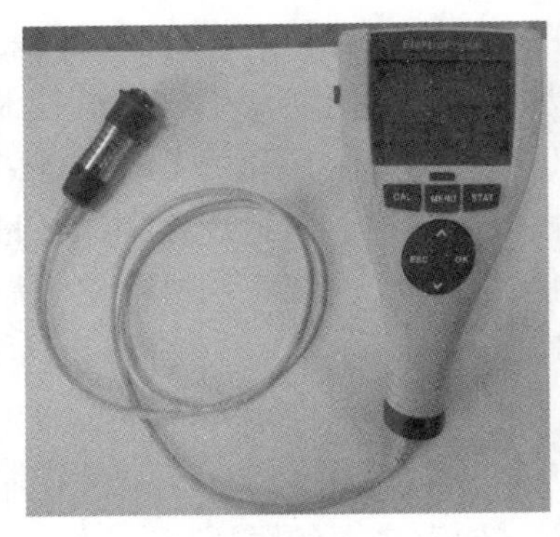

图 6.1－23　涂镀层测厚仪

仪，原则上对所有导电体上的非导电体覆层均可测量，如航天航空器表面、车辆、家电、铝合金门窗及其它铝制品表面的漆，塑料涂层及阳极氧化膜。覆层材料有一定的导电性，通过校准同样也可测量，但要求两者的导电率之比至少相差 3～5 倍（如铜上镀铬）。虽然钢铁基体亦为导电体，但这类任务还是采用磁性原理测量较为合适。

（二）涂镀层测厚仪外观结构

涂镀层测厚仪如图 6.1－23 所示，标准试块及样片如图 6.1－24（a）～（d）所示。

（a）

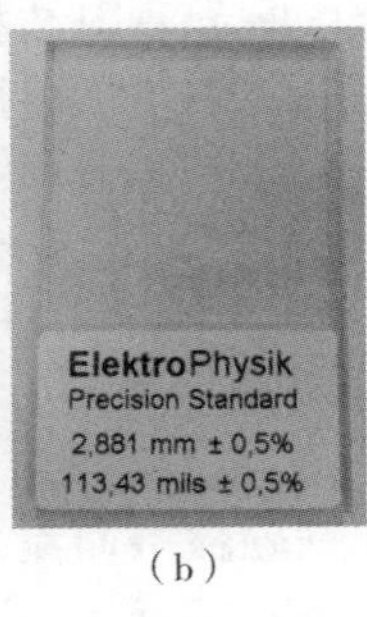

（b）

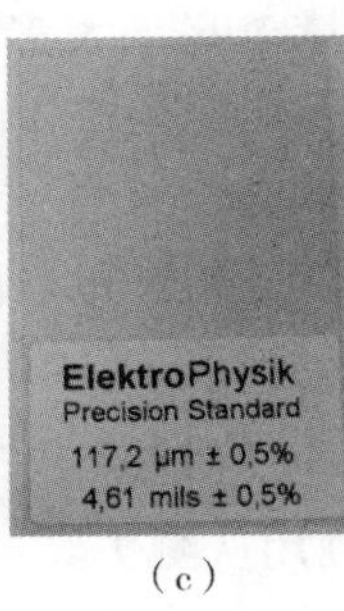

（c）

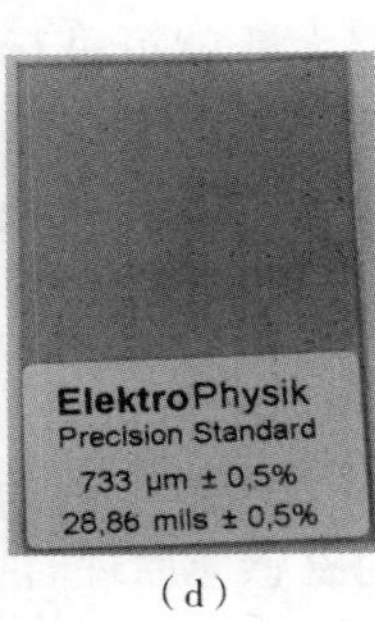

（d）

图 6.1－24　标准试块及样片

（三）涂镀层测厚仪的校准

涂镀层测厚仪的校准分为铁基校准、两点校准和系统校准三种。

在一般情况下只需进行铁基校准即可进行准确测量。当仪器铁基与被测件铁基的磁性和表面粗糙度差别较大时，可以进行系统校准以保证测量精确度。

1. 铁基校准（零点校准）

仪器标准基体金属的磁性和表面粗糙度应当与待测试件基体金属的磁性和表面粗糙度相似。为了保证测量的精确性，可以在测量测试件之前先进行铁基校准。

校准方法：在仪器开机状态下，将探头垂直的放在被测试件的裸露基体上进行测量，测量两次，测完第二次按住探头不动按下"CAL"键，伴随着两声蜂鸣即可完成铁基的校准。如果没发出两声蜂鸣说明操作有误，重新按以上步骤操作直至发出两声蜂鸣即可。如图 6.1－25 所示。

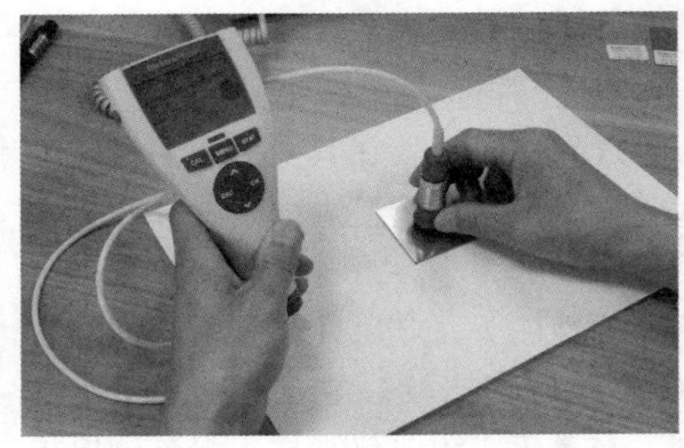

图 6.1－25　零点校准

2. 两点校准

在测量过程当中，如果发现个别测量值偏差较大可以通过两点校准方法进行调整。校准方法：把一个已知厚度的被测试件作为标准样片进行测量，如果显示值与真实值不一致，可以通过“▲”、“▼”键进行加1或减1操作。按住“▲”、“▼”键不放可以进行连续加、减，直到显示值和真实值相同为止。校准完成后即可进行正常测量。

两点校准时选用的被测试件厚度不要与系统校准时的五个样片值接近，否则操作无效。两点校准测试如图6.1－26（a）～（c）所示。

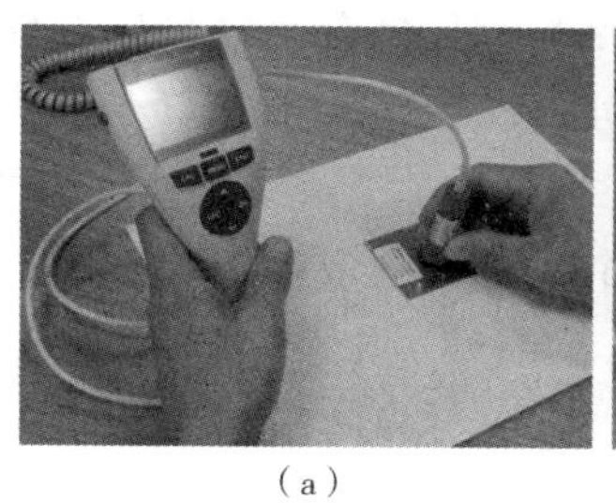
（a）

（b）

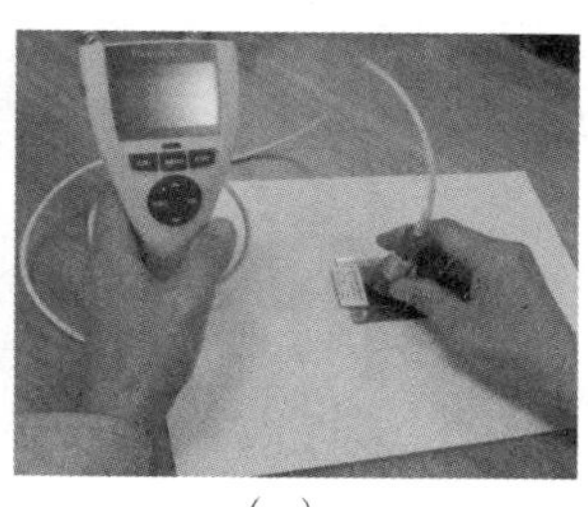
（c）

图6.1－26　两点校准

3. 系统校准

仪器在出厂前已经经过技术人员系统校准，为保证精确度也可在工作现场进行二次系统校准。

在关机状态下同时按住“ON/OFF”键和“MENU”键，先放开“ON/OFF”键然后放开“MENU”键即可进入系统校准模式。

本系统校准共需要校准五个标准样片，进入系统后首先显示“铁基”界面，此时要把探头垂直的放到被测件的裸露基体上进行测量。测量两次后如果测量没有错误操作，伴随着两声蜂鸣便进入第一个样片的测量。屏幕显示出厂时提供的第一个样片值。如果显示的样片值和真实值不符，可以通过“▲▼”键来进行加1或减1操作。按住“▲”或“▼”键不动可以连续加或减，直到调整到显示值和真实值相同为止。调整完样片值之后即可对第一个样片进行测量，测量两次无误后，伴随着两声蜂鸣，仪器进入下一个样片的校准。若测量两次后仍无两声蜂鸣，说明操作有误，重新测量一次即可。接下来四个样片的调整方法同上。

当第五个样片校准完成后屏幕显示“0000”，进入开机界面，仪器此时即完成了系统校准过程。以后就可以对被测件直接进行测量。

这五个样片可以使用仪器提供的标准片也可以使用已知厚度的样片作为标准片。样片校准时要按照由小到大的顺序进行，相邻样片间应该有一定的差值。系统校准时所选用的铁基必须是平整的而且其表面要大于30mm×30mm。

如果由于现场强磁场干扰或者操作不当造成系统紊乱时，可以通过系统初始化设置进行系统恢复。初始化设置完成后，此时仪器显示“铁基”，仪器进入系统校准状态，按照系统校准的方法，校准完成后即可正常测量。

（四）涂镀层测量精度影响因素

影响涂镀层测厚仪测量精度的因素主要有以下几方面：

1. 基体金属磁性质

磁性法测厚受基体金属磁性变化的影响（在实际应用中，低碳钢磁性的变化可以认为是轻微的），为了避免热处理和冷加工因素的影响，应使用与试件基体金属具有相同性质的标准片对仪器进行校准；亦可用待涂覆试件进行校准。

2. 基体金属电性质

基体金属的电导率对测量有影响，而基体金属的电导率与其材料成分及热处理方法有关。使用与试件基体金属具有相同性质的标准片对仪器进行校准。

3. 基体金属厚度

每一种仪器都有一个基体金属的临界厚度。大于这个厚度，测量就不受基体金属厚度的影响。

4. 边缘效应

本仪器对试件表面形状的陡变敏感。因此在靠近试件边缘或内转角处进行测量是不可靠的。

5. 曲率

试件的曲率对测量有影响。这种影响总是随着曲率半径的减少明显地增大。因此，在弯曲试件的表面上测量是不可靠的。

6. 试件的变形

测头会使软覆盖层试件变形，因此在这些试件上测出可靠的数据。

7. 表面粗糙度

基体金属和覆盖层的表面粗糙程度对测量有影响。粗糙程度增大，影响增大。粗糙表面会引起系统误差和偶然误差，每次测量时，在不同位置上应增加测量的次数，以克服这种偶然误差。如果基体金属粗糙，还必须在未涂覆的粗糙度相类似的基体金属试件上取几个位置校对仪器的零点；或用对基体金属没有腐蚀的溶液溶解除去覆盖层后，再校对仪器的零点。

8. 磁场

周围各种电气设备所产生的强磁场，会严重地干扰磁性法测厚工作。

9. 测头压力

测头置于试件上所施加的压力大小会影响测量的读数，因此，要保持压力恒定。

10. 测头的取向

测头的放置方式对测量有影响。在测量中，应当使测头与试样表面保持垂直。

（五）涂镀层测厚仪中 F，N 以及 FN 的区别

“F”代表 ferrous 铁磁性基体，F 型的涂层测厚仪采用电磁感应原理，来测量钢、铁等铁磁质金属基体上的非铁磁性涂层、镀层，例如：漆、粉末、塑料、橡胶、合成材料、磷化层、铬、锌、铅、铝、锡、镉、瓷、珐琅、氧化层等。

“N”代表 Non-ferrous 非铁磁性基体，N 型的涂层测厚仪采用电涡流原理，来测量用涡流传感器测量铜、铝、锌、锡等基体上的珐琅、橡胶、油漆、塑料层等。

"FN"型的涂层测厚仪既采用电磁感应原理，又采用电涡流原理，是F型和N型的二合一型涂层测厚仪。用途见上。如CMI153涂镀层测厚仪是FN型双功能测厚仪。

（六）使用注意事项

1. 基体金属特性

对于磁性方法，标准片的基体金属的磁性和表面粗糙度，应当与试件基体金属的磁性和表面粗糙度相似。

对于涡流方法，标准片基体金属的电性质，应当与试件基体金属的电性质相似。

2. 基体金属厚度

检查基体金属厚度是否超过临界厚度，如果没有，可采用3.3中的某种方法进行校准。

3. 边缘效应

不应在紧靠试件的突变处，如边缘、洞和内转角等处进行测量。

4. 曲率

不应在试件的弯曲表面上测量。

5. 读数次数

通常由于仪器的每次读数并不完全相同，因此必须在每一测量面积内取几个读数。覆盖层厚度的局部差异，也要求在任一给定的面积内进行多次测量，表面粗糙时更应如此。

6. 表面清洁度

测量前，应清除表面上的任何附着物质，如尘土、油脂及腐蚀产物等，但不要除去任何覆盖层物质。

六、防雷接地电阻测定

在地球上任一时刻平均有2000多个雷暴在进行着，平均每秒种有100次闪电；每个闪电的强度可达1×10^{10}V。一个中等尺度的雷暴的功率有1×10^{5}kW，相当一个小型核电站的输出功率。

据不完全统计，2005~2014年我国平均每年发生雷电灾害事故8760起，导致人员伤亡的共781起，其中致人身亡368人，受伤413人，造成直接经济损失约2.8亿元，间接经济损失约3.5亿元。仅2008年，全国因雷击造成火灾或爆炸事故113起，雷击伤亡事故484起，造成446人死亡，经济损失近10亿元。

雷电是强对流灾害性天气的一种，是对人类生活影响"最严重的十种自然灾害之一"；也是"电子时代的一大公害"。防雷减灾对保护人民生命财产和安全生产有着十分重要的意义。

接地是重要的防雷技术措施之一，它是雷电防护技术中最基础的技术环节。同样的接地电阻但不同的接地体规格、尺寸，或者同样的接地体规格尺寸但不同的接地线，都会影响到雷电流入地的效果。

接地按电流频率可以分为：直流接地、交流接地（工频）和冲击接地（雷电、投切操作、核电磁脉冲等。）交流接地的工频接地电阻主要决定于土壤电阻率和接地网的面积。因此，变电所和发电厂的大地网常常主要由水平接地带组成面积很大的网格状接地。冲击接地装置，由于雷电流的冲击特性，接地电阻与工频接地电阻不同，其主要原因是冲击电流的幅值可能很大，会引起土壤放电，而且冲击电流的等效频率又比工频高得多。当冲击电流进入接地体时，会引起一系列复杂的过渡过程，每一瞬间接地体呈现的等效电阻值都可能有所不同，而且接地体上最大电压出现的时刻不一定就是电流最大的时刻。网格式地网在冲击电流作用下，由于电感作用，电位分布很不均匀，远处电位很低，只有在接闪处电流注入小范围内的导体起散流作用。冲击接地装置中的接地体不宜过长。

接地装置由接地体和接地线组成。接地体的关键指标是接地体的规格尺寸大小、接地电阻大小以及耐腐蚀程度。接地导体也称接地线，对于一个联合接地的大地网来说，可能需要多个接地线从接地网不同的部位引出，以满足不同的功能需求。其关键指标是接地线的截面积和各联结处的连接电阻。

防雷装置接地电阻检测是对建筑物、电子系统、易燃易爆等场所的防雷装置和设施，依据相关的防雷技术标准，按照规定程序对其进行检查、测量、判别和各类信息综合处理的全过程。实践证明，按国家有关规定开展防雷装置安全检测工作，对保护人民生命和国家财产安全、消除或减少雷击事故隐患具有十分重要的意义。

（一）防雷接地电阻常用仪器检测方法

1. 三极法（适用 4102、4105、GEOxe 等仪器）

（1）测试原理

三极法接地电阻测试采用电位下降法测量接地电阻值。所谓电位下降法是指在作为测试对象的 E（接地极）和 C（电流电极）之间流动交流额定电流 I，求取 E 和 P（电压电极）的电位差 V，然后求取接地电阻值的方法。见图 6.1－27。

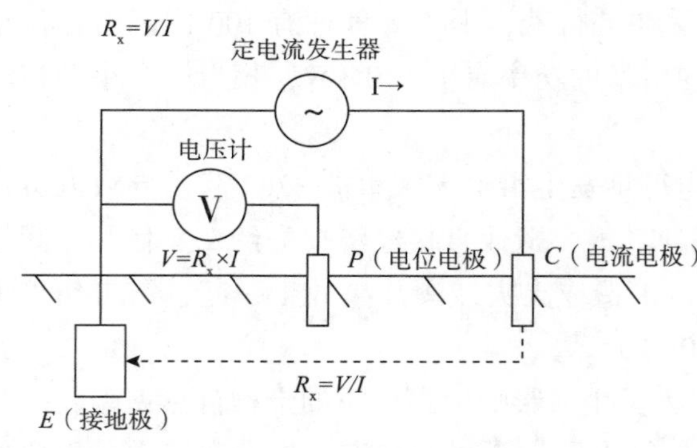

图 6.1－27　三极法测试原理图

①零位调整

为能取得高精确度的测量值，请将量程开关设置为 OFF 状态进行零调整，指针必须与刻度板左侧“0”刻度值相合。三极法测试原理如图 6.1－27 所示。

②测试探棒的连接

请确认测试探棒完全插入仪器端口。若未完全插入或接触不良，可能造成测量值出现误差。

③检查电池电压

将量程开关设置为 BATT. CHECK 量程后按下测量开关。请确认指针晃动至刻度板上 BATT. GOOD 刻度线的右侧。若未达到此刻度线，表示电池耗尽，应更换电池。

测试步骤：

a. 辅助接地棒的插入和配线的连接从被测物体开始，每隔 5～10m 分别将 P 端口、C

端口用辅助接地棒呈一直线深埋入大地，将测试探棒（绿，黄，红）从仪器的 E、P、C 端口开始按被测物、辅助接地棒 P、辅助接地棒 C 的顺序连接。

b. 接地线与仪器的连接，将接地线测试探棒（绿，黄，红）分别连接到仪器插口中。

c. 量程的选择：选择合适的量程。

d. 将接地线 E 与被测物（非接地线）进行可靠的连接。

e. 按下测量开关（按钮），LED 点亮，显示处于正常测量中，读取刻度盘上数值，然后乘以量程选择的倍数得出接地电阻值。

（2）测试过程中注意事项

①由于用辅助电极进行接地电阻测试时辅助电极与大地是否接触良好，直接影响到接地电阻测试的准确程度。所以要求尽可能将辅助接地棒插入潮湿泥土中，若不得不插入干燥泥土，石子地或沙地中时，须将辅助接地棒插入部分用水淋湿，使泥土保持湿润。若在混凝土上进行测量时，应将辅助接地棒放平淋水或将湿毛巾等放在辅助接地棒上或使用专用的辅助电极。

②确认测试探棒完全插入端口。

③测试线混绕或接触时测量的话，可能会导致测量值误差，因此，在测试中应确保测试线分开后测量。

④测试前若不能确定被测接地电阻的大致范围时，量程开关应设置为 ×100Ω 量程后按下测试开关，接地电阻值太低时按顺序切换 ×10Ω、×1Ω 量程。此时显示的数值为接地电阻测量值。

⑤接地电阻测量时，E－C、E－P 端口间将产生最大 50V 电压，为避免触电事故，在测试过程中不要用手接触测试探棒及测试线 E 与被测物的金属连接处。

⑥为了人身和财产安全千万不要在充满可燃性气体的环境里进行测量。可能会产生火花引起爆炸。

⑦按下测量开关（按钮）时，若指针晃动，LED 灯未点亮，表示辅助接地棒 C 的辅助接地电阻值过大而导致电流无法流过仪器的警告，应再次确定各测试线的连接和辅助接地棒的接地电阻。4102A 测试仪三极法测试现场如图 6.1－28 所示。

图 6.1－28　三极法现场测试图示

2. 单钳法（适用 MS2301 等钳形接地电阻仪）

（1）测试原理

R_x：待测接地电阻

$R_1R_2\cdots\cdots R_n$：并联接地电阻

R_{LOOP}（回路电阻）$=R_x+R_{earth}+(R_1//R_2//\cdots R_n)$

当 $R_1//R_2//\cdots R_n<<R_x$ 时，$R_{LOOP}=R_x$

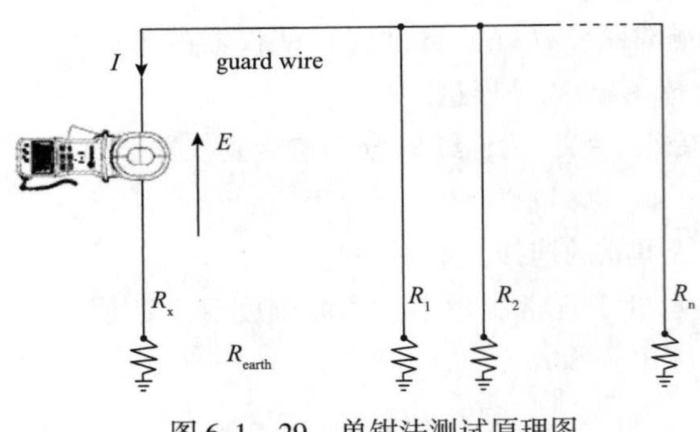

图 6.1－29　单钳法测试原理图

单钳法测试原理如图 6.1－29 所示。

同一设备接地点数量越多其测量结果越接近真值。对某一设备接地点数量较少的情况可在测试前做一个对该设备单独较好的接地，再用该仪器测试也能保证测试的准确性。由于该方法测试的结果偏大于其真值，测试的结果合格的话其安全可靠性更高。

（2）钳形接地电阻仪的优点

①测试方法简单容易掌握，不需要断开接地极断接卡子螺丝，就能直接测出某一接地极的开值近似接地电阻值。

②不受被检装置、设备周边土壤电阻率等环境的影响，测试的数值具有较好的稳定性和重复性。

③对某一接地极测试结果合格的话，能保证该接地极整个回路的完好性。

④测试时不需要用锉刀等辅助设备清除金属接地极的氧化层，对测试人员及设备有较高的安全性。

（3）钳形接地电阻仪的缺点

如对某一接地极测试结果不合格的，则不能反应接地回路中哪个部位有问题，出现该情况应从以下三方面查找原因：

①接地线断接卡子是否因腐蚀而出现接触不良的情况。

②设备与接地线焊接处是否因腐蚀或其它原因而出现焊接不良的状况。

③接地引下线是否因腐蚀或其他原因形成接地电阻值超标。

（4）测试步骤：

①开机后检查电池是否符合要求。

②用钳形接地电阻仪分别测试标准电阻检测环对仪器的准确度进行自检。

（5）接地电阻测量

当仪器正常开机后，仪器会自动处于测量模式。

用钳口钳住待测电极或接地棒，按一下测试键进行测试。

若此时显示器上出现“— — —”和钳口符号时表示钳头是开启的，闭合不完全。应按压仪器扳机数次，重新闭合钳口，待钳口符号消失，则进入正常测量状态。

接地电阻或电流测试完后按一下 HOLD 键当前测量状态和所测量的值将会锁存显示，可降低电池消耗 。

测试时钳口必须完全的卡住被测接地线，否则对测试结果会产生较大的误差。

ETCR2000B＋钳形电阻测试仪现场测试如图 6.1－30 所示。

3. 单钳（电流钳）三极法（适用于 GEOxe 等接地电阻测试仪）

（1）测试原理

原理及测试如图 6.1－31（a）和（b）所示。

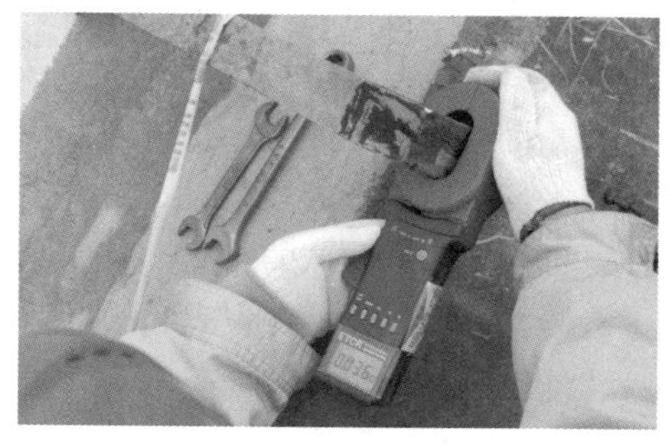

图 6.1－30　单钳法现场测试图示

（2）测试步骤

①将仪器选择开关置于关闭（OFF）位置。

②按图示连接好各测试连接线。注意 4P 单钳法将 C_1 与 P_1 连接在一起作为接地极（E）使用能消除连接线电阻，使测量更准确。

③将仪器旋转开关设定到 4P 单钳位置。

④按下并松开测试（TEST）按钮，仪器会执行测量前检查，其状态将显示在屏幕上。

⑤正常状态下将会显示出 4P 单钳法测量的接地电阻值。

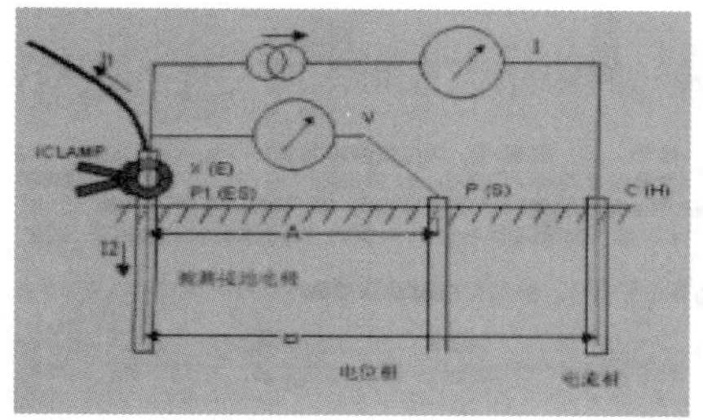

（a）

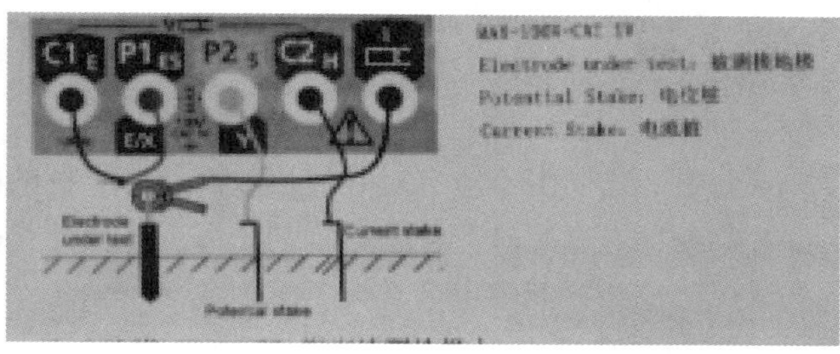

（b）

图 6.1－31　单钳三极法测试原理图

（3）GEOxe 等接地电阻测试仪单钳（电流钳）三极法的优点

不需要断开接地极断接卡子就能直接测出某一接地极的开值接地电阻值及合值接地电阻值。测出的接地电阻值能直接反应出某一接地极各个环节的情况。

GEOxe 接地电阻测试仪现场测试如图 6.1－32 所示。

图 6.1－32　单钳三极法现场测试图示

（4）GEOxe 等接地电阻测试仪单钳（电流钳）三极法的缺点

测试中插入地中的电流极及电压极必须与大地有良好的接触，同时 E 测量线与接地极也要有良好的接触，否则测试结果偏差很大。由于测试环境对其影响很大，如果不能严格控制，其测试结果的可比性会较差。因有些无法控制和消除的电磁场影响，有些接地极的接地电阻无法用其测试，此时可用其他仪器测试，或断开断接卡子进行测试。

（二）防雷接地电阻检测一般要求

防雷接地电阻检测人员应具备相应的防雷检测能力，现场检测工作应由两名或两名以上检测人员承担。在爆炸和火灾危险环境中，检测人员在检测前一定要了解该场所的安全规定，并严格执行，如防火、防爆、甚至防毒的要求和注意事项。

在进行接地电阻的测量时，除应在无降雨的情况下外，尚应注意当地表有积水或冻土条件下也是不适合测试的，此类条件下的测量结果误差较大。

检测所采用的仪器、仪表和测量工具应符合爆炸和火灾危险环境的使用规定，并具有产品认证证书和计量许可证。检测用的仪器、仪表和测量工具应在检定有效期内，并处于正常状态。对有精度要求的参数检测，现场检测的仪器、仪表和测量工具的精度指标，宜比标准要求参数的精度要求高一个等级。检测采用的仪器、仪表和测量工具，在测试中发现故障、损伤或误差超过允许值，应及时更换或修复；经修复的仪器、仪表和测量工具应在取得合格证后方可使用。

接地装置的外观应做如下检查：

（1）接地装置锈蚀或机械损伤情况，导体损坏、锈蚀深度大于30%或发现拆断应立即更换。

（2）引下线周围不应有对其使用效果产生干扰的电气线路。

（3）断接卡子螺母接触是否均匀牢靠；连接处是否锈蚀。

（4）接地装置周围土壤有无下沉现象。

（三）常见设备防雷接地电阻检测方法

1. 油罐（燃油罐、成品油罐）

原油罐的接地引下线的宽度小于等于45mm时，采用单钳法，使用MS2301钳形接地电阻仪进行接地电阻测试。

原油罐的接地引下线的宽度大于45mm小于55mm且周边具备打入两辅助电极的理想土壤环境时，采用4P单钳（电流钳）三极法，使用仪器GEOxe接地电阻测试仪进行接地电阻测试。

由于接地线与罐体太近或接地引下线的宽度大于55mm等无法使用单钳法、4P单钳（电流钳）三极法进行测试时，如周边具备打入两辅助电极的理想土壤环境时，断开断接卡子螺丝，采用三极法，使用仪器4102A分别测试每个接地点的开值接地电阻、合值接地电阻。

由于接地线与罐体太近或接地引下线的宽度大于55mm等无法使用单钳法、4P单钳（电流钳）三极法进行测试时，如周边不具备打入两辅助电极的理想土壤环境时，断开断接卡子螺丝，用导线进行良好的连接后，采用单钳法，使用MS2301钳形接地电阻仪进行接地电阻测试。

在使用三极法或4P单钳对原油罐的接地引下线进行测量后，需使用回路（钳形）电阻测试仪测试引下线与接地体、罐体组成回路的电阻，确保整个接地回路的完好。

对罐容量在5000m^{3}及以上的大型浮顶油罐的防雷装置接地电阻检测要求如下：

（1）使用接地电阻测试仪检测罐体每个接地点的接地电阻值。

（2）使用回路电阻测试仪测试接地引下线与接地体或罐体组成回路的电阻，当回路电阻值大于1Ω时应对接地系统进行检查。

2. 高压电机、加热炉、微波塔等高大建筑物

有两个及以上接地点且接地引下线的宽度小于等于45mm时，采用单钳法，使用钳形接地电阻仪进行接地电阻测试。

只有一个接地点或有两个及以上接地点其接地引下线的宽度大于45mm小于55mm且周边具备打入两辅助电极的理想土壤环境时，采用4P单钳（电流钳）三极法，使用仪器GEOxe接地电阻测试仪进行接地电阻测试。

无明显接地引下线、接地线与设备太近或接地引下线的宽度大于55mm（断开断接卡子螺丝）时，采用三极法，使用仪器4102A进行接地电阻测试。

3. 变压器、灯塔、水塔、避雷针、避雷器

变压器、灯塔、水塔、避雷针、避雷器等只有一个接地引下线。

采用三极法，使用仪器4102A等仪器设备进行接地电阻测试。

（四）防雷接地电阻检测标准及判定指标

1. 检测标准

GB 50057—2010 建筑物防雷设计规范

GB/T 21431—2015 建筑物防雷装置检测技术规范

GB/T 50064—2014 交流电气装置的过电压保护和绝缘配合设计规范

JGJ/T 16—2008 民用建筑电气设计规范

YD 5098—2005 通信局（站）防雷与接地工程设计规范

GB 15599—2009 石油与石油设施雷电安全规范

SY 5984—2014 油（气）田容器、管道和装卸设施接地装置安全规范

QX/T 311—2015 大型浮顶油罐防雷装置检测规范

2. 常用设备防雷接地电阻检测判定指标

高压电机防雷接地电阻测试值应≤3Ω。

油罐防雷接地电阻测试值应≤10Ω。

变压器防雷接地电阻测试值应≤4Ω。

微波塔防雷接地电阻测试值应≤5Ω。

水塔防雷接地电阻测试值应≤30Ω。

加热炉、灯塔等高大建筑物防雷接地电阻测试值应≤10Ω。

（五）防雷接地电阻检测案例

在对一油罐接地引下线进行常规检测时，在打开断接卡子时，用三极法测试引下线接地电阻值为0.35Ω；在连接好断接卡子用钳形电阻测试仪测试回路阻值为3.38Ω，对两次测试结果相差较大我们该如何判定其测试结果？

以上情况是我们常年检测工程中发现的最常见的问题，当遇上以上情况时，我们在实

际检测工作中应从以下方面开始检查：首先应检查仪器设备是否符合计量标准的要求，有无超出计量偏差；其次应检查引下线与罐壁焊接点有无松动腐蚀现象；第三步应检查搭接螺丝是否拧紧；最后应检查引下线搭接面是否有锈蚀而出现接触不良现象。以上案例中出现的情况时我们实际工作中遇到的，我们在做最后一步的检查时发现，搭接面有很多杂质，分析其原因为：该搭接面早期涂抹过导电膏，经过长时间的日晒雨淋，导电膏老化变质，使得该搭接面出现接触不良现象。进过现场处理后，用钳形电阻测试仪测试回路阻值为0.33Ω，符合相关规定的要求。

第二节　常规无损检测技术

射线检测（Radiographic Testing，简称 RT）、超声波检测（Ultrasonic Testing，简称 UT）、磁粉检测（Magnetic Testing，简称 MT）、渗透检测（Penetrant Testing，简称 PT）是开发较早，应用较广泛的探测缺陷的方法，称为四大常规检测方法。到目前为止，这四种方法仍是承压类特种设备制造质量检验和在用检验最常用的无损检测方法。其中 RT、UT 主要用于探测试件内部缺陷，MT、PT 主要用于探测试件表而缺陷。

一、射线检测

（一）射线检测的基础知识

射线的种类很多，其中易于穿透物质的有 X 射线、γ 射线、中子射线。这三种射线都被用于无损检测，其中 X 射线、γ 射线常用于锅炉压力容器、压力管道焊缝和其他工业产品、结构材料的缺陷检测。

X 射线检测是指 X 射线穿透试件，以胶片作为记录信息器材的无损检测方法，如图 6.2－1所示，该方法是应用最广泛的一种基本的射线检测方法。

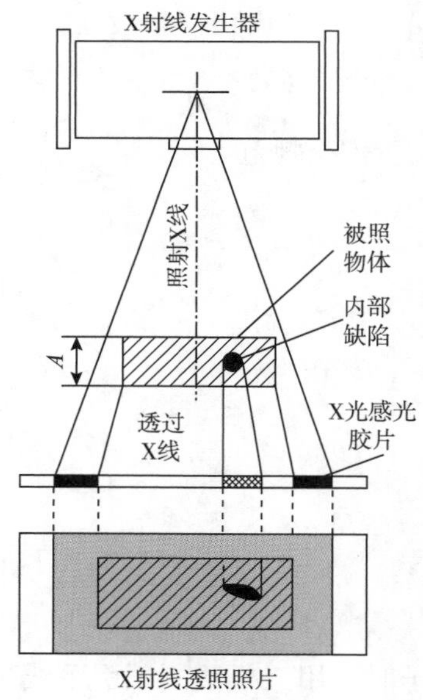

图 6.2－1　所示 X 射线照相法示意图

（二）射线照相法的原理与特点

1. 射线照相法的原理

射线照相法是指用 X 射线或 γ 射线穿透试件，以胶片作为记录信息的器材的无损检测方法。射线在穿透物质过程中与物质发生相互作用，因吸收和散射而使其强度减弱。强度衰减程度取决于物质的衰减系数和射线在物质中穿越的厚度。如果被透射物体的局部存在缺陷，且构成缺陷的物质的衰减系数又不同与试件，该局部区域的透过射线强度就会与周围产生差异，把胶片放在适当位置使其在透过射线的作用下感光，经暗室处理后得到底片。底片上各点的黑度取决于射线照射量。由于缺陷部位和完好部位的透射线强度不同，底片上相应部位就会出现黑度差异。底片上相邻区域的黑度差定义为“对比度”。把底片放在观片灯屏上借助透过光线观察，可以看到由对比度构成的不同形状的影像，评片人员据此判断缺陷情况并进行试件质量评定。

2. 射线照相法的特点

射线照相法在锅炉压力容器、压力管道、原油储罐制造检验和在役检验中得到广泛应用。它的检测对象是各种熔化焊接方法（电弧焊、气体保护焊、电渣焊、气焊等）的对接接头。也能检查铸钢件，在特殊情况下也可用于检测角焊缝或其他一些特殊结构试件。它一般不适宜钢板、钢管、锻件的检测，也较少用于钎焊、摩擦焊等焊接方法的接头的检测。

射线照相法用底片作为记录介质，可以直接得到缺陷的直观图像，且可以长期保存。通过观察底片能够比较准确地判断出缺陷的性质、形状、尺寸和位置等，便于对缺陷定性、定量和定位。

射线照相法容易检出那些形成局部厚度差的体积型缺陷，对气孔和夹渣之类缺陷有很高的检出率。但对面状缺陷的检测能力较差，尤其对裂纹类面状缺陷检出率则受透照角度的影响。它不能检出垂直透照方向的薄层缺陷，例如钢板的分层。

射线照相法所能检测薄工件没有困难，但检测厚度上限受到射线穿透能力的限制。而穿透能力取决于射线光子能量。420kV 的 X 射线机能穿透的钢厚度约 80cm。Co60γ 射线穿透的钢厚度约 150cm。更大厚度的试件则需要使用特殊的设备——加速器，其最大穿透厚度可达到 400mm 以上。

射线照相法几乎适用于所有材料，在钢、钛、铜、铝等金属材料上使用均能得到良好的效果。射线照相法检测成本较高，操作工序也较复杂，检测速度较慢，对人身体有伤害，需要采取防护措施。

3. 射线检测的设备和器材

（1）射线检测设备

射线检测设备可分为：X 射线探伤机、γ 射线探伤机、高能射线探伤设备等（图 6.2－2）。常用的 X 射线探伤机管电压都在 450kV 以下。工业射线照相检测中使用的普通

（a）X射线探伤机

（b）γ射线探伤机

图 6.2－2　射线探伤机

X 射线机由四部分组成：X 射线管、高能发生器、冷却器、控制系统。

（2）射线照相胶片

射线胶片在胶片片基的两面均涂布感光乳剂层，目的是增加卤化银含量以吸收较多的穿透力很强的 X 射线和 γ 射线，从而提高胶片的感光速度，同时增加底片的黑度。射线胶片的结构如图 6.2－3 所示，在 0.25～0.3mm 的厚度中含有七层材料。

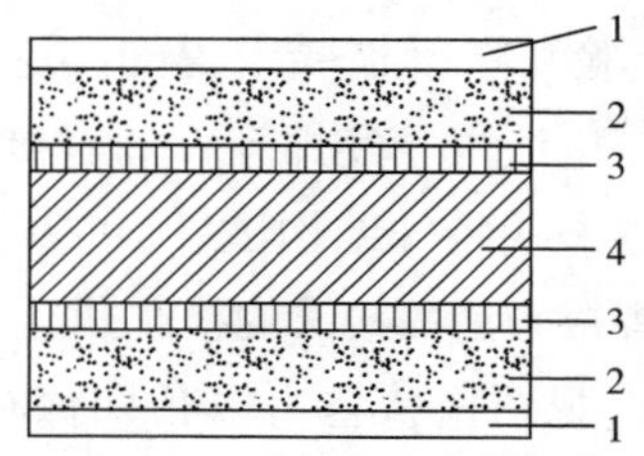

图 6.2－3　所示射线胶片的结构
1—保护膜，2—感光乳胶层，
3—结合层，4—片基

（3）增感屏

射线底片上的影像主要是靠乳剂层吸收射线产生光化学作用形成的。使用增感屏可增强射线对胶片的感光作用，从而达到缩短曝光时间，达到提高工效的目的。

目前常用的增感屏有金属增感屏、荧光增感屏和金属荧光增感屏三种。金属增感屏所得到的底片像质最佳；金属荧光增感屏次之；荧光增感屏最差；但增感系数以荧光增感屏最高，金属增感屏最低。我们常用的是金属增感屏。

（4）像质计

像质计是用来检查和定量评价射线底片影象质量的工具，又称影像质量指示器或简称 IQI、透度计。工业射线照相用像质计有金属丝型、孔型和槽型三种，其中金属丝型应用最广。

4. 射线检测射线透照的基本方式

按射线源、工件和胶片之间的相互位置，对接焊缝射线透照的方式总体分为直缝透照和环缝透照。直缝透照包括单壁透照和双壁透照；环缝透照包括单壁内透、单壁外透、双壁单影、双壁双影。这些透照方式分别适用于不同的场合，其中单壁透照是最常用的透照方法，双壁透照一般用在射源或胶片无法进入内部的小直径容器和管道的焊缝透照，双壁双影一般只用于直径在 100mm 以下的管子的环焊缝透照。

在长输管道对接环焊缝检测过程中，主要采用中心透照、双壁单影透照和双壁双影透照三种方式。从射线检测透照理论上讲，单壁透照优于双壁透照，内透法优于外透法，中心内透法优于其他内透法。因此，管道检测优先采用中心透照，当中心透照不能满足要求时，方可采用双壁单影方式透照或双壁双影方式透照。

在原油储罐环缝、纵缝、丁字缝射线检测中，采用单壁透照方式。

5. 射线检测技术等级

射线检测技术分为三级：A 级—低灵敏度技术
AB 级—中灵敏度技术
B 级—高灵敏度技术

6. 射线检测的一般步骤

把射线胶片、射线源、被检工件按一定相互位置布置，一般把被检的工件放置在离射线源装置一定的距离（符合射线检测标准要求）的位置处，把胶片盒紧贴在工件背后，让射线照射适当的时间（根据曝光曲线选择）进行曝光。把曝光的胶片在暗室中进行显影、定影、水洗和干燥，然后将干燥的底片放在观片灯的显示屏上进行观察，根据底片的黑度和影像来判断存在的缺陷的种类、大小和数量，最后按相应的射线检测标准，对缺陷进行评定和分级。

7. 焊接接头的射线检测结果质量等级评定

当缺陷被确定，底片质量符合相应标准要求后，就可以依据相应标准进行缺陷的质量等级评定。

储罐及压力容器检测结果评定一般执行标准 NB/T 47013.2—2015《承压设备无损检测 第 2 部分：射线检测》。

长输管道检测结果评定一般执行标准 SY/T 4109—2013《石油天然气钢制管道无损检测》。

8. 射线辐射安全防护

射线具有生物效应，超辐射剂量可能引起放射性损伤，破坏人体的正常组织出现病理反应，辐射具有累积作用，超辐射剂量照射是致癌因素之一。由于射线具有危害性，所以在射线照相中，防护是很重要的。对于工业射线检测而言，辐射防护只需考虑外照射，总的来说，外照射的防护比内照射的防护容易解决。

射线防护，就是在尽可能的条件下采取各种措施，在保证完成射线检测任务的同时，使检测人员接受的射线剂量不超过限制。主要的射线防护措施有以下三种：

（1）时间防护：就是控制射线对人体的照射时间。人体吸收射线的累积剂量，与人体接触射线辐射的时间成正比。在辐射率不变的情况下，缩短辐射时间，可以减少所接受的剂量，从而达到防护的目的。

（2）距离防护：在辐射源强度一定的情况下，辐射剂量率或照射量与离辐射源的距离平方成反比，增大距离便可减少剂量率或照射量，从而达到防护的目的。在野外进行射线检测时，距离防护是最简便易行的防护方法。

（3）屏蔽防护：就是在操作人员和射线源之间加上有效合理的屏蔽物来降低射线辐射的办法。屏蔽防护应用广泛，如 X 射线机机体衬铅、现场使用的流动铅房和建立的固定曝光室都是屏蔽防护。

在实际检测中，对于上述三种防护方法，可根据现场实际来选择。为了得到更好的防护效果，往往三种方法同时使用。

9. 管道及储罐射线检测中常见焊接缺陷及其底片影像

（1）裂纹

底片上裂纹典型影像特点是轮廓分明的黑线或黑丝。黑线或黑丝上有微小的锯齿分叉、粗细不均；有些裂纹影像呈较粗的黑线与较细的黑丝相互缠绕，黑线端部尖细。如图 6.2－4（a）和（b）所示。

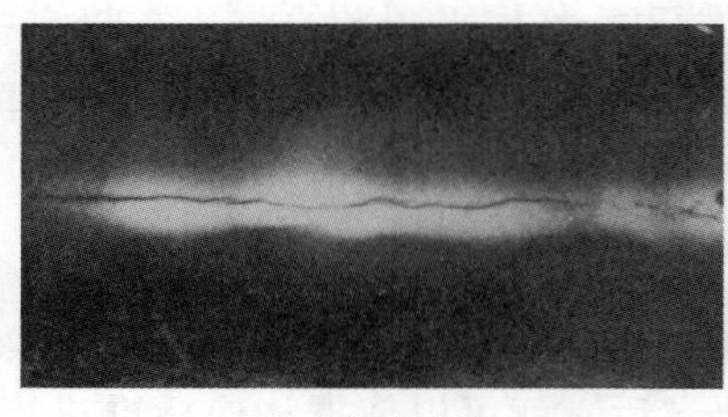
（a）纵向裂纹

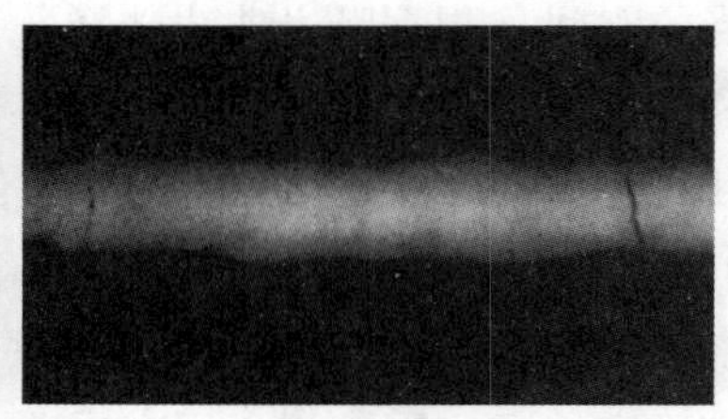
（b）横向裂纹

图 6.2－4　熔焊裂纹

（2）未熔合

根部未熔合：影像特点是细直黑线、线的一侧轮廓整齐且黑度大、一侧轮廓不规则。根部未熔合在底片上的位置应在焊缝根部的投影位置，在焊缝中间。

坡口未熔合：影像特点是断续或连续黑线、宽度不一、黑度不均、外侧轮廓较齐黑度较大、内侧轮廓不规则黑度较小。在底片上的位置一般在焊缝中心至边缘的的 1/2 处，沿焊缝纵向延伸。

层间未熔合：影像特点是黑度不大的、形状不规则的块状影像、一般比夹渣黑度低。在底片上未熔合影像的形态与射线束的方向相关。

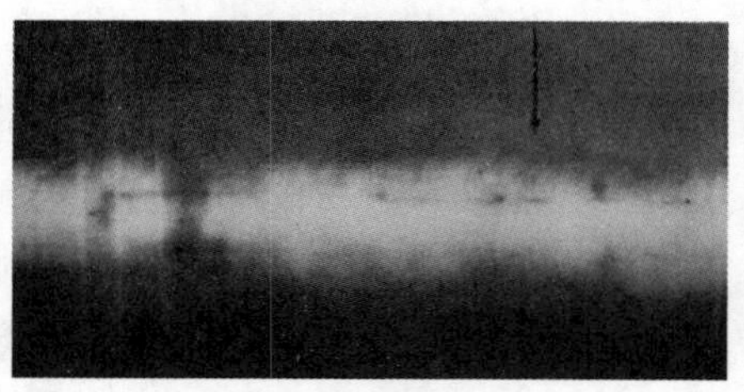
图 6.2－5　未熔合

未熔合图像如图 6.2－5 所示。

（3）未焊透

典型影像特点是细直黑线、两侧轮廓整齐、宽度为钝边间隙宽度。未焊透在底片上处于焊缝根部的投影位置，一般在焊缝的中心处。未焊透射线图像如图 6.2－6 所示。

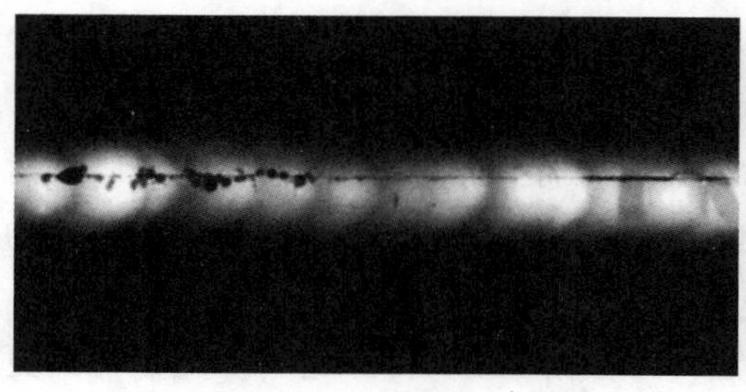
（a）纵面图

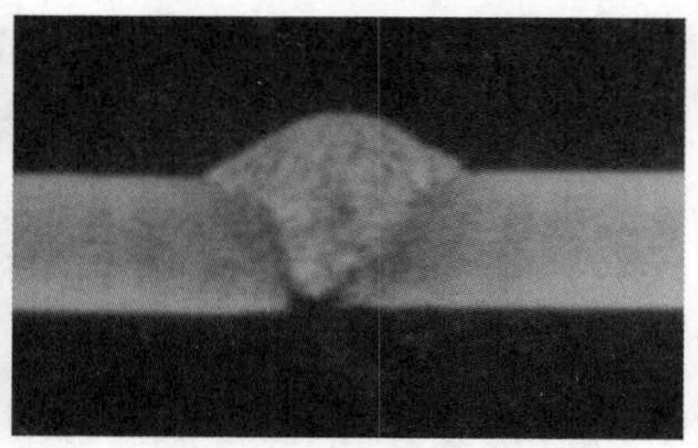
（b）截面图

图 6.2－6　未焊透（局部伴有气孔，右图为未焊透的剖面图）

（4）夹渣

非金属夹渣：影像特点是黑色的，形状不规则，黑度变化无规律，轮廓不圆滑，带有棱角。非金属夹渣可能在焊缝中的任何位置，条状夹渣的延伸方向多与焊缝平行。

金属夹渣：影像特点是白色的，一般尺寸不大，形状不规则。

焊缝中夹渣透照图如图 6.2－7（a）～（c）中所示。

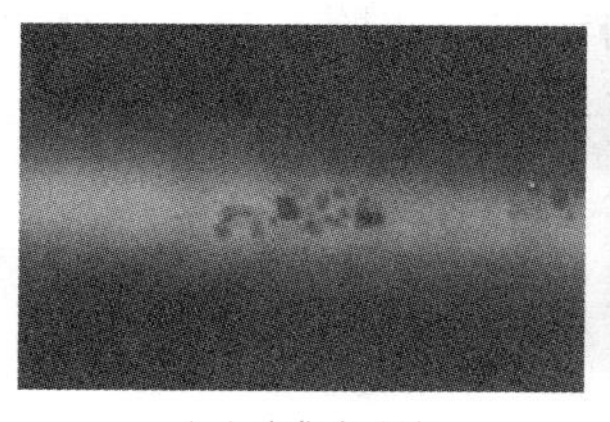
（a）密集夹渣滓

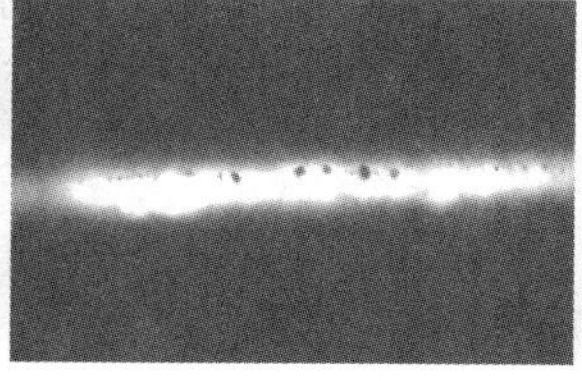
（b）链状夹渣

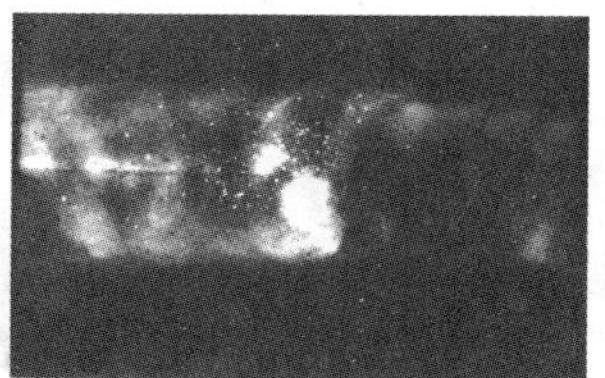
（c）夹钨

图 6.2－7　熔焊中的夹渣

（5）气孔

影像特点是黑色圆点，也有呈黑线（线状气孔）或其他不规则形状的，气孔的轮廓比较圆滑，中心黑度大，边缘黑度小。

气孔可发生在焊缝中任何位置。气孔射线透照图如图 6.2－8（a）和（b）所示。

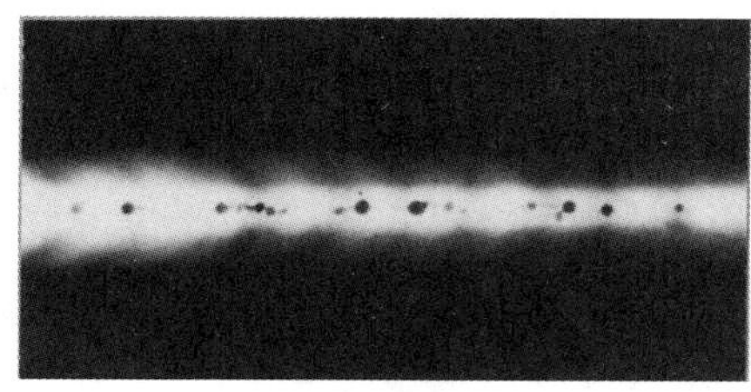
（a）链状气孔

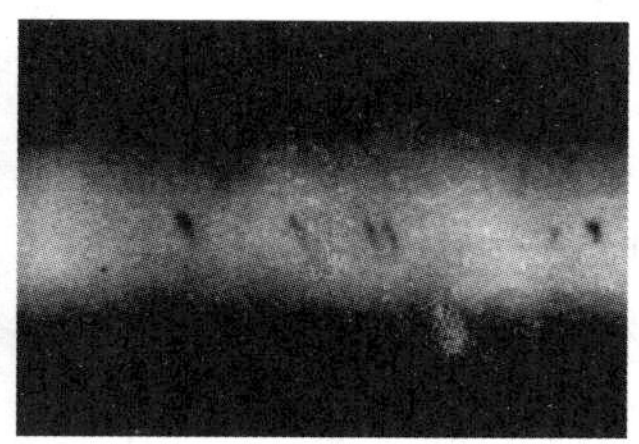
（b）虫孔

图 6.2－8　熔焊气孔

10. 输油站场工艺管道射线检测案例

图 6.2－9 为输油站场工艺管道其中一个三通局部图，管道规格：ϕ377×8mm，材质：360N；焊缝采用氩弧焊打底，手工焊盖面，余高 2mm；要求 B1 焊缝应进行 100% 射线检测（管道不能拆卸），周围无障碍无阻挡。按 SY/T 4109—2013《石油天然气年钢制管道无损检测》标准Ⅱ级验收。

（1）透照方式选择

管道不能拆卸，不能实现单壁透照，采用源在外双壁单影法透照。

（2）透照厚度：$W=8\times2+2=18$mm

（3）射线机选择

由于 $W=18$mm，根据曝光曲线，可以选择 X 射线机。

焦距：

$D_0+140+2=519\approx520$mm（140 为 2005 靶到窗口距离）。

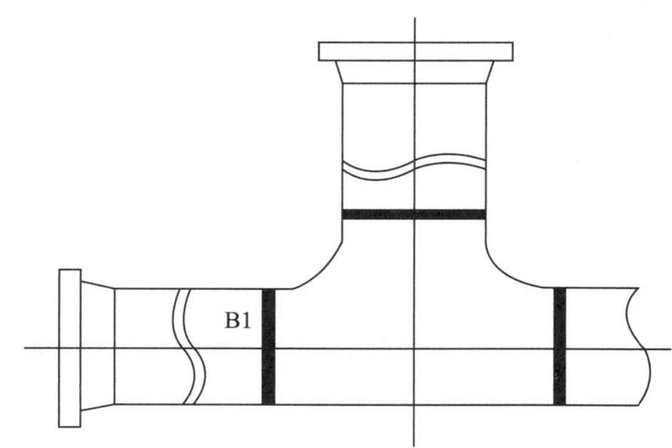

图 6.2－9　工艺管道局部三通示意图

①透照次数与一次透照长度

根据 SY/T 4109—2013 标准第 4.11.1 条规定，K 值可取 1.1，则 $T/D_0=8/377=$

0.0213，$D_0/F=377/520=0.725$，查 SY/T 4109—2013 附录 C，透照 5 张，每张底片的有效长度为 237mm。

②曝光时间确定

根据 SY/T 4109—2013 规定，焦距 = 700mm 时，曝光量≥15mA·min，经过换算焦距为 520mm 时的曝光量、曝光时间如下：

$E_X=15\times(520/700)^2=8.2785$（mA·min）　$t=8.2785\div5\approx1.66$min

③查管电压

从曝光曲线上查 $T_A=18$mm，E = 15 mA·min 对应的 Kv 值为 180Kv。

④底片黑度

从曝光曲线可知，按此曝光焊缝区域黑度值应为 3.0，按 SY/T 4109—2013 标准规定，底片黑度应控制在 1.8～4.0 范围内。

⑤射线透照

按照上述工艺参数对 B1 焊缝进行射线透照，透照 5 次，拍片 5 张。

⑥底片暗室处理及评定

把曝光的胶片在暗室中进行显影、定影、水洗和干燥，然后将干燥的底片放在观片灯的显示屏上进行观察，根据底片的黑度和影像来判断存在的缺陷的种类、大小和数量，按 SY/T 4109—2013 标准的要求对缺陷进行评定和分级。

二、超声检测

（一）超声检测的基础知识

超声波检测可以分为超声波检测和超声波测厚，以及超声波测晶粒度、测应力等。在超声检测中，有根据缺陷的回波和底面的回波进行判断的脉冲反射法；有根据缺陷的阴影来判断缺陷情况的穿透法；也有根据由被检物产生驻波未判断缺陷情况或者判断板厚的共振法。

脉冲反射法在垂直检测时用纵波，在斜人射检测时大多用横波，如图 6.2－10（a）和（b）所示。把超声波射入被检物的一面，然后在同一面接收从缺陷处反射回来的回波，根据回波情况来判断缺陷的情况。纵波垂直检测和横波倾斜人射检测是超声波检测中两种主要检测方法。两种方法各有用途，互为补充，纵波检测容易发现与探测面平行或稍有倾斜的缺陷，主要用于钢板、锻件、铸件的检测，而斜射的横波检测，容易发现垂直于探测

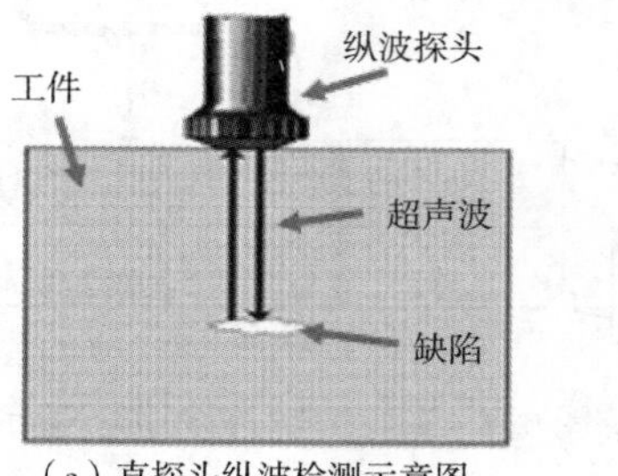

（a）直探头纵波检测示意图

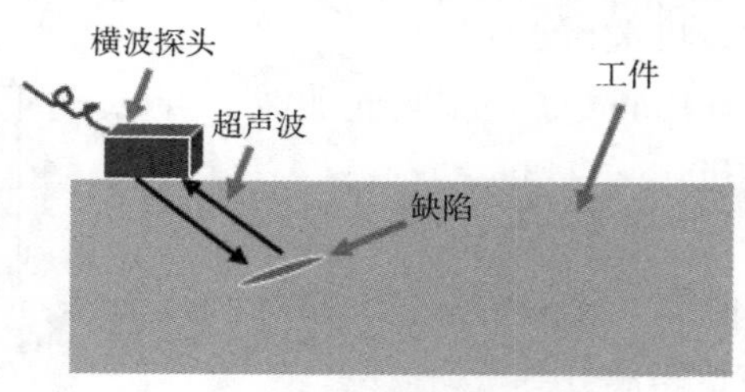

（b）斜探头横波检测示意图

图 6.2－10　脉冲反射法检测示意图

面或倾斜较大的缺陷，主要用于焊缝的检测。

（二）超声波检测的特点（A显示）

1. 对平面型缺陷的检出率较高，对体积型缺陷的检出率低。

2. 适宜检测厚度较大的工件，不适宜检测较薄的工件。

3. 适用于各种试件，包括对接焊缝、角接焊缝、板材、管材、棒材、锻件、铸件及复合材料等。

4. 检测成本低，速度快，检测仪器小、轻，现场使用方便。

5. 无法得到缺陷直观图像，定性困难，定量精度不高。

6. 检测结果无直接见证记录。

7. 对缺陷在工件厚度方向上定位准确

8. 材质，晶粒度对探伤有影响，如铸钢件、奥氏体不锈钢焊缝，因晶粒度大不宜用UT。

9. 工件不规则的外形和一些结构会影响检测

10. 不平或粗糙表面影响耦合和扫查，从而影响精度和可靠性

（三）仪器与探头的选择

探测条件的选择首先是指仪器和探头的选择。正确选择仪器和探头对于有效地发现缺陷，并对缺陷定位、定量和定性是至关重要的；实际检测中要根据工件结构形状、加工工艺和技术要求来选择仪器与探头。

超声波检测中，超声波的发射和接收都是通过探头来实现的。探头的种类很多，结构型式也不一样。检测前应根据被检对象的形状、衰减和技术要求来选择探头。探头的选择包括探头型式、频率、晶片尺寸和斜探头K值的选择等。

常用的探头型式有纵波直探头、横波斜探头、表面波探头、双晶探头、聚焦探头等。一般根据工件的形状和可能出现缺陷的部位、方向等条件来选择探头的型式，使声束轴线尽量与缺陷垂直。

纵波直探头只能发射和接收纵波，束轴线垂直于探测面，主要用于探测与探测面平行的缺陷，如锻件、钢板中的夹层、折叠等缺陷。

横波斜探头是通过波形转换来实现横波检测的。主要用于探测与深测面垂直或成一定角的缺陷，如焊缝中的未焊透、夹渣、未溶合等缺陷。

表面波探头用于探测工件表面缺陷，双晶探头用于探测工件近表面缺陷。聚焦探头用于水浸探测管材或板材。

小前沿探头是在给定焊缝余高宽度和探头折射角一定的情况下，探头前沿至入射点的距离越小，一次横波所能查到的焊缝区域越大。因此采用小前沿探头，多用于薄壁或小管径管道焊缝的检测，使得一次波保证到达焊缝根部。如图6.2－11所示。

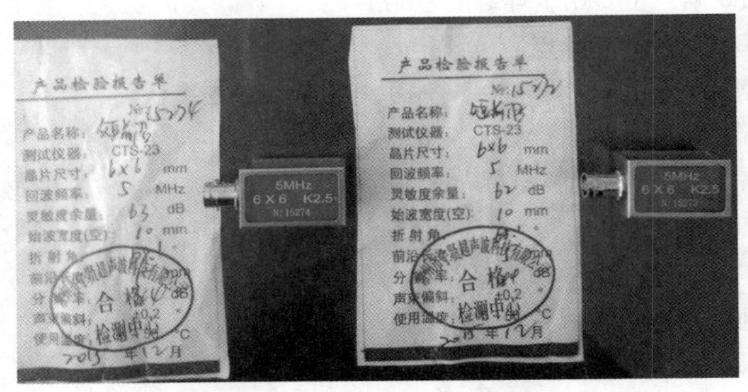

图 6.2－11　小前沿探头及检验报告单

(四) 超声波检测方法概述

1. 按原理分类

超声波检测方法按原理分类，可分为脉冲反射法、穿透法和共振法。脉冲反射法在管道检测中应用广泛，其主要原理如下：

超声波探头发射脉冲波到被检试件内，根据反射波的情况来检测试件缺陷的方法，称为脉冲反射法。脉冲反射法包括缺陷回波法、底波高度法和多次底波法。

(1) 缺陷回波法：根据仪器示波屏上显示的缺陷波形进行判断的方法，称为缺陷回波法，该方法是反射法的基本方法。

(2) 底波高度法：当试件的材质和厚度不变时，底面回波高度应是基本不变的。如果试件内存在缺陷，底面回波高度会下降甚至消失。这种依据底面回波的高度变化判断试件缺陷情况的检测方法，称为底波高度法。

(3) 底波高度法：特点在于同样投影大小的缺陷可以得到同样的指示，而且不出现盲区，但是要求被探试件的探测面与底面平行，耦合条件一致。由于该方法检出缺陷定位定量不便，灵敏度较低，因此，实用中很少作为一种独立的检测方法，而经常作为一种辅助手段，配合缺陷回波法发现某些倾斜的和小而密集的缺陷。

(4) 多次底波法：当透入试件的超声波能量较大，而试件厚度较小时，超声波可在探测面与底面之间往复传播多次，示波屏上出现多次底波 B1、B2、B3……。如果试件存在缺陷，则由于缺陷的反射以及散射而增加了声能的损耗，底面回波次数减少，同时也打乱了各次底面回波高度依次衰减的规律，并显示出缺陷回波。这种依据底面回波次数。而判断试件有无缺陷的方法，即为多次底波法。

多次底波法主要用于厚度不大、形状简单、探测面与底面平行的试件检测，缺陷检出的灵敏度低于缺陷回波法。

2. 按波形分类

根据检测采用的波形，可分为纵波法、横波法、表面波法、板波法、爬波法等，下面将对纵波法、横波法、表面波法进行介绍。

（1）纵波法

使用直探头发射纵波，进行检测的方法，称为纵波法。此法波束垂直入射至试件探测面，以不变的波型和方向透入试件，所以又称为垂直入射法。简称垂直法。

垂直法分为单晶探头反射法、双晶探头反射法和穿透法。常用的是单晶探头反射法。

垂直法主要用于铸造、锻压、轧材及其制品的检测，该法对与探测面平行的缺陷检出效果最佳。由于盲区和分辨力的限制，其中反射法只能发现试件内部离探测面一定距离以外的缺陷。

在同一介质中传播时，纵波速度大于其它波型的速度，穿透能力强，晶界反射或散射的敏感性较差，所以可探测工件的厚度是所有波型中最大的，而且可用于粗晶粒材料的检测。

由于垂直法检测时，波型和传播方向不变，所以缺陷定位比较方便。

（2）横波法

将纵波通过楔块、水等介质倾斜入射至试件探测面，利用波型转换得到横波进行检测的方法，称为横波法。由于透入试件的横波束与探测面成锐角，所以又称斜射法；

此方法主要用于管材、焊缝的检测。其它试件检测时，则作为一种有效的辅助手段，用以发现垂直检测法不易发现的缺陷。

（3）表面波法

使用表面波进行检测的方法，称为表面波法。这种方法主要用于表面光滑的试件。

表面波波长比横波波长还短，因此衰减也大于横波。同时，它仅沿表面传播，对于表面上的复层、油污、不光洁等，反应敏感，并被大量地衰减。利用此特点可以通过手沾油在声束传播方向上进行触摸并观察缺陷回波高度的变化，对缺陷定位。

3. 按探头数目分类

（1）单探头法

使用一个探头兼作发射和接收超声波的检测方法称为单探头法。单探头法操作方便，大多数缺陷可以检出，是目前最常用的一种方法。

单探头法检测，对于与波束轴线垂直的片状缺陷和立体型缺陷的检出效果最好。与波束轴线平行的片状缺陷难以检出。当缺陷与波束轴线倾斜时，则根据倾斜角度的大小，能够受到部分回波或者因反射波束全部反射在探头之外而无法检出。

（2）双探头法

使用两个探头（一个发射，一个接收）进行检测的方法称为双探头法。主要用于发现单探头法难以检出焊缝的缺陷。

双探头又可根据两个探头排列方式和工作方式进一步分为并列式、交叉式、V 型串列式、K 型串列式、串列式等。

并列式：两个探头并列放置，检测时两者作同步向移动。但直探头作并列放置时，通常是一个探头固定，另一个探头移动，以便发现与探测面倾斜的缺陷。分割式探头的原理，就是将两个并列的探头组合在一起，具有较高的分辨能力和信噪比，适用与薄试件、近表面缺陷的检测。

交叉式：两个探头轴线交叉，交叉点为要探测的部位。此种检测方法可用来发现与探测面垂直的片状缺陷，在焊缝检测中，常用来发现横向缺陷。

V 型串列式：两探头相对放置在同一面上，一个探头发射的声波被缺陷反射，反射的回波刚好落在另一个探头的入射点上。此种检测方法主要用来发现与探测面平行的片状缺陷。

K 型串列式：两探头以相同的方向分别放置于试件的上下表面上。一个探头发射的声缺陷反射，反射的回波进入另一个探头。此种检测方法主要用来发现与探测面垂直的片状缺陷。

串列式：两探头一前一后，以相同方向放置在同一表面上，一个探头发射的声波被缺陷反射的回波，经底面反射进入另一个探头。此种检测方法用来发现与探测面垂直的片状缺陷（如厚焊缝的中间未焊透）。两个探头在一个表面上移动，操作比较方便，是一种常用的探测方法。

（3）多探头法

使用两个以上的探头成对地组合在一起进行检测的方法，称为多探头法。多探头法的应用，主要是通过增加声束来提高检测速度或发现各种取向的缺陷。通常与多通道仪器和自动扫描装置配合。

4. 按探头接触方式分类

依据检测时探头与试件的接触方式，可以分为直接接触法与液浸法。

（1）直接接触法

探头与试件探测面之间，涂有很薄的耦合剂层，因此可以看作为两者直接接触，这种检测方法称为直接接触法。

此方法操作方便，检测图形较简单，判断容易，检出缺陷灵敏度高，是实际检测中用得最多的方法。但是，直接接触法检测的试件，要求探测面光洁度较高。

（2）液浸法

将探头和工件浸于液体中以液体作耦合剂进行检测的方法，称为液浸法。耦合剂可以是水，也可以是油。当以水为耦合剂时，称为水浸法。

液浸法检测时，探头不直接接触试件，所以此方法适用于表面粗糙的试件，探头也不易磨损，耦合稳定，探测结果重复性好，便于实现自动化检测。

液浸法按检测方式不同又分为全浸没式和局部浸没式。

全浸没式：被检试件全部浸没于液体之中，适用于体积不大，形状复杂的试件检测。

局部浸没式：把被检试件的一部分浸没在水中或被检试件与探头之间保持一定的水层而进行检测的方法，使用于大体积试件的检测。局部浸没法又分为喷液式、通水式和满溢式。

（五）超声波检测操作要点

（1）检测时机应根据要达到的检测目的，选择最适当的检测时机。例如，为减小粗晶粒的影响，电渣焊焊缝应在正火处理后检测；为估计锻造后可能产生的锻造缺陷，应在锻造全部完成后对锻件进行检测。

（2）检测方法选择应根据工件情况，选定检测方法。例如，对焊缝，选择单斜探头接触法；对钢管，选择聚焦探头水浸法；对轴类锻件，选用单探头垂直检测法。

（3）检测仪器的选择应根据检测方法及工件情况，选定能满足工件检测要求的检测仪去检测。

（4）检测方向和扫查面的选定。进行超声波检测时，检测方向很重要。检测方向应以能发现缺陷为准，应根据缺陷的种类和方向来决定。例如，轧制钢板中，钢板内的缺陷是沿轧制方向伸展的，因此，采用纵波垂直检测，使超声波束垂直投射在缺陷上，这样缺陷回波最大；焊缝检测时，应根据焊缝坡口形式和厚度边择扫查面，决定是从一面两侧还是两面四侧检测。

（5）频率的选择。根据工件的厚度和材料的晶粒大小，合理地选择检测频率。例如，对粗晶的检测，不宜选用高频，因为高频衰减大，往往得不到足够的穿透力。

（6）晶片直径、折射角的选定。根据检测的对象和目的，合理选用品片尺寸和折射角。例如，探测大厚度工件要选择大尺寸晶片。又例如，焊缝的单斜探头检测主要用45～70°的折射角。在板厚大或没有余高时，用小折射角。板厚小或有余高时，用大折射角。

（7）检测面修整。对不合检测要求的检测表面，必须进行适当的修整，以免不平整的检测面影响检测灵敏度和检测结果。

（8）耦合剂和耦合方法的选择。为使探头发射的超声波有效传入试件，应使用合适的耦合剂。例如，对粗糙表面进行检测时，应选用黏性大的水玻璃或糊糊作耦合剂。手工检测时，为保持耦合稳定，要用于或重物适当压探头（施加约10 ～20 N 的力）。为使耦合稳定，在曲面上检测时，探头可装上弧形导块。

（9）确定检测灵敏度。用适当的标准试块的人工缺陷或试件无缺陷底面调节到一定的波高，确定检测灵敏度。

（六）焊接接头的质量等级评定

当缺陷被确定，就可以依据相应标准进行缺陷的质量等级评定。

储罐及压力容器检测结果评定一般执行标准 NB/T 47013.3—2015《承压设备无损检测》。

长输管道检测结果评定一般执行标准 SY/T 4109—2013《石油天然气钢制管道无损检测》。

（七）小前沿探头检测在用压力管道环向焊接接头案例

有一压力管道环向对接焊接接头，尺寸 Di（外径）133 ×5mm 与 Di（外径）159 ×7mm 变径连接，如图 6.2 －12 所示，材料为 20＃钢，焊缝宽度 10mm。要求按 NB/T 47013.3—2015《承压设备无损检测第 3 部分超声检测》标准进行超声检测，验收级别为Ⅱ级。

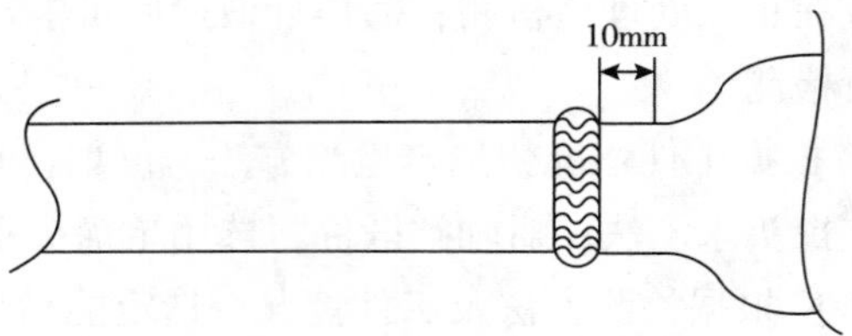

图 6.2－12　压力管道环向对焊焊接接头结构

1. 仪器及辅助材料

（1）超声波探伤仪：CTS－22；

（2）探头选择

由于管道接头距大径端只有 10mm 直边，无法采用现有的超声探头进行检测，因此，只能在直管段单侧进行探测。依据 NB/T 47013.3 中 6.4.4.1 规定："一般要求从对接焊接接头两侧进行检测，确因条件限制只能从焊接接头一侧检测时，应采用两种或两种以上的不同 *K* 值探头进行检测"，所以需要采用两种 *K* 值探头进行检测。

根据标准分析，可采用 5P6×6K2.5 前沿 5mm、5P6×6K3 前沿 6mm 两个探头就能够满足检测要求。

（3）超声试块

依据 NB/T 47013.3—2015 中 6.4.2.2 条的要求：采用 GS－4 试块。

（4）耦合剂

耦合剂应具有良好的透声性和适宜的流动性，不应对人体和材料有损害，同时应便于清理。

常用的耦合剂有：化学浆糊、机油、水。综合考虑三种耦合剂的透声性、流动性和便于清理性的要求，并结合检测对象特点，耦合剂宜选择化学浆糊。

2. 距离－波幅曲线的绘制

依据 NB/T 47013.3—2015 中 6.4.5 条的规定绘制距离——波幅曲线。

3. 扫查方法及探头移动区

一般将探头从对接接头两侧垂直于焊接接头进行扫查，探头前后移动距离应符合要求，探头左右移动应使得扫查覆盖大于探头宽度的 15%。

为了观察缺陷动态波形或区分伪缺陷信号以确定缺陷的位置、方向、形状，可采用前后、左右等扫查方法。

探头移动区应清除焊接飞溅、铁屑、油垢及其他杂质，其表面粗糙度小于 25μm，探头移动区应大于 1.5P，P 的计算按 NB/T 47013.3—2015 中 6.3.5.1.2 的规定执行。

4. 缺陷评定

对所有反射波幅位于Ⅰ区或Ⅰ区以上的缺陷，均应对缺陷位置、缺陷最大反射波幅和缺陷指示长度等进行测定。

缺陷位置测定应以获得缺陷最大反射波的位置为准。

缺陷最大反射波幅的测定方法是将探头移至缺陷出现最大反射波信号的位置，测定波幅大小，并确定它在距离－波幅曲线中的区域。

缺陷指示长度的测定按下述方法进行：

当缺陷反射波只有一个高点，且位于Ⅱ区或Ⅱ区以上时，用－6dB 法测量其指示长度。

当缺陷反射波峰值起伏变化，有多个高点，且均位于Ⅱ区或Ⅱ区以上时，应以端点－6dB 法测量其指示长度。

当缺陷最大反射波幅位于Ⅰ区，将探头左右移动，使波幅降到评定线，以用评定线绝对灵敏度法测量缺陷指示长度。

缺陷的实际指示长度/应按式（6.2－1）计算（适用于管径较小且壁厚较大时）：

$$l = L_x (R - H) / R \tag{6.2-1}$$

式中　L——测定的缺陷指示长度，mm；

R——管子外半径，mm；

H——缺陷深度，mm。

超过评定线的信号应注意其是否具有裂纹、未熔合等类型缺陷特征，如有怀疑时，应采取改变探头折射角（K 值）、观察缺陷动态波形并结合焊接工艺等进行综合分析。

相邻两缺陷在一直线上，其间距小于其中较小的缺陷长度时，应作为一条缺陷处理，以两缺陷长度之和作为其单个缺陷指示长度（间距计入缺陷长度）。

按照 NB/T 47013.3—2015 中 6.5 条的规定执行。

三、磁粉检测

（一）磁粉检测原理及适用范围

1. 磁粉检测的原理

铁磁性材料在通电磁化后，由于不连续性的存在，使工件表面和近表面的磁感应线发生局部畸变而产生漏磁场，吸附施加在工件表面的磁粉，在合适的光照作用下形成目视可见的磁痕，从而显示出不连续性的位置、大小、形状和严重程度。图 6.2－13 用条形磁铁

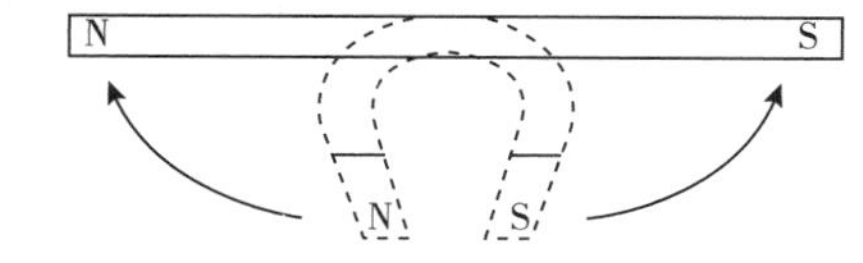

（a）马蹄形磁铁被校直成条形磁铁后N极和S极的位置

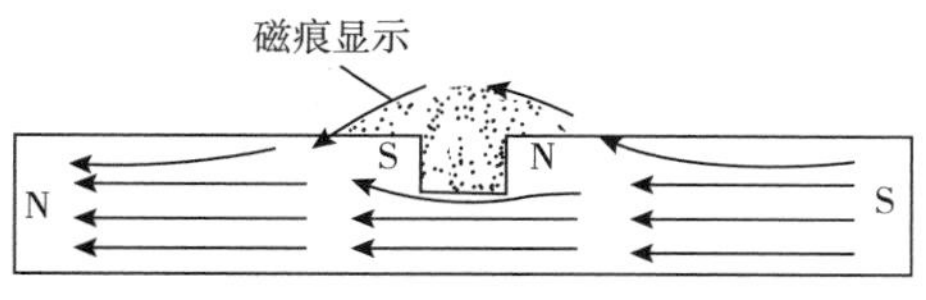

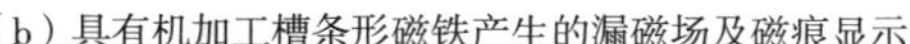

（b）具有机加工槽条形磁铁产生的漏磁场及磁痕显示

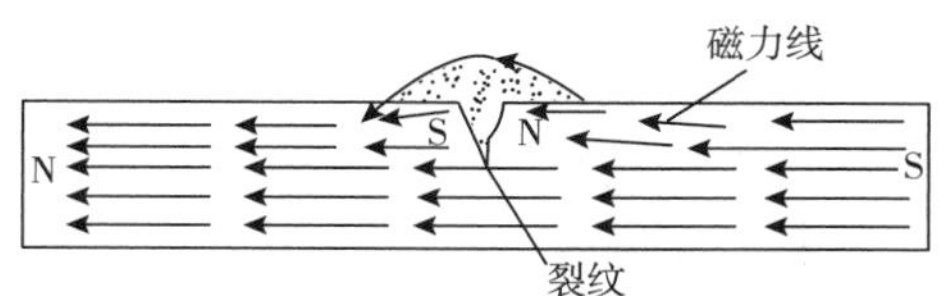

（c）纵向磁化磁极裂纹产生漏磁场及磁痕显示

图 6.2－15　用条形磁铁描述纵向磁化

的磁化。

2. 磁粉检测适用范围

（1）适用于检测铁磁性材料工件表面和近表面尺寸很小、间隙很窄和目视难以看出的缺陷。马氏体不锈钢和沉淀硬化不锈钢材料具有磁性，也可以进行磁粉检测。不适用于非磁性材料和铜、铝、镁、钛合金等非磁性材料。

（2）适用于检测工件表面和近表面的裂纹、白点、发纹、折叠、疏松、冷隔、气孔和夹杂等缺陷。不适用于检测工件表面浅而宽的划伤、针孔状缺陷、埋藏较深的内部缺陷和延伸方向与磁感应线方向的夹角小于20°的缺陷。

（3）适用于检测未加工的原材料（如钢坯）和加工的半成品、成品件及使用过的工件及特种设备。

（4）适用于检测管材、棒材、板材、型材和锻钢材及焊接件。

（二）磁粉检测的优点及其局限性

1. 磁粉检测的优点

（1）可检测出铁磁性材料表面和近表面（开口和不开口）的缺陷；

（2）能直观地显示出缺陷的位置、形状、大小和严重程度；

（3）具有很高的检测灵敏度，可检测微米级宽度的缺陷；

（4）单个工件检测速度快，工艺简单，成本低廉，污染少；

（5）采用合适的磁化方法，几乎可以检测到工件表面的各个部位，基本上不受工件大小和几何形状的限制；

（6）缺陷检测重复性好；

（7）可检测腐蚀的表面。

2. 磁粉检测的局限性

（1）只适用于铁磁性材料，不能检测奥氏体不锈钢材料和奥氏体不锈钢焊缝及其他非铁磁性材料；

（2）只能检测表面和近表面缺陷；

（3）检测时的灵敏度与磁化方向有很大的关系，若缺陷方向与磁化方向近似平行或缺陷与工件表面夹角小于20°，缺陷就难于发现。另外，表面浅而宽的划伤、锻造皱折也不易发现；

（4）受几何形状影响，易产生非相关显示；

（5）若工件表面有覆盖层，将对磁粉检测有不良影响。用通电法和触头法磁化时，易产生电弧，烧伤工件。因此，电接触部位的非导电覆盖层必须打磨掉。

（6）部分磁化后具有较大剩磁的工件需进行退磁处理。

（三）磁粉检测设备、器材

1. 磁粉检测设备

按设备的组合方式分为一体型和分立型两种，按设备的重量和可移动性分为固定式、移动式和携带式三种。

2. 灵敏度试片

灵敏度试片用于检验磁粉检测设备、磁粉和磁悬液的综合性能（系统灵敏度）。

我国使用的灵敏度试片有 A1 型、C 型、D 型、M1 型。

使用时，应将试片无人工缺陷的面朝外。为使试片与被检面接触良好，可用透明胶带将其平整粘贴在被检面上，并注意胶带不能覆盖试片上的人工缺陷。

3. 磁粉和磁悬液

磁粉是具有高磁导率和低剩磁的四氧化三铁或三氧化二铁粉末。按加入的染料可将磁粉分为荧光磁粉和非荧光磁粉。

磁悬液是以水或煤油为分散剂介质，加入磁膏按一定比例混合而成的悬浮液体。配制浓度：非荧光磁悬液，一般要求在 10～25g/L 范围；对荧光磁悬液，一般要求在 0.5～3.0g/L 范围。

（四）磁化方法分类

磁粉探伤的能力，取决于施加磁场的大小和缺陷的延伸方向，还与缺陷的位置、大小和形状等因素有关。工件磁化时，磁场方向应尽可能与缺陷的方向垂直才能形成足够的漏磁场，缺陷显示才最清晰。磁化一般可分为周向磁化、纵向磁化和多向磁化。

周向磁化用于发现与工件轴线平行的纵向缺陷，即与电流方向平行的缺陷；纵向磁化用于发现与工件轴线垂直的缺陷；多向磁化通过复合磁化，能检查各个方向的缺陷。目前现场常用的磁化方法为磁轭法纵向磁化和交叉磁轭法多向磁化。

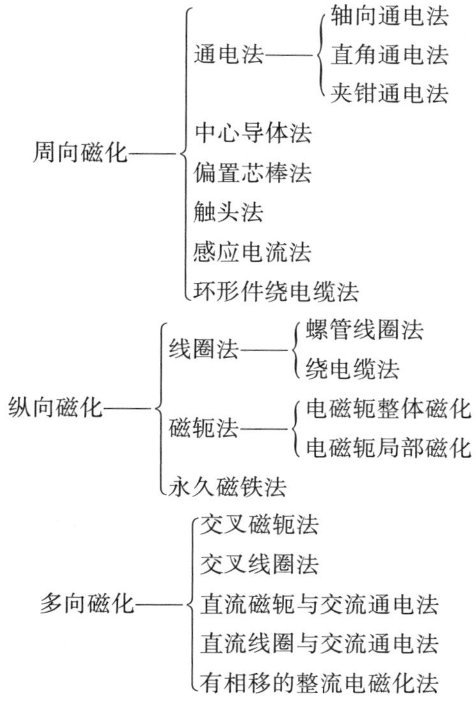

1. 磁轭法

磁轭法是用固定式电磁轭两磁极夹住工件进行整体纵向磁化，或用便携式电磁轭两磁极接触工件表面进行局部纵向磁化，用于发现与两磁极连线垂直的缺陷。在磁轭法中，工件是闭合磁路的一部分，用磁极间对工件感应磁化，所以磁轭法也称为极间法，属于闭路磁化。分为磁轭法整体磁化和局部磁化。如图 6. 2. －14 和 6. 2 －15 所示。

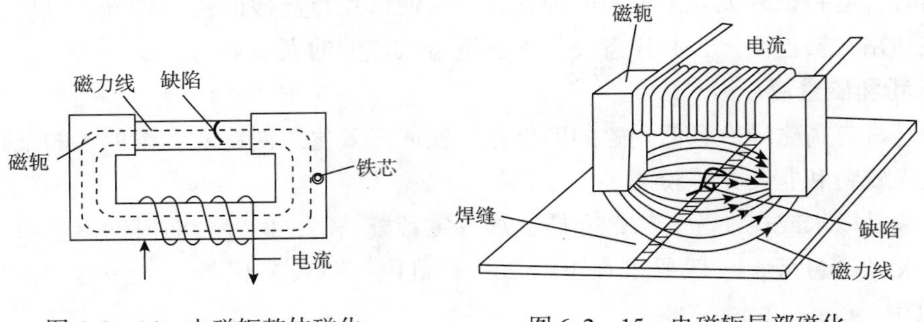

图 6. 2 －14　电磁轭整体磁化　　图 6. 2 －15　电磁轭局部磁化

（1）磁轭法的优点

①非电接触；

②改变磁轭方位，可发现任何方向的缺陷；

③便携式磁轭可带到现场检测，灵活，方便；

④可用于检测带漆层的工件（当漆层厚度允许时）；

⑤检测灵敏度较高。

（2）磁轭法的缺点

①几何形状复杂的工件检验较困难；

②磁轭必须放到有利于缺陷检出的方向；

③用便携式磁轭一次磁化只能检验较小的区域，大面积检验时，要求分块累积，很费时；

④磁轭磁化时应与工件接触好，尽量减小间隙的影响。

（3）磁轭法适用范围

磁轭法适用于承压设备平板对接焊缝、T 型焊缝、管板焊缝、角焊缝以及大型铸件、锻件和板材的局部磁粉检测。整体磁化适用于零件横截面小于磁极横截面的纵长零件的磁粉检测。

2. 交叉磁轭法

由于电磁轭有两个磁极，进行磁化一次只能发现与两极连线垂直的和成一定角度的缺陷，对平行于两极连线方向的缺陷则需要改变磁轭方向才能检查，也就是需两次以上的检测，才能满足要求。使用交叉磁轭可在工件表面产生旋转磁场多向磁化，如图 6. 2 －16 所示。这种多向磁化技术可以检测出非常小的缺陷，因为在磁化循环的每个周期都使磁场方向与缺陷延伸方向相垂直，所以一次磁化可检测出工件表面任何方向的缺陷，检测效率高。

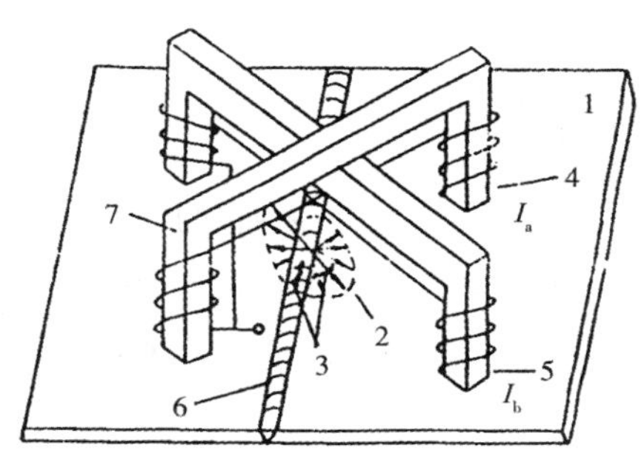

图 6.2－18 交叉磁轭法

1—工件，2—旋转磁场，3—缺陷，4、5—交流电，6—焊缝，7—交叉磁轭

（1）交叉磁轭磁化的优点

一次磁化可检测出工件表面任何方向的缺陷，而且检测灵敏度和效率都高。

（2）交叉磁轭磁化的缺点

不适用于剩磁法磁粉检测，操作要求严格。

（3）交叉磁轭磁化的适用范围

锅炉压力容器、储罐对接焊缝的磁粉检测。

（4）交叉磁轭的正确使用方法

交叉磁轭磁化检验只适用于连续法。必须采用连续移动方式进行工件磁化，且边移动交叉磁轭进行磁化，边施加磁悬液。最好不采用步进式的方法移动交叉磁轭。

为了确保检测灵敏度和不会造成漏检，磁轭的移动速度不能过快，不能超过标准规定的 4m/min 的移动速度，可通过标准试片磁痕显示来确定。当交叉磁轭移动速度过快时，对表面裂纹的检出影响不是很大，但是，对近表面裂纹，即使是埋藏深度只有零点几毫米，也难以形成缺陷磁痕。

磁悬液的喷洒至关重要，必须在有效磁化场范围内始终保持润湿状态，以利于缺陷磁痕的形成。尤其对有埋藏深度的裂纹，由于磁悬液的喷洒不当，会使已经形成的缺陷磁痕被磁悬液冲刷掉，造成缺陷漏检。

磁痕观察必须在交叉磁轭通过后立即进行，避免已形成的缺陷磁痕遭到破坏。

交叉磁轭的外侧也存在有效磁化场，可以用来磁化工件，但必须通过标准试片确定有效磁化区的范围。

交叉磁轭磁极必须与工件接触好，特别是磁极不能悬空，最大间隙不应超过 1.5mm，否则会导致检测失效。

（五）磁粉检测的基本操作步骤

磁粉检测的基本过程，包括检测前的预处理、磁化（选择磁化方法、磁化规范和检测时机）、施加磁粉或磁悬液、磁痕的观察和记录、缺陷评级、退磁和后处理七个程序。

预处理→磁化→施加磁粉或磁悬液→磁痕的观察和记录→缺陷评级→退磁→后处理

根据上述七个程序制定合理的检测工艺，通过使用正确的检测方法，检查出工件可能存在的各种缺陷。只有正确执行磁粉检测工艺要求，才能保证磁粉探伤的灵敏度，检出应检的缺陷。

（六）磁粉检测的应用范围

磁粉检测主要应用锅炉压力容器、压力管道对接焊缝及储罐焊缝的表面磁粉检测。原油储罐焊缝表面检测主要包括储罐罐底板对接焊缝、罐底板三层搭接部位、罐内大角缝（底板与底圈壁板连接焊缝）、管体接管角焊缝以及补强板角焊缝、储罐高强壁板机械损伤部位的检测。

（七）磁粉检测案例

10 万立方米原油储罐罐第一圈壁板纵缝对接焊缝的磁粉检测。

1. 检测对象、比例及规范

（1）检测对象

底层罐壁的纵焊缝内外表面进行磁粉检测；规格壁厚 32mm，材质 12MnNiVR。

（2）检测比例

按照设计规范要求及 GB 50128—2014《立式圆筒形焊接油罐施工及验收规范》进行检测，检测比例 100%。

（3）检测标准

NB/T 47013. 4—2015《承压设备无损检测 第 4 部分：磁粉检测》。

2. 检测时机

由于底层罐壁材质为高强钢，纵焊缝内外表面磁粉检测应安排在焊接工序完成并经外观检查合格后 24 小时后进行磁粉检测。

3. 检测方法

采用连续法湿法磁轭法检测。

由于第一圈壁板纵缝是对接焊缝，接近于平板对接焊缝，所以采用连续法湿法磁轭法检测。

荧光磁粉和非荧光磁粉结合使用，在视线模糊不易观测的情况下优先选用荧光磁粉检测。

4. 检测设备

对于储罐第一圈壁板对接焊缝，优先使用 CXE—1 型旋转磁力探伤仪和交流磁轭磁力探伤仪，以交叉磁轭旋转磁力探伤仪为主。

交叉磁轭探伤仪 CXE—1 型旋转磁力探伤仪，提升力：$F \geq 118$N（磁极与试件表面间距为 0. 5mm）；

交流磁轭磁力探伤仪，提升力：$F \geq 45$N。

5. 灵敏度试片

对于储罐第一圈壁板纵缝磁粉检测，由于焊缝接近于平板对接焊缝，因此依据标准选用灵敏度为中的 A1—30/100A 型标准试片。

6. 检验程序

预处理→磁化→施加磁悬液→磁痕的观察和记录→缺陷评级→后处理。

（1）检测面要求

工件被检区域及其相邻至少 25mm 范围内应干燥并不得有油脂、污垢、铁锈、氧化皮、纤维屑、焊剂、飞溅或其他粘附磁粉的物质；表面的不规则状态不得影响检测结果的正确性和完整性，否则应做适当修理，修理后的被检工件表面粗糙度 $Ra \leqslant 25\mu m$。

（2）预处理

清除被检工件表面油脂、涂料、铁锈、氧化皮和其它粘附磁粉的物质表面的不规则状态不得影响检测结果的正确性和完整性，否则应做适当的修磨。

（3）磁化

连续法检测时，磁化通电时间为 1～3s，停施磁悬液至少 1s 后方可停止磁化。为保证磁化效果应至少反复磁化两次。

使用交叉磁轭装置时，四个磁极端面与检测面之间应保持良好结合，其最大间隙不应超过 0.5mm，连续移动检测时，检测速度应尽量均匀，一般不应大于 4m/min。

使用交叉磁轭采用移动的方式磁化时，磁悬液的施加应覆盖工件的有效磁化范围，并始终保持处于润湿状态，以利于缺陷磁痕的形成。

（4）施加磁悬液

因采用湿法检测，应确认整个检测面被磁悬液湿润后，再施加磁悬液。磁悬液的施加可采用喷、浇、浸等方法，不宜采用刷涂法。无论采用哪种方法，均不应使检测面上磁悬液的流速过快。

（5）磁痕的观察和记录

缺陷磁痕的观察应在磁痕形成后立即进行。

非荧光磁粉检测时，缺陷磁痕的评定应在可见光下进行，通常工件被检表面可见光照度应大于等于 1000lx；当现场采用便携式设备检测，由于条件所限无法满足时，可见光照度可以适当降低，但不得低于 500lx。

荧光磁粉检测时，所用黑光灯在工件表面的辐照度大于或等于 $1000\mu W/cm^2$，暗室或暗处可见光照度应不大于 20lx。检测人员进入暗区，至少经过 5min 的暗室适应后，才能进行荧光磁粉检测。观察荧光磁粉检测显示时，检测人员不准戴对检测有影响的眼镜。

除能确认磁痕是由于工件材料局部磁性不均或操作不当造成的之外，其它磁痕显示均应作为缺陷处理。当辨认细小磁痕时，应用 2 倍～10 倍放大镜进行观察。

缺陷磁痕的显示记录可采用照相、录相等方式记录，同时应用草图标示。

（6）缺陷评级

不允许存在任何裂纹和白点；紧固件和轴类零件不允许任何横向缺陷显示。

焊接接头的质量分级依据 NB/T 47013.4—2015 第 9.2 条要求进行。

四、渗透检测

渗透检测，是一种以毛细管作用原理为基础用于检查表面开口缺陷的无损检测方法。

它与射线检测、超声检测、磁粉检测和涡流检测一起，并称为5种常规的无损检测方法，渗透检测始于本世纪初，是目视检查以外最早应用的无损检测方法。

由于渗透检测的独特优点，其应用遍及现代工业的各个领域。国外研究表明：渗透检测对表面点状和线状缺陷的检出概率高于磁粉检测，是一种最有效的表面检查方法。

（一）渗透检测的基本原理

渗透检测是基于液体的毛细作用（或毛细现象）和固体染料在一定条件的发光现象。

渗透检测的工作原理是：工件表面被施涂含有荧光染料或着色染料的渗透剂后，在毛细作用下，经过一定时间，渗透剂可以渗入表面开口缺陷中；去除工件表面多余的渗透剂，经干燥后，再在工件表面施涂吸附介质—显像剂；同样在毛细作用下，显像剂将吸引缺陷中的渗透剂，即渗透剂回渗到显像剂中；在一定的光源下（黑光或白光），缺陷处的渗透剂痕迹被显示（黄绿色荧光或鲜艳红色），从而探测出缺陷的形貌及分布状态。

（二）渗透检测的优点和局限性

渗透检测可以检查金属（钢、耐热合金、铝合金、镁合金、铜合金）和非金属（陶瓷、塑料）工件的表面开口缺陷，例如，裂纹、疏松、气孔、夹渣、冷隔、折叠和氧化斑疤等。这些表面开口缺陷，特别是细微的表面缺陷，一般情况下，直接目视检查是难以发现的。

渗透检测不受被检工件化学成分限制。渗透检测可以检查磁性材料，也可以检查非磁性材料；可以检查黑金属，也可以检查有色金属，还可以检查非金属。

渗透检测不受被检工件结构限制。渗透检测可以检查焊接件或铸件，也可以检查压延件和锻件，还可以检查机械加工件。

渗透检测不受缺陷形状（线性缺陷或体型缺陷）、尺寸和方向的限制。只需一次渗透检测，即可同时检查开口于表面所有缺陷。

但是，渗透检测无法或难以检查多孔的材料，例如粉末冶金工件；也不适应检查外来因素造成开口被堵塞的缺陷，例如工件经喷丸处理或喷砂，则可能堵塞表面缺陷的“开口”，难以定量的控制检测操作质量，多凭检测人员的经验、认真程度和视力的灵敏程度。

（三）渗透检测方法的分类

1. 根据渗透剂所含染料成分分类

根据渗透剂所含染料成分，渗透检测分为荧光渗透检测法、着色渗透检测法和荧光着色渗透检测法，简称为荧光法、着色法和荧光着色法三大类。渗透剂内含有荧光物质，缺陷图像在紫外线下能激发荧光的为荧光法。渗透剂内含有有色染料，缺陷图像在白光或日光下显色的为着色法。荧光着色法兼备荧光和着色两种方法的特点，缺陷图像在白光或日光下能显色，在紫外线下又能激发出荧光。

2. 根据渗透剂去除方法分类

根据渗透剂去除方法，渗透检测分为水洗型、后乳化型和溶剂去除型三大类。

3. 根据显像剂类型分类

根据显像剂类型，渗透剂分为干式显像法、湿式显像法两大类。

渗透检测方法代号见表 6.2－1。

表 6.2－1　渗透检测方法分类

渗透剂		渗透剂的去除		显像剂	
分类	名称	方法	名称	分类	名称
Ⅰ Ⅱ Ⅲ	荧光渗透检测 着色渗透检测 荧光着色渗透检测	A B C D	水洗型渗透检测 亲油型后乳化渗透检测 溶剂去除型渗透检测 亲水型后乳化渗透检测	a b c d e	干粉显像剂 水溶解显像剂 水悬浮显像剂 溶剂悬浮显像剂 自显像

注：渗透检测方法代号示例：ⅡCd 为溶剂去除型着色渗透检测（溶剂悬浮显像剂）。

（四）渗透检测的灵敏度等级

NB/T 47013.5—2015：灵敏度等级分三类 A 级、B 级、C 级。不同灵敏度等级在镀铬试块上可显示的裂纹区位数按表 6.2－2 的规定执行。

表 6.2－4　灵敏度等级

灵敏度等级	可显示的裂纹区
A 级	1～2
B 级	2～3
C 级	3

（五）渗透检测设备和器材

1. 渗透检测剂设备

便携式设备，一般是一个小箱子，里面装有渗透剂、去除剂和显像剂喷罐，以及清理擦拭工件用的金属刷、毛刷。如果采用荧光法，还要装有紫外线灯，多用于现场检测。

渗透检测剂（包括渗透剂、去除剂和显像剂）通常装在密闭的喷罐内使用。喷罐一般由盛装容器和喷射机构两部分组成。

喷罐携带方便，适用于现场检测。使用喷罐应注意的事项：喷嘴应与工件表面保持一定的距离，太近会使检测剂施加不均匀；喷罐不宜放在靠近火源、热源处，以防爆炸；处置空罐前，应先破坏其密封性。

2. 渗透检测试块

试块是指带有人工缺陷或自然缺陷的试件。它用于衡量渗透检测灵敏度的器材，也称灵敏度试块，承压设备常用的标准试块有铝合金试块和镀铬试块。

铝合金试块又称 A 型对比试块，具体尺寸及形貌如图 6.2－17 所示

铝合金试块由同一试块剖开后具有相同大小的两部分组成，并打上相同的序号，分别标记 A、B 记号，A、B 试块上均具有细密相对称的裂纹图形。铝合金试块的其他要求应符合 JB/ T6064 相关规定。

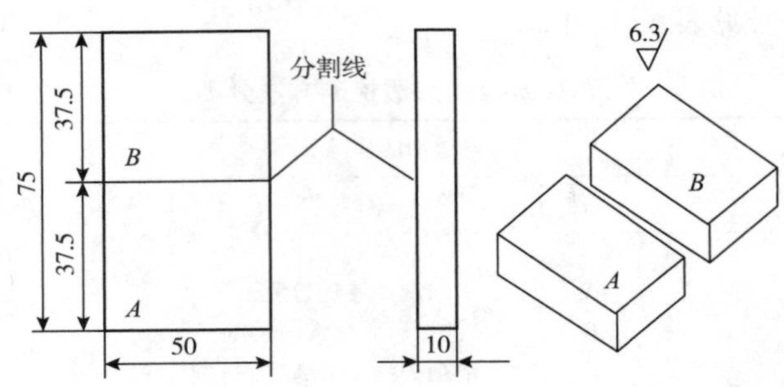

图 6.2－17　铝合金试块

用途：铝合金试块主要用于检验渗透剂能否满足要求，以及比较两种渗透剂性能的优劣；对用于非标准温度下的渗透检测方法做出鉴定。

镀铬试块又称 B 型试块，具体尺寸及形貌如图 6.2－18 所示

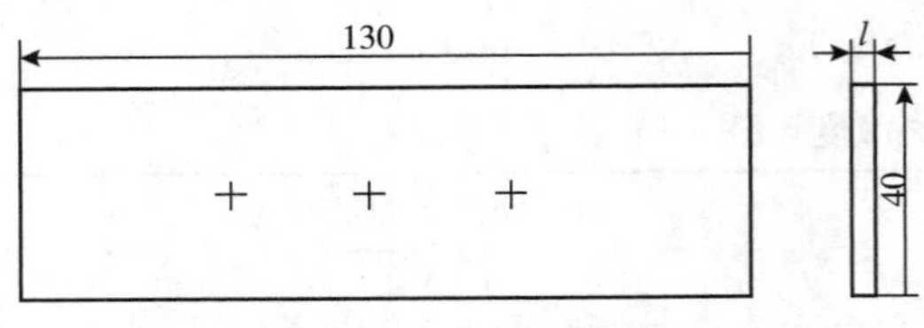

图 6.2－18　镀铬试块

将一块材料为 S30408 或其他不锈钢材加工成尺寸图 6.2－18 所示的试块，在试块上单面镀铬，镀层厚度不大于 150μm，表面粗糙度 $Ra=1.2\sim2.5\mu m$，在镀铬层背面中央选相距 25μm 的 3 个点位，用布氏硬度法在其背面施加不同负荷，在镀铬面形成从大到小、裂纹区长径差别明显、肉眼不易见的 3 个辐射状裂纹区，按大小顺序排列区位号分别为 1、2、3。裂纹尺寸分别见表 6.2－3。

表 6.2－3　三点式 B 形试块表面的裂纹区长径

裂纹区次序	1	2	3
裂纹区长直径/mm	3.7～4.5	2.7～3.5	1.6～2.4

用途：镀铬试块（B 型试块）主要用于检验渗透检测剂系统灵敏度及操作工艺正确性。

（六）渗透检测操作的基本步骤

根据不同类型的渗透剂，不同的表面多余渗透剂的去除方法与不同的显像方式，可以组合成多种不同的渗透检测方法。这些方法间虽然存在不少的差异，但都是按照下述 6 个基本步骤进行操作：

1. 表面准备和预清洗——检测前工件表面的预处理和预清洗；
2. 施加渗透剂——渗透剂的施加及滴落；
3. 多余渗透剂的去除；
4. 干燥——自然干燥或吹干或烘干；
5. 施加显像剂；
6. 观察及评定——观察和评定显示的痕迹。

（七）渗透检测结果评定和质量分级

1. 锅炉压力容器、储罐渗透检测结果的评定和质量分级依据 NB/T 47013.5—2015《承压设备无损检测　第 5 部分：渗透检测》。

2. 长输管道渗透检测结果的评定和质量分级依据 SY/T 4109—2013《石油天然气钢制管道无损检测　第 8 部分：渗透检测》。

（八）渗透检测技术的应用案例

1. 焊接件的渗透检测

承压设备结构也主要采用焊接方法连接。焊缝中常见缺陷有气孔、夹渣、未焊透、未熔合和裂纹等，这些缺陷露出表面时可采用渗透检测方法。

溶剂去除型渗透检测方法因携带和使用方便，多使用在承压设备现场检测和大工件的局部检测。

焊缝进行渗透检测时，多采用溶剂去除型着色法，也可采用水洗型荧光法。在灵敏度等级符合要求时，也可采用水洗型着色法。

图 6.2－19 为现场渗透检测示意图。

图 6.2－19　现场渗透检测示意图

2. 坡口的渗透检测

坡口常见缺陷是分层和裂纹。前者是轧制缺陷，分层平行于钢板表面，一般分布在板厚中心附近。裂纹有两种，一种是沿分层端部开裂的裂纹，方向大多平行于板面；另一种是火焰切割裂纹，无一定方向。

由于坡口的表面比较光滑，可采用溶剂去除型着色法对其进行渗透检测，可得到较高的灵敏度。因坡口面一般比较窄，所以检测操作时可采用刷涂法施加检测剂，以减少检测剂的浪费和环境污染。

3. 焊接过程中的渗透检测

焊接过程中有时需进行清根和层间检测，对于焊缝清根可采用电弧气刨法和砂轮打磨法。两种方法都有局部过热的情况，电弧气刨法还有增碳产生裂纹的可能。所以，渗透检测时应注意这些部位。因清根面比较光滑，可采用溶剂去除型着色法进行检测。

某些焊接性能差的钢种和厚钢板要求每焊一层检测一次，发现缺陷及时处理，保证焊缝的质量。层间检测时可采用溶剂去除型着色法，如果灵敏度满足要求，也可采用水洗型着色法，操作时一定注意不规则的部位，不能漏掉缺陷也不能误判缺陷，造成不必要的返修。

焊缝清根经渗透检测后，应进行后清洗。多层焊焊缝，每层焊缝经渗透检测后的清洗尤为重要，必须处理干净，否则，残留在焊缝上的渗透检测剂会影响随后进行的焊接，可能会产生严重缺陷。

4. 在用承压设备与维修件渗透检测

对在用承压设备进行渗透检测，或对在用承压设备维修件渗透检测时，应该注意的是：如果制造时采用的材料是高强度以及对裂纹（包括冷裂纹、热裂纹、再热裂纹）敏感的材料；或是长期工作在腐蚀介质环境下，有可能发生应力腐蚀裂纹的场合。其内壁宜采用荧光渗透检测方法进行检测；或结合后乳化渗透检测法选择更高灵敏度的方法对在用承压设备进行渗透检测。检测现场环境应符合相关标准的要求。

在用承压设备渗透检测的目的主要是检查疲劳裂纹和应力腐蚀裂纹。因此，检测前要充分了解工件在使用中的受力状态、应力集中部位，以及可能产生裂纹的部位。对于疲劳裂纹的检测，渗透时间应长一些，可超过30min。而检测应力腐蚀裂纹或晶间腐蚀裂纹时，渗透时间更长。有时为检测紧闭的裂纹，可采用加载法。

第三节　先进检测技术介绍

一、TOFD 技术

（一）TOFD 基础知识及原理介绍

1. TOFD 技术原理

TOFD 技术的英文全称是 Time of Flight Diffraction Technique，中文译名为衍射时差法超声检测技术，是一种依靠超声波与缺陷端部相互作用发出的衍射波来检出缺陷并对缺陷进行定量的检测技术。

衍射现象是 TOFD 技术采用的基本物理原理。所谓衍射，是指波在传输过程中与界面作用而发生的不同于反射的另一种物理现象。典型的情况是：当超声波作用于一条长裂纹缺陷，在裂纹表面产生超声波反射的同时，还将从裂纹尖端产生衍射波。衍射波信号比反射波信号多，且向各个方向传播，即没有明显的指向性。

衍射现象的解释：波遇到障碍物或小孔后通过散射继续传播的现象，根据惠更斯原理，媒质上波阵面上的各点，都可以看成是发射子波的波源，其后任意时刻这些子波的包迹，就是该时刻新的波阵面。

衍射使原来沿单一方向传播的能量在大范围内发生散射，与反射波相比，衍射波的一个重要特点是没有明显的方向性。衍射使能量重新分配，因此沿反射方向传播的超声波能量会降低，与镜面反射的超声波强度相比，衍射波强度要弱得多。

缺陷端点的形状对衍射有影响，端点越尖锐，衍射特性越明显，端点越圆滑，衍射特性越不明显，当端点圆半径大于波长 λ 时，主要体现的是反射特性。

TOFD 技术采用双探头系统，一个探头发射，另一个探头接收。其优点是：可避免镜面反射信号掩盖衍射波信号，从而在任何情况下都能很好地接收端点衍射波信号，测定反射体的准确位置和深度，此外还易于实现大范围扫查，快速接收大量信号。因此，双探头扫查系统可以说是 TOFD 技术的基本配置和特征之一。

与常规脉冲反射技术使用的超声波探头不同，TOFD 技术所用的探头不要求小的扩散角和好的声束指向性。相反，为了提高检测速度且有利于衍射发生，往往采用小尺寸晶片的大扩散角探头。由于衍射信号比反射信号微弱很多，所以要求 TOFD 探头有很好的发射和接收性能。同时，为了提高深度方向的分辨力，TOFD 探头应具有宽频带和窄脉冲特性，并需要选择合适的脉冲来激励探头。

一般使用的 TOFD 探头的频率范围是 1 ~ 15MHz，晶片尺寸范围是 3 ~ 20mm，通过锲块在钢铁中形成 45° ~ 70°的不同角度的折射角。

2. TOFD 技术中的检测波波型

众所周知，脉冲反射法检测焊缝大多使用横波。通过设计使探头只发射横波而没有纵波，这就避免了两种波存在而导致回波信号难以识别的困难。TOFD 检测不使用横波而使用纵波，其目的也是为了避免两种波存在而导致回波信号难以识别的困难。

在各种波中，纵波的传播速度最快，几乎是横波的两倍，从而能够领先于其他种类的波，在最短时间内到达接收探头。使用纵波并利用纵波波速计算缺陷的深度得到的结果是唯一的。

在 TOFD 检测接收到的 A 型扫描波形中，包含了纵波、横波以及波型转换等信号，TOFD 图谱中对应存在纵波区、转换波形区等图像区域。一般以底面反射波为界，底面反射波之前的信号大部分属于纵波信号，而底面反射波之后开始出现波型转换波、横波等信号。

在纵波信号区域，缺陷上下端点衍射波、直通波、底波之间存在着鲜明的相位关系，即：直通波相位与底面反射波相反，缺陷上端点信号相位与直通波相反，缺陷下端点信号相位与直通波相同。相位关系用于判断两个信号是否同属一个缺陷，以及图谱中缺陷的数量。

（1）直通波信号

在 TOFD 数据采集中，通常首先看到的是微弱的直通波。直通波在平直工件的表面以下，沿两个探头之间最短路径以纵波速度进行传播。即使探头之间的金属表面弯曲，它依然在两探头之间直线传播。

对于表面有覆层的材料，其直通波基本上都在覆层下的材料中传播，覆盖层本身对直通波并没有太大影响。

当探头间距较大时，直通波可能非常微弱，甚至不能识别。由于 TOFD 扫查所发射和接收的信号在近表面区有较大的压缩，因此这些区域的一些有用信号可能隐藏在直通波下。

（2）缺陷衍射信号

如果在金属材料中存在一个裂纹缺陷，则超声波在缺陷顶部尖端和底部尖端将产生衍射信号，这两个信号在直通波之后，底面反射波之前出现。这些信号比底面反射信号要弱得多，但比直通波信号强。如果缺陷高度较小，则上尖端信号和下尖端信号可能相互重叠。为了能很好的辨别这两个信号，通常采取减小信号周期的方法。

（3）底面反射信号

纵波的底面发射波的传播距离较大，所以在直通波后面出现。如果探头的波束只发射到金属材料的上部或者工件没有合适底部进行发射，则底面波可能不存在。

（4）波型转换信号以及底面横波信号

TOFD 探伤检测中，对这些信号一般不做观察。

3. TOFD 检测的盲区

所谓盲区是指应用 TOFD 技术实施检测时，被检体积中不能发现缺陷的区域。对上表面缺陷，因为缺陷可能隐藏在直通波信号下而漏检；对下表面缺陷，其信号有可能被底面反射信号淹没而漏检，这就是位于工件扫查面附近的上表面盲区和工件底面附近的下表面盲区问题。

上表面盲区就是直通波信号所覆盖的深度范围。这个深度取决于直通波脉冲时间宽度，与探头频率、带宽和探头中心间距有关，一般情况要占检测厚度的 10%～25%。

下表面盲区主要是指轴偏离底面盲区，即偏离两探头中心位置的底面区域存在的盲区。按 TOFD 检测一收一发的探头布置，超声衍射信号传输时间相等位置为一个椭圆轨迹，如果缺陷在椭圆以下区域，则其信号出现在底面反射波之后，因此无法检出。距中心线越远，盲区高度就越大。在声束范围内，椭圆曲线的最大深度差可达到壁厚的 8%。但在具体焊缝检测时，检测区域的最大轴偏离只考虑到热影响区位置，所以盲区没有那么大。

4. TOFD 检测系统的组成及主要功能

TOFD 检测系统主要包括硬件系统和软件系统。

硬件系统主要包括主机、TOFD 检测扫查器、TOFD 检测探头和 TOFD 检测校准试块。我们可以认为扫查器、探头和试块都是 TOFD 检测仪器的功能延伸，试块用来调校仪器、探头和扫查器的参数，探头负责将仪器的发射电脉冲转换成超声波进入检测工件，并将接收到的超声信号转换为电信号传给检测仪器。

TOFD 检测仪器是一种由计算机控制的能够满足 TOFD 检测工艺过程特殊要求的数字化超声波检测仪，主要用来实现以下功能：

发射超声波和接收放大回波信号；

采集和保存超声 A 扫信号波形和相关的数据；

按照要求设置和校验检测参数；

显示信号波形和扫描图像，分析处理数据，输出检测报告。

典型的 TOFD 检测仪器可以分为模拟和数字两个部分，包括脉冲发射电路、信号接收放大器、模/数转换电路、数字逻辑控制电路、接口电路和探头位置传感器六个单元和计算机终端。

5. TOFD 技术的优点和局限性

总体来说，TOFD 技术有很多优点：

（1）可靠性好，由于利用的是波的衍射信号，不受声束角度的影响，缺陷的检出率比较高。

（2）定量精度高。

（3）检测过程方便快捷。一般一人就可以完成 TOFD 检测，探头只需要沿焊缝两侧移动即可。

（4）拥有清晰可靠的 TOFD 扫查图像，与 A 型扫描信号比起来，TOFD 扫查图像更利于缺陷的识别和分析。

（5）TOFD 检测使用的都是高性能数字化仪器，记录信号的能力强，可以全程记录扫查信号，而且扫查记录可以长久保存并进行处理。

（6）除了用于检测外，还可用于缺陷变化的监控，尤其对裂纹高度扩展的测量精度很高。

但是 TOFD 技术也有它自身的局限性：

（1）对近表面缺陷检测的可靠性不够。上表面缺陷信号可能被埋藏在直通波下面而被漏检，而下表面缺陷则会因为被底面反射波信号掩盖而漏检。

（2）缺陷定性比较困难。

（3）TOFD 图像的识别和判读比较难，需要丰富的经验。

（4）不容易检出横向缺陷。

（5）复杂形状的缺陷检测比较难。

（6）点状缺陷的尺寸测量不够精确。

（二）TOFD 技术的工艺知识

1. 探头的一般要求

与常规脉冲反射技术使用的超声探头不同，TOFD 技术所使用的探头不要求小的扩散角和好的声束方向性。恰恰相反，由于 TOFD 检测利用的是波的衍射，在实际探测中衍射信号与反射信号相比方向性弱得多，所以在 TOFD 技术中我们往往使用小尺寸的晶片，大扩散角的探头，有利于衍射信号的捕捉。典型角度为 45°、60°或 70°。该传感器上配有螺纹，以便更换楔块。探头和楔块之间必须使用耦合剂提高超声波传递效率。

2. 扫查方式和信号测量

（1）扫查方式的选择

执行 TOFD 检查的最常见的方式叫做非平行扫查。这种扫查方式，探头的移动方向是沿着焊缝方向，垂直于声束的方向。它适用于焊缝的快速检测，而且常常在单一通道时使用。非平行扫查的结果称为 D 扫描（D-scan），它显示的图像是沿着焊缝中心剖开的截面。由于两个探头置于焊缝的两侧，焊缝余高不影响扫查，这种扫查方式效率高，速度快，成本低，操作方便，只需一个人便可以完成。

为详细分析检测结果，有时必须进行所谓平行扫查。平行扫查时，将探头放置在检测的指定位置，在探头声束的平面内移动探头。这通常是指垂直于焊缝中心线移动探头。平行扫查的结果称为 B 扫描（B-scan），它显示的图像是跨越焊缝的横截面。在这种扫查方式中，焊缝的余高会明显阻碍探头的移动，从而降低扫查效率。因此大多数情况下都将焊缝的余高打磨平之后再进行扫查。这种扫查方式会在非平行扫查无法得出满意的结果时给一个补充。

（2）信号的位置测量

在 TOFD 技术中，通常采用光标对信号位置或信号传输时间进行测量。所用的光标工具有两种，一种是十字光标，用来测量 A 扫信号中的数据，另外一种是抛物线光标，用于从 D 扫图中测量数据。

对于平板焊缝之类几何形状比较简单的工件，信号位置的测量通常包括三个参数：距离检测面的深度（Z）、平行焊缝方向上距离扫查起始点的距离（X），以及垂直焊缝方向的横向距离（Y）。为保证测量的准确性，在非平行扫查中，需要确定扫查的起始点和扫查的基准线。所谓扫查的基准线也就是在被检测表面作一条平行于焊缝的线，在扫查过程中始终保持探头的入射点到该线的距离保持不变。使用非平行扫查无法得到信号的横向距离（Y），需要的话应该进行平行扫查。

（3）测量距离检测面的深度参数（Z）

参数 Z 主要用来确定信号距离检测面的深度和缺陷高度。

我们可以使用十字光标来进行深度测定。首先将光标置于 A 扫直通波的起始位置，记录下相应的时间值。然后将光标置于缺陷波的起始位置，再次记录下对应的时间。如果已经输入了工件中的声速和探头间距，则计算机会自动计算并显示出缺陷的深度。在缺陷非常接近检测表面的情况下，缺陷信号可能会被掩盖在直通波下面而变得难以测量，但是如果从 D 扫图像中观察，一般还是可以看见缺陷端点的衍射信号，此时应该从 D 扫图中测量深度，将抛物线光标与缺陷端点的信号拟合就可以了。为了保证准确性，要求抛物线光标的形状在每个不同深度的工件上都要进行重新校准。否则在近表面区域，抛物线形状很小的变化都会引起较大的误差。

（4）测量沿扫查线的位置参数（X）

参数 X 用于确定信号沿着扫查线的位置和缺陷的长度。

测量参数 X 必须先确定扫查的起始点，当探头移动的时候，仪器通过编码器记录下每一个 A 扫信号相对起始点的位置。通过移动十字光标就可以从记录中得到任一个 A 扫信号的 X 参数。

（5）测量横向距离参数（Y）

用一对探头进行非平行扫查的时候无法测定横向位置参数（Y），如果需要得到参数 Y，则要在缺陷的上方进行平行扫查。

进行平行扫查时首先要确定扫查的起始点，以扫查前两探头中间的对称点为位置零点，扫查过程中使用编码器记录下探头移动过程中每一个 A 扫信号相对起始点的位置。在平行扫查的记录上用光标测量信号的声程最小位置，该数值就是缺陷位于探头中间的对称位置的信号，即参数 Y 值。

3. TOFD 技术的盲区和扫查误差

在进行 TOFD 技术扫查时，扫查的结果经常会受到盲区和一些误差的影响，这也是我们在扫查过程中要特别注意的问题。

（1）所谓盲区是指在 TOFD 扫查时，被测工件中不能被扫查到的区域。前面提到，

TOFD 扫查技术对于近表面的缺陷是不可靠的，对于上表面缺陷，可能因为缺陷隐藏在直通波下面而被漏检，由此形成的近表面盲区可以称之为直通波盲区，而下表面缺陷可能被底面反射波淹没而漏检，相应的盲区可以称之为底面盲区；

（2）缺陷测量的误差则包括缺陷位置（深度）的测量误差以及缺陷高度和长度的测量误差。

通过采用下面的措施，可以减小近表面盲区的影响，提高测量精度。

①减小 PCS；

②增加数字化频率；

③使用高频探头；

④使用短脉冲宽频带的探头。

在不同位置的点产生的衍射轨迹会有相同的传输时间，也就是说我们得到的缺陷高度与实际高度是可能存在误差的，但是在理论上和实际上，这个误差不会大于壁厚的 10%，焊缝内部缺陷的高度估计误差是可以忽略的。

这里关键的一点不是高度误差，而是位置误差，通过一次 TOFD 扫查，我们是无法知道这个缺陷是在焊缝中心线的左边、右边，还是恰好在中间，这时就需要通过其它方法来定位了，比如在缺陷位置采用平行扫查方式，或者做偏置非平行扫查，或者用脉冲回波法对缺陷位置进行校核。

4. 探头的选择

（1）PCS 的设定

除非指定特定的焊缝区域，否则通常采用 2/3 厚度规则作为首次检查的探头中心距（PCS）的设置，即双探头的声束会聚点位于距离表面 2/3 厚度的深度处。在试样检测中覆盖区不够时，需要使用不止一对的 TOFD 探头，并分别调整探头中心距（PCS）来优化每对探头的覆盖区。当指定某一特定区域时，如焊缝根部，则设置探头中心距（PCS）聚焦在该特定深度。如果工件厚度是 D，探头楔块角度为 θ，对于 2/3 厚度的标准情况，探头中心距（PCS）应按如下公式计算：

$$2s = 4/3\ D\tan\theta$$

当聚焦深度要求为 d 时，探头中心距（PCS）可由下式求出：

$$2s = 2d\ \tan\theta$$

（2）探头角度的选择

我们首先来考虑直通波和底面回波信号的时间区间，因为这是重要的记录区域。该时间范围可以简单地表示为两个信号声程之差。

探头角度越小，直通波与底面波的时间差越大，那么沿时间轴的信号清晰度也越好，深度测量也越精确。

探头角度的选择还必须考虑其他两个因素。第一，衍射的最佳角度是 60°～70°；第二，对于厚壁试样，大角度下的探头中心距（PCS）很宽，信号的波幅将因传播距离增大而衰减，从而使检测变得困难。

(3) 探头频率的选择

通常为了得到想要的覆盖范围而选择的 PCS 也决定了直通波和底面回波之间的时间间隔。为了确定直通波和底面回波之间的尖端衍射信号，直通波和底面回波信号在时间上要充分地分离，才能够比较好地分辨缺陷信号。以 60°探头检测 40mm 厚试块为例，直通波和底面反射波之间的时间差是 5.4μs。对于 1MHz 探头而言，其回波的一个完整周期是 1μs，这意味着直通波和底面回波之间的时间间隔内只能显示 5 个信号周期，要分辨缺陷回波显然是不够的。对于 5 MHz 探头，回波的一个完整周期是 0.2μs，在直通波和底面回波的时间间隔中可显示 27 个周期，这便可以满足检测的要求。

因此，在直通波和底面回波之间时间间隔内的回波信号周期数越多，对于缺陷的分辨率则越好。时间间隔相当于 30 个周期的时候将获得较好的分辨率。实际应用中，直通波和底面反射波的时间间隔至少相当于 20 个周期，最好更多。通过增加探头的频率可以很容易的增加时间间隔内的周期数，但是信号的衰减和散射也会随之增加，更重要的是声束扩散也会减少，所以也不能一味的增加频率来获得直通波和底面反射波之间的更大的时间间隔。

(4) 探头晶片尺寸的选择

在非平行扫查的时候，通常选用较小尺寸的探头以便获得较大的覆盖范围。但是晶片的尺寸小，发出的超声脉冲能量也就会相应变小，因此在探测厚的焊缝的时候通常选用大晶片的探头，只是在扫查薄板焊缝或者厚壁焊缝的最上一层时使用小晶片探头。但是小晶片探头的小尺寸可以与被测工件有良好的接触，因此在有弧度的工件检测时，比如管道焊缝检测，使用小晶片探头会好一些。

5. 增益设定

虽然 TOFD 技术不依据波幅来进行缺陷检测，但波幅仍然是很重要的，所以检测时需要设置适当的增益。如果增益设置过低，容易造成缺陷衍射波信号太弱，不利于缺陷的检测；如果增益设置过高，也会影响 TOFD 扫查图像的观察和信号的识别测量等。

波幅在 TOFD 检测技术中有三种用途：

①用来识别缺陷，使缺陷信号在噪声存在的情况下可以分辨；

②用来分析判定缺陷的性质，缺陷上下端点信号的波幅可以用来判定缺陷的性质；

③用来校验 TOFD 系统的灵敏度。有时需要用人工缺陷所产生的波幅来确定灵敏度有没有改变。

TOFD 检测技术的增益设置有多种方法：

①利用直通波设置增益。

②用晶粒噪声来设置增益。

③用底面反射波来设置增益。

④用尖角槽的衍射波来设置增益。

⑤用侧孔的反射波来设置增益。

(1) 利用直通波设置增益

我们利用直通波来进行增益设置一般都在工件上进行。首先选择探头，调整好 PCS，设置好时间窗口，在待检测的焊缝上将直通波的增益调整至满屏的 40% ~80% 之间即可。

有些情况无法使用直通波来设置增益。

①工件表面有阻碍直通波的结构，如表面裂纹、或者凹槽等。

②使用了折射角较小的探头或者波束扩散角小的探头，没有直通波信号。

③PCS 太大，导致直通波信号太弱，或者没有直通波信号。

④大厚度工件进行分区扫查时，扫查下部区域的通道。

⑤波束聚焦点设在底部的扫查。

（2）用晶粒噪声来设置增益

对用晶粒噪声设置增益有详细的描述。常用的方法是将探头放在校准试块的适当位置上，PCS 满足检测要求并且调整时间窗口可以正常显示直通波和底面反射波。调节增益，使晶粒噪声（处于直通波和底面反射波之间）可见（例如调至满屏的 5%）。但是直通波之前的噪声要低于晶粒噪声 6dB。

用晶粒噪声设置的增益会相对高一点，这样可保证所有缺陷信号都能够被检测到。但是增益过高又会导致 D 扫图像过亮，不利于缺陷信号的分析。所以，有的时候使用相对低点的增益会更好。

用晶粒噪声设置增益之后，最好确认一下所有 A 扫信号的参数都是对的，我们可以通过底面反射波测厚的方法来确认 A 扫信号的参数正确与否，如果工件测出的厚度与实际厚度误差在 0.25mm 之内，我们则认为 A 扫信号参数设置正确。

（3）用底面反射波来设置增益

用底面反射波来设置增益的方法是把底面反射波调到满屏高度，然后增加 18 ~30dB。但是由于底面反射波的形成可能由多种因素造成，所以其作为参考依据来说并不可靠。

（4）用尖角槽的衍射波来设置增益

用于波幅校正的槽应该是上表面开口的，而不是底面开口。这是因为上表面开口槽的下端点信号的幅值很类似于疲劳裂纹的衍射信号，而下表面开口的槽的顶端信号主要是反射波。

设置增益时，在信噪比满足要求的情况下应该把远处的端点衍射信号波调到满屏的 60%。这种情况下，底面波信号一般都会饱和，而且 A 扫信号中只要 PCS 不是太大，即使直通波的幅值很低，也应该超过噪声而被观察到。

（5）用侧孔的反射波来设置增益

利用侧面钻孔来设置增益的方法通常用来作为其他增益设置方法的验证和补充。用侧孔设置增益的方法为：

①测量侧孔的信号峰值，区分侧孔顶部和底部的信号，选取其中的较低值至波高 80%，记录下此时的增益值。

②在此基础上提高增益若干 dB，便得到了扫查所需要的增益。提高的增益数值根据试验数据或经验来定。

（6）选择设置增益方法的小结

在被测工件上进行灵敏度设置，有三种方法可选择。第一种是采用直通波设置灵敏度，即将直通波的波幅设定为满屏高度的40%～80%之间。第二种是在无法使用直通波设置灵敏度（例如由于工件表面的结构会阻碍直通波，或者由于所用的探头的波束折射角较小导致直通波比较微弱）的情况下，选择使用底面回波来进行灵敏度设置，即将底面回波信号的幅度设定为满屏高度，再增益18～30dB。第三种是在既不适合使用直通波也不适合使用底面反射波来设置灵敏度的情况下，选择使用晶粒噪声设置灵敏度，也就是将材料晶粒造成的噪声信号（杂波）设定在满屏高度的5%～10%之间。

对厚度小于50mm的工件，一般采用一对探头进行检测。这时可直接在被测工件上进行灵敏度设置。

对于厚度大于50mm的工件，一般需要采用几对探头进行检测。这时需要对不同的扫查区间进行灵敏度设置。可以从上面三种方法中选择最适当的方法对被测工件进行灵敏度设置。但是在灵敏度设置完后，应该在参考试块上验证或校准所设置的灵敏度。

利用人工反射体设置灵敏度，可选择尖角槽或侧孔进行，其中上表面开口的尖角槽可以很好地模拟疲劳裂纹的尖端，而侧孔的优势在于加工方便。

（三）数据判读

1. 在线分析

在线分析是指在TOFD检测仪器上使用仪器带有的软件对采集的信号进行分析处理。

考虑到现场的情况，TOFD仪器一般都会带有简单的图谱分析功能，这使得扫查人员完成缺陷扫查后可以立即进行基本的TOFD扫查图像判读，而不需要再花费时间回到PC机上使用离线分析软件进行分析。

在线分析有它的优点和局限性：

只需要使用扫查的主机就可以对缺陷进行分析。

在扫查现场就可以立即对扫查结果进行快速的分析。

分析过程中，光用仪器的键盘来进行操作比较麻烦。

功能比较简单，不能进行复杂的缺陷处理和分析。

2. 离线分析

离线分析是指把在现场采集到的数据转移到计算机上，然后再用厂家提供的专用的软件进行数据分析和处理。

离线分析方式具有它的优点和局限性：

使用计算机进行软件的操作，屏幕和键盘操作都比较舒服和方便。

存储空间比较大，数据的管理比较方便。

计算机处理速度快，效率比较高。

专用的软件比较丰富，软件功能比较强大，更新也比较方便。

现场使用不够方便

3. 缺陷类型及信号特征

TOFD 检测可以发现的缺陷分为表面开口缺陷和埋藏缺陷两大类。

上述分类划分的依据是缺陷的位置和尺寸，并没有规定缺陷的性质。由于 TOFD 技术的局限性，根据目前的技术尚无法准确判定缺陷的性质，因此目前的技术和规范并没有要求对发现的缺陷进行定性。

4. TOFD 记录中的气孔和夹渣

由于平面型缺陷（裂纹）会产生更加严重的后果，因此从体积型缺陷中分辨出平面型缺陷是非常重要的。体积型缺陷的典型实例是气孔和夹渣。小块夹渣和气孔自身长度和高度都很小，D 扫描中产生的信号看上去像弧形。如果夹渣有一定长度，信号会产生一段与渣长度对应的平坦区域。这些缺陷一般不写入报告，需要将这些信号从记录中除去．通常其形状特定，很容易被识别。如果有一串气孔，则有必要测量其体积，如果超出标准的规定需要报告它的大小。

长条夹渣可能是在焊接过程留下的，产生类似的回波，但他们要更长一些。这些缺陷通常断成几节。一般来说，它们高度很小，不可能有明显的上尖端和下尖端信号。很少有气孔或夹渣能有可分辨的深度，表现出独立的上尖端和下尖端信号。这两个信号有相位差，不过这可能很难看到，因为从圆形体（如气孔和夹渣）顶部反射的信号较弱，得不到较大振幅的衍射信号．只有下尖端衍射产生的回波。

5. 上表面开口缺陷

上表面开口缺陷会使直通波信号变形。扫查时，探头可能受到工件表面粗糙程度或耦合剂厚度变化的影响，导致直通波上下跳动，影响缺陷的识别。这时需要使用软件对直通波进行拉直处理。为了保存掩盖在直通波下的缺陷信号，应该采取拉直图像的底面波信号，而不是拉直直通波信号。

有时比较大的裂纹缺陷在表面的开口却很小，表面检测难以判断，这时可以用爬波探头来检测验证，或者通过使用横波斜探头的二次波寻找角反射来验证。

6. 下表面开口缺陷

下表面开口的缺陷有两个主要的特征：

（1）底面回波消失或者下沉（传播时间迟到）；

（2）只有上尖端衍射信号。而且，靠近底面的缺陷信号有很多可能，可以是夹渣或表面开口裂纹。通常夹渣比裂纹产生的信号振幅更强。

7. 详细定性的进一步扫查

为了获得更详细的缺陷位置和类型信息，需要对扫查参数和扫查方式进行最优的选择，比如选择不同的角度，频率或探头中心距。

（1）采用平行扫查方式可以准确识别缺陷相对于焊缝中心线的位置，也能帮助辨别在非平行扫查图谱中显示的某个缺陷图形里是否有多个缺陷存在。

（2）如果信噪比太低无法识别信号，可以选择使用低频探头，但是会导致更大的直通波盲区，降低分辨率。

（3）使用更高的频率，可以获取更高的分辨率，提高尺寸测量的精度，减小直通波盲区，但是会降低信噪比和扫查范围。

（4）减小探头楔块角度以保证直通波和底面回波之间有一个适当的时间间隔。

二、数字化射线成像技术

一般认为，数字化射线成像技术包括计算机 X 射线照相技术（CR）、线阵列扫描成像技术（LDA）以及数字平板技术（DR），后者包括非晶硅（a-Si）数字平板、非晶硒（a-Se）数字平板和 CMOS 数字平板，如图 6.3－1 所示。

（a）X数字射线机

（b）现场X射线检验

图 6.3－1　数字射线照相

（一）计算机射线照相技术（CR）

计算机射线照相（computed radiography），是指将 X 射线透过工件后的信息记录在成像板（image platc，IP）上，经扫描装置读取，再由计算机生出数字化图像的技术。整个系统由成像板、激光扫描读出器、数字图像处理和储存系统组成。

计算机射线照相的工作过程如下：

用普通 X 射线机对装于暗盒内的成像板曝光，射线穿过工件到达成像板，成像板上的荧光发射物质具有保留潜在图像信息的能力，即形成潜影。

成像板上的潜影是由荧光物质在较高能带俘获的电子形成光激发射荧光中心构成，在激光照射下，光激发荧光中心的电子将返回它们的初始能级，并以发射可见光的形式输出能量。所发射的可见光与原来接收的射线剂量成比例。因此，可用激光扫描仪系统逐点逐行扫描，将存储在成像板上的射线影像转换为可见光信号，通过具有光电倍增和模数转换功能的读出器将其转换成数字信号存入计算机中。激光扫描读出图像的速度：对 100mm × 420mm 的成像板，完成扫描读出过程不超过 1min。读出器有多槽自动排列读出和单槽读出两种，前者可在相同时间内处理更多成像板。

数字信号被计算机重建为可视影像在显示器上显示，根据需要对图像进行数字处理。在完成对影像的读取后，可对成像板上的残留信号进行消影处理，为下次使用做好准备，成像板的寿命可达数千次。

CR 技术的优点和局限性：

（1）原有的X射线设备不需要更换或改造，可以直接使用。

（2）宽容度大，曝光条件易选择。对曝光不足或过度的胶片可通过影像处理进行补救。

（3）可减小照相曝光量。CR技术可对成像板获取的信息进行放大增益，从而可大幅度地减少X射线曝光量。

（4）CR技术产生的数字图像存储、传输、提取、观察方便。

（5）成像板和胶片一样，有不同的规格，能够分割和弯曲，成像板可重复使用几千次，其寿命决定于机械磨损程度。虽然单板的价格昂贵，但实际比胶片更便宜。

（6）CR成像的空间分辨率可达到5线对/mm（100μm），稍低于胶片水平。

（7）虽然比胶片照相速度快一些，但是不能直接获取图像，必须将CR屏放入读取器中才能得到图像。

（8）CR成像板与胶片一样，对使用条件有一定要求，不能在潮湿的环境中和极端的温度条件下使用。

（二）线阵列扫描成像技术（LDA）

线阵列扫描数字成像系统工作原理。由X射线机发出的经准直为扇形的一束X射线，穿过被检测工件，被线扫描成像器（LDA探测器）接收，将X射线直接转换成数字信号，然后传送到图像采集控制器和计算机中。每次扫描LDA探测器所生成的图像仅仅是很窄的一条线，为了获得完整的图像，就必须使被检测工件作匀速运动，同时反复进行扫描。计算机将多次扫描获得的线性图像进行组合，最后在显示器上显示出完整的图像，从而完成整个的成像过程。

以下介绍一种应用光电二极管探测器的线阵列扫描数字成像系统。

1. 线阵列扫描器的制造工艺和特点

线阵列扫描数字成像系统的关键设备是LDA线阵列成像器，其制造工艺及参数的选择，对成像器的质量有很大的影响。

典型LDA成像器由以下几个主要部分组成：闪烁体，光电二极管阵列，探测器前端和数据采集系统、控制单元、机械装置、辅助设备、软件等。其特点如下：

（1）闪烁体LDA数字成像器需要使用闪烁体来把X射线转化为可见光，这是因为一般的光电二极管在30kV以上的X射线照射下无法达到要求的吸收率，以致无法实现检测。最常用的闪烁体是由掺有铊（Tl）的碘化铯（CsI）和钨酸镉（$CdWO_4$）构成。

闪烁体有三个重要的特性，第一个特性是吸收效率。由闪烁体材料的原子序数和密度决定。第二个特性是余辉。余辉是停止照射后仍滞留在闪烁体中余光的百分比。第三个特性就是光输出特性，包括光的波长、发射光子的数量及均匀性。闪烁体发出的光中只有波长在500nm以上的光才能被光电二极管接受并转换成电信号。

（2）光电二极管阵列光电二极管阵列（LDA）由大量二极管排列组合而成，可以设计成各种形状，其性能不仅取决于二极管特性，与阵列结果也有关。LDA主要性能指标有光反应性、二极管尺寸及填充系数。光反应性是指二极管的光电转换能力，不同光电二极管对光波长的适应性有所不同，所以光电二极管的型号应根据闪烁体和 X 射线源来选择，以达到最佳光反应。光电二极管尺寸越小。制造出的 LDA 分辨率越高，价格也越高。填充系数是指 LDA 成像面积中活性区域占总表面的百分比。由于相邻光电二极管间存在死区，所以像素的间距并不等于光电二极管的尺寸，填充系数越大，LDA 性能越好。

（3）数据采集系统数据采集系统包括探测器前端和放大转换电路

探测器前端部分分为预放大电路，用来收集和放大光电二极管阵输出的弱电流（在几百微安之内），以提高信噪比。放大转换电路的主要功能是信号的放大和模数在（A/D）转换。预放大后的信号仍然很小，需通过增益调节放大器进一步放大，才能符合模数转换条件。探测器前端和放大转换电路集成在同一个单元中，这样有 LDA 线阵列扫描器中输出的就是数字信号，从而避免了在传输过程中引入噪声。

（4）控制单元控制单元包括数字信号处理电路和图像采集接口电路。这部分的工作内容是通过计算机指令控制光电二极管的数据采集、传输及转换，此外还要完成积分时间控制、动态校正、标定等逻辑功能。

（5）机械设备机械设备包括系统主机、X 射线机和准直器、X 射线入射窗口，以及工件传送装置等。系统主机将前端器件、放大转换电路及控制电路安装在一个金属壳内，金属壳起到电磁屏蔽作用。

（6）辅助设备在实际检测中，如果被检工件运动速度不恒定或 LDA 的扫描速度和工件的运功速度不同步，产生的图像就会发生变形（拉长或缩短），此时需要用光电选择编码等辅助设备来检测工件的位移，以保证图像不失真。

（7）软件由两部分组成，控制软件和成像软件。前者的主要功能是控制 LDA 扫描，以及积分时间、动态校正等。后者的主要功能是将采集到的数据还原成图像，并对图像进行各种各样的处理。

2. 线扫描成像器的技术特性

（1）空间分辨率空间分辨率主要由像素的尺寸和排列决定。像素间距越小，其空间分辨率就越高。实际用光电二极管制造的 LDA 的像素尺寸在 80～250μm。

（2）动态范围动态范围是指成像器可以识别的由 X 射线转换成数字图像的灰度等级。一般情况下，动态范围的理论值应该是成像器 A/D 转换器的 Bit 数（通常是 12Bit，即 4096 级灰度）。在实际使用过程中，由于转换器件（光电二极管）的非线形特性，使得动态范围要低于理论值。

（3）动态校准校准在很大程度上影响着光电二极管阵列的工作性能，校准可以在模拟的部分进行，也可以在数字部分进行，或者是同时进行。基本校准包括补偿和放大。它们可分别针对每一个像素进行，像素之间的补偿偏差由光电二极管的溢出电流和放大补偿水平确定。而放大变化则是由闪烁体材质的不均匀性引起的。另外，光电二极管的转换不一致性及非线性也是需要动态校准的原因。当温度变化时，会引起光电二极管转换偏差，需根据预设的补偿模式给予校准。

（4）扫描速度影响扫描速度的主要因素是系统信号的处理速度和 X 射线光通量的大

小。现在计算机及电子线路的处理速度都很高，即使扫描线较长的 LDA，也能在很短的时间内处理完毕。因此系统的扫描速度取决于 X 射线光通量的大小。只有当 X 射线在 LDA 上的累积量达到一定数量时才能有较好质量的图像，否则信号会被系统固有噪声淹没，使得成像质量大大降低。

（5）与射线源相关的设计针对不同射线源强，在 LDA 的设计上会有显著的差异。首先要解决的是优化闪烁体，实现闪烁体与 X 射线的能力匹配。当使用能力较高的 X 射线时，必须保证闪烁体能承受高能光子的轰击。目前 LDA 成像器具有承受 450kV，X 射线直接照射的能力。其次是 X 射线的屏蔽和准直，X 射线会增加电子线路的噪声，所有屏蔽和准直很重要。

（三）数字平板直接成像技术（DR）

数字平板直接成像，（Director Digital Panel Radigraphy）是近几年才发展起来的全新的数字化成像技术。数字平板技术与胶片或 CR 的处理过程不同，在两次照射期间，不必更换胶片和存储荧光板，仅仅需要几秒钟的数据采集就可以观察到图像，检测速度和效率大大高于胶片和 CR 技术。除了不能进行分割外和弯曲外，数字平板与胶片和 CR 具有几乎相同的适应性和应用范围。数字平板的成像质量比图像增强器射线实时成像系统好很多，不仅成像区均匀，没有边缘几何变形，而且空间分辨率和灵敏度要高很多，其图像质量已接近或达到胶片照相水平。与 LDA 线阵列扫描相比，数字平板可做成大面积平板一次曝光形成图像，而不需要通过移动或旋转工件，经过多次线扫描才获得图像。

数字平板技术有非晶硅（a-Si）和非晶硒（a-Se）和 CMOS 三种。

1. 非晶硅和非晶硒平板

非晶硅数字平板结构如下：由玻璃衬底的非结晶硅阵列板，表面涂有闪烁体—碘化铯，其下方是按阵列方式排列的薄膜晶体管电路（TFT）组成。TFT 像素单元的大小直接影响图像的空间分辨率，每一个单元具有电荷接收电极信号储存电容与信号传输器。通过数据网线与扫描电路连接。非晶硒数字平板结构与非晶硅有所不同，其表面不用碘化铯闪烁体而直接用硒涂层。

两种数字平板成像原理有所不同，非晶硅平板成像可称为间接成像：X 射线首先撞击其板上的闪烁层，该闪烁层以与所撞击的射线能量成正比的关系发出光电子，这些光电子被下面的硅光电二极管阵列采集到，并且将它们转换成电荷，X 射线转换为光线需要中间媒体 - 闪烁体。而非晶硒平板成像可称为直接成像：X 成像撞击硒层，硒层直接将 X 射线转化成电荷。

硒或硅元件按吸收射线量的多少产生正比例的正负电荷对，储存于薄膜晶体管内的电容器中，所存的电荷于其后产生的影像黑度成正比。扫描控制器读取电路将光电信号转换为数字信号，数据经处理后获得的数字化图像在影像监视器上显示。图像采集和处理包括图像的选择、图像校正、噪声处理、动态范围，灰阶重建，输出匹配等过程，在计算机控制下完全自动化。上述过程完成后，扫描控制器自动对平板内的感应介质进行恢复。上述曝光和获取图像整个过程一般仅需几秒钟至几十秒。

目前非晶硅和非晶硒的空间分辨率尚不如胶片。非晶硒与非晶硅相比，前者能提供更好的空间分辨率，这是因为间接系统的闪烁层产生的光线，在到达光电探测器前，会出现轻微的散射，因此，效果不好。对应硒板成像系统，电子是由 X 射线直接撞击平板，产生的散射很小，因此，图像精度较高。当要求分辨率小于 200μm 时应使用非晶硒板。而当允许分辨率大于 200μm 时，可考虑使用非晶硅。非晶硅板的另一优点是获取图像速度比非晶硒板更快，最快可达到每秒 30 幅图像，在某些场合可以替代图像增强器使用。

非晶硅和非晶硒可以做出大面积板，目前使用的平板的成像面积可达 400mm×300mm。

2. CMOS 数字平板

CMOS 数字平板由集成的 CMOS 记忆芯片构成，所谓的“CMOS” （Complementary Metal Oxide Silicon）是互补金属氧化物硅半导体。

CMOS 数字平板有三种类型：①小尺寸平板，规格有 50mm × 100mm，100mm × 100mm；②扫描式平板，可以制作很大尺寸，规格有 75mm ×200mm ~600mm ×900mm；③棒状（或条状）分割相扫描器，可以检测尺寸达 2000mm 的大试件。

“活性像元探头技术”是指把所有的电子控制和放大电路放置于每一个图像探头上，取代一般探测器在边沿布线的结构。这种结构使 CMOS 探测器比其他探测器的抗震性更强，寿命更长。

扫描式图像接收板从外部看是一个平板，该板厚约 75mm，其内部有一个类似于目前的扫描仪的移动系统，采用精确的螺纹螺杆技术传动。CMOS 的工作温度范围很宽。几乎所有的数字探测器的电子噪声都会随温度增加而增大，但是 CMOS 受温度影响却非常小。非晶硅面板在温度变化 10℃时，需要再标定。CMOS 探测器在 31 ~110°F（0. 55 ~43. 3℃）温度变化范围内都不需要标定。

探测器的填充系数是活性区域表面的百分比，是表征器件探测光电子的能力的指标，填充系数越高，其灵敏度也就越高。CMOS 探测器的填充系数高达 90% 以上，高出非晶硅探测器约 60% 。

轴外检测是指一种使探测器避免受 X 射线的直接照射的设计。扫描式图像接收板的轴外检测结构：X 射线通过一个狭槽触发光纤一端的闪烁材料，光纤的另一端与 CMOS 探测器连接，该 CMOS 线性阵列探测器由厚的铅板或钨板屏蔽以防止辐射。这种特有的探测器设计有三大优点：消除散射（不希望的信号），减少辐射对探测器的直接冲击（辐射噪声），延长探测器寿命。由于主要的辐射束被屏蔽了，CMOS 探测器可以有很高的信噪比。

对一般的探测器，当其单个的像素被直接的辐射过度照射时，将产生图像浮散，原因是：像素把信号传输给每行和每列的电子放大器，当一个或更多的像素被过度照射后，同行和同列的其他像素会受影响产生浮散或拖影现象。而 CMOS 在很高的能量辐射情况下也能够很好的工作，这是由于 CMOS 探测器的每一个像素是独立放大的，不受相邻像素的影响，因而能够消除或减少这种现象。

CMOS 探测器上可以使用任何 X 射线源：脉冲的、整流的、恒压的，电流从几微安培到 30A 时。扫描式探测器要求恒压 X 射线机、能量从 20 ~300keV 的电压及任何大小的电流。改进的 CMOS 探测器也可以接收 450 ~ 20MeV 能量。

空间（立体）分辨率是指成像系统上能够被辨认的最小结构尺寸，主要受到探测器像素尺寸的限制。小型 CMOS 探测器的像素尺寸为 39 ~ 48μm，扫描式 CMOS 线阵列探测器的像素为 80μm，在没有经过几何放大的情况下，要比非晶硅或硒接收板的空间分辨率精度约高 30%。应用微焦点 X 射线源结合使用几何放大技术，空间分辨率可达到几微米。

使用小型 CMOS 系统，曝光时间约为 0.5 ~ 3s，把数据修正并把图像传输到计算机工作站上，并显示出来约需要 10s。采使用扫描式系统，如果精度为 80μm，图像接收板的扫描速度最高可达 2.5m/min。

（四）其他获取数字图像的方法

除了上述 CR、DR、LDA 等数字化射线成像技术外，还有其他方法可以获得射线检测数字化图像。例如对底片进行扫描，可将底片上的图像转换为数字图像；工业射线实时成像系统中通过数字式摄像机也能获得数字图像。但上述两种方法均不划入数字化射线成像技术范畴，因为这两种方法的数字图像是在模拟图像基础上加工而获得的；前者是对已完成的射线照相产品—底片进行一次再加工；后者仅是在最后阶段通过数字式摄像机才变成数字信号图像，而其成像过程的大部分信号传递变换，从射线作用于输入转换屏以及图像增强器信号的输入输出，均是模拟信号。以上两种方法获取数字图像均存在缺点：底片数字扫描的缺点是扫描转换需要花费较长时间和添加额外设备，图像质量也可能因扫描出现某种程度的退化；而在射线实时成像系统中，由于成像阶段经过模拟信号的多次转换，造成信噪比降低和图像质量劣化，最终获得的图像质量是不高的。

思考题

1. 厚度测量仪、焊缝检验尺、万用表、硬度检测仪、涂镀层检测仪的测量原理？
2. 如果厚度测量或镀涂层测量时被检测件表面不具备检测条件时如何处理？
3. 某燃料油罐只安装了一个接地引下线，对该燃料油罐进行常规防雷接地检测时，应该用哪种测试方法进行检测？如何判定测量结果？
4. 接地装置检外观查时应检查哪些项目？
5. 试述防雷接地电阻检测过程中有哪些注意事项？
6. 为什么即使底片上像质计灵敏度很高，黑度、不清晰度符合要求，也会出现裂纹难于检出甚至完全不能检出的情况？
7. 射线检测中采用单壁透照时，源在外的透照方式比源在内的透照方式更有利于内表面裂纹的检出，这一说法是否正确，为什么？
8. 超声检测中判定缺陷性质需要考虑的主要因素有哪些？
9. 超声检测中影响缺陷定位、定量的主要因素有哪些？
10. 什么是磁粉检测的灵敏度，磁粉检测的灵敏度是绝对灵敏度还是相对灵敏度？
11. 采用磁轭法检测时，如果磁轭提升力符合规范要求时，其检测灵敏度是否一定满足标准要求，为什么？

12. 渗透探伤方法的选择应考虑那些因素？

13. 对工件按NB/T 47013标准进行渗透检测，如渗透检测的灵敏度等级按B级要求时，如何进行检测灵敏度校验、应在什么时候进行？

14. TOFD非平行扫查发现缺陷后，一般如何进行进一步检测？

15. TOFD技术检测中，有哪些措施可以减少上表面（近表面）盲区范围？

16. 哪种数字化射线检测技术更适合于新建长输管道工程中管道环焊缝的射线检测？

参考文献

[1] 李莺莺．油气管道在线内检测技术若干关键问题研究．天津大学学报，2006．06．

[2] 郑树林．管道漏磁内检测图像识别技术的研究．沈阳工业大学学报，2012．01．

[3] 杨理践，张双楠，高松巍．管道漏磁检测数据压缩技术．沈阳工业大学学报，2010．32（4）：395－399．

[4] 刘振清，刘骁．超声无损检测的若干新进展．无损检测，2000．22（9）：403－405．

[5] [美] A．W．Peabody．管线腐蚀控制（原著第二版）．北京：化学工业出版社，2004．

[6] 袁厚明．埋地钢管外防腐层破损地面检测技术．第四届全国腐蚀大会论文集，2003．

[7] 袁厚明．埋地钢管外防腐层破损检测与验证若干问题研究．防腐保温技术，2005（1）．

[8] 袁厚明．埋地钢质管道外防腐层破损点地面检测技术．防腐保温技术，2003（2）．

[9] 董绍华．管道完整性技术与管理．北京：中国石化出版社，2007．

[10] 王明生，袁厚明．长输管线防腐层破损点快速定位技术．防腐保温技术，2011．

[11] 沈功田．声发射检测技术及应用．北京：科学出版社，2015．

[12] 胡安定．炼油化工储罐和管道维护检修案例．北京：中国石化出版社，2016．

[13] 李伟林．储罐工程质量检查．北京：石油工业出版社，2011．

[14] 阳能军．基于声发射的材料损伤检测技术．北京：北京航空航天大学出版社，2016．

[15] 唐继强．无损检测实验．北京：机械工业出版社，2011．

[16] 施克仁．相控阵超声成像检测．北京：高等教育出版社，2010．

[17] 任吉林．电磁无损检测．北京：科学出版社，2008．

[18] 王浩全．超声成像检测方法的研究与实现．北京：国防工业出版社，2011．

[19] 龚敏．金属腐蚀理论及腐蚀控制．北京：化学工业出版社，2009．

[20] 陈永．实用无损检测手册．北京：机械工业出版社，2015．

[21] 夏纪真．无损检测导论（第二版）．广州：中山大学出版社，2016．

[22] 胡美些．金属材料检测技术．北京：机械工业出版社，2014．

[23] 袁厚明．地下管线检测技术（第三版）．北京：中国石化出版社，2012．

[24] 林玉珍，杨德钧．腐蚀和腐蚀控制原理（第二版）．北京：中国石化出版社，2014．

[25] 寇杰，梁法春等．油气管道腐蚀与防护（第二版）．北京：中国石化出版社，2016．

[26] 祝新伟．压力管道腐蚀与防护．上海：华东理工大学出版社，2016．

[27] 高荣杰，杜敏．海洋腐蚀与防护技术．北京：化学工业出版社，2011．

[28] 阎洪涛，刘金海．基于漏磁内检测器的管道缺陷数据处理方法．北京：科学出版社，2016．

[29] 王增国．海底管道内检测作业方法．北京：科学出版社，2017．

[30] 黄松岭．油气管道缺陷漏磁内检测理论与应用．北京：机械工业出版社，2013．

[31] 程靳，赵树山．断裂力学．北京：科学出版社，2017．

[32] 刘瑞堂，刘锦云．金属材料力学性能．哈尔滨：哈尔滨工业大学出版社，2015．

[33] 王悦民，李衍等. 超声相控阵检测技术与应用. 北京：国防工业出版社，2014.
[34] 王悦民，杨波著. 磁致伸缩导波无损检测理论与方法. 北京：科学出版社，2015.
[35] 郑世才，王晓勇. 数字射线检测技术. 北京：机械工业出版社，2015.
[36] 黄松岭. 电磁超声导波理论与应用. 北京：清华大学出版社，2013.
[37] 黄松岭. 电磁无损检测新技术. 北京：清华大学出版社，2014.
[38] 袁厚明. 地下管道电磁无损检测与隐患故障诊断. 北京：中国石化出版社，2013.
[39] 袁厚明. 管道检测技术问答. 北京：中国石化出版社，2010.
[40] 何仁洋. 油气管道检测与评价. 北京：中国石化出版社，2010.
[41] 龙媛媛. 油气管道防腐蚀工程. 北京：中国石化出版社，2008.
[42] 杨印臣. 地下管道检测与评估. 北京：石油工业出版社，2008.
[43] 石仁委. 油气管道地面检测技术与案例分析. 北京：中国石化出版社，2012.
[44] 王星. 大数据分析：方法与应用. 北京：清华大学出版社，2013.
[45] 美：Wes McKinney. 利用 Python 进行数据分析. 北京：机械工业出版社，2014.